机械原理（双色）

（第2版）

主　编　李瑞琴

电子工业出版社

Publishing House of Electronics Industry

北京·BEIJING

内 容 简 介

本书在李瑞琴主编的《机械原理（双色）》的基础上修订而成。本书以培养学生的机械运动系统方案创新设计能力为目标，始终贯穿以创新设计为主线的设计思想，并融入现代机构学学科前沿。

全书分为三篇共 14 章。第一篇为基本机构及常用机构的运动学设计，主要介绍机构的组成原理及各种机构的类型、运动特点、功能和设计方法，包括绪论、机构的结构分析与综合、平面连杆机构及其设计、凸轮机构及其设计、齿轮机构及其设计、轮系及其设计、间歇运动机构、其他常用机构。第二篇为机械的动力学设计，主要介绍机械运转过程中的若干动力学问题，包括平面机构的力分析、机械的效率和自锁、机械的运转及其速度波动的调节、机械的平衡。第三篇为执行机构系统的方案设计和机构学的发展及学科前沿，执行机构系统的方案设计主要介绍设计的一般流程、执行机构的型综合及系统协调设计；机构学的发展主要介绍其发展的三个阶段及代表性成果；现代机构学学科前沿主要介绍变胞机构、柔顺机构、移动机器人和并联机器人四个现代机构学的重要分支。正文及附录 A 给出了机械原理重要名词术语的英文表达。本书使用二维码技术嵌入了若干个与核心内容密切相关的 Matlab 程序，使用智能手机扫描二维码即可获得 Matlab 程序清单及运行结果。另外，本书还穿插有多个关于中外古机构的小故事。

本书可作为高等院校机械工程学科各专业机械原理课程的教学用书，也可作为相关专业的研究生、科研人员及工程技术人员的参考用书。

图书在版编目（CIP）数据

机械原理／李瑞琴主编. —2 版. —北京：电子工业出版社，2021. 6
ISBN 978-7-121-41288-2

Ⅰ. ①机⋯ Ⅱ. ①李⋯ Ⅲ. ①机构学–高等学校–教材 Ⅳ. ①TH111

中国版本图书馆 CIP 数据核字（2021）第 105982 号

责任编辑：刘真平
印　　刷：天津千鹤文化传播有限公司
装　　订：天津千鹤文化传播有限公司
出版发行：电子工业出版社
　　　　　北京市海淀区万寿路 173 信箱　邮编 100036
开　　本：787×1 092　1/16　印张：26.5　字数：730 千字
版　　次：2015 年 8 月第 1 版
　　　　　2021 年 6 月第 2 版
印　　次：2021 年 6 月第 1 次印刷
定　　价：78.00 元

凡所购买电子工业出版社图书有缺损问题，请向购买书店调换。若书店售缺，请与本社发行部联系，联系及邮购电话：（010）88254888，88258888。

质量投诉请发邮件至 zlts@ phei. com. cn，盗版侵权举报请发邮件至 dbqq@ phei. com. cn。

本书咨询联系方式：lijie@ phei. com. cn。

第1版序言

INTRODUCTION

随着科学技术的飞速发展，机构和机器的概念在不断拓展和发展，机构学与机器人学的研究也发生了广泛而深刻的变化。在这一变化中，以机构和机器为研究对象的机械原理课程作为高等院校机械类专业必修的一门主干技术基础课，对培养学生在机械系统方案创新与设计能力的任务中起着越来越重要的作用。

机构学基础知识的学习是机械原理课程的重要内容之一，机械原理课程的内容随着学科发展在不断更新，课程体系也发生相应的变化。本书对机构的结构分析、运动分析和动力学等重要内容采用图解法、解析法及计算机辅助设计等多种研究方法。本书对不同文字和图形采用双色印刷，对不同机构位置及不同含义的机构线条采用不同的颜色，对立体图及部分平面图采用填充色。双色图形使读者更易于理解机构的结构及工作原理等，并提高阅读美感。

本书充分考虑机械产品创新设计的知识需求，以培养学生的机械运动系统方案创新设计能力为目标，重视解决工程实际问题能力和综合设计能力的培养。书中有一定数量的工程实例，始终贯穿"机构系统创新设计"的主线，加强"执行机构系统创新设计"等相关内容。本书重视与后续机械原理课程设计及其实验等实践环节的衔接，对培养机械类学生的机械系统创新设计能力和实践能力起到重要的作用。

英文的拓展阅读内容及相应的参考文献是本书的又一特色，可以拓宽和加深读者对各章相关内容的理解，为读者进一步阅读本学科的英文文献起到引导作用，并使读者感受到国外先进的教学理念和教学方法。

现代科技新成果及应用、学科前沿动态等的引入是新教材的功能之一。本书介绍广义机构、可控机构、变胞机构、柔顺机构、并联机构等现代机构学的重要分支，展现现代机构学理论与应用的新进展，使读者在了解现代机构学发展动态和前沿的同时，激发对现代机构学的研究兴趣。这部分内容为读者在未来进行机构学与机器人学方面的深造奠定了基础。

全书内容完整、条理清楚、层次分明、循序渐进、插图精美。我衷心祝贺本书的出版，相信本书必将在机械原理课程广大师生的教学实践中发挥重要的作用。

ASME Fellow, IMechE Fellow

国家特聘专家

2015 年 7 月 5 日

第1版前言

PREFACE

机械原理课程是高等院校机械类专业一门主干的技术基础课程，在培养学生的综合设计能力的全局中，承担着培养学生的机械系统方案创新设计能力的任务，在机械设计类课程体系中占有十分重要的地位。

本书以培养学生的机械系统方案创新设计能力为目标，始终贯穿以设计为主线的设计思想，并融入现代机构学学科前沿知识。全书分为三篇共14章。第一篇为基本机构及常用机构的运动学设计，主要介绍机构的组成原理及各种机构的类型、运动特点、功能和设计方法，包括绪论、机构的结构分析与综合、平面连杆机构及其设计、凸轮机构及其设计、齿轮机构及其设计、轮系及其设计、间歇运动机构、其他常用机构。第二篇为机械的动力学设计，主要介绍机械运转过程中的若干动力学问题，包括平面机构的力分析、机械的效率和自锁、机械的运转及其速度波动的调节、机械的平衡。第三篇为执行机构系统的方案设计及现代机构系统，执行机构系统的方案设计主要介绍设计的一般流程、执行机构的型综合及系统协调设计；现代机构系统主要介绍广义机构、可控机构、变胞机构、柔顺机构及并联机构。正文及附录A给出了机械原理重要名词术语的英文表达。

在全书内容的编排上，力求内容的系统性、完整性，同时突出了以下几个方面的特色。

（1）采用双色，对不同的文字和图形采用双色印刷，对不同的机构位置及不同含义的机构线条分别采用不同的颜色，对同一构件采用填充色。双色图形能使读者更易于理解机构的结构及工作原理等，并提高阅读美感。

（2）强调机构学的基础知识。机构学的基础知识是学习机械原理课程的重要内容之一。本书着重讲解有关机械原理的基本概念、基本理论和基本方法，并做到条理清楚、层次分明、循序渐进、言简意赅。

（3）贯穿"机构系统创新设计"的设计主线。本书重视解决实际问题能力的培养，书中有一定数量的工程实例，并始终贯穿"机构系统创新设计"的设计主线，加强了"执行机构系统创新设计"的内容。本书以设计最佳的机械运动系统设计方案为目标，培养学生正确的设计思维和设计能力。

（4）注重实践能力的培养。为了使机械原理课程发挥更大的作用，本书加强了第三篇机械系统方案设计内容，注重与后续的机械原理课程设计及其实验等实践环节的衔接。这对培养机械类学生的机械系统创新设计能力和工程实践能力无疑是十分重要的。

（5）对机械原理重要名词术语在第一次出现的位置标注英文表达，并在附录A中列出中英文对照表。在部分章节中增加了英文的拓展阅读，为读者进一步阅读本学科的英文文献及撰写相关的英文论文奠定基础。

（6）展现现代机构学理论与应用的新进展。现代科技新成果及应用、学科前沿动态等的引入是新教材的功能之一。本书体现了现代机构学理论与应用的新进展，介绍了广义机构、可控机构、变胞机构、柔顺机构、并联机构等现代机构学的重要分支，在使读者了解现代机构学发展动态和前沿的同时，激发其对现代机构学的研究兴趣。这部分内容为学生在未来进行机构学与机器人学方面的深造奠定了基础。

机械原理是机械类学科研究生入学考试的重要科目之一。本书适当增加了一些综合性较强的例题及近年来的考研题，补充了一些扩展性的内容，以利于学生开阔思路，巩固基础知识的学习。本书可作为研究生入学考试的参考用书。

参加本书编写工作的有李瑞琴（第1~4章和附录A）、薄瑞峰（第5、14章）、苗鸿宾（第6~8章）、梅瑛（第9、10章）、闫建新（第11章）和乔峰丽（第12、13章）。

全书由李瑞琴教授担任主编，并负责全书的统稿、修改和定稿工作；由乔峰丽副教授担任副主编。感谢参与本书讨论、图形制作及校对工作的研究生们。在本书的编写过程中，参考了一些同类教材和相关著作，在此向作者表示诚挚的谢意。

由于编者水平有限，书中缺点、误漏、欠妥之处在所难免，恳请广大读者批评指正。

李瑞琴

2015年5月

前 言

PREFACE

随着"新工科建设"的逐步贯彻和深入，以新技术、新业态、新产业为特点的新经济对机械原理课程提出了新的要求。机构学是机械工程领域的核心基础学科，是现代机械装备设计的基础和发明创造的源泉。机构可以形象地比作机器人的"骨骼"系统，起到支承和运动产生与变换的功能。随着机器人学研究的深入及其广泛应用，给传统机构学带来了空前的发展机遇。本书在李瑞琴主编的《机械原理（双色）》的基础上修订而成。按照"新工科"建设的要求，本书以培养学生的机械系统方案创新设计能力为目标，始终贯穿以现代机构学设计为主线的设计思想，并融入现代机构学学科前沿知识。

全书保留了第1版的章节体系，分为三篇共14章。第一篇为基本机构及常用机构的运动学设计，主要介绍机构的组成原理及各种机构的类型、运动特点、功能和设计方法，包括绪论、机构的结构分析与综合、平面连杆机构及其设计、凸轮机构及其设计、齿轮机构及其设计、轮系及其设计、间歇运动机构、其他常用机构。第二篇为机械的动力学设计，主要介绍机械运转过程中的若干动力学问题，包括平面机构的力分析、机械的效率和自锁、机械的运转及其速度波动的调节、机械的平衡。第三篇为执行机构系统的方案设计和机构学的发展及学科前沿，执行机构系统的方案设计主要介绍设计的一般流程、执行机构的型综合及系统协调设计；机构学的发展主要介绍其发展的三个阶段及代表性成果；现代机构学学科前沿主要介绍现代机构学重要研究方向的最新研究进展和成果。

本书在第1版的基础上，结合"新工科"人才培养的要求，做了如下几个方面的修订。

（1）对第1版的内容做了全面修订。结合现代机构学的发展，为机构与机器的基本概念赋予了新的内涵；更新了国家标准，全书均采用现行国家标准；对不同的机构位置及不同含义的机构线条和填充颜色的使用更加合理，更加精致的双色图形使读者更易于理解机构的结构及工作原理。

（2）强化解决实际工程问题能力的培养。书中充实了一定数量的工程实例，并始终贯穿"机构系统创新设计"的设计主线，增加了"执行机构系统创新设计"的内容。以设计最佳的机械运动系统设计方案为目标，培养学生正确的设计思维和设计能力。

（3）Matlab 辅助机械原理分析与综合。编写了若干与核心内容密切相关的 Matlab 程序，并使用二维码嵌入书中相应的位置，读者使用智能手机或平板电脑扫描二维码即可获得 Matlab 程序清单及运行结果，也可以方便地复制程序代码到

Matlab 软件环境中运行。需要说明的是，所有 Matlab 程序代码版权所有，仅供读者学习使用，未经允许请勿擅自挪作他用。

（4）以"立德树人"为引领。本书配套章节内容穿插了 10 个关于古机构的小故事，使学生从故事中体会机构学悠久的历史，学习其中所蕴含的古人的聪明才智，并激发其对机构学研究的浓厚兴趣。

（5）与研究生的高等机械原理的主要知识点密切衔接，构建与"新工科建设"相适应的反映前沿性和时代性的知识体系。现代机构学的最新研究成果及应用、学科前沿动态是本书的重要更新内容。这部分内容的更新主要体现在部分章节中的英文版的拓展阅读和第 14 章中的现代机构学学科前沿。第 14 章主要介绍了变胞机构、柔顺机构、移动机器人和并联机器人四个研究方向的学科前沿，使读者在了解现代机构学学科动态的同时，激发学生对现代机构学的研究兴趣。这部分内容将本科的机械原理课程与研究生的机构学与机器人学的学科研究有机地衔接，为学生在未来从事机构学与机器人学学科领域的研究奠定基础。

（6）与本书配套资源的衔接更加合理。对于直线机构、行程增大机构、增力机构、急回机构等最常用的功能型机构，将其作为设计资料在《机械原理课程设计》（第 2 版）中介绍。对于较为综合性的习题的设计思路及其解答，可在《机械原理同步辅导与习题全解》中找到答案。对于选择本书作为机械原理授课教材的高校，如果有授课课件的需求，请与本书策划编辑联系，邮箱：lijie @ phei. com. cn。

机械原理是机械工程学科研究生入学考试的重要科目之一。本书适当更新了一些综合性较强的例题，习题中补充更新了一些近年来的考研题，以利于学生开阔思路，巩固基础知识的学习。本书可作为研究生入学考试的参考用书。

参加本书修订工作的有薄瑞峰（第 5 章）、梅瑛（第 9、10 章）、梁海龙（第 11 章）、梁晶晶（14.2.2 节）、李辉（14.2.3 节），其余章节由李瑞琴完成。全书由李瑞琴教授担任主编，并负责全书的统稿、修改和定稿工作。

感谢参与本书讨论、Matlab 程序制作与测试及校对工作的研究生们，有益的讨论与建议对本书的修改与完善有很大的帮助。在本书的修订过程中，参考了一些同类教材和相关著作，在此向作者表示诚挚的谢意。

由于编者水平有限，书中缺点、误漏、欠妥之处在所难免，敬请广大读者和专家批评指正。

李瑞琴

2021 年 2 月

目 录

CONTENTS

第三篇　执行机构系统的方案设计和机构学的发展及学科前沿

 # 第一篇　基本机构及常用机构的运动学设计

第1章　绪　　论

内容提要：本章介绍机械原理的研究对象和研究内容、机械原理课程的地位和作用、机械原理课程的学习目的和方法。

§1.1　机械原理的研究对象和研究内容

1.1.1　机械原理的研究对象

机械原理（mechanisms and machine theory）是研究机器和机构的运动及动力特性，以及机械运动方案设计的技术基础学科。它是机械设计及理论学科的重要内容之一，对于机械的设计、制造、运行、维修等方面都有十分重要的作用。

机械原理的研究对象是机械（machinery），而机械是机器（machine）与机构（mechanism）的总称。因此，机械原理的研究对象是机器和机构。机械原理又称为机构与机器理论。

机器的种类繁多，根据其组成、功用和运动特点，可将机器定义如下：机器是一种由人为物体组成的具有确定机械运动的装置，它用来完成一定的工作过程，以代替人类的劳动。根据工作类型的不同，机器一般可分为动力机器、工作机器和信息机器三大类。

动力机器的功用是将任何一种能量变换为机械能，或将机械能变换为其他形式的能量。例如，内燃机、压气机、涡轮机、电动机、发电机等都属于动力机器。工作机器的功用是完成有用的机械功或搬运物品。例如，金属切削机床、轧钢机、织布机、包装机、汽车、机车、飞机、起重机、输送机等都属于工作机器。信息机器的功用是完成信息的传递和变换。例如，复印机、打印机、绘图机、传真机、照相机等都属于信息机器。

随着科技的发展，机器的内涵也在不断地变化。但是，机器的本质属性始终是实现可控的执行运动行为并完成有用的工作过程。现代科学技术在机器中的运用，只是使得机器更加具有

信息化、智能化和柔性化等特征。现代机器通常由控制系统、传感检测和信息处理系统及执行机构系统等组成。其中控制和信息处理由计算机完成，使机器达到机电一体化水平，如各种机器人、数控加工中心等。

现代机器中实现机械运动行为的执行机构系统是机器的核心，机器中的各个机构通过有序的运动和动力传递来最终实现功能变换，完成自己的工作过程。机器中的运动单元体称为构件。机构是把一个或几个构件的运动变换为其他构件所需的具有确定运动的构件系统。传统机构中的各构件是刚性的，而现代机构中的构件可以包含挠性构件、弹性构件和韧性构件，或者包含液压构件、气动构件、电磁件等。机构中给定运动的构件称为输入构件或主动构件、原动构件；完成执行动作的构件称为输出构件或执行构件。

工业机器人（industrial robot）是典型的现代机器。如图 1.1 所示的机器人操作机（manipulator）由机身、臂部（arm）、腕部（wrist）和手部（末端执行器，end-effector）等组成。其臂部有三个关节，故臂部具有三个自由度：绕腰关节转动的自由度 Φ_z、绕肩关节摆动的自由度 Φ_y 及绕肘关节摆动的自由度 Φ'_y；其腕部有三个关节，故腕部也具有三个自由度：绕自身旋转的自由度 Φ_{x1}、上下摆动的自由度 Φ_{y1}、左右摆动的自由度 Φ_{z1}。因此，整个操作机具有六个自由度。

机器的种类虽然有很多，但组成机器的基本机构的种类却并不多。如图 1.2 所示的内燃机（combustion engine）由曲柄滑块机构（属于连杆机构）、齿轮机构及凸轮机构组成。

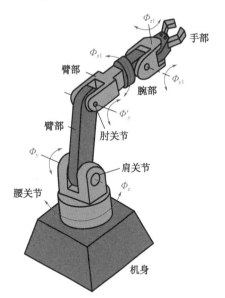

图 1.1　机器人操作机

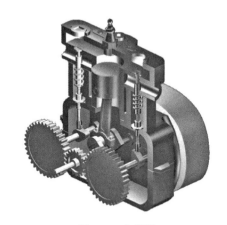

图 1.2　内燃机

1.1.2　机械原理研究的主要内容

机械原理主要研究以下四个方面的内容。

1. 机构的组成和类型综合

研究机构组成原理的目的是分析机构运动的可能性及确定性；对组成机构的杆组进行分

类，便于系统地建立机构运动分析和力分析的方法。通过机构的类型综合可以探索机构创新的某些设计方法。

2. 典型机构的分析与设计

机器的种类虽然繁多，但是组成各种机器的机构类型是有限的，主要有连杆机构、凸轮机构、齿轮机构、间歇运动机构、其他常用机构等一些典型机构。本课程介绍这些典型机构的设计理论和方法。

3. 机械动力学

为了设计出动力性能良好的机械，本课程介绍平面机构的力分析、在已知力作用下机械的真实运动规律、减小机器速度波动的调节方法、机械运动过程中惯性力系的平衡问题等。

4. 机械系统方案设计

机械系统方案设计是机械设计的重要阶段。本课程介绍机械总体方案的拟定、执行机构系统的设计、机械传动系统的设计及原动机的选择等。这部分内容主要包括机械运动方案设计步骤、功能分析、机构创新、执行机构的运动规律和机构系统运动协调设计等的基本原则和方法。

本课程的研究内容也可以概括为以下两个方面：一是介绍对已有机械进行结构、运动和动力分析的方法；二是探索根据运动和动力性能方面的要求设计新机械的途径。应该强调的是，本课程对机械设计的研究只限于对运动和动力的要求，对机构各部分的尺度关系进行综合，而不涉及各零件的强度计算、材料选择，以及其具体结构形状和工艺要求等问题。所以，本课程中又常用"综合"二字来代替"设计"二字。

需要指出的是，随着现代科学技术的发展，各种新概念、新理论、新方法、新工艺不断涌现，处于机械工业发展前沿的机械原理学科，其新的研究课题和研究方法也日益增多。例如，对机器人机构、仿生机构、可重构机构等的研究，对优化设计、计算机辅助设计及各种近代数学方法的运用，以及对动力学研究的不断深入，使机械原理学科的研究呈现出前所未有的蓬勃发展的局面，也为机械原理学科的应用开拓了更为广阔的前景。本书也对机械原理学科的最新发展进行简要介绍，以开阔学生的知识视野。

§1.2　机械原理课程的地位和作用

1. 机械原理课程的地位

机械原理是机械工程学科的一门核心基础课程，是现代机械装备设计的基础和发明创造的源泉。随着机器人学研究的深入及其广泛应用，机构学对推动机器人产业的发展必将发挥重要作用。机械原理课程讨论的对象是机构与机器的概念、组成、分析、设计等基本理论和方法，为现代机械装备的运动方案分析、创新和设计提供基本理论和方法，是机构学学科知识和思维方法在机械工程类相关人才培养过程中的入门级课程。它的任务主要是使学生掌握机构学和机械动力学的基本理论、基本知识和基本技能，培养学生初步拟定机械运动方案、分析和设计基本机构的能力。

机械原理以高等数学及理论力学等课程为基础，同时又为学生以后学习机械设计和有关专业课程及掌握新的科学技术成就打好工程技术的理论基础，并能使学生受到一些必要的、严格的基本技能和创造思维的训练。

机械原理研究机构与机器设计过程中所具有的共性问题，因此机械原理不仅是一门机械工程领域的大学生必修的专业基础课程，同时也是一门独立的、具有深刻内涵和重要地位、处于不断发展和进步中的机械工程基础学科。

2. 机械原理课程的作用

机械原理课程不仅研究机构和机器的运动性能及动力性能，而且研究在此基础上的机械运动方案创新设计。因此，系统培养学生具备基本机构的设计能力与机械运动系统方案创新能力是机械原理课程的核心任务。

人才的质量和数量决定着一个国家科技水平的高低。现代社会，人才问题已经成为关系到党和国家事业发展的关键问题。机械原理学科在现代机械产品设计过程中居于前端，事关谋划全局，牵一发而动全身。因此，机械原理课程在培养学生成为具备全局观、系统观、多学科融汇贯通大视野观的工程技术骨干、科技帅才和大师级领军人才的过程中具有得天独厚的优势，这也是本课程责无旁贷的责任和义务。

§1.3 机械原理课程的学习目的和方法

1.3.1 机械原理课程的学习目的

1. 认识机械、了解机械

机械原理课程中对常用机构的组成原理、各种机械的工作原理、运动分析乃至设计理论和方法都做了基本介绍，这对工科各专业的学生，在认识实习、生产实习中认识机械、了解机械和使用机械都会很有帮助，而且这些有关机械的基本理论和知识将为学习专业课程打下基础。

2. 掌握方法、分析机械

机器或机构的一个突出的特点是做机械运动，而运动的相对性和运动几何学的基本概念贯穿于本课程的始终。例如，根据相对运动原理提出的"反转法"等一些基本方法，经常用于机构的分析和设计中，掌握和运用这些基本方法去分析现有的机构，从而使学生对机构达到理性认识的高度。

3. 开阔思路，设计和创新机械

机械原理课程所讲授的机构分析与设计的基本理论和基本方法，不仅可用于解决本课程所学的机构设计，而且对以后的课程设计、毕业设计及今后在工作中遇到的技术问题的解决，都会提供必备的基础知识。例如，为了实现某种运动要求，在选择合适的机构类型，构思并设计基本机构和机械系统方面，机械原理课程所讲解的基本思想和方法将起到十分重要的作用。分析、比较各种机构的优缺点，权衡利弊，选择合适的机构，进而创造新机械等都必须具备上述知识。

1.3.2　机械原理课程的学习方法

只有根据机械原理课程的特点和作用，掌握相应的学习方法，才能达到事半功倍的效果。

1. 基本理论的学习方法

（1）掌握各种典型机构的结构、工作原理、分析和设计方法。

（2）掌握机构运动简图的绘制。要习惯用机构运动简图来认识机构和机器。

（3）深刻理解机构学中的基本概念。一些基本概念在不同章节、不同机构的分析和设计中会反复出现，如压力角、死点、瞬心、传动比、等效、相对运动原理等。要抓住这些基本概念的要点，只有在明确理解基本概念的基础上，才能更好地掌握本课程的内容。

（4）深刻理解和全面掌握本课程的基本研究方法。这些基本研究方法主要有杆组法、变换机架法、反转法、机构演化法、等效法等。掌握这些方法将使读者更容易地对各种机构进行分析和设计。

（5）注意运用理论力学的有关知识。理论力学是与机械原理课程最为密切的先修课程。机械原理是将理论力学的有关原理应用于实际机械，它具有自己的特点。在本课程的学习过程中，应注意把理论力学中的有关知识运用到本课程的学习中。

（6）重视实践教学环节的学习。本课程是一门与工程实际密切结合的课程，因此学习过程中要注意理论联系实际。与本课程密切结合的实验、课程设计、机械设计大赛、机器人竞赛及创新创业等科技活动，将为学生提供理论联系实际和学以致用的平台。此外，在现实生活中，要注意观察、分析和比较，积累各种各样的巧妙构思，并大胆运用所学知识，尝试设计新机构，以达到举一反三的目的。

2. 软件工具的学习和运用

软件工具的学习和应用对机械原理理论知识的学习将起到极大的促进作用。专用的机构运动学与动力学分析仿真软件主要包括 ADAMS、DADS 等，它们得到了广泛的工程应用。ADAMS 由美国密歇根大学（Michigan）开发，DADS 由爱荷华（Iowa）州立大学协同 CADSI 公司开发。这两种软件的功能都较强，包括碰撞检测、冲击、弹性及控制等功能，并含有专门的设计模块。功能相对简单的机构分析软件 SolidWorks、Pro/Mechanism、UG/Scenario、CATIA/KIN、MSC/Working Model 等在工程中也得到了广泛应用。另外，机构学常用的数学软件有 Matlab、Maple、Mathematica、MathCAD 等，其中 Matlab 是美国 MathWorks 公司开发的一套高性能的数值计算和可视化软件，它集数值分析、矩阵运算、信号处理和图形显示于一体，并包括了 Toolbox 的各类问题求解工具。本书主要应用 Matlab 辅助机械原理分析与综合。

3. 从机构与机器科学的相关网站和期刊文献中获取信息与知识

机械原理的学科性质决定了其学习应密切跟踪学科前沿研究，这可以从相关的网站和期刊文献中获取信息和知识。与机构和机器科学相关的网站有：国际机构学与机器科学联合会（International Federation for the Promotion of Mechanism and Machine Science，IFToMM），它是机械工程领域中最具权威的国际学术组织之一，每四年一次的 IFToMM 世界大会，是机构学与机器科学领域最具影响力的高水平国际学术盛会，代表机构学与机器科学领域的国际学术前沿；

美国机械工程师学会（American Society of Mechanical Engineers，ASME），它成立于 1880 年，是世界上最大的技术出版机构之一，出版 29 种技术期刊及大量的图书和技术报告；英国机械工程师学会（Institution of Mechanical Engineers，IMechE），它成立于 1847 年，是世界上最早建立的机械工程学术团体，出版 16 个分辑（Part A~P）的系列期刊。

第2章　机构的结构分析与综合

内容提要：本章介绍机构的组成、机构运动简图的绘制、机构自由度的计算、机构具有确定运动的条件、机构的结构分析及组成原理等。

机器主要是由各种机构构成的机构系统。在进行新机器创新设计时，需根据机器的功能要求和设计任务，选用或创造新机构，构思机械运动方案，实现机器自主创新。因此，掌握机构组成的一般规律、特点、设计方法等具有十分重要的意义。

§2.1　机构的组成及机构运动简图

2.1.1　构件与运动副

1. 构件（link）

组成机构的每一个独立运动的单元体均称为构件。机器中的构件可以是单一的零件（如齿轮），也可以由若干零件刚性组装而成。如图 2.1（a）所示的连杆就是由单独加工的连杆体、连杆头、螺栓、螺母等零件装配而成的单元体。由此可见，构件和零件是两个不同的概念，构件是运动的单元，而零件是制造的单元。

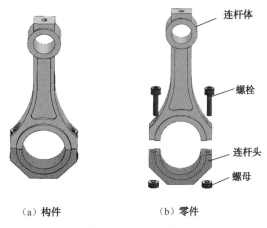

（a）构件　　　　（b）零件

图 2.1　构件与零件

2. 运动副（kinematic pair）

机构都是由两个以上具有相对运动的构件组成的，其中每个构件都以一定的方式至少与另一个构件相连。这种连接既使两个构件直接接触，又使两个构件能产生一定的相对运动。由两个构件直接接触而又能产生一定形式的相对运动的可动连接称为运动副。如图 2.2 所示的轴与轴承的连接、滑块与导轨的连接、两齿轮轮齿的啮合、凸轮与从动件的连接等均为运动副。

构成运动副的两个构件间的接触不外乎点、线、面三种形式，两个构件上参与接触而构成运动副的点、线、面称为运动副元素（kinematic pair element）。如图 2.2 所示的运动副元素分别是圆柱面和圆柱孔面、平面、齿廓曲面及点和曲线。

 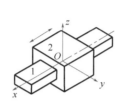 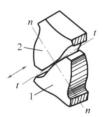 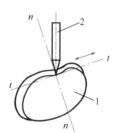

（a）轴与轴承的连接　（b）滑块与导轨的连接　（c）两齿轮轮齿的啮合　（d）凸轮与从动件的连接

图 2.2　运动副

构件所具有的独立运动的数目（或确定构件位置所需的独立参变量的数目）称为构件的自由度（degree of freedom，DOF）。一个构件在未与其他构件连接前，在空间可产生 6 个独立运动，也就是说，具有 6 个自由度；而做平面运动的自由构件具有 3 个自由度。

两个构件直接接触构成运动副后，构件的某些独立运动受到限制，自由度随之减少，构件之间只能产生某些相对运动。运动副对构件的独立运动所加的限制称为约束（constraint）。运动副每引入一个约束，构件便失去一个自由度。两构件间形成的运动副引入了多少个约束，限制了构件的哪些独立运动，则完全取决于运动副的类型。

运动副有多种分类方法。按组成运动副的两构件间的相对运动形式进行分类，若相对运动为平面运动，则称为平面运动副（planar kinematic pair）；若相对运动为空间运动，则称为空间运动副（spatial kinematic pair）。

按运动副的接触形式进行分类，与点、线接触的运动副（如图 2.2（c）所示的齿轮啮合所形成的运动副）相比，面与面接触的运动副（如图 2.2（a）所示的轴与轴承所形成的运动副）在承受载荷方面其接触部分的压强较低，故面接触的运动副称为低副（lower pair），而点、线接触的运动副称为高副（higher pair），高副比低副易磨损。

按运动副引入的约束数进行分类，引入 1 个约束的运动副称为 I 级副，引入两个约束的运动副称为 II 级副，以此类推，还有 III 级副、IV 级副、V 级副。

按组成运动副的两构件在接触部分的几何形状进行分类，可分为圆柱副（cylindrical pair）、平面副（planar pair；flat pair）、球面副（spherical pair）、球销副（sphere-pin pair）、螺旋副（helical pair；screw pair）等。

3. 各种平面运动副的约束特点

1）转动副（revolute pair）

图 2.2（a）所示运动副，构件 2 沿 x 轴和 y 轴的两个相对移动受到约束，构件 2 只能绕垂直于 O-xy 平面的轴相对转动。这种具有一个独立相对转动的运动副称为转动副。

2）移动副（sliding pair；prismatic pair）

图 2.2（b）所示运动副，构件 2 沿 y 轴的相对移动和绕 z 轴的相对转动受到约束。构件

2 只能沿 x 轴相对移动。这种具有沿一个方向独立相对移动的运动副称为移动副。

　　3）平面高副（planar higher pair）

　　图 2.2（c）所示圆柱齿轮啮合时轮齿与轮齿间的连接和图 2.2（d）所示从动件与凸轮轮廓之间的连接，当两构件组成运动副后，构件 2 沿公法线（common normal line）n—n 方向的移动受到约束，但可以沿接触点切线 t—t 方向相对移动，还可以同时绕接触线（或点）转动，所以，运动副的相对自由度数为 2，约束数为 1。这种具有两个独立相对运动的平面运动副称为平面高副。

　　约束一个相对转动而保留两个独立相对移动的运动副是不可能的。因为两构件一旦直接接触，沿接触点公法线相对移动的可能性即被取消。

　　因此，从相对运动来看，平面运动副只有上述三种形式，其中转动副和移动副是面接触的运动副，具有两个约束，属于平面低副；平面高副是点接触或线接触的运动副，具有一个约束。

2.1.2　运动链和机构

1. 运动链（kinematic chain）

　　用运动副将两个或两个以上的构件连接而成的系统称为运动链。运动链分为闭式运动链和开式运动链两种。如图 2.3（a）所示，各构件构成了首尾封闭的系统，称为闭式运动链（closed kinematic chain）。闭式运动链广泛应用于各种机械中。如图 2.3（b）所示，各构件未构成首尾封闭的系统，称为开式运动链（open kinematic chain）。开式运动链多用在工业机器人中的机械手、挖掘机等多自由度的机械中。

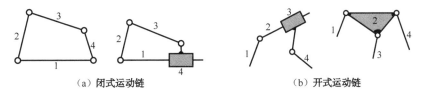

（a）闭式运动链　　　　　　　　（b）开式运动链

图 2.3　运动链

2. 机构（mechanism）

　　在运动链中，若将某一构件固定不动，其他构件都能按给定的运动规律相对于该固定构件运动，则此运动链称为机构。机构中固定不动的构件称为机架（fixed link；frame），按给定运动规律独立运动的构件称为原动件（或主动件）（driving link），而其余活动构件则称为从动件（driven link；follower）。

　　若组成机构的各构件都在同一平面内或相互平行的平面内运动，则此机构称为平面机构（planar mechanism）；若组成机构的某些构件不在相互平行的平面内运动，则此机构称为空间机构（spatial mechanism）。常见的机构大多数为平面机构。本书主要讨论平面机构和平面运动副的有关问题。

2.1.3　平面机构运动简图

无论是对已有的机械进行分析还是构思新的机械，都需要一种表示机构运动情况的简明图形。因为机构各构件间的相对运动是由原动件的运动规律、机构中所用运动副的类型、数目及其相对位置尺寸决定的，而与构件和运动副的具体结构、外形、断面尺寸，以及组成构件的零件尺寸、数目和固联方式无关，因此，可以撇开机构的复杂外形和运动副的具体构造，用简单的线条和规定的符号代表构件和运动副，并按比例定出各运动副的相对位置。这种能表达机构运动情况的简单图形称为机构运动简图（kinematic diagram of mechanism）。

机构运动简图有以下作用。

（1）可以简明地表达一部复杂机器的传动原理。

（2）能反映出机构的运动特性，可以用来进行机构的结构、运动及动力分析。

（3）可以在研究各种不同的机械运动时起到举一反三的效果。例如，活塞式内燃机、空气压缩机和冲床，尽管它们的外形和功用各不相同，但其主要传动机构都是曲柄滑块机构，可以用同一种方法研究它们的运动。

1. 运动副与构件的表示方法

机构运动简图的符号已有国家标准，GB/T 4460—2013 对运动副、构件及各种机构的表示符号做了规定。

1）转动副的表示符号

转动副的表示符号如图 2.4 所示。表示转动副的小圆，其圆心必须与相对回转轴线重合。

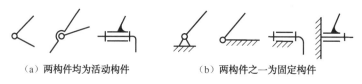

（a）两构件均为活动构件　　　（b）两构件之一为固定构件

图 2.4　转动副的表示符号

2）移动副的表示符号

移动副的表示符号如图 2.5 所示。

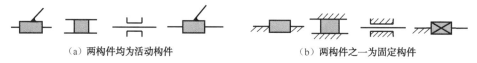

（a）两构件均为活动构件　　　（b）两构件之一为固定构件

图 2.5　移动副的表示符号

需要注意的是，运动简图中移动副的中心线必须与实际机构中的导路相平行；移动副的中心线可以平移；组成移动副的两构件中任何一构件可以画成滑块，另一构件画成导杆。图 2.6 所示的五种表示方法是等效的。

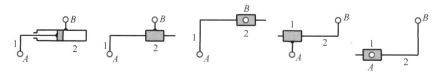

图 2.6　移动副的五种等效表示方法

3）平面高副的表示符号

平面高副的表示符号如图 2.7 所示。表示平面高副的曲线，其曲率中心的位置必须与构件实际轮廓曲率中心的位置一致。

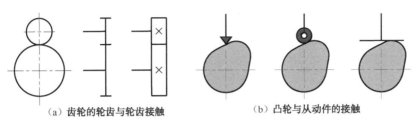

（a）齿轮的轮齿与轮齿接触　　　　（b）凸轮与从动件的接触

图 2.7　平面高副的表示符号

表 2.1 列出了其他常用运动副的类型和表示符号，表 2.2 列出了常用基本机构的简图图形符号。

表 2.1　常用运动副的类型和表示符号（GB/T 4460—2013）

名　称	球与平面副 （sphere and planar pair）	球面副 S （spherical pair）	球销副 S′ （sphere-pin pair）
图　形			
基本符号			
约　束　数	约束数 1；自由度数 5	约束数 3；自由度数 3	约束数 4；自由度数 2
名　称	平面副 E（planar pair）	圆柱与平面副 （cylinder and planar pair）	圆柱副 C（cylindrical pair）
图　形			
基本符号			
约　束　数	约束数 3；自由度数 3	约束数 2；自由度数 4	约束数 4；自由度数 2

名　称	螺旋副 H（helical pair）		
图　形			
基本符号			
约束数	约束数 5；自由度数 1		

表 2.2　常用基本机构的简图图形符号（GB/T 4460—2013）

名　称	齿轮齿条机构 （pinion and rack mechanism）	圆锥齿轮机构 （bevel gear mechanism）
基本符号		
名　称	外啮合	内啮合
	槽轮机构（Geneva mechanism）	
基本符号		
名　称	外啮合	内啮合
	棘轮机构（Ratchet mechanism）	
基本符号		
名　称	带传动（belt drive）	链传动（chain drive）
基本符号	 或	

续表

名　　称	蜗杆蜗轮机构 （worm and worm wheel mechanism）		交错轴斜齿轮机构 （crossed helical gear mechanism）
基本符号			

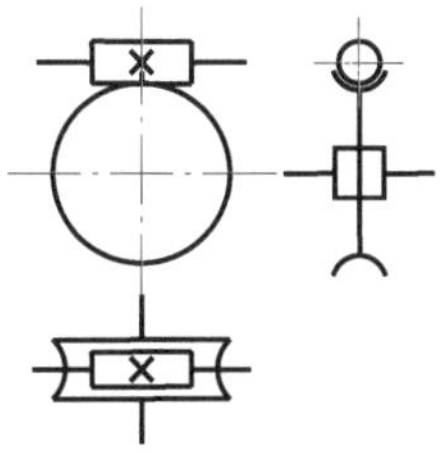

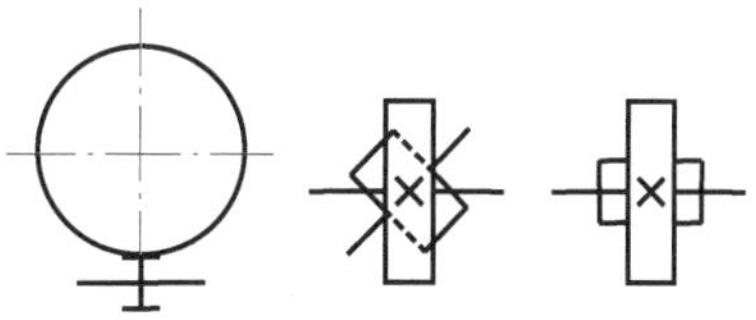

4）构件的表示符号

构件的运动功能是在机构运动过程中保持构件上所有运动副元素的相对位置不变。如图 2.8（a）所示的构件，仅两个转动副中心的距离 l_{AB} 对运动分析起作用，可用一条直线连接两个转动副表示，如图 2.8（b）所示。

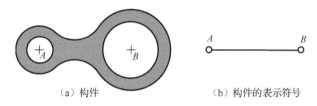

（a）构件　　　　　　　　　（b）构件的表示符号

图 2.8　构件的表示方法

具有两个运动副元素的构件的表示符号如图 2.9 所示；具有三个或三个以上运动副元素的构件可以用带有阴影线或焊接符号的多边形表示，如图 2.10 所示。图 2.10（d）所示的三个转动副位于一条直线上；图 2.10（f）所示为具有三个转动副和一个移动副的构件。

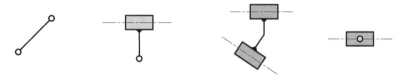

图 2.9　具有两个运动副元素的构件的表示符号

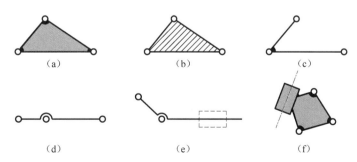

（a）　　　　　　　（b）　　　　　　　（c）

（d）　　　　　　　（e）　　　　　　　（f）

图 2.10　具有三个或三个以上运动副元素的构件的表示符号

2. 绘制平面机构运动简图的方法和步骤

绘制平面机构运动简图的方法和步骤如下。

（1）通过观察和分析机械的运动情况和实际组成，先搞清机械的原动部分和执行部分，然后循着运动传递的路线分析，查明组成机构的构件数目和各构件之间组成的运动副的类别、数目及各运动副的相对位置。

（2）恰当地选择投影面。选择时应以能简单、清楚地把机构的运动情况表示出来为原则。一般选机构中的多数构件的运动平面为投影面。

（3）选取适当的比例尺（scale）。根据机构的运动尺寸，先确定各运动副的位置（如转动副的中心位置、移动副的导路方位及平面高副的接触点的位置等），画上相应的运动副符号，然后用简单的线条或几何图形连接起来，最后标出构件序号及运动副的代号字母，并标出原动件的运动方向箭头。

图 2.11（a）所示的颚式破碎机由 6 个构件组成。根据机构的工作原理，构件 6 是机架，原动件为曲柄 1，它分别与机架 6 和构件 2 组成转动副，其回转中心分别为 A 点和 B 点。构件 2 是一个三副构件，它还分别与构件 3 和构件 5 组成转动副，构件 5 与机架 6、构件 3 与动颚板 4、动颚板 4 与机架 6 也分别组成转动副，它们的回转中心分别为 C、F、G、D 和 E 点。在选定长度比例尺和投影面后，定出各转动副的回转中心点 A、B、C、D、E、F、G 的位置，并用转动副符号表示，用直线把各转动副连接起来，在机架上加上短斜线，即得机构运动简图，如图 2.11（b）所示。

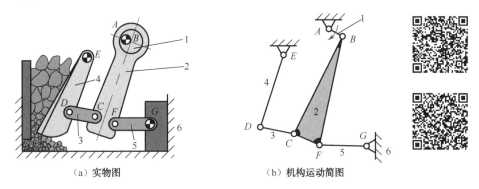

（a）实物图　　　　　（b）机构运动简图

1—曲柄；2、3、5—构件；4—动颚板；6—机架

图 2.11　颚式破碎机

在图 2.12（a）所示的牛头刨床中，安装于机架 1 的主动齿轮 2 将回转运动传递给与之啮合的从动齿轮 3，从动齿轮 3 带动滑块 4 使导杆 5 绕 E 点摆动，并通过连杆 6 带动滑枕 7 使刨刀做往复直线运动。主动齿轮 2、从动齿轮 3 及导杆 5 分别与机架 1 组成转动副 A、C 和 E。从动齿轮 3 与滑块 4、导杆 5 与连杆 6、连杆 6 与滑枕 7 之间的连接组成转动副 D、F 和 G，滑块 4 与导杆 5、滑枕 7 与机架 1 之间组成移动副，主动齿轮 2 与从动齿轮 3 之间的啮合为平面高副 B。选择与各转动副回转轴线垂直的平面作为视图平面。合理选择长度比例尺 μ_l（m/mm），定出各运动副之间的相对位置，绘制机构运动简图，如图 2.12（b）所示。

如果只要求定性地表达各构件间的相互关系，而不需要借助简图求解机构的运动参数，则可不按比例绘制简图。这种不按比例绘制的机构运动简图称为机构示意图。

需要指出的是，在各种三维软件技术应用日益普及的今天，利用计算机绘制机构运动简图不仅非常方便，而且可以通过动态仿真来观察机构的运动情况。

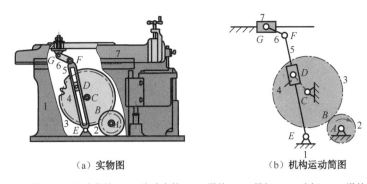

（a）实物图　　　　　　（b）机构运动简图

1—机架；2—主动齿轮；3—从动齿轮；4—滑块；5—导杆；6—连杆；7—滑枕

图 2.12　牛头刨床

§2.2　机构的自由度计算及机构运动确定条件

2.2.1　平面机构的自由度

机构的自由度是指机构中各构件相对于机架所具有的独立运动参数。由于平面机构的应用广泛，下面仅讨论平面机构的自由度计算问题。

机构的自由度与组成机构的构件数目、运动副的类型及数目有关。设某一运动链中共有 N 个构件，当取其中一个构件为机架时，则其余活动构件的数目为 $n=N-1$。用 P_L 个低副和 P_H 个高副把所有构件连接起来。

我们知道，一个没有受任何约束的构件做平面运动时具有 3 个自由度，一个低副具有 2 个约束，一个高副具有 1 个约束。因此，平面机构的自由度可按下式计算：

$$F=3n-2P_L-P_H \tag{2.1}$$

式中，n 为机构中活动构件的数目；P_L 为低副数目；P_H 为高副数目。

式（2.1）称为平面机构自由度的计算公式，又称为平面机构的结构公式。

例 2.1　计算图 2.12 所示牛头刨床的自由度。

解：由图 2.12 可知，该机构有 6 个活动构件、8 个低副（即转动副 A、E、C、D、F、G 和移动副 D、G）、1 个平面高副 B，按式（2.1）可求得其自由度为

$$F=3n-2P_L-P_H=3\times6-2\times8-1=1$$

2.2.2　机构具有确定运动的条件

如图 2.13 所示的铰链四杆机构的自由度为

$$F=3n-2P_L-P_H=3\times3-2\times4-0=1$$

设 1 为原动件，φ_1 表示构件 1 的独立转动，每给出一个 φ_1 的数值，从动件 2、3 便有一个确定的位置。即这个自由度等于 1 的机构在具有一个原动件时运动是确定的。

如图 2.14 所示的铰链五杆机构的自由度为

$$F=3n-2P_L-P_H=3\times4-2\times5-0=2$$

取构件 1 和 4 为原动件，则给定一组 φ_1 和 φ_4 的值，从动件 2、3 便有确定的相对位置。如果只给定 1 个原动件（如构件 1），则当 φ_1 给定后，由于 φ_4 不确定，构件 2、3 的位置不确定，故不能成为机构。

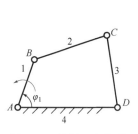

图 2.13　铰链四杆机构

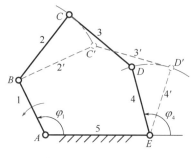

图 2.14　铰链五杆机构

如图 2.15 所示机构的自由度为：$F=3n-2P_L-P_H=3\times4-2\times6-0=0$。

自由度等于 0，说明它是不能产生相对运动的刚性桁架。

如图 2.16 所示机构的自由度为：$F=3n-2P_L-P_H=3\times3-2\times5-0=-1<0$。

自由度为负值，说明它所受的约束过多，是超静定桁架。

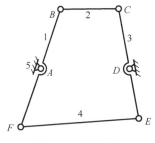

图 2.15　刚性桁架

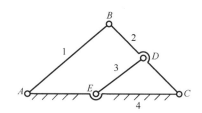

图 2.16　超静定桁架

综上所述可知：

（1）自由度 $F\leq0$ 时，机构蜕化为刚性桁架，构件间没有相对运动。

（2）自由度 $F>0$ 时，若原动件数目小于机构的自由度数目，则各构件间没有确定的相对运动；若原动件数目大于机构的自由度数目，则在机构的薄弱处遭到破坏。

因此，机构具有确定运动的条件是：机构的自由度 $F>0$ 且机构的原动件数目等于自由度数目。

2.2.3　计算平面机构自由度时应注意的事项

应用式（2.1）计算平面机构的自由度时，必须正确理解和处理下列几种特殊情况，否则将不能算出与实际情况相符的机构自由度。

1. 复合铰链（compound hinge）

两个以上的构件在同一处以转动副相连接，该处就构成复合铰链。如图 2.17 所示，构件 2、3 分别与构件 1 组成转动副，当计算机构自由度时，A 处的转动副数目应按 2 计算。当有 m

个构件（包括固定构件）以复合铰链相连接时，其转动副的数目应为 $m-1$。

如图 2.18 所示的摇筛机构中，共有 5 个活动构件，A、B、D、E、F 处各有一个转动副，C 处为 3 个构件组成的复合铰链，包含两个转动副，无移动副和平面高副。由式（2.1）可得该机构的自由度为

$$F = 3n - 2P_{\mathrm{L}} - P_{\mathrm{H}} = 3 \times 5 - 2 \times 7 = 1$$

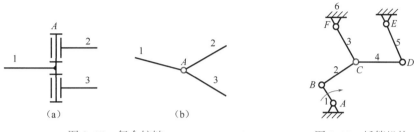

图 2.17　复合铰链　　　　　　　　图 2.18　摇筛机构

值得注意的是，在很多情况下，复合铰链的表现形式并不明显。如图 2.19 所示的转动副 A 均表示由 3 个构件组成的复合铰链，在计算自由度时应按两个转动副计算。

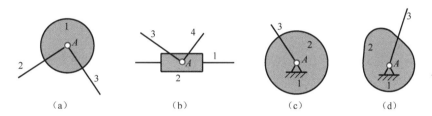

图 2.19　复合铰链的几种形式

在图 2.19（c）、（d）中，若将齿轮 2 和凸轮 2 分别与构件 3 焊接，成为一个构件，如图 2.20（a）、（b）所示，则转动副 A 就成为 1 个转动副，而不是复合铰链了。

例 2.2　计算图 2.21 所示齿轮连杆机构的自由度。

解：图 2.21 所示齿轮连杆机构中，有 3 个活动齿轮 1、2、3 和两个活动构件 4、5。转动副 C 是构件 2、4、5 构成的复合铰链，转动副 D 是构件 3、5、6 构成的复合铰链。该机构的自由度为

$$F = 3n - 2P_{\mathrm{L}} - P_{\mathrm{H}} = 3 \times 5 - 2 \times 6 - 2 = 1$$

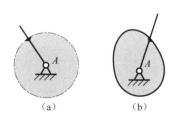

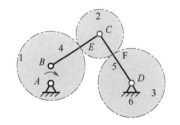

图 2.20　转动副 A 不是复合铰链　　　　图 2.21　齿轮连杆机构

2. 局部自由度（passive degree of freedom）

如图 2.22（a）所示的盘形凸轮机构，为了减少平面高副元素的磨损，在凸轮 1 和从动件 2 之间安装了一个滚子 3。从图中可以看出，当原动件凸轮 1 顺时针转动时，即可通过滚子 3

带动从动件 2 做往复摆动的确定运动，故该机构是自由度为 1 的平面高副机构。但用式
（2.1）计算其自由度时，有

$$F = 3n - 2P_L - P_H = 3×3 - 2×3 - 1 = 2$$

得出了与实际不符的结果。这是因为安装了滚子 3 及其几何中心的转动副后，引入了一个自由
度，这个自由度是滚子 3 绕其自身轴线转动的局部自由度，它并不影响从动件 2 的运动规律。
这种与输出构件（output link）运动无关的自由度称为局部自由度。在计算机构自由度时，局
部自由度应该除去不计。

如图 2.22（b）所示，设想将滚子与安装滚子的构件焊接成一体，预先排除局部自由度后
再计算机构的自由度，即该机构的真实自由度为

$$F = 3n - 2P_L - P_H = 3×2 - 2×2 - 1 = 1$$

得出的结果与实际相符。

局部自由度常见于变滑动摩擦为滚动摩擦时添加的滚子、轴承中的滚珠等场合。

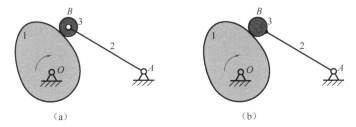

图 2.22   局部自由度

例 2.3   计算图 2.23（a）所示凸轮连杆机构的自由度。

解：分析图 2.23（a）所示机构可知：

（1）C 处是构件 4、5、7 组成的复合铰链；

（2）A 处是构件 1、2、7 组成的复合铰链；

（3）滚子 B 产生一个局部自由度，为预先排除局部自由度，将滚子焊接于构件 6 上，此
时，构件 5、6 之间仍存在一个转动副，如图 2.23（b）所示。

$$F = 3n - 2P_L - P_H = 3×6 - 2×8 - 1 = 1$$

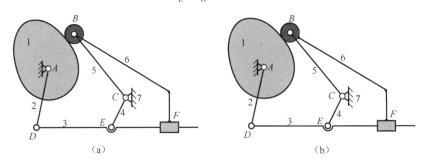

图 2.23   凸轮连杆机构

3. 虚约束（redundant constraint）

机构的运动不仅与构件数、运动副类型和数目有关，而且与转动副间的距离、移动副的导
路方向、平面高副元素的曲率中心等几何条件有关。在一些特定的几何条件或结构条件下，某
些运动副所引入的约束可能与其他运动副所起的限制作用是一致的。

在图 2.24（a）所示的平行四边形机构中，若 $BE=AF$，则在机构运动过程中，E、F 两点间的距离始终不变。若在 E、F 两点间添加一个构件和两个转动副，如图 2.24（b）所示，则机构的自由度应保持不变，但用式（2.1）计算该机构的自由度时，有

$$F=3n-2P_{L}-P_{H}=3\times4-2\times6=0$$

计算结果与实际情况不符。引起这种错误的原因就是构件 2 和构件 5 连接点 E 的轨迹原来就相同。引入一个构件 5 和两个转动副 E、F 所增加的一个约束条件对机构的运动只起到重复限制的作用。

这种不起独立限制作用的重复约束称为虚约束。在计算机构自由度时，应将虚约束除去不计。

虚约束一般发生在以下场合。

1）两构件上某两点间的距离在运动过程中始终保持不变

如图 2.25 所示的平行四边形机构，由于 $AB/\!/CD$ 且 $AB=CD$，$AF/\!/DE$ 且 $AF=DE$，故在机构的运动过程中，构件 1 上的 F 点和构件 3 上的 E 点之间的距离始终保持不变。此时，若用构件 5 及转动副 F、E 将此两点相连，则将引入一个虚约束。

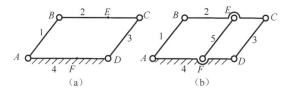 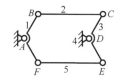

图 2.24　平行四边形机构（一）　　　　图 2.25　平行四边形机构（二）

2）转动副轴线重合

两构件组成多个转动副且其轴线重合时，只有一个转动副起约束作用，其余转动副都是虚约束。如图 2.26（a）所示的齿轮 2 与机架 1 构成的两个转动副轴线重合，如图 2.26（b）所示的曲轴 2 与机架 1 构成的多个转动副的轴线重合。在这种情况下，只有一个转动副起约束作用，其余转动副所提供的约束均为虚约束。

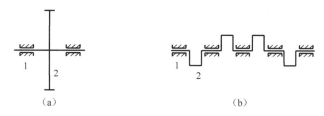

图 2.26　转动副轴线重合引入虚约束

3）移动副导路平行

两个构件组成多个移动副且其导路互相平行或重合时，只有一个移动副起约束作用，其余移动副都是虚约束，如图 2.27 中的 D、D' 所示。

4）轨迹重合

如图 2.28 所示，由于 $BD=BC=AB$，$\angle DAC=90°$，故可以证明连杆 2 上除 B、C、D 三点外，其余各点在机构运动过程中均描绘出椭圆轨迹，而 D 点的运动轨迹为沿 y 轴的直线。此时，若在 D 处安装一个导路与 y 轴重合的滑块 5，使其与连杆 2 组成转动副，与机架 4 组成移动副，则引入了一个约束。由于滑块 5 上的 D 点与加装滑块前连杆 2 上的轨迹重合，故引入的

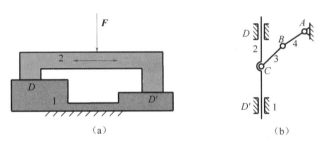

图 2.27 移动副导路平行引入虚约束

这一约束对机构的运动并不起独立的约束作用，为虚约束。

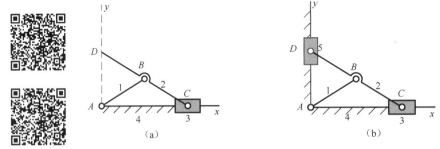

图 2.28 轨迹重合引入虚约束

5）机构中对运动起重复约束作用的对称部分

在机构中，某些不影响机构运动传递的重复部分引入的约束称为虚约束。如图 2.29（a）所示的行星轮系中，主动齿轮 1 和内齿轮 3 之间对称布置了 3 个行星轮 2、2′ 和 2″。从运动传递的角度看，只需要一个行星轮 2 就足够了，但为了使机构受力均衡和传递较大功率，增加了与行星轮 2 对称布置的行星轮 2′ 和 2″，这两个增加的行星轮引入的约束为虚约束。在计算自由度时，应预先排除，按图 2.29（b）所示的机构进行自由度计算。

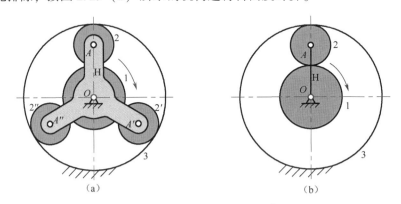

图 2.29 对称部分引入虚约束

虚约束的存在虽然不影响机构的运动，但是引入虚约束后可以增加构件的刚性，改善其机构的受力状况，保证机械运动的顺利进行，因而虚约束在机构的结构设计中被广泛应用。需要特别注意的是，只有在特定的几何条件下才能构成虚约束，如果加工误差大，满足不了这些特定的几何条件，则虚约束就会成为实际约束，使机构的自由度减少，甚至失去运动的可能性。

在计算机构自由度时，应将虚约束去掉。

🎓**小故事：机构自由度计算公式的发展及切比雪夫连杆机构**

切比雪夫（俄文原名 Пафнýтий Львóвич Чебышёв，英文名 Chebychev，1821—1894），俄罗斯数学家、力学家。切比雪夫在概率论、数学分析等领域有重要贡献，并将成果用于研究机构理论。

切比雪夫于 1854 年给出了自由度计算公式，其依据仅仅包括机构的构件数目、运动副数目和运动副所具有的自由度数目或独立环的数目等参数之间的关系，因而计算快速、应用方便。切比雪夫方法曾经得到广泛的应用，特别是在众多的平面机构的自由度分析上取得很大的成功，也广泛为工程师所掌握。然而，它的最大问题是没有考虑过约束，存在众多反例，特别是对现代空间机构和并联机构很少得出正确的结果，因而它远不是一个通用的自由度计算公式。

回顾寻找自由度计算统一公式的历史，从切比雪夫算起，到给出自由度通用公式已经有 150 年了，许许多多学者为此做出了贡献，给出了他们的自由度计算公式，包括已有百余年历史的我们熟知的 Grübler-Kutzbach 公式，所有这些研究都在不同程度上发展了自由度理论。

切比雪夫关于机构的两篇著作是发表于 1854 年的《平行四边形机构的理论》和发表于 1869 年的《论平行四边形》。插图 2.1 所示是由静止节、原动节、从动节、中间节和延长中间节组成的四杆机构，即切比雪夫连杆机构，可实现机器人腿部的抬起、迈步、蹬地、前行的周期性动作，其余四个连杆与部分切比雪夫连杆组成平行四边形机构，用来保持机器人脚面与地面的平行，其中切比雪夫连杆满足以下长度关系：

　　　静止节：原动节：从动节：中间节：延长中间节 = 2：1：2.5：2.5：2.5

切比雪夫还发明了 40 余种机构。插图 2.2 所示是他发明的神奇的足式行走机构，称为切比雪夫行走机构。它以切比雪夫连杆机构作为腿机构，利用连杆曲线特性，当一对角足运动处在曲线的直线段时则着地静止不动，而另一对角足则处在曲线段做迈足运动，从而实现类似于动物的足行运动。

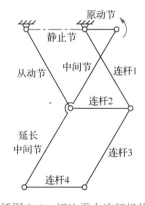

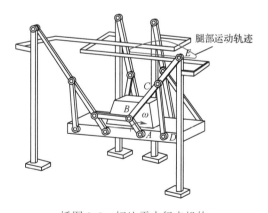

插图 2.1　切比雪夫连杆机构　　　　　　插图 2.2　切比雪夫行走机构

§2.3　机构的高副低代、结构分析和组成原理

2.3.1　平面机构的高副低代

为了使平面低副机构的结构分析（structural analysis）和运动分析的方法适用于所有平面机构，需了解平面高副和平面低副之间的内在联系。研究在平面机构中用低副代替高副的条件和方法，简称为高副低代（replacement of higher pair by lower pairs）。

为了使机构的运动保持不变，进行高副低代时必须满足以下两个条件。

（1）代替机构和原机构的自由度必须完全相同；

（2）代替机构和原机构的瞬时速度及瞬时加速度必须完全相同。

如图 2.30（a）所示，两个偏心圆盘分别绕点 A、B 转动，在 C 点组成平面高副，其高副两元素均为圆弧。从图中可以看出，在机构运动过程中，AO_1、BO_2 及两高副元素在接触点处的公法线长度 $\overline{O_1O_2}$（$\overline{O_1O_2} = r_1 + r_2$）均保持不变。因此，可以用图 2.30（b）所示的四杆机构代替原机构，即用含有两个转动副 O_1、O_2 的虚拟连杆 4 代替原机构中的高副 C，即可保证代替前后机构的瞬时速度和瞬时加速度不变。

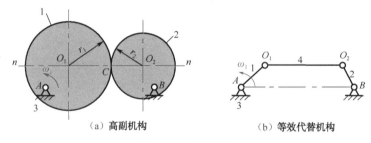

（a）高副机构　　　　　　　　　　（b）等效代替机构

图 2.30　高副低代

上述的高副低代方法可以推广应用到具有任意曲线轮廓的高副机构中，如图 2.31（a）所示，过接触点 C 作公法线 n-n，在此公法线上确定接触点的曲率中心 O_1、O_2，虚拟构件 4 通过转动副 O_1 和 O_2 分别与构件 1 和构件 2 相连，便可得到图 2.31（b）所示的瞬时代替机构 AO_1O_2B。当该机构运动时，随着接触点的改变，其接触点的曲率半径及曲率中心的位置也发生改变，因而在不同的位置有不同的瞬时代替机构。

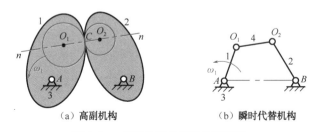

（a）高副机构　　　　　　　　　　（b）瞬时代替机构

图 2.31　任意曲线轮廓的高副机构

综上所述，高副低代的方法就是用一个带有两个转动副的构件来代替一个高副，这两个转动副分别位于高副两元素接触点处的曲率中心。

若两高副元素之一为一点，如图 2.32（a）所示的尖底从动件盘形凸轮机构，由于尖点的曲率半径为零，所以曲率中心与两构件的接触点 C 重合，其瞬时代替机构如图 2.32（b）所示。

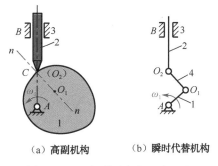

（a）高副机构　　　（b）瞬时代替机构

图 2.32　两高副元素之一为一点

若两高副元素之一为一直线，如图 2.33（a）所示的摆动从动件盘形凸轮机构，因直线的曲率中心位于无穷远处，所以这一端的转动副将转化为移动副。其瞬时代替机构如图 2.33（b）、（c）所示。

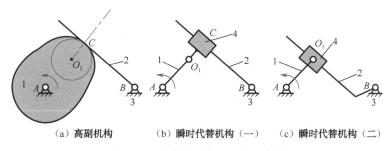

（a）高副机构　　　（b）瞬时代替机构（一）　　　（c）瞬时代替机构（二）

图 2.33　两高副元素之一为一直线

2.3.2　平面机构的结构分析

1. 基本杆组（Assur group）的概念

由于机构中原动件数目等于机构的自由度数，因此，若从机构中将机架及与机架相连的原动件拆下，则剩下的必是一个自由度为零的从动件系统。当然，有时还可再将它拆成更简单的自由度为零的构件组。把最后不能再拆的最简单的自由度为零的构件组称为基本杆组。

反过来，任何机构都可以看成由若干个基本杆组依次连接到一个（或几个）原动件和机架上而组成，这就是机构的组成原理。

必须注意，把每个基本杆组拆下来或装上去，都必须不影响原机构运动的自由度。也就是说，从机构中拆下来的是基本杆组，剩下来的还是机构。

对于仅含低副的机构，其最简单的基本杆组由两个构件和三个低副构成。这种基本杆组称为 II 级杆组（grade II Assur group），它有五种不同类型，如图 2.34 所示。

III 级杆组（grade III Assur group）均由四个构件和六个低副所组成，而且必有一个构件有三个低副。如图 2.35 所示的六种类型中的构件 2，都有 A、B、C 三个低副。

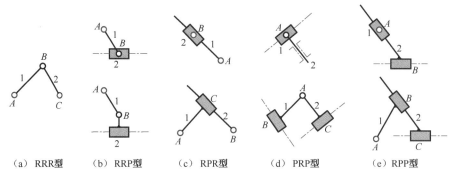

（a）RRR型　（b）RRP型　（c）RPR型　（d）PRP型　（e）RPP型

图 2.34　Ⅱ级杆组的五种类型

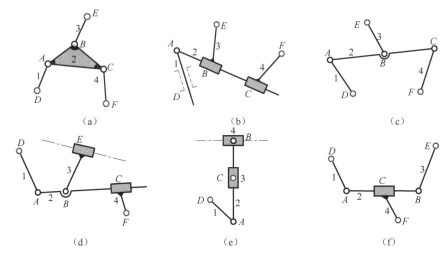

（a）　　　　　　　　（b）　　　　　　　　（c）

（d）　　　　　　　　（e）　　　　　　　　（f）

图 2.35　Ⅲ级杆组的六种类型

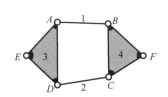

图 2.36　Ⅳ级杆组

值得注意的是，图 2.36 所示的杆组包含由四个运动副组成的封闭四边形，故称为Ⅳ级杆组。

平面机构的级别取决于该机构能够分解出的基本杆组的最高级别。

2. 机构结构分析的步骤

（1）除去虚约束和局部自由度，将机构中的高副全部以低副代替，计算机构的自由度，并用箭头标注出机构的原动件。

（2）从远离原动件的地方开始拆杆组。先试拆Ⅱ级杆组，当不可能时再试拆Ⅲ级杆组。

注意：每拆出一个杆组后，剩下的部分仍组成机构，且自由度与原机构相同，直至全部杆组拆出，只剩下Ⅰ级机构。

（3）确定机构的级别。

例 2.4　计算图 2.37 所示的双缸曲柄滑块机构的自由度并确定其机构的级别。

解：（1）由于此机构既无虚约束又无局部自由度，故其

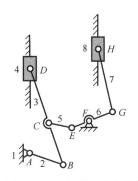

图 2.37　双缸曲柄滑块机构

自由度为

$$F = 3n - 2P_\text{L} - P_\text{H} = 3 \times 7 - 2 \times 10 - 0 = 1$$

即此机构只需一个原动件就能保证机构具有确定的运动。

（2）拆杆组时，必须先指定机构中的某一构件为原动件。

若以构件 4 为原动件，根据拆杆组原则，可以拆出三个Ⅱ级杆组，如图 2.38 所示。此时该机构为Ⅱ级机构。

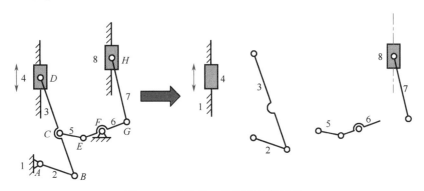

图 2.38　以构件 4 为原动件拆杆组

若以构件 2 为原动件，也可以拆出三个Ⅱ级杆组，如图 2.39 所示。此时该机构也为Ⅱ级机构。

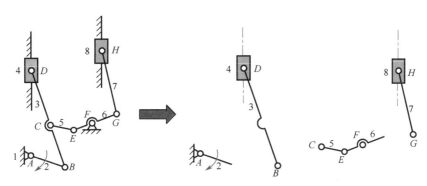

图 2.39　以构件 2 为原动件拆杆组

若以构件 8 为原动件，则拆下来的是一个Ⅲ级杆组和一个Ⅱ级杆组，因此，该机构为Ⅲ级机构，如图 2.40 所示。

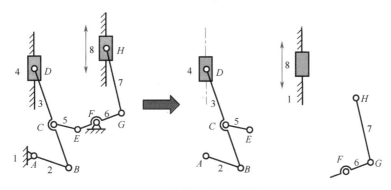

图 2.40　以构件 8 为原动件拆杆组

由以上分析可知，即使同一机构，当选用的原动件不同时，所得的机构级别也可能不同。但不论以哪一个构件为原动件，拆杆组时都需要满足拆杆组的原则。

2.3.3 平面机构的组成原理

平面机构的组成原理（constitution principle of planar mechanism）是：任何机构都可以看作由若干个基本杆组依次连接到原动件和机架上或相互连接而成。

在设计一个新机构的运动简图时，可先选定机架，并将等于该机构自由度数的若干个原动件用低副连接到机架上，然后再将各个基本杆组依次连接到机架和原动件上，即可完成该简图的设计。

例如，图 2.41（c）所示的牛头刨床主机构，就由构件 2 与 3 和构件 4 与 5 组成的 II 级杆组依次连接于原动件 1 和机架 6 上所构成，如图 2.41（a）～（c）所示。

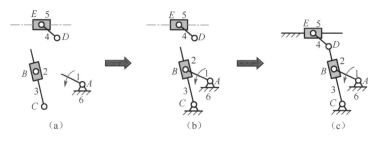

图 2.41　牛头刨床主机构的组成原理

习　　题

2.1　试绘制题图 2.1 所示机构的机构运动简图，并判断其是否有确定的运动。若设计不合理，请提出修改方案。

2.2　题图 2.2 所示为一小型压力机，试绘制其机构运动简图，并计算机构自由度。

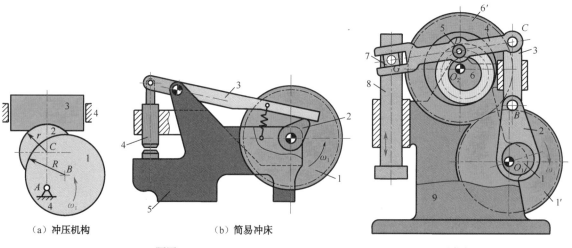

（a）冲压机构　　　　　　　　（b）简易冲床

题图 2.1　　　　　　　　　　　　　　　　　　题图 2.2

2.3　试分析题图 2.3 所示各运动链能否成为机构，并说明理由。若不能成为机构，请提出修改方案。

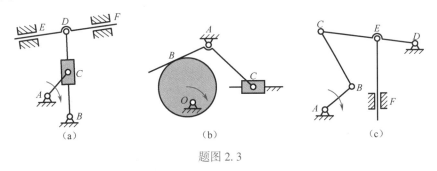

题图 2.3

2.4　计算题图 2.4 所示机构的自由度，若有局部自由度、复合铰链、虚约束，请指出。

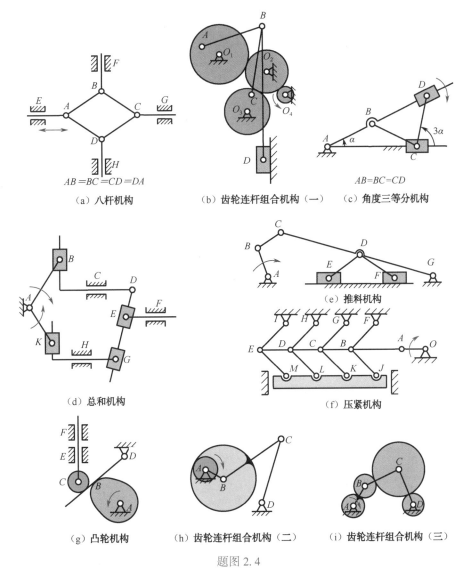

题图 2.4

2.5　计算题图 2.5 所示机构的自由度，并将高副转化为低副，画出其瞬时代替机构。

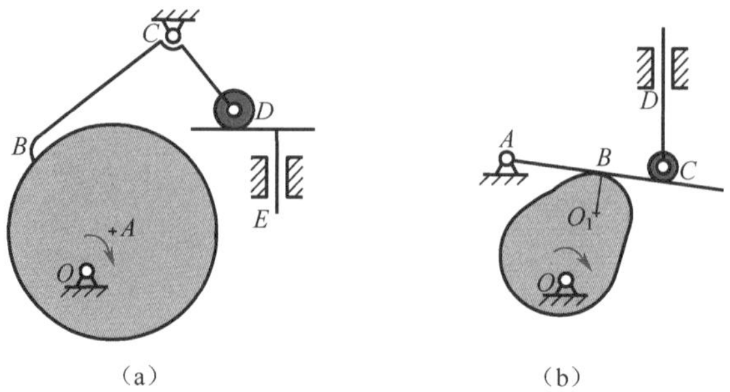

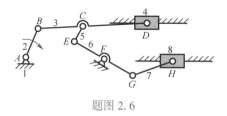

（a）   （b）

题图 2.5

2.6 计算题图 2.6 所示机构的自由度。当构件 2、4、6、8 分别为原动件时，确定机构所含杆组的数目和级别，并判断机构的级别。

题图 2.6

2.7 计算题图 2.7 所示机构的自由度，将其中的高副转化为低副，确定机构所含杆组的数目和级别，并确定机构的级别。

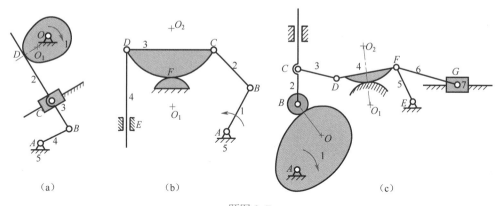

（a）   （b）   （c）

题图 2.7

第3章　平面连杆机构及其设计

内容提要：本章以平面四杆机构的运动学特性和综合为主线，介绍平面连杆机构的特点和应用；阐明平面连杆机构的基本类型及其演化方法；探讨平面连杆机构的运动特性，重点研究平面四杆机构设计的图解法及解析法；给出平面连杆机构的计算机辅助设计的流程及实例；拓展阅读部分给出平面多杆机构的构型及设计。

§3.1　平面连杆机构的类型和应用

3.1.1　平面连杆机构的特点

连杆机构是一类由若干个刚性构件通过低副连接而成的机构，故又称为低副机构。连杆机构可根据其构件之间的相对运动是平面运动还是空间运动，分为平面连杆机构和空间连杆机构；又可根据机构中构件数目的多少，分为五杆机构、六杆机构等。一般将五个或五个以上的构件组成的连杆机构称为多杆机构。单闭环的平面连杆机构的构件数至少为 4，因而没有平面三杆机构；单闭环的空间连杆机构的构件数至少为 3，因而可由三个构件组成空间三杆机构。

平面连杆机构由若干个构件用平面低副（转动副、移动副）连接而成，各构件在相互平行的平面内运动，故又称为平面低副机构。由于平面连杆机构能够实现多种运动轨迹曲线和运动规律，且具有低副不易磨损而又易于加工，以及能由本身几何形状保持接触等特点，所以广泛应用于各种机械及仪表中。平面连杆机构的不足之处主要有两点：其一是连杆机构中做变速运动的构件惯性力及惯性力矩难以完全平衡；其二是连杆机构较难准确实现任意预期的运动规律，设计方法较复杂。

连杆机构中应用最广泛的是平面四杆机构，它是构成和研究平面多杆机构的基础。本章主要讨论平面四杆机构及其运动设计问题。

3.1.2　平面四杆机构的基本类型

如图 3.1 所示，所有运动副均为转动副的平面四杆机构称为铰链四杆机构（revolute four-bar linkage），它是平面四杆机构的基本类型。其他类型的四杆机构都可以看成是在它的基础上通过不同的方法演化而来的。在此机构中，构件 4 称为机架（frame）；与机架以运动副相连的构件 1 和构件 3 称为连架杆（side link），其中能做整周回转的连架杆称为曲柄（crank），仅能在某一角度范围内往复摆动的连架杆称为摇杆（rocker）；不与机架相连的构件 2 做平面复杂运动，称为连杆（coupler）。按照两连架杆运动形式的不同，可将铰链四杆机构分为以下三种基本类型。

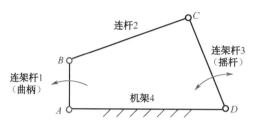

图 3.1 铰链四杆机构的基本形式

1. 曲柄摇杆机构（crank-rocker mechanism）

在铰链四杆机构中，若两连架杆中有一个为曲柄，另一个为摇杆，则称为曲柄摇杆机构。图 3.2 所示的雷达天线机构和图 3.3 所示的电影放映机拉片机构均是曲柄摇杆机构的应用实例。

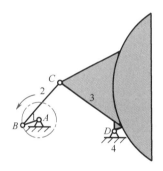

图 3.2 雷达天线机构

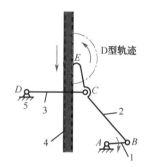

图 3.3 电影放映机拉片机构

2. 双曲柄机构（double-crank mechanism）

两连架杆均为曲柄的机构称为双曲柄机构。在双曲柄机构中，若两组对边的构件长度分别相等，则可得如图 3.4（a）所示的平行四边形机构和如图 3.4（b）所示的反平行四边形机构。

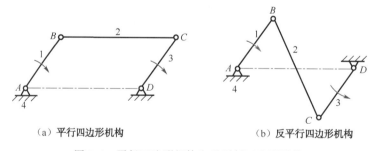

（a）平行四边形机构　　　　（b）反平行四边形机构

图 3.4 平行四边形机构和反平行四边形机构

平形四边形机构的特点是：两曲柄的回转方向相同，且角速度时时相等，连杆做平动。平行四边形机构有一个位置不确定的问题，如图 3.5 中的位置 C_2、C_2' 所示。为解决此问题，可以在从动曲柄 CD 上加装一个惯性较大的轮子，利用惯性维持从动曲柄转向不变；也可以通过加虚约束使机构保持平行四边形，如图 3.6 所示的机车车轮联动机构，从而避免机构运动的不确定性。反平行四边形机构中的两曲柄回转方向相反，且角速度不等，图 3.7 所示的汽车车门启闭机构即为其应用实例。

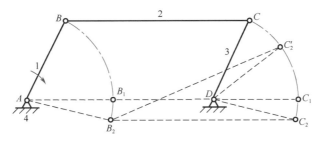

图 3.5 平行四边形机构的位置不确定性

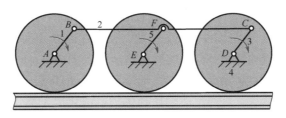

图 3.6 机车车轮联动机构

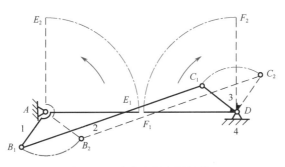

图 3.7 汽车车门启闭机构

3. 双摇杆机构 （double-rocker mechanism）

在铰链四杆机构中，若两连架杆均为摇杆，则称为双摇杆机构。图 3.8 所示的鹤式起重机中的四杆机构 ABCD 即为双摇杆机构，当主动摇杆 AB 摆动时，从动摇杆 CD 也随之摆动，位于连杆 CB 延长线上的重物悬挂点 E 将近似沿水平方向做直线移动。

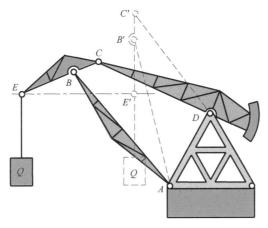

图 3.8 鹤式起重机中的双摇杆机构

3.1.3 平面四杆机构的演化

除上述铰链四杆机构外，工程实际中还广泛应用着其他类型的四杆机构，这些四杆机构都可以看作是由铰链四杆机构通过不同的方法演化而来的。掌握这些演化方法，有利于对平面连杆机构进行创新设计。下面介绍一些常用的演化方法。

1. 转动副转化为移动副

在图 3.9（a）所示的曲柄摇杆机构中，摇杆 3 上的点 C 的运动轨迹是以 D 为圆心、以摇杆长 l_{CD} 为半径所作的圆弧。若将构件 3 改为滑块，使其在以 D 点为圆心、以 l_{CD} 为半径的弧形槽中运动，则机构的运动特性完全一样，此时机构演化成图 3.9（b）所示的具有弧形槽的曲柄滑块机构。若此弧形槽的半径增至无穷大，则弧形槽变成直槽，转动副也就转化为移动副，构件 3 也就由摇杆变成了滑块。这样，曲柄摇杆机构就演化成了图 3.9（c）所示的偏置曲柄滑块机构。该机构中滑块 3 上的转动副中心的移动方位线不通过连架杆 1 的回转中心，称为偏置曲柄滑块机构（offset slider-crank mechanism）。图中 e 为连架杆转动中心至滑块上转动副中心的移动方位线的垂直距离，称为偏距。若偏距 $e=0$，则滑块上转动副中心的移动方位线通过曲柄回转中心，称为对心曲柄滑块机构（in-line slider-crank mechanism），如图 3.9（d）所示。

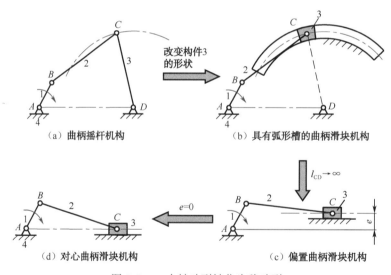

图 3.9　一个转动副转化为移动副

如图 3.10（a）所示，将对心曲柄滑块机构中的连杆 2 变换成滑块，滑块 3 变换成具有半径为 l_{BC} 弧形槽的移动构件，则机构的运动特性不变，得到图 3.10（b）所示的机构形式。若弧形槽的半径 l_{BC} 趋于无穷大，则对心曲柄滑块机构演化成具有两个移动副的机构，如图 3.10（c）所示。该机构具有如下几何尺寸关系：

$$s=l_{AB}\sin \varphi$$

因此，该机构也称为正弦机构或正弦发生器（sinusoid generator）。缝纫机中的引线机构就是一个正弦机构。

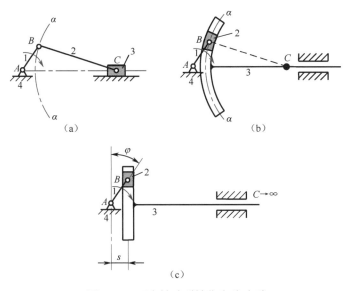

图 3.10　两个转动副转化为移动副

进行类似的变换，可在曲柄滑块机构的基础上，将转动副 *A* 演变成移动副，得到如图 3.11 所示的双滑块机构（double-slider mechanism）。图 3.12 所示的椭圆仪机构是双滑块机构的应用实例。也可以将转动副 *B* 演变成移动副，得到如图 3.13 所示的正切机构（也称正切发生器，tangent generator），该机构的几何尺寸满足正切关系：$y = l\tan\varphi$。

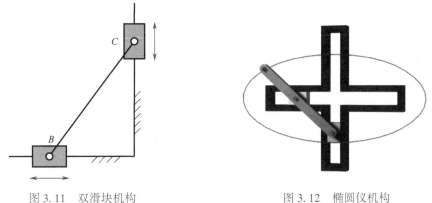

图 3.11　双滑块机构　　　　　　　　　　图 3.12　椭圆仪机构

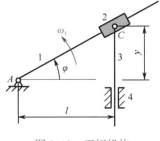

图 3.13　正切机构

2. 选取不同的构件为机架

低副机构具有运动的可逆性，即无论取哪一个构件为机架，机构各构件间的相对运动关系都不变。但选取不同构件为机架时，却可得到不同类型的机构。这种采用不同构件为机架的演化方法称为机构倒置（mechanism inversion）。

对于曲柄摇杆机构，当选取不同的构件为机架时，可得到双曲柄机构、双摇杆机构和另一个曲柄摇杆机构，如表 3.1（a）所示。习惯上称后三种机构为第一种机构的倒置机构。

表 3.1　平面四杆机构的几种演化形式

（a）铰链四杆机构	（b）含有一个移动副的四杆机构	（c）含有两个移动副的四杆机构
曲柄摇杆机构	曲柄滑块机构	双滑块机构
双曲柄机构	转动导杆机构	双转块机构
曲柄摇杆机构	摆动导杆机构 曲柄摇块机构	正弦机构
双摇杆机构	移动导杆机构	正切机构

对于曲柄滑块机构，当选取不同的构件为机架时，可得到具有一个移动副的几种四杆机构，如表 3.1（b）所示。当杆状构件与块状构件组成移动副时，若杆状构件为机架，则称其为导路；若杆状构件做整周转动，则称其为转动导杆；若杆状构件做非整周转动，则称其为摆动导杆；若杆状构件做移动，则称其为移动导杆。

对于具有两个移动副的双滑块机构，当选取不同的构件为机架时，可得到四种不同类型的四杆机构，如表 3.1（c）所示。

3. 扩大转动副的尺寸

在图 3.14（a）所示的曲柄滑块机构中，如果将曲柄 1 端部的转动副 B 的半径加大至超过曲柄 1 的长度 l_{AB}，便可得到如图 3.14（b）所示的偏心轮机构（eccentric wheel mechanism）。此时，曲柄 1 变成了一个几何中心为 B、回转中心为 A 的偏心圆盘，其偏心距 e 为原曲柄长。该机构与原曲柄滑块机构的运动特性完全相同。在设计机构时，当曲柄长度很短，曲柄销需承受较大冲击载荷而工作行程很小时，常采用这种偏心圆盘结构形式，在冲床、剪床、压印机床、柱塞油泵等设备中，均可见到这种机构。

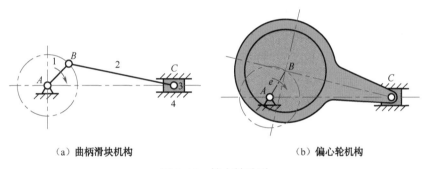

（a）曲柄滑块机构　　　　　　　　　　　　　　（b）偏心轮机构

图 3.14　扩大转动副

§3.2　平面连杆机构的运动特性和传力特性

平面连杆机构具有传递和变换运动，以及实现力的传递和变换的功能，前者称为平面连杆机构的运动特性，后者称为平面连杆机构的传力特性。了解这些特性，对于正确选择平面连杆机构的类型，进而进行机构设计具有重要的意义。

3.2.1　平面铰链四杆机构有曲柄的条件

平面铰链四杆机构有三种基本类型：曲柄摇杆机构（一个曲柄）、双曲柄机构（两个曲柄）和双摇杆机构（没有曲柄）。可见，有没有曲柄、有几个曲柄是平面铰链四杆机构基本类型的主要特征。因此，曲柄存在条件在连杆机构设计中具有十分重要的地位。

下面以图 3.15 所示的平面铰链四杆机构为例分析曲柄存在的条件。

设平面铰链四杆机构中的构件 1、2、3 和机架 4 的长度分别为 $\overline{AB}=a$、$\overline{BC}=b$、$\overline{CD}=c$、$\overline{AD}=d$，下面按 $d \geqslant a$ 和 $d < a$ 两种情形来讨论。

（1）若 $d \geqslant a$，在连架杆 1 绕转动副 A 转动的过程中，铰链点 B 与 D 之间的距离是不断变

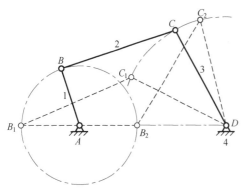

图 3.15 平面铰链四杆机构有曲柄的条件

化的。如果连架杆 1 能绕转动副 A 做整周转动，则连架杆 1 应能通过 AB_1 和 AB_2 这两个关键位置，即连架杆 1 与机架 4 拉直共线的位置和重叠共线的位置。根据这两个位置构成的 $\triangle B_1C_1D$ 和 $\triangle B_2C_2D$ 中的杆长关系可推出以下各式。

由 $\triangle B_1C_1D$ 可得

$$a+d\leqslant b+c \tag{3.1}$$

由 $\triangle B_2C_2D$ 可得

$$b\leqslant c+(d-a)\rightarrow a+b\leqslant c+d \tag{3.2}$$

和

$$c\leqslant b+(d-a)\rightarrow a+c\leqslant b+d \tag{3.3}$$

将式（3.1）~式（3.3）分别两两相加得

$$\begin{cases} a\leqslant b \\ a\leqslant c \\ a\leqslant d \end{cases} \tag{3.4}$$

（2）若 $d<a$，用同样的方法可以得到连架杆 1 能绕转动副 A 做整周转动的条件为

$$d+a\leqslant b+c \tag{3.5}$$

$$d+b\leqslant a+c \tag{3.6}$$

$$d+c\leqslant a+b \tag{3.7}$$

$$\begin{cases} d\leqslant a \\ d\leqslant b \\ d\leqslant c \end{cases} \tag{3.8}$$

式（3.4）和式（3.8）说明，组成整转副 A 的两构件中，必有一杆为最短杆；式（3.1）~式（3.3）和式（3.5）~式（3.7）说明，该最短杆与最长杆杆长之和小于或等于其他两杆长度之和，该长度之和关系称为"杆长和条件"。

综合以上两种情况，可以得出以下重要结论：在平面铰链四杆机构中，如果某个转动副能成为整转副，则它所连接的两个构件中，必有一杆为最短杆，并且四个构件的长度关系满足杆长和条件。

在有整转副存在的平面铰链四杆机构中，最短杆两端的转动副均为整转副。此时，若取最短杆为机架，则得双曲柄机构；若取最短杆的任一邻边构件为机架，则得曲柄摇杆机构；若取最短杆的对边构件为机架，则得双摇杆机构。

如果平面四杆机构不满足杆长和条件，则不论选取哪个构件为机架，所得机构均为双摇杆机构。需要指出的是，这种情形下所形成的双摇杆机构与上述双摇杆机构不同，它不存在整转副。

上述关于平面铰链四杆机构的曲柄存在条件的判断准则称为 Grashof 准则（Grashof criterion）。

3.2.2 急回特性和行程速度变化系数

1. 急回特性（quick-return characteristics）

在图 3.16 所示的曲柄摇杆机构中，当曲柄 AB 为原动件并做等速转动时，摇杆 CD 为从动件并做往复变速摆动。曲柄 AB 在回转一周的过程中与连杆 BC 两次共线，这时摇杆 CD 分别

处于极限位置 C_1D 和 C_2D。由图可以看出，曲柄相应的两个转角 φ_1 和 φ_2 分别为

$$\varphi_1 = 180° + \theta, \varphi_2 = 180° - \theta$$

式中，θ 是摇杆处于两极限位置时，相应的曲柄位置线所夹的锐角，称为极位夹角（crank angle between limiting positions）。

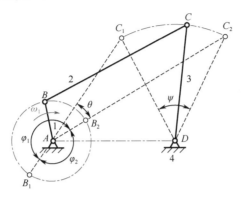

图 3.16　曲柄摇杆机构的急回特性

由于 $\varphi_1 > \varphi_2$，所以当曲柄以等角速度 ω_1 转过这两个角度时，对应的时间 $t_1 > t_2$，故摇杆上 C 点往复摆动的速度为

$$v_1 = \frac{\overset{\frown}{C_1C_2}}{t_1} < v_2 = \frac{\overset{\frown}{C_2C_1}}{t_2}$$

由此可知，当曲柄等速转动时，摇杆来回摆动的平均速度不同，一快一慢。为了提高机械的生产效率，应使机构的慢速运动的行程为工作行程，而快速运动的行程为空回行程，即摇杆的运动具有急回特性。

2. 行程速度变化系数（coefficient of travel speed variation）

为了表示急回运动的特征，引入机构输出件的行程速度变化系数 K，简称行程速比系数。K 值定义为空回行程和工作行程的平均速度 v_2、v_1 的比值，即

$$K = \frac{v_2}{v_1} = \frac{\overset{\frown}{C_2C_1}/t_2}{\overset{\frown}{C_1C_2}/t_1} = \frac{t_1}{t_2} = \frac{\varphi_1}{\varphi_2} = \frac{180° + \theta}{180° - \theta} \tag{3.9}$$

$$\theta = 180° \frac{K-1}{K+1} \tag{3.10}$$

综上所述，平面四杆机构具有急回特性的条件是：

（1）原动件做等角速度整周转动；

（2）输出件具有正反行程的往复运动；

（3）极位夹角 $\theta > 0°$。

通过改变曲柄和连杆的长度，可调整摇杆摆角的大小和位置。如图 3.16 所示，（1）由于 $AC_1 = B_1C_1 - AB_1$，$AC_2 = B_2C_2 + AB_2$，加大 AB 杆长，则 AC_1 减小，AC_2 增大，C_1 点左移，C_2 点右移，摇杆的摆角增大；反之，减小 AB 杆长，则摇杆的摆角减小；（2）加大 BC 杆长，则 AC_1 增大，AC_2 增大，C_1、C_2 点均右移，即改变了摇杆的两个极限位置。

具有急回特性的平面四杆机构的优点是：可使工作行程中的平均速度较低以减小工作阻力，提高工作质量；可使空回行程以较大的平均速度返回以缩短辅助时间，提高生产效率。

偏置曲柄滑块机构和摆动导杆机构也具有急回特性，它们的极限位置、极位夹角如图 3.17 所示。其行程速比系数仍可用式（3.9）计算。图 3.17（a）中，滑块极限位置间的距离 C_1C_2 称为滑块的行程，以 H 表示；图 3.17（b）中，根据几何关系，摆动导杆机构的极位夹角 θ 与导杆的摆角 ψ 相等。导杆的摆角一般比较大，因此导杆机构常用于要求急回特性较显著的机器中，如牛头刨床的主运动机构。

在设计具有急回特性的机构时，通常先给定 K 值，然后求出极位夹角 θ。

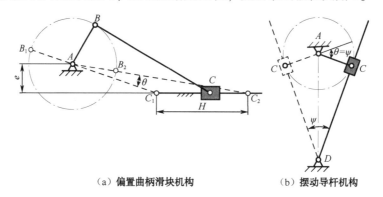

(a) 偏置曲柄滑块机构　　　　　　(b) 摆动导杆机构

图 3.17　平面四杆机构的急回特性

3.2.3　平面四杆机构的压力角和传动角

1. 压力角（pressure angle）和传动角（transmission angle）的概念

在图 3.18 所示的铰链四杆机构中，若不考虑构件的重力、惯性力和运动副中摩擦力等的影响，则主动构件 AB 上的驱动力通过连杆 BC 传给输出件 CD 的力 F 是沿 BC 方向作用的。将力 F 沿受力点 C 的速度 v_c 方向和垂直于速度 v_c 方向分解，得到切向分力 F_t 和径向分力 F_n。由图 3.18 可知

$$\begin{cases} F_t = F\cos\alpha \\ F_n = F\sin\alpha \end{cases} \tag{3.11}$$

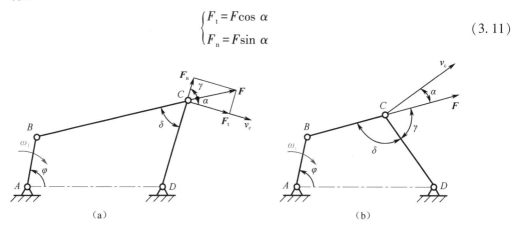

(a)　　　　　　　　　　　　(b)

图 3.18　铰链四杆机构的压力角和传动角

显然，F_t 对输出件 CD 产生有效的转动力矩，是有效分力。因此，为使机构传力效果良好，应使 F_t 越大越好，即要求角 α 越小越好，理想情况是 $\alpha=0°$，最坏情况是 $\alpha=90°$。由此可知，在 F 一定的条件下，切向分力 F_t 和径向分力 F_n 的大小完全取决于角 α。角 α 是反映机构

传力效果的一个重要参数，一般称它为机构的压力角。

根据以上分析，可给出机构的压力角的定义：在不计摩擦力、惯性力和重力的条件下，机构中驱使输出件运动的力的方向线与输出件上受力点的速度方向间所夹的锐角，称为机构压力角，通常用 α 表示。

如图 3.18（a）所示，在铰链四杆机构中，当连杆 BC 与输出件 CD 之间的内夹角 δ 为锐角时，角 δ 与压力角的余角 γ 相等；如图 3.18（b）所示，若 δ 为钝角，则角 δ 的补角等于 γ。因此，在平面四杆机构中，用角 γ 的值来检验机构的传力效果更为方便，并将这个压力角的余角 γ 称为传动角。显然，传动角 γ 的值越大越好，理想情况是 $\gamma=90°$，最坏情况是 $\gamma=0°$。在运转过程中，由于传动角 γ 的值是随机构的位置不同而变化的，为了保证机构的传力效果，应使传动角的最小值 γ_{min} 大于或等于其许用值 $[\gamma]$，即 $\gamma_{min} \geqslant [\gamma]$。在一般机械中，推荐 $[\gamma]=40°$；在高速和大功率的传动机械中，推荐 $[\gamma]=50°$。

2. 机构的最小传动角

从图 3.18 可知，当角 δ 为锐角时，$\gamma=\delta$，如图 3.18（a）所示；当角 δ 为钝角时，$\gamma=180°-\delta$，如图 3.18（b）所示，故在 δ 具有最小值 δ_{min} 和最大值 δ_{max} 的位置，有可能出现传动角的最小值 γ_{min}。

如图 3.19（a）所示，当 $\varphi=0°$，即主动杆 AB 与机架 AD 重叠共线时，得到 δ_{min} 为

$$\delta_{min}=\arccos\frac{b^2+c^2-(d-a)^2}{2bc}$$

如图 3.19（b）所示，当 $\varphi=180°$，即主动杆 AB 与机架 AD 拉直共线时，得到 δ_{max} 为

$$\delta_{max}=\arccos\frac{b^2+c^2-(d+a)^2}{2bc}$$

比较这两个位置的传动角，即可求得最小传动角 γ_{min} 为

$$\gamma_{min}=\min\{\delta_{min},180°-\delta_{max}\} \tag{3.12}$$

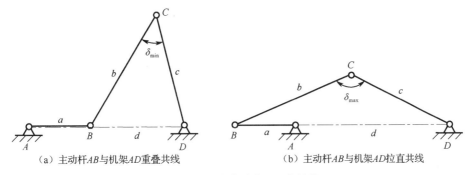

（a）主动杆 AB 与机架 AD 重叠共线　　　　（b）主动杆 AB 与机架 AD 拉直共线

图 3.19　最小传动角 γ_{min} 的计算

如图 3.20 所示，在偏置曲柄滑块机构中，当曲柄为主动件时，γ_{min} 将出现在曲柄垂直于滑块导路方向线的瞬时位置，其大小为

$$\gamma_{min}=90°-\alpha_{max}=\arccos\frac{a+e}{b} \tag{3.13}$$

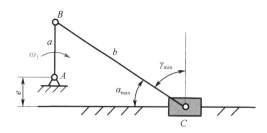

图 3.20   偏置曲柄滑块机构最小传动角的位置

3.2.4   平面四杆机构的死点位置

由上述压力角和传动角的概念可知，在不计构件重力、惯性力和运动副中摩擦阻力的条件下，当机构处于 $\alpha = 90°$，也就是 $\gamma = 0°$ 的位置时，由于有效分力 $F_t = F\cos\alpha = 0$，因而无论作用在机构主动件上的驱动力或驱动力矩有多大，均不能使机构运动，这个位置称为机构的死点位置（dead point position）。

图 3.21 所示是缝纫机踏板机构中使用的曲柄摇杆机构，主动件是踏板（即摇杆）CD，输出件是曲柄 AB。由图可知，在曲柄与连杆两次共线的位置，$\gamma = 0°$，主动件摇杆给输出件曲柄的力将沿着曲柄的方向，不能产生使曲柄转动的有效力矩，当然也就无法驱使机构运动。在输出曲柄上安装飞轮，借助飞轮的惯性，可以使机构闯过死点；也可采用多个相同机构驱动同一个曲柄，使多个相同机构的相位相互错开，从而使各机构的死点位置不同以渡过死点，蒸汽机车车轮联动机构如图 3.22 所示。

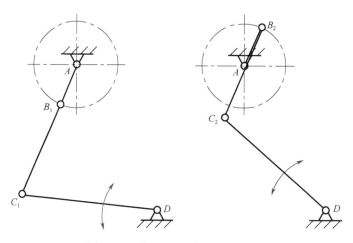

图 3.21   平面四杆机构的死点位置

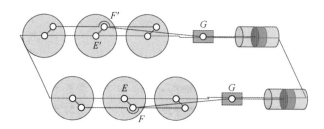

图 3.22   蒸汽机车车轮联动机构

在工程实际中，也常常利用机构的死点来实现一定的工作要求。例如，图 3.23 所示的钻床工件夹紧机构就是利用机构死点位置夹紧工件的例子。即在工件夹紧状态时，使 *BCD* 成一条直线，因而，即使反力 $\boldsymbol{F}_\mathrm{N}$ 很大也不会松脱，从而保证工件处于夹紧状态而不发生松动。又如，图 3.24 所示的飞机起落架机构，在机轮放下，即起落架撑开时，如图 3.24（b）所示，杆 *BC* 和杆 *CD* 成一直线，即机构处于死点位置，从而使起落架能承受飞机着地时产生的巨大冲击力，保证从动件 *CD* 不会转动，保持支撑飞机的状态。

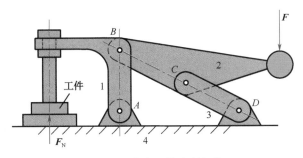

图 3.23　钻床工件夹紧机构

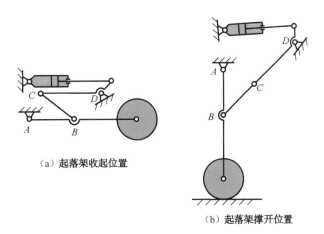

（a）起落架收起位置

（b）起落架撑开位置

图 3.24　飞机起落架机构

3.2.5　平面四杆机构的运动连续性

平面四杆机构的运动连续性（motion continuity）是指该机构在运动过程中能够连续实现给定的各个位置。如图 3.25 所示，在曲柄摇杆机构 *ABCD* 中，当曲柄连续转动时，摇杆 *CD* 可在 ψ_1 角度范围内连续运动（往复摆动），并占据其间任何位置，此角度范围称为摇杆 *CD* 的可行域。若将机构 *ABCD* 的运动副 *C* 拆开，按 *BC'D* 的位置安装，则摇杆只能在 ψ_2 的角度范围内运动，得到另一可行域。由 δ 和 δ' 角所决定的区域称为非可行域。显然，若给定的摇杆的各个位置不在同一可行域内，且这两个可行域又不连通时，机构不可能实现连续运动。例如，若要求其从动件从位置 *CD* 连续运动到位置 *C'D* 显然是不可能的。一般称这种运动不连续为错位不连续。

在连杆机构中，还会遇到另一种运动不连续问题，即错序不连续。如图 3.26 所示，设要求连杆依次占据位置 B_1C_1、B_2C_2、B_3C_3，则只有当曲柄 *AB* 逆时针转动时才是可能的；而当曲柄 *AB* 顺时针转动时，则不能满足预期的顺序要求。一般称这种运动不连续为错序不连续。

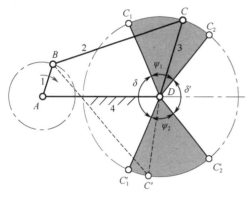

图 3.25　曲柄摇杆机构的位置可行域

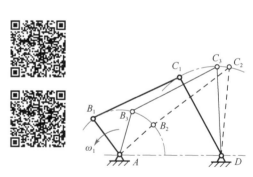

图 3.26　连杆机构的顺序连续性

在设计连杆机构时，应注意检查是否有错位、错序问题存在，即是否满足运动连续性条件。若不能满足，应予以补救，或者考虑其他方案。

§3.3　平面连杆机构的运动功能、设计要求及设计方法

3.3.1　平面连杆机构的运动功能

在工程实际中，平面连杆机构能完成各种功能的运动，因而获得了广泛的应用。概括地说，平面连杆机构具有以下几方面的运动功能。

1. 刚体导引功能

所谓刚体导引，是指机构能引导刚体（如连杆）通过一系列给定位置。具有这种功能的连杆机构称为刚体导引机构（body guidance mechanism）。

图 3.27 所示为铸造造型机的翻转机构。位置 I 为砂箱在震实台上造型震实，位置 II 为砂箱倒置 180°起模，这就要求该翻转机构的连杆能够实现这两个特定的位置。

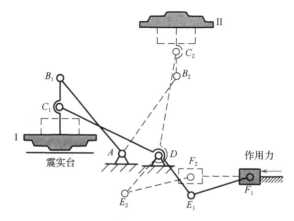

图 3.27　铸造造型机的翻转机构

2. 函数生成功能

所谓函数生成功能，是指能精确或近似地实现所要求的输出构件相对于输入构件的某种函数关系。具有这种功能的机构称为函数生成机构（function generation mechanism）。如图 3.28 所示的机构是典型的函数生成机构，两连架杆的角度满足函数关系 $\psi = \psi(\varphi)$。

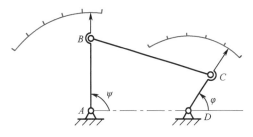

图 3.28　函数生成机构

图 3.29 所示的压力表指示机构是实现两连架杆函数关系的应用实例，其中一对齿轮传动是为了放大刻度值。在该机构中，滑块位移由压力大小决定，可相应求出曲柄 AB 的转角大小，经齿轮传动放大后指示刻度值。

3. 轨迹生成功能

所谓轨迹生成功能，是指使连杆上某点通过某一预先给定轨迹的功能。具有这种功能的机构称为轨迹生成机构（path generation mechanism）。在图 3.8 所示的鹤式起重机中，当双摇杆机构 ABCD 的摇杆 CD 摆动时，连杆 CB 上悬挂重物的点 E 在近似水平的直线上移动，以避免不必要的升降。这就是实现近似直线轨迹的例子。

4. 综合运动功能

现代机械技术的迅速发展，给设计者提出了具有综合功能要求的问题。如图 3.30 所示的带钢飞剪机剪切机构用来将连续快速运行的带钢剪切成尺寸规格一定的钢板。根据工艺要求，该飞剪机的上、下剪刀必须连续通过确定位置，即实现刚体导引功能；飞剪机的刀刃还要求按一定轨迹运动，即实现轨迹生成功能。此外，飞剪机的上、下刀刃在剪切区段的水平分速度有明确的要求。这种机构的设计问题常常要采用现代机构设计方法才能得到较好的解决。

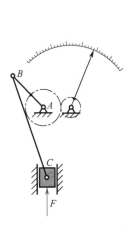

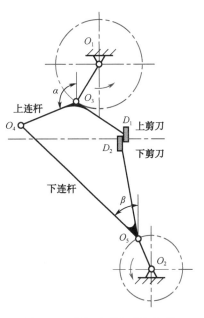

图 3.29　压力表指示机构　　　图 3.30　带钢飞剪机剪切机构

3.3.2　平面连杆机构的设计要求及设计方法

1. 平面连杆机构的设计要求

平面连杆机构运动设计的任务是：在运动方案设计的基础上，根据机构所要求完成的运动提出设计条件，如运动条件、几何条件和传力条件等，确定机构的运动学尺寸，画出机构运动简图。这里所说的运动学尺寸包括各运动副之间的相对位置尺寸或角度尺寸，以及实现给定运动轨迹的连杆上某点的位置参数等。

在进行平面连杆机构运动设计时，除了要考虑上述各种运动要求外，往往还有一些其他要求，如：

（1）要求某连架杆为曲柄。

（2）要求机构运动具有连续性。

（3）要求最小传动角在许用传动角范围内，即要求 $\gamma_{\min} \geq [\gamma]$，以保证机构有良好的传力条件。

（4）特殊的运动性能要求，如要求机构输出件有急回特性，两连架杆角速度和角加速度满足给定条件等。

根据以上分析，可将平面连杆机构的运动设计概括为下述基本问题。

1）实现已知运动规律的问题

如实现刚体导引和函数生成功能的问题，要求机构输出件有急回特性的问题等，其实质均是要求实现已知运动规律的问题。

2）实现已知轨迹的问题

要求机构中做复杂运动的构件上的某一点准确或近似地沿给定轨迹运动。

2. 平面连杆机构的设计方法

平面连杆机构的设计方法主要有以下三类。

1）几何法

几何法是指根据几何学原理，用几何作图法求解运动学参数的方法。该方法直观、易懂，求解速度一般较快。作图时，借助计算机用 AutoCAD 等绘图工具绘图，可满足一般工程问题的精度要求。

2）解析法

这种方法以机构参数来表达各构件间的相互关系，以便按给定条件求解未知数。此方法求解精度高，能解决较复杂的问题，但对于较复杂的解析关系式需借助有关数学软件工具来求解。

3）实验法

实验法是指用作图试凑或利用图谱、表格及模型实验等来求得机构运动学参数的方法。该方法直观、简单，但精度较低，适用于精度要求不高的设计或参数预选。

§3.4 刚体导引机构的设计

3.4.1 几何法设计刚体导引机构的基本原理

1. 转动极点和半角

刚体在平面中的位置可以用刚体上任何两点所连直线的位置来表示。如图 3.31 所示，用 B_1C_1、B_2C_2 分别表示刚体的两个位置 S_1 和 S_2。作 B_1B_2 的垂直平分线 n_{B12}、C_1C_2 的垂直平分线 n_{C12}，则得 n_{B12} 与 n_{C12} 的交点 P_{12}。

由图 3.31 可知，$P_{12}B_1 = P_{12}B_2$、$P_{12}C_1 = P_{12}C_2$、$B_1C_1 = B_2C_2$，所以 $\triangle P_{12}B_1C_1 \cong \triangle P_{12}B_2C_2$。由此可知，若仅研究刚体两个位置 S_1 和 S_2 之间的几何关系，则可认为刚体是由位置 S_1 绕 P_{12} 转过角度 θ_{12} 到达位置 S_2 的。点 P_{12} 称为转动极点（简称极点），而点 B_1 和极点 P_{12} 的连线与 B_1B_2 的垂直平分线 n_{B12} 之间的夹角 $\theta_{12}/2$ 称为半角。

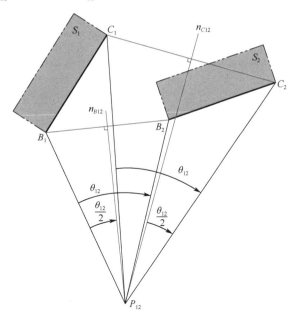

图 3.31 转动极点和半角

2. 等视角定理

刚体 BC 的两个位置 B_1C_1、B_2C_2 可以用铰链四杆机构 $ABCD$ 来实现，如图 3.32 所示。固定铰链 A、D 可分别在垂直平分线 n_{B12} 和 n_{C12} 上选取。图中 P_{12} 是连杆平面 S 的转动极点，从 P_{12} 至构件两铰链中心所作的两射线（如 $P_{12}B_1$、$P_{12}C_1$）之间的夹角称为视角。

在图 3.32（a）中，有

$$\angle B_1P_{12}A = \angle C_1P_{12}D = \frac{\theta_{12}}{2}$$

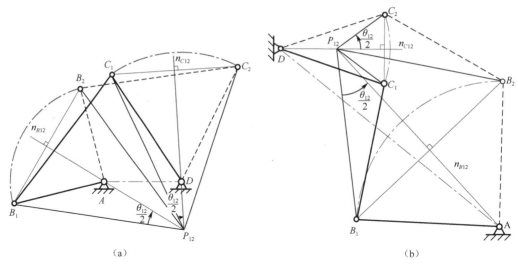

图 3.32　等视角关系

$$\angle B_2P_{12}A = \angle C_2P_{12}D = \frac{\theta_{12}}{2}$$

$$\angle B_1P_{12}C_1 = \angle B_2P_{12}C_2 = \angle AP_{12}D = \frac{\theta_{12}}{2} + \angle C_1P_{12}A \qquad (3.14)$$

即两对边 AB 与 CD、BC 与 AD 的视角分别相等。

在图 3.32（b）中，有

$$\angle B_1P_{12}A = \frac{\theta_{12}}{2}$$

$$\angle C_1P_{12}D = 180° - \frac{\theta_{12}}{2}$$

故
$$\angle B_1P_{12}A + \angle C_1P_{12}D = 180° \qquad (3.15)$$

又因为
$$\angle B_1P_{12}C_1 = \frac{\theta_{12}}{2} + \angle AP_{12}C_1 = \angle AP_{12}n_{C12}$$

$$\angle B_2P_{12}C_2 = \frac{\theta_{12}}{2} + \angle B_2P_{12}n_{C12} = \angle AP_{12}B_2 + \angle B_2P_{12}n_{C12} = \angle AP_{12}n_{C12}$$

而
$$\angle AP_{12}n_{C12} + \angle DP_{12}A = 180°$$

所以
$$\angle B_1P_{12}C_1 + \angle DP_{12}A = \angle B_2P_{12}C_2 + \angle DP_{12}A = 180° \qquad (3.16)$$

即两对边 AB 与 CD、BC 与 AD 的视角分别互补。

综合图 3.32（a）、（b）两种情况，等视角定理可概括为：转动极点对四杆机构中形成对边的铰链中心的视角分别相等或互补。

3.4.2　实现连杆两个位置的平面四杆机构的设计

如图 3.33 所示，已知连杆 BC 的两个位置 B_1C_1 和 B_2C_2，设计此铰链四杆机构。

1. 点 B、C 是连杆的铰链中心

此类问题求解简单，只需作连线 B_1B_2、C_1C_2 的垂直平分线 n_B 和 n_C，然后分别在 n_B 和 n_C

线上任选一点为固定铰链 A、D 即可，如图 3.33（a）所示。显然，此问题有无穷多个解。可根据其他条件，如最小传动角、固定铰链点的位置线等来确定采用哪一组解。

2. 点 B、C 不是连杆的铰链中心

根据前述几何法的基本原理，作图步骤如下。

（1）分别作连线 B_1B_2 和 C_1C_2 的垂直平分线 n_B 和 n_C，其交点 P_{12} 为转动极点，θ_{12} 为连杆从第一位置到第二位置时的角位移。

（2）过 P_{12} 作半角 $\angle m_1P_{12}n_1=\theta_{12}/2$，并在 m_1 线上任选一点为动铰链中心 E_1 的位置，在 n_1 线上任选一点为固定铰链中心 A 的位置。

（3）过 P_{12} 作半角 $\angle m_2P_{12}n_2=\theta_{12}/2$，并分别在 m_2 线上、n_2 线上选动铰链中心 F_1 和固定铰链中心 D 的位置。

显然，AE_1F_1D 即为所求机构，如图 3.33（b）所示。由以上作图步骤可知，此类问题有无穷多组解，可根据其他条件选定某一组为问题的解。

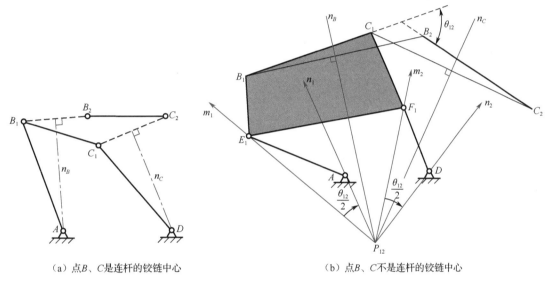

（a）点 B、C 是连杆的铰链中心　　　　（b）点 B、C 不是连杆的铰链中心

图 3.33　实现连杆两个位置的铰链四杆机构

3.4.3　实现连杆三个位置的平面四杆机构的设计

如图 3.34 所示，已知连杆 BC 上的三个位置 B_1C_1、B_2C_2 和 B_3C_3，设计铰链四杆机构。此类问题也有以下两种情况。

1. 点 B、C 是连杆的铰链中心

如图 3.34（a）所示，作图步骤如下。

（1）作 B_1B_2 和 B_2B_3 的垂直平分线 n_{B12} 和 n_{B23}，作 C_1C_2 和 C_2C_3 的垂直平分线 n_{C12} 和 n_{C23}。

（2）n_{B12} 和 n_{B23} 的交点为固定铰链点 A，n_{C12} 和 n_{C23} 的交点为固定铰链点 D。AB_1C_1D 即为所求机构在第一位置时的机构简图。

显然，此问题的解是唯一的。

2. 点 *B*、*C* 不是连杆的铰链中心

如图 3.34（b）所示，作图步骤如下。

（1）分别作 B_1B_2 和 B_1B_3 的垂直平分线 n_{B12} 和 n_{B13}，作 C_1C_2 和 C_1C_3 的垂直平分线 n_{C12} 和 n_{C13}，则 n_{B12} 和 n_{C12} 的交点为 P_{12}，n_{B13} 和 n_{C13} 的交点为 P_{13}，并同时可得到转角 θ_{12} 和 θ_{13}。

（2）过 P_{12} 点作 m_{12}、n_{12} 线，使 $\angle m_{12}P_{12}n_{12}=\theta_{12}/2$；过 P_{13} 点作 m_{13}、n_{13} 线，使 $\angle m_{13}P_{13}n_{13}=\theta_{13}/2$，则 m_{12} 线与 m_{13} 线的交点为动铰链中心 E_1 的位置，而 n_{12} 线与 n_{13} 线的交点为固定铰链 A 的位置。

（3）过 P_{12} 点另作 m'_{12}、n'_{12} 线，使 $\angle m'_{12}P_{12}n'_{12}=\theta_{12}/2$；过 P_{13} 点作 m'_{13}、n'_{13} 线，使 $\angle m'_{13}P_{13}n'_{13}=\theta_{13}/2$，则 m'_{12} 线与 m'_{13} 线的交点为动铰链中心 F_1 的位置，而 n'_{12} 线与 n'_{13} 线的交点为固定铰链 D 的位置。

以上求得的 AE_1F_1D 即为此问题的解。显然，由于作 m_{12}、m_{13}、m'_{12}、m'_{13} 诸线可以是任意的，所以此问题有无穷多组解。

对于实现连杆四个位置的平面四杆机构的设计，其步骤与上述步骤类似；对于实现连杆五个位置的问题，可以证明：能实现给定连杆五个位置的四杆机构可能有六个、一个或没有。读者可参见相关文献，本书不再赘述。

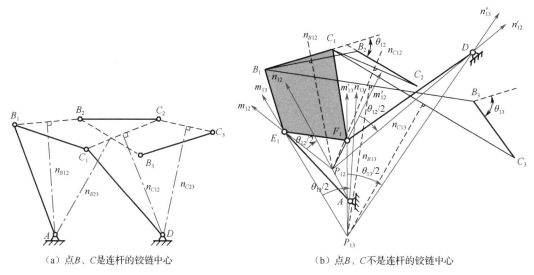

（a）点 *B*、*C* 是连杆的铰链中心　　　　（b）点 *B*、*C* 不是连杆的铰链中心

图 3.34　实现连杆三个位置的铰链四杆机构

🎓 小故事：Burmester 理论

路德维希–布尔梅斯特（Ludwig Burmester，1840—1927），德国人，著名的数学家、几何和运动学家，主要研究射影几何学。布尔梅斯特是花匠之子，14 岁就进入机械厂，他的几何研究方向的博士论文 *Über die Elemente einer Theorie der Isophoten* 涉及由光的方向定义的表面上的线条，在机构综合和速度分析上有重要贡献。

1876 年，有人提出了实现直线轨迹的机构设计问题和设计方法，这引起了布尔梅斯特的研究兴趣，他开始考虑在一个给定的四杆机构连杆平面上是否存在轨迹为直线的点，同时，他还开始研究更为一般的问题：任意给定的一系列平面运动刚体的离散齐次位置是否在一个圆上。对于刚体的四个位置问题，他提出并证明了圆点曲线和圆心点曲线的主要特性，并探讨了五个刚体位置的齐次点在一个圆上的问题。他将这个理论应用于机构的设计，提出了确定机构杆长的方法并获得了成功。1888 年出版的布尔梅斯特的著作 *Lehrbuch der Kinematik，Erster Band，Die ebene Bewegung*（《运动学教科书，第一卷，平面运动》）首次包含了具有深远意义的理论运动学和机构运动学综合，该著作已成为机构学领域的重要著作之一，被许多学者研究和引用。

布尔梅斯特最具影响力的学术贡献是 Burmester 理论。Burmester 理论涉及四个或五个运动平面的离散位置，可简单描述为：当给定刚体的三个位置时，刚体平面上任意一点都为圆点；当给定刚体的四个位置时，圆点和圆心点的分布曲线为三次曲线，称为 Burmester 曲线；当给定刚体的五个位置时，设计问题的解是确定的：圆点可能有四个、两个，或者没有解。即铰链四杆机构最多可实现五个连杆精确位置。

例如，已知铰链四杆机构中两连架杆的四组对应角位移分别为：$\varphi_{11}=\psi_{11}=0°$；$\varphi_{12}=30°$，$\psi_{12}=14.66°$；$\varphi_{13}=60°$，$\psi_{13}=30.27°$；$\varphi_{14}=110°$，$\psi_{14}=47.5°$，取机架长度为 40mm，则对应的布尔梅斯特曲线的有序表示如插图 3.1 所示，综合得到的一个曲柄摇杆机构如插图 3.2 所示。

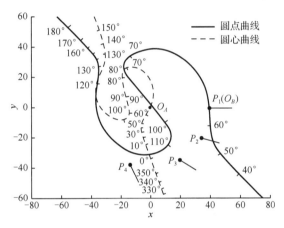

插图 3.1　布尔梅斯特曲线的有序表示

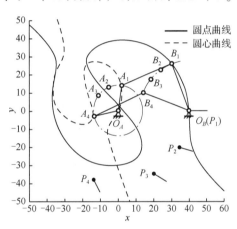

插图 3.2　综合得到的一个曲柄摇杆机构

§3.5　函数生成机构的设计

3.5.1　机构的刚化反转法及相对转动极点

如图 3.35（a）所示，两连架杆由第一位置运动到第二位置的对应角位移分别为 φ_{12}、ψ_{12}，且按顺时针方向转动。现若以 AB_1 作为参考位置，则 C_1D 为 CD 相对于 AB_1 的第一个位置。现将机构的第二个位置 AB_2C_2D "刚化" 为一个刚体，并使其绕 A 点反转 φ_{12} 角，使 AB_2 反转到 AB_2' 且与 AB_1 重合，而 C_2D 就转到 $C_2'D'$，即 CD 相对于 AB_1 的第二个位置就是 $C_2'D'$。这种以 AB_1 作为参考位置反转 φ_{12} 角以后所得到的机构位置的几何图形 $AB_2'C_2'D'$ 与原来的第二个位置的几何图形 AB_2C_2D 完全相同，故反转后并没有改变机构的四个构件的相对运动关系。

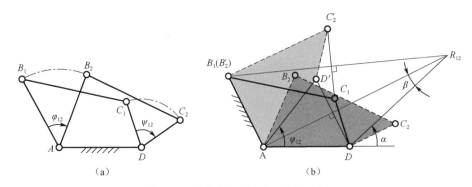

图 3.35 机构的反转与相对转动极点

按上述方法，"刚化反转"后得到机构 $ABCD$ 相对于 AB_1 的两个位置。故若以 AB_1 为机架，则能实现 CD（此时 CD 为连杆）的两个位置 C_1D、$C_2'D'$。这样就把实现两连架杆对应位置问题转化为实现连杆的若干对应位置问题。一般将这种方法称为"刚化反转法"。

求得相对于 AB_1 的两个位置后，分别作新连杆 CD 两个位置的同名铰链点 C_1C_2'、DD' 的垂直平分线，它们的交点即为 CD 相对于新机架 AB_1 运动的极点 R_{12}，一般称为相对转动极点。因为 CD 相对于 AB_1 的第二个位置 $C_2'D'$ 由 C_1D 绕 R_{12} 而得，所以 $\angle DR_{12}D'$（$=\angle C_1R_{12}C_2'$）是 CD 相对于 AB_1 的角位移；又因已知两连架杆对应角位移分别为 φ_{12} 和 ψ_{12}，所以此相对角位移应等于 $\psi_{12}-\varphi_{12}$，因而

$$\beta = \angle AR_{12}D = \frac{\angle DR_{12}D'}{2} = \frac{\angle C_1R_{12}C_2'}{2} = \frac{\psi_{12}-\varphi_{12}}{2} \tag{3.17}$$

由图 3.35（b）得

$$\alpha = \angle R_{12}AD + \angle AR_{12}D = \frac{\varphi_{12}}{2} + \frac{\psi_{12}-\varphi_{12}}{2} = \frac{\psi_{12}}{2} \tag{3.18}$$

因此，相对转动极点也可按下述方法获得：以 A、D 为顶点，按角位移的相反方向，从 AD 线起，分别作 $\varphi_{12}/2$、$\psi_{12}/2$ 的角度线 AR_{12} 与 DR_{12}，其交点即为相对转动极点 R_{12}。

3.5.2 实现两连架杆两组对应位置的铰链四杆机构的设计

如图 3.36（a）所示，已知机架的长度 d、输入角 φ_{12} 和输出角 ψ_{12}（均为顺时针方向转动），用几何作图法设计铰链四杆机构的步骤如下。

（1）作机架 AD，长度为 d。

（2）过铰链中心 A 作 $R_{12}A$ 线与 AD 线的夹角为 $\varphi_{12}/2$（从 AD 线量起，沿 φ_{12} 的相反方向），过铰链点 D 作 $R_{12}D$ 线与 AD 线的夹角为 $\psi_{12}/2$（从 AD 线量起，沿 ψ_{12} 的相反方向），则 $R_{12}A$ 与 $R_{12}D$ 的交点即为相对转动极点 R_{12}。

（3）过极点 R_{12} 作任一射线 $R_{12}L_B$，同时作射线 $R_{12}L_C$，使得 $\angle L_BR_{12}L_C = \angle AR_{12}D$。

（4）在 $R_{12}L_B$ 上任选一点作为动铰链中心 B_1 的位置，在 $R_{12}L_C$ 上任选一点作为动铰链中心 C_1 的位置。AB_1C_1D 即为所求机构的第一个位置的运动简图。显然，该问题有无穷多组解。

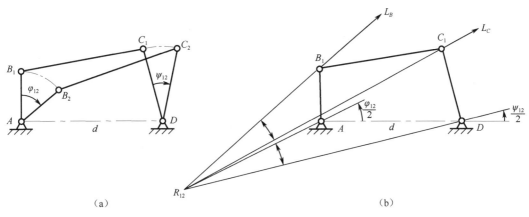

图 3.36　实现两连架杆两组对应位置的铰链四杆机构的设计

3.5.3　实现两连架杆三组对应位置的铰链四杆机构的设计

如图 3.37 所示，已知机架的长度 d，输入角 φ_{12}、φ_{13} 为顺时针方向，对应的输出角 ψ_{12}、ψ_{13} 也为顺时针方向，用几何作图法设计铰链四杆机构的步骤如下。

（1）求出相对转动极点 R_{12}、R_{13}。

（2）过 R_{12} 作任意射线 $R_{12}L_B$ 与 $R_{12}L_C$，并使 $\angle L_B R_{12} L_C = \angle A R_{12} D$。

（3）过 R_{13} 作任意射线 $R_{13}L'_B$ 与 $R_{13}L'_C$，并使 $\angle L'_B R_{13} L'_C = \angle A R_{13} D$。

（4）$R_{12}L_B$ 与 $R_{13}L'_B$ 交于点 B_1，$R_{12}L_C$ 与 $R_{13}L'_C$ 交于点 C_1，得到 AB_1C_1D 即为所求机构在第一位置的机构运动简图。

显然，此问题有无穷多组解。

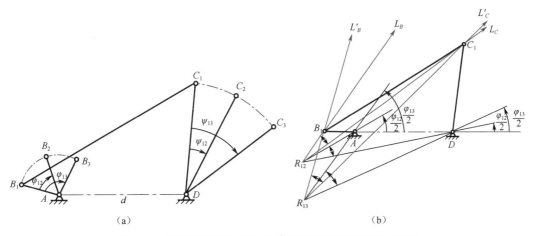

图 3.37　实现两连架杆三组对应位置的铰链四杆机构的设计

至于实现两连架杆四组对应位置的问题，需求得相对转动极点 R_{12}、R_{13} 和 R_{14}，其方法与实现两连架杆三组对应位置的问题的求解方法类似，在此不再赘述。

3.5.4 实现两连架杆两组对应位置的曲柄滑块机构的设计

如图 3.38 所示，已知曲柄滑块机构的滑块偏距 e 位于固定铰链 A 的上方，曲柄顺时针方向转过 φ_{12} 角时，滑块在点 A 右侧向右水平移动距离 s_{12}，试设计此曲柄滑块机构。

按转动副演变成移动副的概念可知，此滑块机构的机架方位线应通过 A 点且垂直于导路方向线。因此，连架杆-滑块的"角位移"用 s_{12} 来表示。由此可按下述步骤设计此曲柄滑块机构。

（1）作 l_1、l_2 两平行线且使其相距为偏距 e，在 l_2 线上任选一点 A 作为固定铰链中心，并截取 $AE = s_{12}/2$（点 E 在与位移 s_{12} 的反方向取）。

（2）作 AY 线垂直于 s_{12} 方位线，作直线 $R_{12}A$ 使 $\angle YAL_1 = \varphi_{12}/2$（从 AY 量起，与输入杆转角 φ_{12} 的方向相反）。

（3）过点 E 作 EL_4 线与 AY 线平行，则 EL_4 线与 $R_{12}A$ 线的交点 R_{12} 是相对转动极点。

（4）过点 R_{12} 作半角 $\angle L_B R_{12} L_C = \varphi_{12}/2$，转向与 φ_{12} 的转向相同，在 $R_{12}L_B$ 上任选一点作为动铰链中心 B_1，而 $R_{12}L_C$ 线与 l_1 线的交点即为另一动铰链中心 C_1，由此得到机构在第一位置时的运动简图。显然，此问题有无穷多组解。

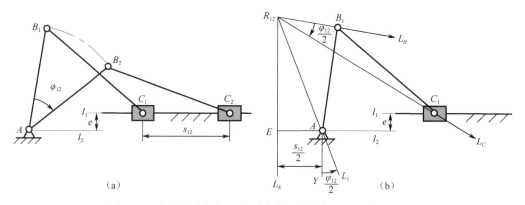

图 3.38   实现两连架杆两组对应位置的曲柄滑块机构的设计

§3.6   急回机构的设计

3.6.1   用几何法设计急回机构

1. 铰链四杆机构的急回特性设计

如图 3.39 所示，已知曲柄摇杆机构的摇杆长度 l_{CD}、摆角 ψ 及行程速比系数 K，要求设计此曲柄摇杆机构。这是按给定行程速比系数设计四杆机构的问题，可按以下步骤进行。

（1）根据行程速比系数 K 求出极位夹角 θ，即

$$\theta = 180° \frac{K-1}{K+1}$$

（2）选取适当的长度比例尺 μ_l，取一固定铰链中心 D 并按已知摇杆长度 l_{CD} 及摆角 ψ，作出摇杆的两极限位置 C_1D、C_2D。

（3）以 $\overline{C_1C_2}$ 为底边，过 C_1 点作 C_1P 使 $\angle C_2C_1P = 90° - \theta$，使与过 C_2 点作 $\perp C_2C_1$ 的 C_2P 相交于 P 点，以 C_1P 为直径作圆即为所求的辅助圆 l。延长 C_1D 和 C_2D 分别与该辅助圆交于 F 和 G 两点。若仅需满足行程速比系数 K 的要求，即可在辅助圆 l 的弧 $\overset{\frown}{C_2PF}$ 和 $\overset{\frown}{C_1G}$ 上任取一点 A 作为曲柄转动中心。

（4）当点 A 的位置选定后，连接 AC_1 及 AC_2，则可根据

$$\begin{cases} \overline{AC_1} = \overline{BC} + \overline{AB} \\ \overline{AC_2} = \overline{BC} - \overline{AB} \end{cases}$$

求得 $\overline{AB}$ 和 $\overline{BC}$ 的图示长度。

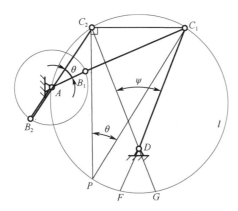

图 3.39　具有急回特性的铰链四杆机构的设计

于是曲柄、连杆和机架的实际长度分别为

$$l_{AB} = \overline{AB}\mu_l, \quad l_{BC} = \overline{BC}\mu_l, \quad l_{AD} = \overline{AD}\mu_l$$

因点 A 是在辅助圆上任意选取的，故满足要求的解有无穷多个。若另有其他要求，如对机架的长度有要求，则点 A 的位置就完全确定了。若没有其他要求，则应使最小传动角尽量大些，即点 A 应在圆周的上方选取。

2. 曲柄滑块机构的急回特性设计

如图 3.40 所示，已知曲柄滑块机构的行程速比系数 K、滑块的行程 H 和偏距 e，试设计满足要求的偏置曲柄滑块机构。设计方法与上述曲柄摇杆机构类似。

（1）由已知的行程速比系数 K 求出极位夹角 θ，并由 H 选定长度比例尺 μ_l 后定出直线段 $\overline{C_1C_2}$，即 $\overline{C_1C_2} = H/\mu_l$。

（2）以滑块行程的两端点连线 $\overline{C_1C_2}$ 为底边，作一底角为 $90° - \theta$ 的等腰三角形，求得辅助圆圆心 O。以 O 为圆心，$\overline{OC_1}$ 为半径作辅助圆 l，此圆为固定铰链 A 所在的圆。

（3）作一条直线与 $\overline{C_1C_2}$ 平行，使它们的距离等于给定的偏距 e，则此直线与该圆的交点 A 即为曲柄转轴 A 的位置。

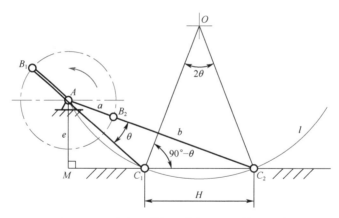

图 3.40 具有急回特性的曲柄滑块机构的设计

3. 摆动导杆机构的急回特性设计

如图 3.41 所示，已知机架的长度 d 和行程速比系数 K，要求设计满足该要求的摆动导杆机构，即求曲柄的长 a。

因导杆的两极限位置与曲柄上的 C 点的轨迹圆相切，故极位夹角 θ 与导杆的摆角 ψ 相等。

（1）由已知的行程速比系数 K 求出极位夹角 θ。

（2）选定导杆的摆动中心 D 的位置，再作 $\angle mDn = \psi = \theta$，直线 mD 和 nD 分别为导杆的两极限位置。

（3）作 $\angle mDn$ 的角平分线，选定长度比例尺 μ_l 后，在其上根据机架的长确定曲柄转动中心 A 的位置。

（4）过点 A 作导杆任一极限位置的垂线 AC_1 或 AC_2，则曲柄的长为：$a = \overline{AC_1}\mu_l = \overline{AC_2}\mu_l$。

3.6.2 用解析法设计急回机构

对于图 3.42 所示的曲柄摇杆机构，有

$$\overline{C_1C_2} = 2c\sin\frac{\psi}{2}, \quad \overline{AC_1} = b+a, \quad \overline{AC_2} = b-a$$

在 $\triangle AC_1C_2$ 中，
$$\left(2c\sin\frac{\psi}{2}\right)^2 = (b+a)^2 + (b-a)^2 - 2(b+a)(b-a)\cos\theta \tag{3.19}$$

在 $\triangle AC_2D$ 中，
$$(b-a)^2 = c^2 + d^2 - 2cd\cos\psi_0 \tag{3.20}$$

在 $\triangle AC_1D$ 中，
$$(b+a)^2 = c^2 + d^2 - 2cd\cos(\psi_0+\psi) \tag{3.21}$$

在 $\triangle B'C'D$ 中，
$$(d-a)^2 = b^2 + c^2 - 2bc\cos\gamma_{min} \tag{3.22}$$

若已知摇杆的长度 c 及摆角 ψ、极位夹角 θ（或行程速比系数 K）、最小传动角 γ_{min}，则可联立上述方程组式（3.19）~式（3.22），求出杆长 a、b、d 及角 ψ_0。

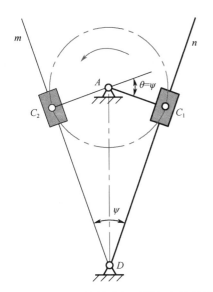

图 3.41　具有急回特性的摆动导杆机构的设计

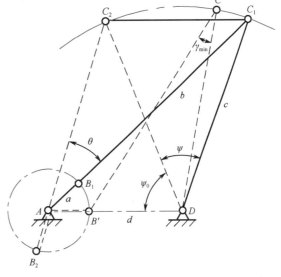

图 3.42　解析法设计具有急回特性的曲柄摇杆机构

§3.7　轨迹生成机构的设计

轨迹生成机构可以使连杆上某点通过某一预先给定的轨迹。一般来说，由于连杆机构的待求参数有限，不可能使连杆上某点精确地通过预定轨迹，而只能通过轨迹上的几个点从而近似地再现轨迹。

3.7.1　用连杆曲线图谱法设计轨迹生成机构

为了按给定的运动轨迹设计平面四杆机构，可以使用"四连杆机构分析图谱"。图 3.43 所示是其中的一幅图谱。图谱中的小圆圈表示产生轨迹的连杆点在连杆上的相对位置。连杆曲线上的每一段曲线对应于输入曲柄转动 5°。使用时，可从图谱中找到所需实现的轨迹与该轨迹相应的机构尺寸参数。

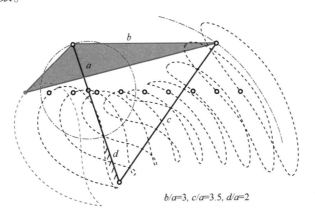

b/a=3, c/a=3.5, d/a=2

a—曲柄长；b—连杆长；c—摇杆长；d—机架长

图 3.43　连杆曲线图谱

图 3.44 所示是连杆曲线图谱的两个应用实例。如图 3.44（a）所示，连杆曲线中的 E_1EE_2 段近似为圆弧，在铰链四杆机构中增加 II 级杆组 EFG，使构件 EF 的长度等于圆弧 E_1EE_2 的半径，则当连杆点 E 运动到顺序通过 E_1、E 和 E_2 点时，输出构件 GF 将停歇不动；如图 3.44（b）所示，八字形的连杆曲线有一直线段 E_1E_2，利用该连杆曲线可以使导杆 GF 实现具有中间停歇的摆动运动。

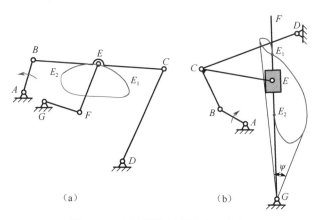

（a）　　　　　　　（b）

图 3.44　连杆曲线图谱的应用实例

3.7.2　用解析法设计轨迹生成机构

用解析法求解轨迹生成机构的任务主要是找出给定轨迹上 P 点的坐标 $P(x,y)$ 与机构尺寸之间的函数关系。在图 3.45 所示的平面铰链四杆机构中，建立坐标系 $A\text{-}xy$，机构尺寸如图所示，轨迹点 P 的坐标值 $P(x,y)$ 有如下关系：

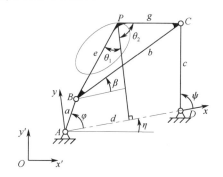

图 3.45　平面铰链四杆轨迹生成机构的设计

$$\begin{cases} x=a\cos\varphi+e\sin\theta_1 \\ y=a\sin\varphi+e\cos\theta_1 \end{cases} \tag{3.23}$$

P 点的坐标值 $P(x,y)$ 还可以写成

$$\begin{cases} x=d+c\cos\psi-g\sin\theta_2 \\ y=c\sin\psi+g\cos\theta_2 \end{cases} \tag{3.24}$$

由式（3.23）和式（3.24）分别消去 φ 和 ψ，得

$$\begin{cases} x^2+y^2+e^2-a^2=2e(x\sin\theta_1+y\cos\theta_1) \\ (d-x)^2+y^2+g^2-c^2=2g[(d-x)\sin\theta_2+y\cos\theta_2] \end{cases} \tag{3.25}$$

令 $\theta=\theta_1+\theta_2$，并由式（3.25）消去 θ_1 和 θ_2，求得 P 点的位置方程即连杆曲线方程为

$$U^2+V^2=W^2 \tag{3.26}$$

式中，

$$U=g[(x-d)\cos\theta+y\sin\theta](x^2+y^2+e^2-a^2)-ex[(x-d)^2+y^2+g^2-c^2]$$

$$V=g[(x-d)\sin\theta-y\cos\theta](x^2+y^2+e^2-a^2)+ey[(x-d)^2+y^2+g^2-c^2]$$

$$W=2ge\sin\theta[x(x-d)+y^2-dy\cot\theta]$$

$$\theta=\arccos\left(\frac{e^2+g^2-b^2}{2ge}\right)$$

式（3.26）中有 6 个待定参数：a、b、c、d、e、g，若在给定轨迹中选 6 个点 $P_i(x_i,y_i)$（$i=1,2,\cdots,6$），分别代入式（3.26），即可得到 6 个方程。解此 6 个方程组成的非线性方程组，可求出全部待定参数，即求出机构尺寸 a、b、c、d、e、g，机构实现的连杆曲线可有 6 个点与给定轨迹重合。为了使所设计的四杆机构的连杆曲线有更多的点与给定的轨迹相重合，在图 3.45 中引入坐标系 $O\text{-}x'y'$，这样，原坐标系 $A\text{-}xy$ 在新坐标系内又增加了三个参数 x_A'、y_A' 和角 η。因此，在新坐标系中连杆曲线的待定参数可有 9 个，即

$$f(x_A',y_A',\eta,a,b,c,d,e,g)=0 \tag{3.27}$$

按此式求解出机构的连杆曲线可以有 9 个点与给定轨迹相重合。若给定 9 个点，则式（3.27）为高阶非线性方程组，解题非常困难，有时可能没有解，或求出的机构不存在曲柄，或传动角太小而不能实用。通常，多给定 4~6 个精确点，其余的 3~5 个参数可以预选，这样就有无穷多个解，有利于进一步进行优化设计。

§3.8　用速度瞬心法进行平面机构的速度分析

3.8.1　平面机构运动分析的目的和方法

平面机构的运动分析不但用于分析现有机械的工作性能，而且当进行新机构的综合时，也需要通过运动分析来检验其性能是否满足要求。

通过机构的位移或轨迹分析，可以确定机构运动所需的空间或某些构件及构件上某些点能否实现预定的位置或轨迹要求，并判断它们在运动时是否会相互干涉。为了确定机器工作过程的运动和动力性能，往往需要知道机构构件上某些点的速度、加速度及其变化规律。例如，为了保证加工质量，要求刀具在加工过程中做匀速运动；为了提高工作效率，又要求刀具在空回行程中做快速运动，为此需对其进行速度分析。对于高速和重型机械，其运动构件的惯性力往往很大。因此，在进行强度计算、动力特性分析和机构动力学设计时，常需计算构件的惯性力。因而，也要求首先对机构的速度和加速度进行分析。

机构运动分析的方法主要有图解法和解析法两种。图解法具有形象、直观的特点，但其精度取决于作图精度，用 AutoCAD 在计算机上作图求解可以保证一般工程应用的精度，一般用于求解简单机构的运动分析问题。解析法是将机构问题抽象成数学问题，进行推理和运算，求得精确结果。由于 Mathematica 及 Matlab 等数学软件在机构分析设计中的应用，解析法的运算

冗繁问题不再是应用的障碍，因而应用解析法求解机构分析、设计中的有关问题变得越来越广泛。

应当指出的是，在对机构进行运动分析时，不考虑引起机构运动的外力、机构构件的弹性变形和机构运动副中间隙对机构运动的影响，而仅仅从几何的角度研究在原动件的运动规律已知的情况下，如何确定机构其余构件上某些点的轨迹、位移、速度和加速度，或某些构件的位置、角位移、角速度和角加速度等运动参数。

3.8.2 速度瞬心的概念和分类

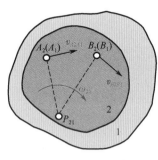

图 3.46 速度瞬心

如图 3.46 所示，当任一构件（刚体）2 相对于构件（刚体）1 做相对运动时，在任一瞬时，其相对运动都可以看作是绕某一重合点的转动，该重合点称为速度瞬心（instant center of velocity），简称瞬心。因此，瞬心是相对运动的两构件上瞬时相对速度为零的重合点，也就是瞬时绝对速度相同的重合点。用符号 P_{ij} 或 P_{ji} 表示构件 i 和构件 j 的相对速度瞬心。

根据两个构件是否均处于运动中，瞬心可分为两类：若其中一个构件固定不动，瞬心点的绝对速度为零，该瞬心称为绝对速度瞬心；若两个构件都处于运动中，瞬心点的绝对速度相等，相对速度为零，该瞬心称为相对速度瞬心。由此可知，绝对速度瞬心是相对速度瞬心的一种特例。

每两个相对运动的构件都有一个瞬心，如果机构由 k 个构件（注意包括机架）组成，则根据排列组合原理可求得机构所具有的瞬心数目 N 为

$$N = \frac{k(k-1)}{2} \tag{3.28}$$

3.8.3 速度瞬心位置的确定

1. 两构件组成运动副时瞬心位置的确定

由理论力学知识可知，已知构件 1 和构件 2 上两重合点 A_2 和 A_1 及 B_2 和 B_1 的相对速度分别为 v_{A2A1} 和 v_{B2B1}，两速度矢量垂线的交点便是构件 1 和构件 2 的瞬心 $P_{21}(P_{12})$，如图 3.46 所示。由此可得出两构件组成运动副时瞬心位置的求法。

1）两构件 1、2 组成转动副

两构件做相对转动时，因其中一个构件相对于另一个构件绕该转动副的中心转动，故瞬心 P_{12} 位于转动副的中心，如图 3.47（a）所示。

2）两构件 1、2 组成移动副

两构件做相对移动时，因为构件 1 上的各点相对于构件 2 上的移动速度方向都平行于移动副的导路方向，所以瞬心 P_{12} 位于导路的垂直方向的无穷远处，如图 3.47（b）所示。

3）两构件 1、2 组成纯滚动的高副

两构件做纯滚动时，其接触点的相对速度为零，则瞬心 P_{12} 位于接触点 M 处，如图 3.47（c）所示。

4）两构件 1、2 组成滑动兼滚动的高副

两构件做滑动兼滚动时，因接触点的公切线方向为相对速度方向，故瞬心 P_{12} 位于过接触点 M 的公法线 $n\text{-}n$ 上，如图 3.47（d）所示，具体位置需由其他条件来确定。

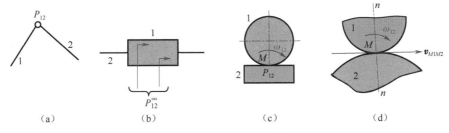

（a）　　　　　（b）　　　　　（c）　　　　　（d）

图 3.47　瞬心位置的确定

2. 两构件不直接接触时瞬心位置的确定

当两构件不直接接触时，其瞬心位置可用三心定理（Aronhold-kennedy theorem；theorem of three centers）来求得。三心定理的内容是：做平面运动的三个构件共有三个瞬心，它们位于同一直线上。三心定理可用反证法证明，具体如下。

如图 3.48 所示，构件 1、2、3 共有三个瞬心 P_{12}、P_{13}、P_{23}。设 P_{12} 和 P_{13} 分别为构件 1 与 2 及构件 1 与 3 的相对速度瞬心，要求证明构件 2 与 3 的相对速度瞬心 P_{23} 应位于 P_{12} 与 P_{13} 的连线上。

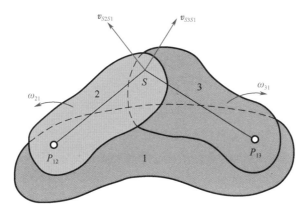

图 3.48　三心定理的证明

假设瞬心 P_{23} 不在 P_{12}、P_{13} 的连线上，而是位于此连线外的任一点 S 处，则根据相对速度瞬心的定义有

$$\boldsymbol{v}_{S2}=\boldsymbol{v}_{S3}$$

又假设构件 1 在 S 处的重合点为 S_1，则有

$$\boldsymbol{v}_{S2}=\boldsymbol{v}_{S1}+\boldsymbol{v}_{S2S1}\,,\boldsymbol{v}_{S3}=\boldsymbol{v}_{S1}+\boldsymbol{v}_{S3S1}$$

则

$$\boldsymbol{v}_{S1}+\boldsymbol{v}_{S2S1}=\boldsymbol{v}_{S1}+\boldsymbol{v}_{S3S1}$$

即

$$\boldsymbol{v}_{S2S1}=\boldsymbol{v}_{S3S1}$$

但由图可见

$$\boldsymbol{v}_{S2S1}\perp\overline{P_{12}S}\,,\boldsymbol{v}_{S3S1}\perp\overline{P_{13}S}$$

故

$$\boldsymbol{v}_{S2S1}\neq\boldsymbol{v}_{S3S1}$$

即

$$\boldsymbol{v}_{S2}\neq\boldsymbol{v}_{S3}$$

因此，点 S 不可能是瞬心 P_{23}，只有当它位于 P_{12}、P_{13} 的连线上时，该两重合点的速度向量才可能相等，所以瞬心 P_{23} 必位于 P_{12}、P_{13} 的连线上。至于 P_{23} 位于直线 $\overline{P_{12}P_{13}}$ 上的哪一点，只有当构件 2 与构件 3 的运动完全已知时才能确定。

当机构的构件数较多时，可按下面的方法确定应该位于同一直线上的三个瞬心：设三个任意构件编号分别为 i、j、k，则 P_{ij}、P_{ik} 和 P_{jk} 应在一条直线上，即 i、j、k 应在 P 的下标中各出现两次。

3.8.4　速度瞬心法在平面机构速度分析中的应用

由于瞬心是两构件在某瞬时的相对速度为零的重合点，因此两构件在该瞬时的相对运动可以看作是绕该瞬心的相对转动。利用瞬心的这一特征进行机构速度分析的方法称为速度瞬心法。

例 3.1　如图 3.49 所示的铰链四杆机构中，已知原动件 1 以匀角速度 ω_1 顺时针方向转动，求构件 3 的角速度 ω_3。

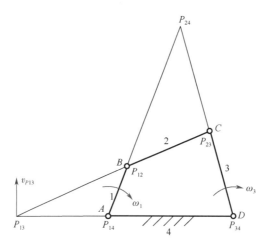

图 3.49　速度瞬心法应用实例——铰链四杆机构

解：铰链四杆机构的瞬心数目为

$$N=\frac{k(k-1)}{2}=\frac{4\times(4-1)}{2}=6$$

瞬心 P_{14}、P_{12}、P_{23}、P_{34} 分别位于转动副 A、B、C、D 的中心。对于没有通过运动副直接相连的构件 2、4 的瞬心 P_{24} 和构件 1、3 的瞬心 P_{13}，可用三心定理来求得。

根据三心定理，构件 4、1、2 的三个瞬心 P_{14}、P_{12}、P_{24} 应位于一条直线上；构件 4、3、2 的三个瞬心 P_{34}、P_{23}、P_{24} 也应位于一条直线上，这两条直线的交点即为 P_{24}。同理可求出 P_{13}。

该题中，绝对速度瞬心为 P_{14}、P_{24}、P_{34}，相对速度瞬心为 P_{13}、P_{12}、P_{23}。

$$v_{P13}=\omega_1\cdot l_{P14P13}=\omega_3\cdot l_{P13P34}$$

则

$$\frac{\omega_1}{\omega_3}=\frac{l_{P13P34}}{l_{P14P13}}=\frac{\overline{P_{13}P_{34}}}{\overline{P_{14}P_{13}}}$$

该式表明，构件 1 与 3 的瞬时角速度之比 ω_1/ω_3 与其绝对速度瞬心 P_{14}、P_{34} 至相对速度瞬心 P_{13} 的距离成反比。

当 P_{13} 在 P_{14} 和 P_{34} 的同一侧时，ω_3 与 ω_1 的方向相同；当 P_{13} 在 P_{14} 和 P_{34} 之间时，ω_3 与 ω_1 的方向相反。

例 3.2 如图 3.50 所示的曲柄滑块机构中，已知各构件的长度，主动曲柄 1 以匀角速度 ω_1 逆时针转动，求滑块 C 的速度 $\boldsymbol{v}_C$ 和构件 2 的角速度 ω_2。

解：瞬心 P_{14}、P_{12}、P_{23} 分别位于转动副 A、B、C 的中心。根据三心定理，瞬心 P_{13} 应位于 $P_{12}P_{23}$ 的连线上，也应位于 $P_{14}P_{34}^{\infty}$ 的连线上（此处的 P_{34}^{∞} 通过 A 点），两连线的交点即为 P_{13}；瞬心 P_{24} 应位于 $P_{14}P_{12}$ 的连线上，也应位于 $P_{23}P_{34}^{\infty}$ 的连线上（此处的 P_{34}^{∞} 通过 C 点），两连线的交点即为 P_{24}。

将 P_{13} 看成滑块上的一点，则

$$v_C = v_{P13} = \omega_1 \cdot l_{AP13} = \mu_l \cdot \overline{AP_{13}} \cdot \omega_1, \text{方向指向左}$$

利用绝对瞬心 P_{24}，可求得

$$\omega_2 = \frac{v_B}{\mu_l \cdot \overline{P_{12}P_{24}}} = \omega_1 \cdot \frac{\mu_l \cdot \overline{P_{14}P_{12}}}{\mu_l \cdot \overline{P_{12}P_{24}}}, \text{方向为顺时针}$$

例 3.3 如图 3.51 所示的凸轮机构中，已知凸轮 1 的角速度 ω_1，求从动件 2 的线速度 $\boldsymbol{v}_2$。

解：应用三心定理先求出瞬心 P_{12}，则

$$v_2 = \omega_1 \cdot l_{P13P12} = \omega_1 \cdot \mu_l \cdot \overline{P_{13}P_{12}}$$

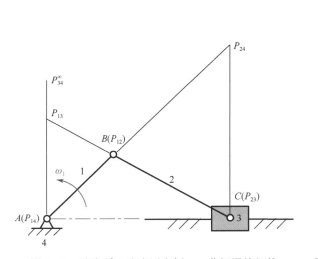

图 3.50 速度瞬心法应用实例——曲柄滑块机构

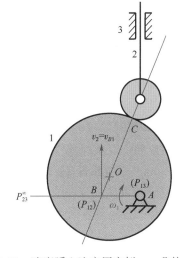

图 3.51 速度瞬心法应用实例——凸轮机构

由以上三例可知，利用速度瞬心法对简单平面机构，特别是平面高副机构进行速度分析是比较简便的，但是对于构件数目繁多的复杂机构，由于瞬心数目较多，求解时较复杂；此外，利用速度瞬心法只能求解平面机构的速度分析问题，而不能求解平面机构的加速度分析问题。

§3.9 用相对运动图解法进行平面机构的运动分析

相对运动图解法是应用理论力学中的相对运动原理进行机构运动分析的方法。求解时首先根据速度合成定理和加速度合成定理，列出机构各构件上相应点之间的相对运动矢量方程式，

并用一定的比例尺作出矢量多边形，从而求出构件上各指定点的速度和加速度，以及各构件的角速度和角加速度。相对运动图解法的优点是概念清晰，且在一般工程实际上有实用价值。根据不同的相对运动情况，机构的运动分析可分为以下两类问题进行研究。

3.9.1 同一构件上两点间的速度和加速度的关系

如图 3.52（a）所示，同一构件上两点间的速度关系为

$$\boldsymbol{v}_B = \boldsymbol{v}_A + \boldsymbol{v}_{BA} \tag{3.29}$$

式中，$\boldsymbol{v}_{BA}$ 是点 B 相对于点 A 的相对速度，$v_{BA} = \omega l_{AB}$，方向垂直于 AB 的连线，与 ω 指向一致。

如图 3.52（b）所示，同一构件上两点间的加速度关系为

$$\boldsymbol{a}_B = \boldsymbol{a}_A + \boldsymbol{a}_{BA}^n + \boldsymbol{a}_{BA}^t \tag{3.30}$$

式中，$\boldsymbol{a}_{BA}^n$ 为点 B 相对于点 A 的法向加速度，$a_{BA}^n = \omega^2 l_{AB} = \dfrac{v_{BA}^2}{l_{AB}}$，其方向为沿着 AB 直线的方向，由 B 点指向 A 点；$\boldsymbol{a}_{BA}^t$ 为点 B 相对于点 A 的切向加速度，$a_{BA}^t = \varepsilon \cdot l_{AB}$，其方向为垂直于 AB 直线的方向，与瞬时角加速度 ε 的方向一致。

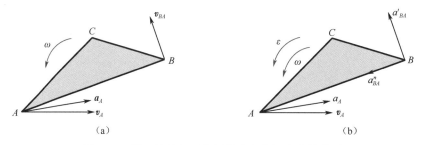

图 3.52 同一构件上两点间的速度和加速度的关系

如图 3.53 所示的铰链四杆机构中，已知各构件的长度、原动件 1 的角速度 ω_1 和角加速度 ε_1 的大小和方向，以及原动件 1 的瞬时位置角 φ_1，求图示位置中的点 C 和点 E 的速度 $\boldsymbol{v}_C$、$\boldsymbol{v}_E$ 和加速度 $\boldsymbol{a}_C$、$\boldsymbol{a}_E$，以及构件 2、3 的角速度 ω_2、ω_3 和角加速度 ε_2、ε_3。

首先按已知条件，选定适当的长度比例尺 $\boldsymbol{\mu}_l$，作出该瞬时位置的机构运动简图，然后再进行机构的速度和加速度分析。

1. 确定速度和角速度

根据相对运动原理，连杆 2 上点 C 的速度 $\boldsymbol{v}_C$ 是基点 B 的速度 $\boldsymbol{v}_B$ 和点 C 相对于点 B 的速度 $\boldsymbol{v}_{CB}$ 的矢量和，矢量方程式如下：

	$\boldsymbol{v}_C$	=	$\boldsymbol{v}_B$	+	$\boldsymbol{v}_{CB}$
方向	$\perp CD$		$\perp AB$		$\perp CB$
大小	?		$\omega_1 l_{AB}$		?

式中，仅有 $\boldsymbol{v}_C$ 和 $\boldsymbol{v}_{CB}$ 的大小未知，故可作矢量多边形求解，步骤如下。

（1）在速度图上任取一点 p，取 $\overline{pb}$ 代表 $\boldsymbol{v}_B$，算出速度比例尺 $\mu_v = \dfrac{v_B}{\overline{pb}} \dfrac{\text{m/s}}{\text{mm}}$。

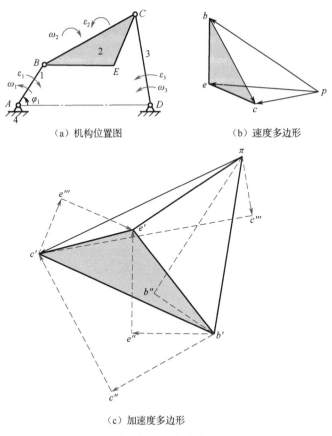

（a）机构位置图　　　　　　　　（b）速度多边形

（c）加速度多边形

图 3.53　铰链四杆机构的速度和加速度分析

（2）过点 p 作$\boldsymbol{v}_C$ 的方向线，过点 b 作$\boldsymbol{v}_{CB}$ 的方向线，得交点 c。

（3）矢量 $\boldsymbol{pc}$ 和 $\boldsymbol{bc}$ 分别代表$\boldsymbol{v}_C$和$\boldsymbol{v}_{CB}$，其大小为

$$v_C = \mu_v \cdot \overline{pc}, v_{CB} = \mu_v \cdot \overline{bc}$$

当点 C 的速度$\boldsymbol{v}_C$求出后，可利用下式求得点 E 的速度$\boldsymbol{v}_E$：

	$\boldsymbol{v}_E$	=	$\boldsymbol{v}_C$	+	$\boldsymbol{v}_{EC}$	=	$\boldsymbol{v}_B$	+	$\boldsymbol{v}_{EB}$
方向	?		$\perp CD$		$\perp EC$		$\perp AB$		$\perp BE$
大小	?		$\mu_v \cdot \overline{pc}$		?		$\omega_1 l_{AB}$		?

上式第二个等式中，仅$\boldsymbol{v}_{EC}$和$\boldsymbol{v}_{EB}$的大小未知，可作矢量多边形求解，步骤如下。

过点 b 作$\boldsymbol{v}_{EB}$的方向线，过点 c 作$\boldsymbol{v}_{EC}$的方向线，两方向线交于点 e，连接 p、e，则矢量 $\boldsymbol{pe}$ 代表$\boldsymbol{v}_E$，于是 $v_E = \mu_v \cdot \overline{pe}$。

对照图 3.53（a）、（b）可以看出，在速度多边形和机构位置图中，$bc \perp BC$，$ce \perp CE$，$be \perp BE$，故$\triangle bce \backsim \triangle BCE$，且两三角形顶点字母排列顺序相同，均为顺时针方向。一般称图形 bce 为图形 BCE 的速度影像。故当已知一构件上两点的速度时，可利用速度影像与构件位置图相似的原理求出构件上其他任一点的速度。但必须强调的是，速度影像的相似原理只能应用于同一构件上的各点，而不能应用于机构不同构件上的各点。

速度多边形具有如下特性。

（1）点 p 称为极点，它代表该构件上速度为零的点。

（2）连接 p 点与任一点的矢量代表该点在机构图中的同名点的绝对速度，其指向是从 p 点指向该点。

（3）连接其他任意两点的矢量代表该两点在机构图中同名点间的相对速度，其指向恰与速度的下标相反。例如，矢量 bc 代表 v_{CB} 而不是 v_{BC}。

根据点 C 的速度 v_C，不难求出角速度 ω_3，其大小为 $\omega_3 = \dfrac{v_C}{l_{CD}} = \mu_v\dfrac{\overline{pc}}{l_{CD}}$，其转向可根据 v_C 的指向与 ω_3 转向相协调的原则确定为逆时针方向；类似地，根据相对速度 v_{CB} 求出角速度 ω_2，其大小为 $\omega_2 = \dfrac{v_{CB}}{l_{CB}} = \mu_v\dfrac{\overline{bc}}{l_{CB}}$，其转向根据 v_{CB} 的指向确定为顺时针方向。

2. 确定加速度和角加速度

根据刚体运动的加速度合成定理，连杆 2 上的点 B、C 的加速度矢量满足下列矢量方程式：

$$a_C = a_B + a_{CB}$$

	a_C^n	$+$	a_C^t	$=$	a_B^n	$+$	a_B^t	$+$	a_{CB}^n	$+$	a_{CB}^t
方向	$C \to D$		$\perp CD$		$B \to A$		$\perp AB$		$C \to B$		$\perp CB$
大小	$\dfrac{v_C^2}{l_{CD}}$		?		$l_{AB}\omega_1^2$		$l_{AB}\varepsilon_1$		$\dfrac{v_{CB}^2}{l_{CB}}$		?

式中，只有 a_C^t 和 a_{CB}^t 的大小未知，可根据上式，作加速度矢量多边形求解。

如图 3.53（c）所示，取加速度比例尺 $\mu_a\left(\dfrac{\mathrm{m/s^2}}{\mathrm{mm}}\right)$，作图步骤如下。

（1）从任意点 π 连续作矢量 $\pi b''$、$b''b'$、$b'c'''$ 分别代表 a_B^n、a_B^t、a_{CB}^n。

（2）从点 π 作矢量 $\pi c'''$ 代表 a_C^n。

（3）过 c'' 点作直线 $\overline{c''c'}$ 代表 a_{CB}^t 的方向线，过 c''' 作直线 $\overline{c'''c'}$ 代表 a_C^t 的方向线，两方向线相交于 c'。

（4）连接线段 $\pi c'$，则矢量 $\pi c'$ 代表 C 点的加速度，其大小为 $a_C = \mu_a \cdot \overline{\pi c'}$。

当点 C 的加速度求得后，可根据下列方程式求出点 E 的加速度：

	a_E	$=$	a_B	$+$	a_{EB}^n	$+$	a_{EB}^t	$=$	a_C	$+$	a_{EC}^n	$+$	a_{EC}^t
方向	?		$\pi \to b'$		$E \to B$		$\perp EB$		$\pi \to c'$		$E \to C$		$\perp EC$
大小	?		$\mu_a\,\overline{\pi b'}$		$l_{EB}\omega_2^2$		?		$\mu_a\,\overline{\pi c'}$		$l_{EC}\omega_2^2$		?

作图步骤如下。

（1）过点 b' 作直线 $\overline{b'e''}$ 代表 a_{EB}^n，并从 e'' 作 a_{EB}^t 的方向线 $e''e'$。

（2）过点 c' 作直线 $\overline{c'e'''}$ 代表 a_{EC}^n，并从 e''' 作 a_{EC}^t 的方向线。

（3）上述两方向线 $e''e'$ 和 $e'''e'$ 相交于点 e'，连接 $\pi e'$。

（4）矢量 $\pi e'$ 代表 a_E，其大小为 $a_E = \mu_a \cdot \overline{\pi e'}$。

由加速度多边形可知

$$a_{CB}=\sqrt{(a^n_{CB})^2+(a^t_{CB})^2}=\sqrt{(l_{CB}\omega^2_2)^2+(l_{CB}\varepsilon_2)^2}=l_{CB}\sqrt{\omega^4_2+\varepsilon^2_2}$$

同理可得

$$a_{EB}=l_{EB}\sqrt{\omega^4_2+\varepsilon^2_2},a_{EC}=l_{EC}\sqrt{\omega^4_2+\varepsilon^2_2}$$

所以

$$a_{CB}:a_{EB}:a_{EC}=l_{BC}:l_{EB}:l_{EC}$$

$$b'c':b'e':c'e'=\overline{BC}:\overline{EB}:\overline{EC}$$

由此可见，$\triangle b'c'e'\backsim\triangle BCE$，且两三角形顶点字母排列顺序相同，图形 $b'c'e'$ 称为图形 *BCE* 的加速度影像。当已知一构件上两点的加速度时，利用加速度影像便能很容易地求出该构件上其他任一点的加速度。必须强调指出，与速度影像一样，加速度影像的相似原理只能应用于机构中同一构件上的各点，而不能应用于不同构件上的各点。

加速度多边形具有如下特性。

（1）点 π 称为极点，代表该构件上加速度为零的点。

（2）连接点 π 和任一点的矢量代表该点在机构图中的同名点的绝对加速度，其指向从 π 指向该点。

（3）连接带有上角标 "'" 的任意两点的矢量，代表该两点在机构图中的同名点间的相对加速度，其指向与加速度的下角标相反。例如，矢量 $b'c'$ 代表 $\boldsymbol{a}_{CB}$ 而不是 $\boldsymbol{a}_{BC}$。

（4）代表法向加速度和切向加速度的矢量一般都用虚线表示。例如，矢量 $\boldsymbol{b'c''}$ 和 $\boldsymbol{c''c'}$ 分别代表 $\boldsymbol{a}^n_{CB}$ 和 $\boldsymbol{a}^t_{CB}$。

连杆 2 的角加速度 $\varepsilon_2=\dfrac{a^t_{CB}}{l_{CB}}=\dfrac{\mu_a\cdot\overline{c''c'}}{l_{CB}}$，将代表 $\boldsymbol{a}^t_{CB}$ 的矢量 $\boldsymbol{c''c'}$ 平移到机构图上的点 C，可知 ε_2 的方向为逆时针方向；摇杆 3 的角加速度 $\varepsilon_3=\dfrac{a^t_C}{l_{CD}}=\dfrac{\mu_a\cdot\overline{c'''c'}}{l_{CD}}$，将代表 $\boldsymbol{a}^t_C$ 的矢量 $\boldsymbol{c'''c'}$ 平移到机构图上的点 C，可知 ε_3 的方向为逆时针方向。

3.9.2 组成移动副两构件的重合点间的速度和加速度的关系

如图 3.54 所示的导杆机构中，已知机构的位置、各构件的长度及曲柄 1 的等角速度 ω_1，求导杆 3 的角速度和角加速度。

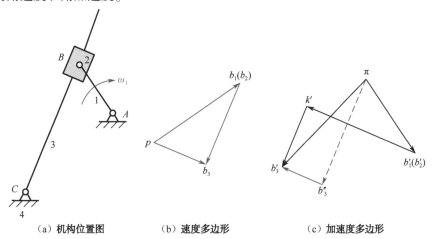

（a）机构位置图　　　（b）速度多边形　　　（c）加速度多边形

图 3.54　导杆机构的速度和加速度分析

首先按选定的长度比例尺 μ_l 画出机构位置图，分析机构的组成，该机构是由Ⅱ级杆组 2、3 连接于原动件 1 和机架 4 上组成的Ⅱ级机构。

1）确定构件 3 的角速度 ω_3

因点 B 是构件 1 上的点，也是构件 2 上的点，故 $v_{B2} = v_{B1} = \omega_1 \cdot l_{AB}$，其方向为垂直于 AB 而指向与 ω_1 一致。构件 2、3 组成移动副，其角速度相同，即 $\omega_2 = \omega_3$。

由理论力学知识可知，导杆 3 上的点 B_3 的绝对速度与其在滑块上的重合点 B_2 的绝对速度之间有下列关系：

	$\boldsymbol{v}_{B3}$	$=$	$\boldsymbol{v}_{B2}$	$+$	$\boldsymbol{v}_{B3B2}$
方向	$\perp BC$		$\perp AB$		$// BC$
大小	?		$\omega_1 l_{AB}$		?

式中，仅 $\boldsymbol{v}_{B3}$ 和 $\boldsymbol{v}_{B3B2}$ 的大小未知，可用矢量多边形求解，作图步骤如下。

（1）过任一点 p 作 $\overline{pb_2}$ 代表 $\boldsymbol{v}_{B2}$，则速度比例尺 $\mu_v = \dfrac{v_{B2}}{\overline{pb_2}} = \dfrac{\omega_1 \cdot l_{AB}}{\overline{pb_2}}$ $\dfrac{\text{m/s}}{\text{mm}}$。

（2）过 b_2 点作 $\boldsymbol{v}_{B3B2}$ 的方向线 $\overline{b_2b_3}$。

（3）过 p 点作 $\boldsymbol{v}_{B3}$ 的方向线 $\overline{pb_3}$，两方向线交于点 b_3。

（4）$\boldsymbol{pb_3}$ 代表 $\boldsymbol{v}_{B3}$，其大小为 $\mu_v \cdot \overline{pb_3}$。

构件 3 的角速度为 $\omega_3 = \omega_2 = \dfrac{v_{B3}}{l_{B3C}} = \dfrac{\mu_v \cdot \overline{pb_3}}{l_{B3C}}$，将代表 $\boldsymbol{v}_{B3}$ 的矢量 $\boldsymbol{pb_3}$ 平移到机构图上的点 B，可知 ω_3 的方向为顺时针方向。

2）确定导杆 3 的角加速度 ε_3

由理论力学可知，点 B_3 的绝对加速度与其重合点 B_2 的绝对加速度之间的关系为

	$\boldsymbol{a}_{B3}^n$	$+$	$\boldsymbol{a}_{B3}^t$	$=$	$\boldsymbol{a}_{B2}$	$+$	$\boldsymbol{a}_{B3B2}^k$	$+$	$\boldsymbol{a}_{B3B2}^r$
方向	$B_3 \rightarrow C$		$\perp B_3C$		$B_2 \rightarrow A$		$\perp B_3C$		$// B_3C$
大小	$\omega_3^2 l_{B3C}$		?		$\omega_1^2 l_{AB}$		$2\omega_3 v_{B3B2}$		?

式中，$\boldsymbol{a}_{B3B2}^r$ 为点 B_3 相对于点 B_2 的相对加速度。

在一般情况下，$\boldsymbol{a}_{B3B2}^r = \boldsymbol{a}_{B3B2}^n + \boldsymbol{a}_{B3B2}^t$，但由于构件 2 与构件 3 组成移动副，所以 $\boldsymbol{a}_{B3B2}^n = 0$，故 $\boldsymbol{a}_{B3B2}^r = \boldsymbol{a}_{B3B2}^t$，其方向平行于两构件的相对移动方向。

$\boldsymbol{a}_{B3B2}^k$ 为哥氏加速度，其大小为

$$a_{B3B2}^k = 2\omega_3 v_{B3B2} \sin\theta$$

式中，θ 为相对速度矢量 $\boldsymbol{v}_{B3B2}$ 与牵连角速度 ω_3（$\omega_3 = \omega_2$）之间的夹角。对于平面机构，显然有 $\theta = 90°$，故 $a_{B3B2}^k = 2\omega_3 v_{B3B2}$。哥氏加速度的方向是将 $\boldsymbol{v}_{B3B2}$ 绕 ω_3 的转动方向转 $90°$ 后，其箭头所指的方向。

由以上分析可知，在上面的矢量方程式中，仅 $\boldsymbol{a}_{B3}^t$ 和 $\boldsymbol{a}_{B3B2}^r$ 的大小未知，可用矢量多边形求解，作图步骤如下。

（1）从任意极点 π 连续作矢量 $\boldsymbol{\pi b_2'}$ 和 $\boldsymbol{b_2'k'}$ 分别代表 $\boldsymbol{a}_{B2}$ 和 $\boldsymbol{a}_{B3B2}^k$，则 $\mu_a = \dfrac{a_{B2}}{\overline{\pi b_2'}} = \dfrac{\omega_1^2 \cdot l_{AB}}{\overline{\pi b_2'}}$

$\dfrac{m/s^2}{mm}$。

（2）过点 π 作矢量 $\pi b_3''$ 代表 a_{B3}^n。

（3）过点 k' 作直线 $\overline{k'b_3'}$ 平行于线段 CB_2 代表 a_{B3B2}^r 的方向线；过点 b_3'' 作直线 $\overline{b_3''b_3'}$ 垂直于线段 CB_2 代表 a_{B3}^t 的方向线。两方向线相交于点 b_3'，则矢量 $\pi b_3'$ 代表 a_{B3}。

导杆 3 的角加速度为 $\varepsilon_3 = \dfrac{a_{B3}^t}{l_{B3C}} = \dfrac{\mu_a \cdot \overline{b_3''b_3'}}{\mu_l \cdot \overline{B_3C}}$，将代表 a_{B3}^t 的矢量 $b_3''b_3'$ 平移到机构图上的点 B_3，可知 ε_3 的方向为逆时针方向。

§3.10　用复数矢量法进行平面机构的运动分析

使用解析法进行平面机构运动分析的主要任务是建立和求解机构中某构件或某点的位置方程。位置方程一般为非线性方程，根据其建立和求解的方法不同，解析法有多种，较为常用的有复数矢量法、基本杆组法和几何约束法等。本节通过实例介绍平面机构运动分析的复数矢量法。

3.10.1　铰链四杆机构的运动分析

如图 3.55 所示的铰链四杆机构中，已知各构件的长度分别为 l_1、l_2、l_3、l_4，原动件 1 以等角速度 ω_1 转动，图示位置角为 φ_1。求该机构在图示位置时，连杆 2 和从动件 3 的角位移、角速度和角加速度。

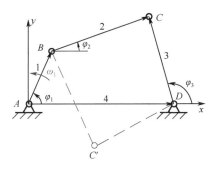

图 3.55　铰链四杆机构的运动分析

1. 位移分析

先建立直角坐标系 A-xy，x 轴与机架 AD 重合，坐标原点位于 A 点。将铰链四杆机构看成一个封闭矢量多边形，用 l_1、l_2、l_3、l_4 分别表示各构件的矢量，封闭矢量方程式可表示为

$$l_1 + l_2 = l_3 + l_4 \tag{3.31}$$

复数形式为

$$l_1 e^{i\varphi_1} + l_2 e^{i\varphi_2} = l_4 e^{i\varphi_4} + l_3 e^{i\varphi_3} \tag{3.32}$$

各矢量对横坐标轴的角位移分别为 φ_1、φ_2、φ_3、0，取逆时针方向为正，反之为负。将式（3.32）按欧拉公式展开，取实部和虚部分别相等，得

$$\begin{cases} l_1\cos\varphi_1+l_2\cos\varphi_2=l_4+l_3\cos\varphi_3 \\ l_1\sin\varphi_1+l_2\sin\varphi_2=l_3\sin\varphi_3 \end{cases} \tag{3.33}$$

从式（3.33）中消去 φ_2，得

$$A\cos\varphi_3+B\sin\varphi_3+C=0 \tag{3.34}$$

式中，

$$A=l_4-l_1\cos\varphi_1$$

$$B=-l_1\sin\varphi_1$$

$$C=\frac{A^2+B^2+l_3^2-l_2^2}{2l_3}$$

将三角公式 $\sin\varphi_3=\dfrac{2\tan\dfrac{\varphi_3}{2}}{1+\tan^2\dfrac{\varphi_3}{2}}$、$\cos\varphi_3=\dfrac{1-\tan^2\dfrac{\varphi_3}{2}}{1+\tan^2\dfrac{\varphi_3}{2}}$ 代入式（3.34），得到关于 $\tan\dfrac{\varphi_3}{2}$ 的一元二

次方程式，由此解得

$$\varphi_3=2\arctan\frac{B\pm\sqrt{A^2+B^2-C^2}}{A-C}$$

式中，两种 φ_3 值分别对应于图 3.55 所示的两种配置，"+"号表示实线所示的装配模式，"–"号表示虚线所示的装配模式，应根据从动件 3 的初始位置和运动连续性条件来确定。若根号内的数小于零，则表示机构相应的位置无法实现。

将式（3.33）中的 φ_3 消去，即可得 φ_2 的计算式为

$$\varphi_2=\arctan\frac{B+l_3\sin\varphi_3}{A+l_3\cos\varphi_3}$$

2. 速度分析

将式（3.32）对时间求导，得

$$l_1\omega_1\mathrm{ie}^{\mathrm{i}\varphi_1}+l_2\omega_2\mathrm{ie}^{\mathrm{i}\varphi_2}=l_3\omega_3\mathrm{ie}^{\mathrm{i}\varphi_3} \tag{3.35}$$

先消去 ω_2，式（3.35）两边分别乘以 $\mathrm{e}^{-\mathrm{i}\varphi_2}$，得

$$l_1\omega_1\mathrm{ie}^{\mathrm{i}(\varphi_1-\varphi_2)}+l_2\omega_2\mathrm{ie}^{\mathrm{i}(\varphi_2-\varphi_2)}=l_3\omega_3\mathrm{ie}^{\mathrm{i}(\varphi_3-\varphi_2)}$$

取实部相等，得

$$-l_1\omega_1\sin(\varphi_1-\varphi_2)=-l_3\omega_3\sin(\varphi_3-\varphi_2)$$

$$\omega_3=\omega_1\frac{l_1\sin(\varphi_1-\varphi_2)}{l_3\sin(\varphi_3-\varphi_2)} \tag{3.36}$$

同理，为消去 ω_3，式（3.35）两边分别乘以 $\mathrm{e}^{-\mathrm{i}\varphi_3}$，得

$$l_1\omega_1\mathrm{ie}^{\mathrm{i}(\varphi_1-\varphi_3)}+l_2\omega_2\mathrm{ie}^{\mathrm{i}(\varphi_2-\varphi_3)}=l_3\omega_3\mathrm{ie}^{\mathrm{i}(\varphi_3-\varphi_3)}$$

取实部相等，得

$$\omega_2=-\omega_1\frac{l_1\sin(\varphi_1-\varphi_3)}{l_2\sin(\varphi_2-\varphi_3)} \tag{3.37}$$

角速度为正表示逆时针方向，为负表示顺时针方向。

3. 加速度分析

将式（3.35）对时间求导，得

$$-l_1\omega_1^2\mathrm{e}^{\mathrm{i}\varphi_1}+l_2\varepsilon_2\mathrm{i}\mathrm{e}^{\mathrm{i}\varphi_2}-l_2\omega_2^2\mathrm{e}^{\mathrm{i}\varphi_2}=l_3\varepsilon_3\mathrm{i}\mathrm{e}^{\mathrm{i}\varphi_3}-l_3\omega_3^2\mathrm{e}^{\mathrm{i}\varphi_3} \tag{3.38}$$

为消去 ε_2，式（3.38）两边分别乘以 $\mathrm{e}^{-\mathrm{i}\varphi_2}$，得

$$-l_1\omega_1^2\mathrm{e}^{\mathrm{i}(\varphi_1-\varphi_2)}+l_2\varepsilon_2\mathrm{i}\mathrm{e}^{\mathrm{i}(\varphi_2-\varphi_2)}-l_2\omega_2^2\mathrm{e}^{\mathrm{i}(\varphi_2-\varphi_2)}=l_3\varepsilon_3\mathrm{i}\mathrm{e}^{\mathrm{i}(\varphi_3-\varphi_2)}-l_3\omega_3^2\mathrm{e}^{\mathrm{i}(\varphi_3-\varphi_2)}$$

$$\varepsilon_3=\frac{l_2\omega_2^2+l_1\omega_1^2\cos(\varphi_1-\varphi_2)-l_3\omega_3^2\cos(\varphi_3-\varphi_2)}{l_3\sin(\varphi_3-\varphi_2)} \tag{3.39}$$

同理，为消去 ε_3，式（3.38）两边分别乘以 $\mathrm{e}^{-\mathrm{i}\varphi_3}$，得

$$-l_1\omega_1^2\mathrm{e}^{\mathrm{i}(\varphi_1-\varphi_3)}+l_2\varepsilon_2\mathrm{i}\mathrm{e}^{\mathrm{i}(\varphi_2-\varphi_3)}-l_2\omega_2^2\mathrm{e}^{\mathrm{i}(\varphi_2-\varphi_3)}=l_3\varepsilon_3\mathrm{i}\mathrm{e}^{\mathrm{i}(\varphi_3-\varphi_3)}-l_3\omega_3^2\mathrm{e}^{\mathrm{i}(\varphi_3-\varphi_3)}$$

取实部相等，得

$$\varepsilon_2=\frac{l_3\omega_3^2-l_1\omega_1^2\cos(\varphi_1-\varphi_3)-l_2\omega_2^2\cos(\varphi_2-\varphi_3)}{l_2\sin(\varphi_2-\varphi_3)} \tag{3.40}$$

注意：角加速度的正负号表明角速度的变化趋势，角加速度与角速度同号表示加速，反之则表示减速。

3.10.2　曲柄滑块机构的运动分析

如图 3.56 所示的曲柄滑块机构，已知曲柄 1 的长度 l_1、连杆 2 的长度 l_2、位置角 φ_1、等角速度 ω_1，求连杆 2 的 φ_2、ω_2、ε_2 及滑块 3 的 x_C、v_C、a_C。

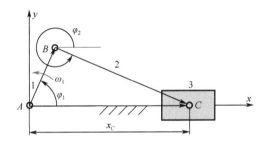

图 3.56　曲柄滑块机构的运动分析

1. 位置分析

封闭矢量方程式为

$$\boldsymbol{l}_1+\boldsymbol{l}_2=\boldsymbol{x}_C$$
$$l_1\mathrm{e}^{\mathrm{i}\varphi_1}+l_2\mathrm{e}^{\mathrm{i}\varphi_2}=x_C\mathrm{e}^{\mathrm{i}0} \tag{3.41}$$

取实部和虚部分别相等，得

$$\begin{cases}l_1\cos\varphi_1+l_2\cos\varphi_2=x_C\\l_1\sin\varphi_1+l_2\sin\varphi_2=0\end{cases}$$

滑块的位置

$$x_C=l_1\cos\varphi_1+l_2\cos\varphi_2$$
$$\varphi_2=\arcsin\left(\frac{-l_1\sin\varphi_1}{l_2}\right)$$

2. 速度分析

将式（3.41）对时间求导，得

$$l_1\omega_1\mathrm{i}e^{\mathrm{i}\varphi_1}+l_2\omega_2\mathrm{i}e^{\mathrm{i}\varphi_2}=v_C \tag{3.42}$$

式（3.42）两边分别乘以 $e^{-\mathrm{i}\varphi_2}$，得

$$l_1\omega_1\mathrm{i}e^{\mathrm{i}(\varphi_1-\varphi_2)}+l_2\omega_2\mathrm{i}=v_Ce^{-\mathrm{i}\varphi_2}$$

取实部相等，得

$$v_C=\frac{-l_1\omega_1\sin(\varphi_1-\varphi_2)}{\cos\varphi_2}$$

式（3.42）展开后取虚部相等，得

$$\omega_2=\frac{-l_1\omega_1\cos\varphi_1}{l_2\cos\varphi_2}$$

3. 加速度分析

将式（3.42）对时间求导，得

$$-l_1\omega_1^2e^{\mathrm{i}\varphi_1}+l_2\varepsilon_2\mathrm{i}e^{\mathrm{i}\varphi_2}-l_2\omega_2^2e^{\mathrm{i}\varphi_2}=a_C \tag{3.43}$$

式（3.43）两边分别乘以 $e^{-\mathrm{i}\varphi_2}$，展开后取实部相等，得

$$a_C=-\frac{l_1\omega_1^2\cos(\varphi_1-\varphi_2)+l_2\omega_2^2}{\cos\varphi_2}$$

将式（3.43）展开后取虚部相等，得

$$\varepsilon_2=\frac{l_1\omega_1^2\sin\varphi_1+l_2\omega_2^2\sin\varphi_2}{l_2\cos\varphi_2}$$

3.10.3　导杆机构的运动分析

如图 3.57 所示的导杆机构，已知曲柄长 l_1、位置角 φ_1、等角速度 ω_1、中心距 l_4，求导杆的角位移 φ_3、角速度 ω_3 和角加速度 ε_3。

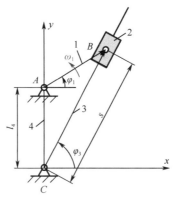

图 3.57　导杆机构的运动分析

1. 位置分析

$$\boldsymbol{l}_4+\boldsymbol{l}_1=\boldsymbol{s} \tag{3.44}$$

$$l_4\mathrm{i}+l_1e^{\mathrm{i}\varphi_1}=se^{\mathrm{i}\varphi_3} \tag{3.45}$$

取实部和虚部分别相等，得

$$\begin{cases} l_1\cos\varphi_1 = s\cos\varphi_3 \\ l_4+l_1\sin\varphi_1 = s\sin\varphi_3 \end{cases}$$

两式相除，得
$$\tan\varphi_3 = \frac{l_1\sin\varphi_1+l_4}{l_1\cos\varphi_1}$$

$$s = \frac{l_1\cos\varphi_1}{\cos\varphi_3}$$

2. 速度分析

对式（3.45）求导数，得
$$l_1\omega_1\mathrm{i}\mathrm{e}^{\mathrm{i}\varphi_1} = v_{B2B3}\mathrm{e}^{\mathrm{i}\varphi_3}+s\omega_3\mathrm{i}\mathrm{e}^{\mathrm{i}\varphi_3} \qquad (3.46)$$

两边分别乘以 $\mathrm{e}^{-\mathrm{i}\varphi_3}$，得
$$l_1\omega_1\mathrm{i}\mathrm{e}^{\mathrm{i}(\varphi_1-\varphi_3)} = v_{B2B3}+s\omega_3\mathrm{i}$$

取实部相等，得
$$v_{B2B3} = -l_1\omega_1\sin(\varphi_1-\varphi_3)$$

取虚部相等，得
$$\omega_3 = \frac{l_1\omega_1\cos(\varphi_1-\varphi_3)}{s}$$

3. 加速度分析

对式（3.46）求导数，得
$$-l_1\omega_1^2\mathrm{e}^{\mathrm{i}\varphi_1} = (a_{B2B3}-s\omega_3^2)\mathrm{e}^{\mathrm{i}\varphi_3}+(s\varepsilon_3+2v_{B2B3}\omega_3)\mathrm{i}\mathrm{e}^{\mathrm{i}\varphi_3} \qquad (3.47)$$

方程两边分别乘以 $\mathrm{e}^{-\mathrm{i}\varphi_3}$，取实部相等，得
$$-l_1\omega_1^2\cos(\varphi_1-\varphi_3) = a_{B2B3}-s\omega_3^2$$

取虚部相等，得
$$-l_1\omega_1^2\sin(\varphi_1-\varphi_3) = s\varepsilon_3+2v_{B2B3}\omega_3$$

故
$$a_{B2B3} = s\omega_3^2-l_1\omega_1^2\cos(\varphi_1-\varphi_3)$$

$$\varepsilon_3 = -\frac{2v_{B2B3}+l_1\omega_1^2\sin(\varphi_1-\varphi_3)}{s}$$

§3.11　平面连杆机构的计算机辅助设计

由机构的组成原理可知，任何平面机构都可以分解为原动件、基本杆组和机架三部分，每一个原动件为一单杆构件。因此，只要对单杆构件和常见的基本杆组进行运动分析并编制成相应的子程序，那么在对机构进行运动分析时，就可以根据机构组成情况的不同，依次调用这些子程序，从而完成对整个机构的运动分析。该方法的主要特点是：将一个复杂的机构分解成一个个较简单的基本杆组，在用计算机对机构进行运动分析时，即可直接调用已编制好的子程序，从而使主程序的编写大为简化。

工程实际中所用的大多数机构是Ⅱ级机构，它是由作为原动件的单杆机构和若干个Ⅱ级杆组组成的。Ⅱ级杆组有多种形式，其中最常用的有 RRR、RRP、RPR 三种类型，如图 3.58 所示。本节首先介绍单杆构件和三种常用的Ⅱ级杆组运动分析的方法及其子程序编写和调用时应注意的问题，然后通过具体实例说明复杂多杆机构的运动分析方法和步骤。

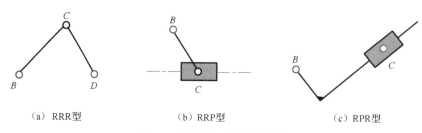

（a）RRR型　　　　　　（b）RRP型　　　　　　（c）RPR型

图 3.58　常用的三种 Ⅱ 级杆组

3.11.1　杆组法子程序的设计

1. 单杆构件的运动分析

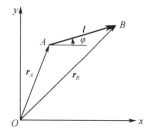

图 3.59　单杆构件的运动分析

单杆构件如图 3.59 所示，已知其上 A、B 两点间的距离 l、A 点的位置坐标 $A(x_A,y_A)$、速度 $\boldsymbol{v}_A$、加速度 $\boldsymbol{a}_A$、构件的位置角 φ、角速度 ω 和角加速度 ε，求构件上另一点 B 的位置坐标 $B(x_B,y_B)$、速度 $\boldsymbol{v}_B$、加速度 $\boldsymbol{a}_B$。

1）位置分析

如图 3.59 所示，构件上点 A、B 的位置分别用矢量 $\boldsymbol{r}_A$、$\boldsymbol{r}_B$ 表示，用矢量 $\boldsymbol{l}$ 连接运动已知点 A 和待求点 B，可得点 B 的位置矢量方程为

$$\boldsymbol{r}_B=\boldsymbol{r}_A+\boldsymbol{l}$$

上式在 x 轴和 y 轴上的分量分别为

$$\begin{cases} x_B=x_A+l\cos\varphi \\ y_B=y_A+l\sin\varphi \end{cases} \tag{3.48}$$

2）速度分析

将式（3.48）对时间求导，得速度方程为

$$\begin{cases} v_{Bx}=\dot{x}_B=\dot{x}_A-l\dot{\varphi}\sin\varphi=v_{Ax}-l\omega\sin\varphi=v_{Ax}-\omega(y_B-y_A) \\ v_{By}=\dot{y}_B=\dot{y}_A+l\dot{\varphi}\cos\varphi=v_{Ay}+l\omega\cos\varphi=v_{Ay}+\omega(x_B-x_A) \end{cases} \tag{3.49}$$

3）加速度分析

将式（3.49）对时间求导，得加速度方程为

$$\begin{cases} \begin{aligned} a_{Bx}=\ddot{x}_B &=\ddot{x}_A-l\dot{\varphi}^2\cos\varphi-l\ddot{\varphi}\sin\varphi \\ &=a_{Ax}-\omega^2 l\cos\varphi-\varepsilon l\sin\varphi \\ &=a_{Ax}-\omega^2(x_B-x_A)-\varepsilon(y_B-y_A) \end{aligned} \\ \begin{aligned} a_{By}=\ddot{y}_B &=\ddot{y}_A-l\dot{\varphi}^2\sin\varphi+l\ddot{\varphi}\cos\varphi \\ &=a_{Ay}-\omega^2 l\sin\varphi+\varepsilon l\cos\varphi \\ &=a_{Ay}-\omega^2(y_B-y_A)+\varepsilon(x_B-x_A) \end{aligned} \end{cases} \tag{3.50}$$

对于如图 3.60 所示的做定轴转动的曲柄，因 A 点固定不动，其速度 $\boldsymbol{v}_A$ 和加速度 $\boldsymbol{a}_A$ 均为零，故其上 B 点的位置、速度、加速度方程可简化为

$$\begin{cases} x_B = x_A + l\cos\varphi \\ y_B = y_A + l\sin\varphi \end{cases} \quad (3.51)$$

$$\begin{cases} v_{Bx} = -\omega l\sin\varphi \\ v_{By} = \omega l\cos\varphi \end{cases} \quad (3.52)$$

$$\begin{cases} a_{Bx} = -\omega^2 l\cos\varphi - \varepsilon l\sin\varphi \\ a_{By} = -\omega^2 l\sin\varphi + \varepsilon l\cos\varphi \end{cases} \quad (3.53)$$

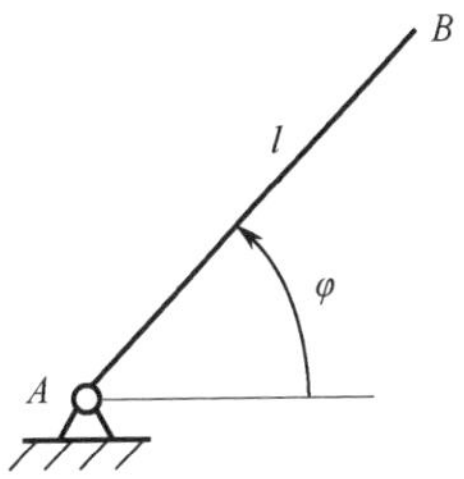

图 3.60　做定轴转动的曲柄

2. RRR 型 II 级杆组的运动分析

如图 3.61 所示，RRR 型 II 级杆组由三个转动副组成。已知两外副 B、D 的位置坐标 $B(x_B, y_B)$、$D(x_D, y_D)$，速度 $\boldsymbol{v}_B$、$\boldsymbol{v}_D$，加速度 $\boldsymbol{a}_B$、$\boldsymbol{a}_D$，杆长 l_2、l_3。求构件 2 和 3 的位置角 φ_2、φ_3，角速度 ω_2、ω_3，角加速度 ε_2、ε_3，以及其内副 C 的位置坐标 $C(x_C, y_C)$、速度 $\boldsymbol{v}_C$ 和加速度 $\boldsymbol{a}_C$。

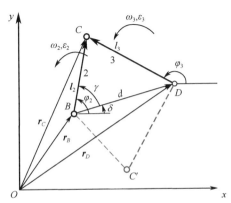

图 3.61　RRR 型 II 级杆组的运动分析

1）位置分析

由图 3.61 可知，该 II 级杆组的装配条件为

$$d \le l_2 + l_3 \text{ 和 } d \ge |l_2 - l_3|$$

若不满足此条件，则该 II 级杆组不能成立。因此，在对该 II 级杆组进行运动分析时，应首先由已知条件计算 d 值。

$$d = \sqrt{(x_D - x_B)^2 + (y_D - y_B)^2} \quad (3.54)$$

若计算出的 d 值不满足上述装配条件，则应退出运行程序。

矢量 $\boldsymbol{d}$ 与 x 轴的夹角为

$$\delta = \arctan\frac{y_D - y_B}{x_D - x_B} \quad (3.55)$$

矢量 $\boldsymbol{d}$ 与矢量 $\boldsymbol{l}_2$ 的夹角为

$$\gamma = \arccos\frac{d^2 + l_2^2 - l_3^2}{2dl_2} \quad (3.56)$$

由图 3.61 可知，构件 2 的位置角为

$$\varphi_2 = \delta \pm \gamma \quad (3.57)$$

式中，正负号 "$\pm$" 表明 φ_2 有两个解，它们分别对应于图中的实线位置 BCD 和虚线位置

$BC'D$。

由图中可以看出，当 Ⅱ 级杆组处于图中实线位置 BCD 时，角 γ 是由矢量 $\boldsymbol{d}$ 沿逆时针方向转到 $\boldsymbol{l}_2$ 的，故 γ 前应取正号；当 Ⅱ 级杆组处于图中虚线位置 $BC'D$ 时，角 γ 是由矢量 $\boldsymbol{d}$ 沿顺时针方向转到 $\boldsymbol{l}_2$ 的，故 γ 前应取负号。一般情况下，当机构的初始位置确定后，由运动连续条件可知，机构在整个运动循环中，角 γ 的方向是不变的，因此在编制该 Ⅱ 级杆组运动分析子程序时，可将式（3.57）写成

$$\varphi_2 = \delta + M\gamma \tag{3.58}$$

式中，M 称为位置模式系数。在调用该子程序时，应预先根据机构的初始位置确定装配形式，给 M 赋初值+1 或−1。

求得 φ_2 角后，可根据已知条件确定 C 点的位置方程为

$$\begin{cases} x_C = x_B + l_2 \cos \varphi_2 \\ y_C = y_B + l_2 \sin \varphi_2 \end{cases} \tag{3.59}$$

构件 3 的位置角为

$$\varphi_3 = \arctan \frac{y_C - y_D}{x_C - x_D} \tag{3.60}$$

2）速度分析

由图 3.61 可知

$$\boldsymbol{r}_C = \boldsymbol{r}_B + \boldsymbol{l}_2 = \boldsymbol{r}_D + \boldsymbol{l}_3 \tag{3.61}$$

其投影式为

$$\begin{cases} x_B + l_2 \cos \varphi_2 = x_D + l_3 \cos \varphi_3 \\ y_B + l_2 \sin \varphi_2 = y_D + l_3 \sin \varphi_3 \end{cases} \tag{3.62}$$

将式（3.62）对时间求导，得

$$\begin{cases} \dot{x}_B - l_2 \dot{\varphi}_2 \sin \varphi_2 = \dot{x}_D - l_3 \dot{\varphi}_3 \sin \varphi_3 \\ \dot{y}_B + l_2 \dot{\varphi}_2 \cos \varphi_2 = \dot{y}_D + l_3 \dot{\varphi}_3 \cos \varphi_3 \end{cases}$$

即

$$\begin{cases} v_{Bx} - l_2 \omega_2 \sin \varphi_2 = v_{Dx} - l_3 \omega_3 \sin \varphi_3 \\ v_{By} + l_2 \omega_2 \cos \varphi_2 = v_{Dy} + l_3 \omega_3 \cos \varphi_3 \end{cases} \tag{3.63}$$

将

$$\begin{cases} l_2 \sin \varphi_2 = y_C - y_B \\ l_2 \cos \varphi_2 = x_C - x_B \\ l_3 \sin \varphi_3 = y_C - y_D \\ l_3 \cos \varphi_3 = x_C - x_D \end{cases} \tag{3.64}$$

代入式（3.63），得

$$\begin{cases} -\omega_2 (y_C - y_B) + \omega_3 (y_C - y_D) = v_{Dx} - v_{Bx} \\ \omega_2 (x_C - x_B) - \omega_3 (x_C - x_D) = v_{Dy} - v_{By} \end{cases} \tag{3.65}$$

解上述方程组得

$$\begin{cases} \omega_2 = \dfrac{(v_{Dx}-v_{Bx})(x_C-x_D)+(v_{Dy}-v_{By})(y_C-y_D)}{(y_C-y_D)(x_C-x_B)-(y_C-y_B)(x_C-x_D)} \\ \omega_3 = \dfrac{(v_{Dx}-v_{Bx})(x_C-x_B)+(v_{Dy}-v_{By})(y_C-y_B)}{(y_C-y_D)(x_C-x_B)-(y_C-y_B)(x_C-x_D)} \end{cases} \tag{3.66}$$

由于 B、C 同为构件 2 上的两点，故在求得 ω_2 的情况下，C 点的速度可由式（3.49）求得，即

$$\begin{cases} v_{Cx} = v_{Bx}-\omega_2(y_C-y_B) \\ v_{Cy} = v_{By}+\omega_2(x_C-x_B) \end{cases} \tag{3.67}$$

3）加速度分析

将式（3.63）对时间求导，并代入式（3.64），整理后可得

$$\begin{cases} -\varepsilon_2(y_C-y_B)+\varepsilon_3(y_C-y_D) = E \\ \varepsilon_2(x_C-x_B)-\varepsilon_3(x_C-x_D) = F \end{cases}$$

式中，

$$\begin{cases} E = a_{Dx}-a_{Bx}+\omega_2^2(x_C-x_B)-\omega_3^2(x_C-x_D) \\ F = a_{Dy}-a_{By}+\omega_2^2(y_C-y_B)-\omega_3^2(y_C-y_D) \end{cases}$$

解上述方程组可得

$$\begin{cases} \varepsilon_2 = \dfrac{E(x_C-x_D)+F(y_C-y_D)}{(x_C-x_B)(y_C-y_D)-(x_C-x_D)(y_C-y_B)} \\ \varepsilon_3 = \dfrac{E(x_C-x_B)+F(y_C-y_B)}{(x_C-x_B)(y_C-y_D)-(x_C-x_D)(y_C-y_B)} \end{cases} \tag{3.68}$$

由于 B、C 同为构件 2 上的点，故在求得 ε_2 后，C 点的加速度可由式（3.50）求得，即

$$\begin{cases} a_{Cx} = a_{Bx}-\omega_2^2(x_C-x_B)-\varepsilon_2(y_C-y_B) \\ a_{Cy} = a_{By}-\omega_2^2(y_C-y_B)+\varepsilon_2(x_C-x_B) \end{cases} \tag{3.69}$$

3. RRP 型Ⅱ级杆组的运动分析

如图 3.62 所示，RRP 型Ⅱ级杆组由两个转动副和一个移动副组成，且内副为转动副。已知构件 2 的长度 l_2，外副 B 的位置坐标 $B(x_B,y_B)$、速度 $\boldsymbol{v}_B$、加速度 $\boldsymbol{a}_B$，移动副导路上参考点 P 的位置坐标 $P(x_P,y_P)$、速度 $\boldsymbol{v}_P$、加速度 $\boldsymbol{a}_P$ 和滑块 3 的位置角 φ_3（矢量 $\boldsymbol{S}_r$ 的正方向与 x 轴正方向的夹角，逆时针为正）、角速度 ω_3 和角加速度 ε_3。求构件 2 的位置角 φ_2、角速度 ω_2、角加速度 ε_2，内副 C 的位置坐标 $C(x_C,y_C)$、速度 $\boldsymbol{v}_C$、加速度 $\boldsymbol{a}_C$，以及滑块 3 上 C 点相对于导路上参考点 P 的位移 $\boldsymbol{S}_r$、速度 $\boldsymbol{v}_r$ 和加速度 $\boldsymbol{a}_r$。

1）位置分析

由图 3.62 可知，内副 C 的位置矢量为

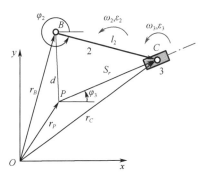

图 3.62　RRP 型Ⅱ级杆组的运动分析

$$\boldsymbol{r}_C = \boldsymbol{r}_B+\boldsymbol{l}_2 = \boldsymbol{r}_P+\boldsymbol{S}_r \tag{3.70}$$

其在 x 轴和 y 轴上的投影式为

$$\begin{cases} x_B + l_2 \cos \varphi_2 = x_P + S_r \cos \varphi_3 \\ y_B + l_2 \sin \varphi_2 = y_P + S_r \sin \varphi_3 \end{cases} \tag{3.71}$$

由式（3.71）可得

$$S_r^2 + E S_r + F = 0 \tag{3.72}$$

式中，

$$\begin{cases} E = 2 [(x_P - x_B) \cos \varphi_3 + (y_P - y_B) \sin \varphi_3] \\ F = (x_P - x_B)^2 + (y_P - y_B)^2 - l_2^2 = d^2 - l_2^2 \end{cases}$$

对式（3.72）求解，可得

$$S_r = \frac{\left| -E \pm \sqrt{E^2 - 4F} \right|}{2} \tag{3.73}$$

下面对式（3.73）进行讨论。

（1）若 $E^2 < 4F$，表示以 B 为圆心，以 l_2 为半径的圆弧与导路无交点，即此时该 Ⅱ 级杆组无法装配。在编程时应对此加以检验，若出现这种情况，应退出运行程序。

（2）若 $E^2 = 4F$，表示上述圆弧与导路相切，此时根号前的正负号无实际意义，S_r 有唯一解。

（3）若 $E^2 > 4F$，表示上述圆弧与导路相交，此时根号前的正负号按以下两种情况来判断。

① 若 $l_2 < d$，上述圆弧与导路的两个交点 C 和 C' 如图 3.63（a）所示，即该 Ⅱ 级杆组有两种装配形式，它们分别对应于 S_r 的两个解 S'_r 和 S''_r。当装配形式为图中的实线位置时，式（3.73）中根号前取正号（此时 $\angle BCP < 90°$）；当装配形式为图中的虚线位置时，式（3.73）中根号前取负号（此时 $\angle BC'P > 90°$）。

② 若 $l_2 > d$，上述圆弧与导路的两个交点 C 和 C' 如图 3.63（b）所示，两交点位于参考点 P 的两侧。由于规定 φ_3 角为矢量 $\boldsymbol{S}_r$ 的正方向与 x 轴的正方向之间的夹角，故对应于图 3.63（b）中的两个交点 C 和 C'，φ_3 角相差 $180°$。可以证明，对应于图中实线位置和虚线位置，式（3.73）中根号前均应取正号（注意：此时 $\angle BCP$ 和 $\angle BC'P$ 均小于 $90°$）。

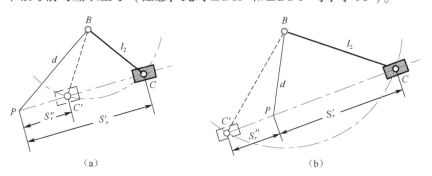

（a）　　　　　　　　　　（b）

图 3.63　RRP 型 Ⅱ 级杆组的位置分析

在编程时，可将式（3.73）改写成如下形式：

$$S_r = \frac{\left| -E + M \sqrt{E^2 - 4F} \right|}{2} \tag{3.74}$$

式中，M 是位置模式系数。在调用该子程序时，应事先根据机构的初始位置确定 Ⅱ 级杆组的装配形式，给 M 赋初值，即若 $\angle BCP < 90°$，$M = +1$，反之 $M = -1$。

求得 S_r 后，点 C 的位置坐标 $C(x_C,y_C)$ 和构件 2 的位置角 φ_2 即可确定，即

$$\begin{cases} x_C = x_P + S_r\cos\varphi_3 \\ y_C = y_P + S_r\sin\varphi_3 \end{cases} \tag{3.75}$$

$$\varphi_2 = \arctan\left(\frac{y_C - y_B}{x_C - x_B}\right) \tag{3.76}$$

2）速度分析

将式（3.71）对时间求导，整理后得

$$\begin{cases} -l_2\omega_2\sin\varphi_2 - v_r\cos\varphi_3 = E_1 \\ l_2\omega_2\cos\varphi_2 - v_r\sin\varphi_3 = F_1 \end{cases} \tag{3.77}$$

式中，

$$\begin{cases} E_1 = v_{Px} - v_{Bx} - S_r\omega_3\sin\varphi_3 \\ F_1 = v_{Py} - v_{By} + S_r\omega_3\cos\varphi_3 \end{cases}$$

解式（3.77），得

$$\begin{cases} \omega_2 = \dfrac{-E_1\sin\varphi_3 + F_1\cos\varphi_3}{l_2\sin\varphi_2\sin\varphi_3 + l_2\cos\varphi_2\cos\varphi_3} \\ v_r = \dfrac{-(E_1\cos\varphi_2 + F_1\sin\varphi_2)}{\sin\varphi_2\sin\varphi_3 + \cos\varphi_2\cos\varphi_3} \end{cases} \tag{3.78}$$

求出 ω_2 以后，可进一步求得 C 点的速度分量为

$$\begin{cases} v_{Cx} = v_{Bx} - l_2\omega_2\sin\varphi_2 \\ v_{Cy} = v_{By} + l_2\omega_2\cos\varphi_2 \end{cases} \tag{3.79}$$

3）加速度分析

将式（3.77）对时间求导，整理后得

$$\begin{cases} -l_2\varepsilon_2\sin\varphi_2 - a_r\cos\varphi_3 = E_2 \\ l_2\varepsilon_2\cos\varphi_2 - a_r\sin\varphi_3 = F_2 \end{cases} \tag{3.80}$$

式中，

$$\begin{cases} E_2 = a_{Px} - a_{Bx} + l_2\omega_2^2\cos\varphi_2 - 2\omega_3 v_r\sin\varphi_3 - \varepsilon_3 S_r\sin\varphi_3 - \omega_3^2 S_r\cos\varphi_3 \\ F_2 = a_{Py} - a_{By} + l_2\omega_2^2\sin\varphi_2 + 2\omega_3 v_r\cos\varphi_3 + \varepsilon_3 S_r\cos\varphi_3 - \omega_3^2 S_r\sin\varphi_3 \end{cases}$$

解式（3.80），得

$$\begin{cases} \varepsilon_2 = \dfrac{-E_2\sin\varphi_3 + F_2\cos\varphi_3}{l_2(\sin\varphi_2\sin\varphi_3 + \cos\varphi_2\cos\varphi_3)} \\ a_r = -\dfrac{E_2\cos\varphi_2 + F_2\sin\varphi_2}{\sin\varphi_2\sin\varphi_3 + \cos\varphi_2\cos\varphi_3} \end{cases} \tag{3.81}$$

求出 ε_2 以后，可进一步求得 C 点的加速度分量为

$$\begin{cases} a_{Cx} = a_{Bx} - \omega_2^2 l_2\cos\varphi_2 - \varepsilon_2 l_2\sin\varphi_2 \\ a_{Cy} = a_{By} - \omega_2^2 l_2\sin\varphi_2 + \varepsilon_2 l_2\cos\varphi_2 \end{cases} \tag{3.82}$$

4. RPR 型 II 级杆组的运动分析

如图 3.64 所示，RPR 型 II 级杆组由滑块 2、导杆 3 及两个转动副、一个移动副组成。其

中两个转动副 B、C 为外副，移动副为内副。

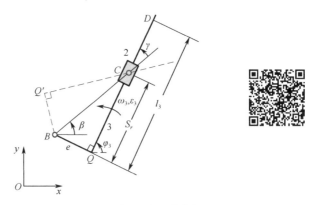

图 3.64 RPR 型 Ⅱ 级杆组的运动分析

已知两外副 B、C 的位置坐标 $B(x_B, y_B)$、$C(x_C, y_C)$，速度 $\boldsymbol{v}_B$、$\boldsymbol{v}_C$，加速度 $\boldsymbol{a}_B$、$\boldsymbol{a}_C$ 及尺寸参数 e 和 l_3。求导杆 3 的角位移 φ_3、角速度 ω_3、角加速度 ε_3，导杆上点 D 的位置坐标 $D(x_D, y_D)$、速度 $\boldsymbol{v}_D$、加速度 $\boldsymbol{a}_D$ 及滑块相对于导杆的位置 S_r、速度 $\boldsymbol{v}_r$ 和加速度 $\boldsymbol{a}_r$。

1）位置分析

由图 3.64 可知

$$S_r = \sqrt{(x_C - x_B)^2 + (y_C - y_B)^2 - e^2} \tag{3.83}$$

$$\gamma = \arctan\left(\frac{e}{S_r}\right) \tag{3.84}$$

$$\beta = \arctan\left(\frac{y_C - y_B}{x_C - x_B}\right) \tag{3.85}$$

$$\varphi_3 = \beta \pm \gamma \tag{3.86}$$

式中，φ_3 的两个值分别对应于该 Ⅱ 级杆组的两种装配形式。当矢量 $\boldsymbol{BC}$ 沿逆时针方向转过 γ 角与矢量 $\boldsymbol{S}_r$ 平行且指向相同时，γ 取正号，如图中实线位置 BQC 所示；当矢量 $\boldsymbol{BC}$ 沿顺时针方向转过 γ 角与矢量 $\boldsymbol{S}_r$ 平行且指向相同时，γ 取负号，如图中虚线位置 $BQ'C$ 所示。编写程序时，将式（3.86）写成如下形式：

$$\varphi_3 = \beta + M\gamma \tag{3.87}$$

式中，M 为位置模式系数。在调用该 Ⅱ 级杆组的运动分析子程序时，应事先根据机构的初始位置确定 Ⅱ 级杆组的装配形式，给 M 赋初值 $M = +1$ 或 $M = -1$。

由图可知 D 点的位置矢量为

$$\boldsymbol{r}_D = \boldsymbol{r}_B + \boldsymbol{e} + \boldsymbol{l}_3 \tag{3.88}$$

其在 x 轴和 y 轴上的投影式为

$$\begin{cases} x_D = x_B + e\sin\varphi_3 + l_3\cos\varphi_3 \\ y_D = y_B - e\cos\varphi_3 + l_3\sin\varphi_3 \end{cases} \tag{3.89}$$

2）速度分析

由图 3.64 可知，C 点的位置矢量为

$$\boldsymbol{r}_C = \boldsymbol{r}_B + \boldsymbol{e} + \boldsymbol{S}_r \tag{3.90}$$

其在 x 轴和 y 轴上的投影式为

$$\begin{cases} x_C = x_B + e\sin\varphi_3 + S_r\cos\varphi_3 \\ y_C = y_B - e\cos\varphi_3 + S_r\sin\varphi_3 \end{cases} \tag{3.91}$$

将式（3.91）对时间求导，整理后可得

$$\begin{cases} -\omega_3(S_r\sin\varphi_3-e\cos\varphi_3)+v_r\cos\varphi_3=v_{Cx}-v_{Bx} \\ \omega_3(S_r\cos\varphi_3+e\sin\varphi_3)+v_r\sin\varphi_3=v_{Cy}-v_{By} \end{cases} \tag{3.92}$$

解方程式（3.92），并将

$$\begin{cases} S_r\sin\varphi_3-e\cos\varphi_3=y_C-y_B \\ S_r\cos\varphi_3+e\sin\varphi_3=x_C-x_B \end{cases} \tag{3.93}$$

代入，可得

$$\begin{cases} \omega_3=\dfrac{(v_{Cy}-v_{By})\cos\varphi_3-(v_{Cx}-v_{Bx})\sin\varphi_3}{(x_C-x_B)\cos\varphi_3+(y_C-y_B)\sin\varphi_3} \\ v_r=\dfrac{(v_{Cy}-v_{By})(y_C-y_B)+(v_{Cx}-v_{Bx})(x_C-x_B)}{(x_C-x_B)\cos\varphi_3+(y_C-y_B)\sin\varphi_3} \end{cases} \tag{3.94}$$

求出 ω_3 后，可进一步求得 D 点的速度分量为

$$\begin{cases} v_{Dx}=v_{Bx}-\omega_3(y_D-y_B) \\ v_{Dy}=v_{By}+\omega_3(x_D-x_B) \end{cases} \tag{3.95}$$

3）加速度分析

将式（3.92）对时间求导，代入式（3.93）并整理后得

$$\begin{cases} -\varepsilon_3(y_C-y_B)+a_r\cos\varphi_3=E \\ \varepsilon_3(x_C-x_B)+a_r\sin\varphi_3=F \end{cases}$$

式中，

$$E=a_{Cx}-a_{Bx}+\omega_3^2(x_C-x_B)+2\omega_3 v_r\sin\varphi_3$$

$$F=a_{Cy}-a_{By}+\omega_3^2(y_C-y_B)-2\omega_3 v_r\cos\varphi_3$$

解上述方程组，得

$$\begin{cases} \varepsilon_3=\dfrac{-E\sin\varphi_3+F\cos\varphi_3}{(x_C-x_B)\cos\varphi_3+(y_C-y_B)\sin\varphi_3} \\ a_r=\dfrac{E(x_C-x_B)+F(y_C-y_B)}{(x_C-x_B)\cos\varphi_3+(y_C-y_B)\sin\varphi_3} \end{cases} \tag{3.96}$$

求出 ε_3 后，可进一步求出 D 点的加速度矢量为

$$\begin{cases} a_{Dx}=a_{Bx}-\omega_3^2(x_D-x_B)-\varepsilon_3(y_D-y_B) \\ a_{Dy}=a_{By}-\omega_3^2(y_D-y_B)+\varepsilon_3(x_D-x_B) \end{cases} \tag{3.97}$$

以上介绍了三种常见的 II 级杆组的运动分析过程及有关的解析表达式，对于其他形式的 II 级杆组，也可以用类似的方法进行运动分析，这里不再赘述。

将上述单杆构件和 II 级杆组的运动分析过程编制成子程序，在对机构进行运动分析时即可随时调用。

3.11.2　杆组法子程序在运动分析中的应用

运用上述单杆构件和各类 II 级杆组运动分析的解析式编制子程序，即可对较复杂的多杆 II 级机构进行运动分析。下面通过实例说明利用计算机对多杆机构进行运动分析的步骤。

例 3.4　图 3.65 所示六杆机构中，已知主动曲柄 1 以等角速度 $\omega_1=10\mathrm{rad/s}$ 逆时针方向旋

转。机构的尺寸为：固定铰链点 E、点 B、点 F 的位置坐标分别是 $E(0,0)$、$B(41,0)$、$F(0,-34)$，$l_{ED}=14\text{mm}$，$l_{DA}=39\text{mm}$，$l_{BA}=28\text{mm}$，$\angle ADC=35°$，$l_{DC}=15\text{mm}$，$l_{FG}=55\text{mm}$。试求该机构在一个运动循环中，构件 4 的位置角 φ_4、角速度 ω_4、角加速度 ε_4 及构件 4 上 G 点的位置 $G(x_G,y_G)$、速度 $\boldsymbol{v}_G$ 和加速度 $\boldsymbol{a}_G$。

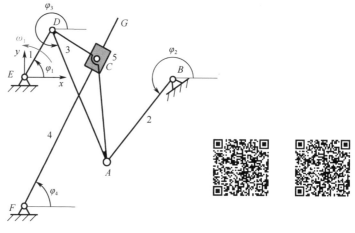

图 3.65　例 3.4 图

解：（1）机构的杆组划分。根据机构的组成原理，将机构拆成杆组。该机构可以分解为主动曲柄 DE，由构件 2、3 组成的 RRR 型 Ⅱ 级杆组和由构件 4、5 组成的 RPR 型 Ⅱ 级杆组三部分。两个 Ⅱ 级杆组的内副及外副如表 3.2 所示。

表 3.2　两个 Ⅱ 级杆组的内副及外副

杆组类型	构件编号	内　副	外　副
RRR 型 Ⅱ 级杆组	2、3	转动副 A	转动副 B、D
RPR 型 Ⅱ 级杆组	4、5	移动副 C_{4-5}	转动副 F、C_{3-5}

由于主动曲柄 DE 的长度、角速度、角加速度、铰链 E 的位置坐标及曲柄位置角 φ_1 均已知，故可调用单杆构件运动分析子程序求得 D 点的位置坐标、速度及加速度；在构件 2、3 组成的 RRR 型 Ⅱ 级杆组中，由于两个外副 B、D 的运动参量均为已知，故可调用 RRR 型 Ⅱ 级杆组运动分析子程序求得构件 2、3 的角速度和角加速度；在求得构件 2、3 的角速度和角加速度后，可将构件 3 视为单杆构件，调用单杆构件运动分析子程序求得其上 C 点的位置坐标、速度和加速度；最后在构件 4、5 组成的 RPR 型 Ⅱ 级杆组中，两个外副 F 和 C_{3-5} 的运动参量已知，故可调用 RPR 型 Ⅱ 级杆组运动分析子程序求得构件 4 的位置角 φ_4、角速度 ω_4、角加速度 ε_4，并再次调用单杆构件运动分析子程序求出构件 4 上 G 点的位置 $G(x_G,y_G)$、速度 $\boldsymbol{v}_G$ 和加速度 $\boldsymbol{a}_G$。

（2）根据机构的初始位置，确定各 Ⅱ 级杆组的位置模式系数 M。由图可知，对于构件 2、3 组成的 RRR 型 Ⅱ 级杆组，其位置模式系数 $M=+1$。

（3）按照以上分析过程，画出程序框图，然后根据程序框图编制主程序上机计算，该六杆机构的程序框图如图 3.66 所示。

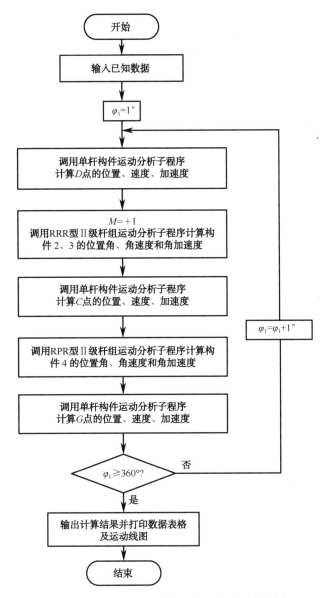

图 3.66　六杆机构的计算机辅助设计程序框图

3.11.3　输出数据的检验

在应用杆组法进行连杆机构的计算机辅助设计时，可以从以下几个方面判断计算机计算输出的数据是否正确。

（1）对于某些一般位置的机构，可试着用 AutoCAD 绘出其机构位置简图，测量输出点的 x 坐标和 y 坐标，以及输出构件的位置角 φ，然后将测量的数据与计算机程序输出的数据相比较。测量值与计算值之间有较小的误差是可以接受的，这可以认为是绘图误差或测量误差造成的。如果在检验点的输出数据是正确的，而一个运动循环中，计算机程序计算数据的变化是平稳的，则可以认为计算机的计算结果是正确的。

（2）在检验了输出位置数据后，输出的速度数据的计算值可用速度瞬心法或其他速度分析方法进行检验。输出的速度数据还可以做定性分析。例如，如果位移增加，则对应的速度一定为正值；否则，对应的速度为负值。当位移达到其极限值时，对应的速度一定为零。

（3）同样，如果速度是增加的，则对应的加速度一定是正值；否则，对应的加速度为负值。当速度达到其极限值时，对应的加速度一定为零。

§3.12　拓展阅读：Planar Multi-bar Linkage and its Design

3.12.1　Six-bar Linkages

Generally, six-bar mechanism can be divided into Watt's six-bar and Stephenson's six-bar. The Watt's six-bar chain has two distinct inversions, and the Stephenson's six-bar has three distinct inversions, as shown in Fig. 3.67.

Watt's six-bar can be thought of as *two four-bar linkages connected in series* and sharing two links in common. **Stephenson's six-bar** can be thought of as *two four-bar linkages connected in parallel* and sharing two links in common. Many linkages can be designed by the technique of combining multiple four-bar chains as *basic building blocks* into more complex assemblages. Many real design problems will require solutions consisting of more than four bars.

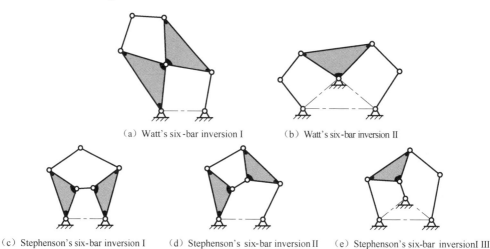

（a）Watt's six-bar inversion I　　　　（b）Watt's six-bar inversion II

（c）Stephenson's six-bar inversion I　　（d）Stephenson's six-bar inversion II　　（e）Stephenson's six-bar inversionI III

Fig. 3.67　All distinct inversions of the six-bar linkage

3.12.2　Grashof-Type Rotatability Criteria for Higher-Order Linkages

Rotatability is defined as the ability of at least one link in a kinematic chain to make a full revolution with respect to the other links and defines the chain as Class I, II or III.

Revolvability refers to a specific link in a chain and indicates that it is one of the links that can rotate.

Rotatability of geared five-bar linkages Ting [Ting K L, 1993] has derived an expression for rotatability of the geared five-bar linkage that is similar to the four-bar's Grashof criterion. Let the link lengths be designated l_1 through l_5 in order of increasing length,

then if

$$l_1+l_2+l_5<l_3+l_4 \qquad (3.98)$$

the two shortest links can revolve fully with respect to the others and the linkage is designated a **Class I** kinematic chain. If this inequality is *not* true, then it is a **Class II** chain and may or may not allow any links to fully rotate depending on the gear ratio and phase angle between the gears. If the inequality of Eq. (3.98) is replaced with an equal sign, the linkage will be a **Class III** chain in which the two shortest links can fully revolve but it will have change points like the special-case Grashof four-bar.

Ting [Ting K L, 1993] describes the conditions under which a Class II geared five-bar linkage will and will not be rotatable. In practical design terms, it makes sense to obey Eq. (3.98) in order to guarantee a "Grashof" condition. It also makes sense to avoid the Class III change-point condition. Note that if one of the short links (say l_2) is made zero, Eq. (3.98) reduces to the following Grashof formula.

$$l_{\min}+l_{\max}\leqslant l_P+l_Q \qquad (3.99)$$

where, $l_{\min}$ is the length of the shortest link; $l_{\max}$ is the length of the longest link; l_P is the length of one remaining link; l_Q is the length of other remaining link.

In addition to the linkage's rotatability, we would like to know about the kinds of motions that are possible from each of the five inversions of a five-bar chain. Ting [Ting K L, 1993] describes these in detail. But, if we want to apply a gearset between two links of the five-bar chain (to reduce its DOF to 1), we really need it to be a double-crank linkage, with the gears attached to the two cranks. A Class I five-bar chain will be a double-crank mechanism if the two shortest links are among the set of three links that comprise the mechanism's ground link and the two cranks pivoted to ground.

Rotatability of *n*-bar linkages Shyn and Ting [Shyn J H, et al., 1994] have extended rotatability criteria to all single-loop linkages of *n*-bars connected with revolute joints and have developed general theorems for linkage rotatability and the revolvability of individual links based on link lengths. Let the links of an *n*-bar linkage be denoted by $l_i(i=1,2,\cdots,n)$, with $l_1\leqslant l_2\leqslant\cdots\leqslant l_n$. The links need not be connected in any particular order as rotatability criteria are independent of that factor.

A single-loop, revolute-jointed linkage of n links will have $(n-3)$ DOF. The necessary and sufficient condition for the assemblability of an *n*-bar linkage is:

$$l_n \leqslant \sum_{k=1}^{n-1} l_k \qquad (3.100)$$

A link K will be a so-called *short* link if

$$\{K\}_{k=1}^{n-3} \qquad (3.101a)$$

and a so-called *long* link if

$$\{K\}_{k=n-2}^{n} \qquad (3.101b)$$

There will be three long links and $(n-3)$ short links in any linkage of this type.

A single-loop *n*-bar kinematic chain containing only first-order revolute joints will be a Class I, Class II, or Class III linkage depending on whether the sum of the lengths of its longest link and its $(n-3)$ shortest links is, respectively, less than, greater than, or equal to the sum of the lengths of the remaining two long links:

$$\text{Class I:} \qquad l_n + (l_1 + l_2 + \cdots + l_{n-3}) < l_{n-2} + l_{n-1}$$

$$\text{Class II:} \qquad l_n + (l_1 + l_2 + \cdots + l_{n-3}) > l_{n-2} + l_{n-1} \qquad (3.102)$$

$$\text{Class III:} \qquad l_n + (l_1 + l_2 + \cdots + l_{n-3}) = l_{n-2} + l_{n-1}$$

and, for a Class I linkage, there must be one and only one long link between two noninput angles. These conditions are necessary and sufficient to define the rotatability.

The **revolvability** of any link l_i is defined as its ability to rotate fully with respect to the other links in the chain and can be determined from:

$$l_i + l_n \leqslant \sum_{k=1, k \neq i}^{n-1} l_k \qquad (3.103)$$

Also, if l_i is a revolvable link, any link that is not longer than l_i will also be revolvable.

Additional theorems and corollaries regarding limits on link motions can be found in references [Shyn J H, et al., 1994]. Space does not permit their complete exposition here. Note that the rules regarding the behavior of geared five-bar linkages and four-bar linkages (the Grashof criterion) are consistent with, and contained within, these general rotatability theorems.

3. 12. 3　Cognate linkages

It sometimes happens that a good solution to a linkage synthesis problem will be found that satisfies path generation constraints but which has the fixed pivots in inappropriate locations for attachment to the available ground plane or frame. In such cases, the use of a cognate to the linkage may be helpful. The term cognate was used by Hartenberg and Denavit [Hartenberg R S, et al., 1959] to describe a linkage, of different geometry, which generates the same coupler curve. Samuel Roberts (1875) and Chebyschev(1878) independently discovered the theorem which now bears their names:

Roberts-Chebyschev Theorem: Three different planar, pin-jointed four-bar linkages will trace identical coupler curves.

Hartenberg and Denavit [Hartenberg R S, et al., 1959] presented extensions of this theorem to the slider-crank and the six-bar linkages: Two different planar slider-crank linkages will trace identical coupler curves. The coupler-point curve of a planar four-bar linkage is also described by the joint of a dyad of an appropriate six-bar linkage.

Fig. 3.68(a) shows a four-bar linkage for which we want to find the two cognates. The first step is to release the fixed pivots O_A and O_B. While holding the coupler stationary, rotate links 2 and 4 into colinearity with the line of centers($A_1 B_1$) of link 3 as shown in Fig. 3.68(b). We can now construct lines parallel to all sides of the links in the original linkage to create the **Cayley diagram** in Fig. 3.68 (c). This schematic arrangement defines the lengths and shapes of links 5 through 10 which belong to the cognates. All three four-bar linkages share the original coupler point P and will thus generate the same path motion on their coupler curves.

In order to find the correct location of the fixed pivot Oc from the Cayley diagram, the ends of links 2 and 4 are returned to the original locations of the fixed pivots O_A and O_B, as shown in Fig. 3.69(a). The other links will follow this motion, maintaining the parallelogram relationships between links, and fixed pivot Oc will then be in its proper location on the ground plane. This configuration is called a

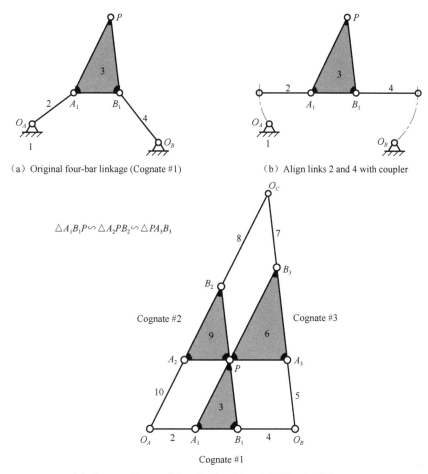

(a) Original four-bar linkage (Cognate #1)

(b) Align links 2 and 4 with coupler

$\triangle A_1B_1P \backsim \triangle A_2PB_2 \backsim \triangle PA_3B_3$

Cognate #2

Cognate #3

Cognate #1

(c) Construct lines parallel to all sides of the original four-bar linkage to create cognates

Fig. 3.68　Cayley diagram to find cognates of a four-bar lnkage

Roberts diagram—three four-bar linkage cognates which share the same coupler curve.

The Roberts diagram can be drawn directly from the original linkage without resort to the Cayley diagram by noting that the parallelograms which form the other cognates are also present in the Roberts diagram and the three couplers are similar triangles. It is also possible to locate fixed pivot Oc directly from the original linkage, as shown in Fig. 3.69(a). Construct a similar triangle to that of the coupler, placing its base(AB)between O_A and O_B. Its vertex will be at Oc.

The ten-link Roberts configuration(Cayley's nine plus the ground) can now be articulated up to any toggle positions, and point P will describe the original coupler path which is the same for all three cognates. Point Oc will not move when the Roberts linkage is articulated, proving that it is a ground pivot. The cognates can be separated, as shown in Fig. 3.69(b) and any one of the three linkages used to generate the same coupler curve. Corresponding links in the cognates will have the same angular velocity as the original mechanism as defined in Fig. 3.69.

Nolle [Nolle H., Mechanism and Machine Theory, 1974] reported on work by Luck [Luck K., Maschinenbautechnik(Getriebetechnik), 1959] (in German) that defines the character of all four-bar cognates and their transmission angles. If the original linkage is a Grashof crank-rocker, then one cognate will be also, and the other will be a Grashof double rocker. The minimum transmission angle of

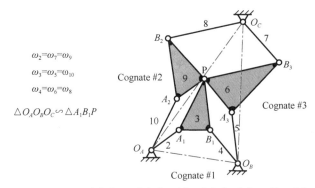

（a）Return links 2 and 4 to their fixed pivots O_A and O_B

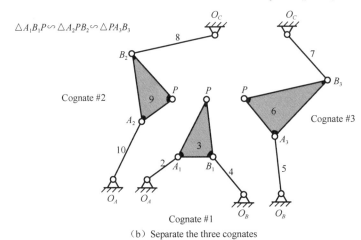

（b）Separate the three cognates

Fig. 3.69 Robert diagram of three four-bar cognates

the crank-rocker cognate will be the same as that of the original crank-rocker. If the original linkage is a Grashof double-crank(drag link), then both cognates will be also and their minimum transmission angles will be the same in pairs that are driven from the same fixed pivot. If the original linkage is a non-Grashof triple-rocker, then both cognates are also triple-rockers.

These findings indicate that cognates of Grashof linkages do not offer improved transmission angles over the original linkage. Their main advantages are the different fixed pivot location and different velocities and accelerations of other points in the linkage. While the coupler path is the same for all cognates, its velocities and accelerations will not generally be the same since each cognate's overall geometry is different.

When the coupler point lies on the line of centers of link 3, the Cayley diagram degenerates to a group of colinear lines. A different approach is needed to determine the geometry of the cognates. Hartenberg and Denavit[11] give the following set of steps to find the cognates in this case. The notation refers to Fig. 3.69.

(1) Fixed pivot O_C lies on the line of centers O_AO_B extended and divides it in the same ratio as point P divides AB(i.e., $Oc/O_A = PA/AB$).

(2) Line O_AA_2 is parallel to A_1P and A_2P is parallel to O_AA_1, locating A_2.

(3) Line O_BA_3 is parallel to B_1P and A_3P is parallel to O_BB_1, locating A_3.

(4) Joint B_2 divides line A_2P in the same ratio as point P divides AB. This defines the first

cognate $O_A A_2 B_2 O_C$.

(5) Joint B_3 divides line $A_3 P$ in the same ratio as point P divides AB. This defines the second cognate $O_B A_3 B_3 O_C$.

The three linkages can then be separated and each will independently generate the same coupler curve. The example chosen for Fig. 3.70 is unusual in that the two cognates of the original linkage are identical, mirror-image twins. These are special linkages and will be discussed further in the next section.

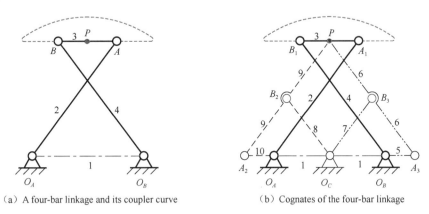

（a）A four-bar linkage and its coupler curve　　　（b）Cognates of the four-bar linkage

Fig. 3.70　Finding cognates of a four-bar linkage when its coupler point lies on the line of centers of the coupler

习　　题

3.1　在题图 3.1 所示的铰链四杆机构中，若各构件长度分别为 $a=150\text{mm}$，$b=500\text{mm}$，$c=300\text{mm}$，$d=400\text{mm}$，试问当取构件 d 为机架时，该机构为何种类型的机构？

3.2　在题图 3.2 所示的铰链四杆机构中，已知 $l_{BC}=50\text{mm}$，$l_{CD}=35\text{mm}$，$l_{AD}=30\text{mm}$，试问：（1）若此机构为曲柄摇杆机构，且 AB 杆为曲柄，l_{AB} 最大值为多少？（2）若此机构为双曲柄机构，l_{AB} 最小值为多少？（3）若此机构为双摇杆机构，l_{AB} 应为多少？

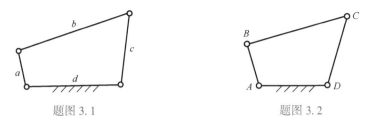

题图 3.1　　　　　　　　　题图 3.2

3.3　在题图 3.2 所示的铰链四杆机构中，已知三个杆的杆长分别为 $l_{AB}=80\text{mm}$，$l_{BC}=150\text{mm}$，$l_{CD}=120\text{mm}$，试讨论：若 l_{AD} 为变值，（1）l_{AD} 在何尺寸范围内，该四杆机构为双曲柄机构？（2）l_{AD} 在何尺寸范围内，该四杆机构为曲柄摇杆机构？（3）l_{AD} 在何尺寸范围内，该四杆机构为双摇杆机构？

3.4　在题图 3.3 所示的导杆机构中，已知 $l_{AB}=40\text{mm}$，偏距 $e=10\text{mm}$，试问：（1）欲使它成为曲柄摆动导杆机构，l_{AC} 的最小值应为多少？（2）若 l_{AB} 的值不变，但取 $e=0$，且需使它成为曲柄转动导杆机构，l_{AC} 的最大值可为多少？

3.5 如题图 3.4 所示的偏置曲柄滑块机构，（1）判断该机构是否具有急回特性，并说明其理由；（2）若滑块的工作行程方向向右，试从急回特性和压力角两个方面判定图示曲柄的转向是否正确，并说明道理。

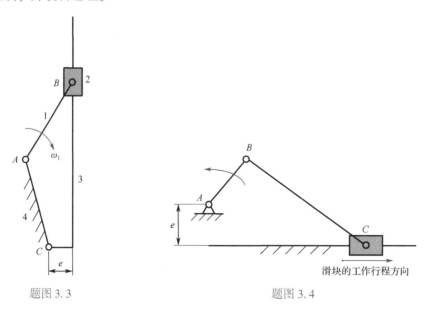

题图 3.3   题图 3.4

3.6 设计一脚踏轧棉机的曲柄摇杆机构，要求踏板 CD 在水平位置上下各摆 10°，如题图 3.5 所示，已知 $l_{CD}=500$mm，$l_{AD}=1000$mm，试用几何作图法求曲柄 AB 和连杆 CD 的长度。

3.7 题图 3.6 所示为加热炉炉门启闭机构，点 $B_1(B_2)$、$C_1(C_2)$ 为炉门上的两铰链副中心。炉门打开后成水平位置时，要求炉门的热面朝下。固定铰链中心 A、D 应位于 y—y 轴线上，其相互位置的尺寸如图所示，试设计此四杆机构。

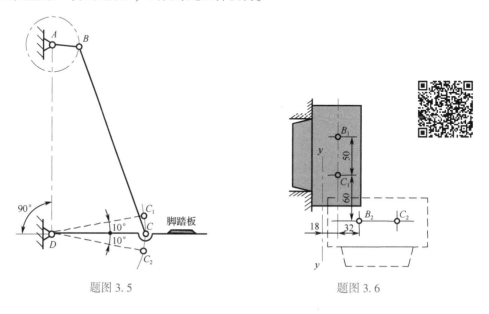

题图 3.5   题图 3.6

3.8 如题图 3.7 所示，当构件 AB 位于 AB_1、AB_2、AB_3 位置时，构件 CD 上某一标线 DE 对应处于 DE_1、DE_2、DE_3 位置。其中 $\varphi_1=55°$，$\psi_1=60°$；$\varphi_2=75°$，$\psi_2=85°$；$\varphi_3=105°$，$\psi_3=100°$。若已知 $l_{AB}=50$mm，$l_{AD}=175$mm，试用图解法确定 l_{BC} 和 l_{CD} 的值。

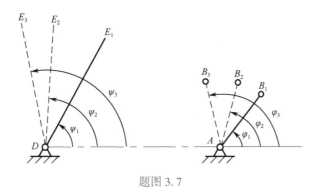

题图 3.7

3.9　题图 3.8 所示为机床变速箱中滑移齿轮块的操纵机构。已知齿轮块的行程 $H = 60\text{mm}$，$l_{ED} = 100\text{mm}$，$l_{CD} = 120\text{mm}$，$l_{AD} = 200\text{mm}$，当齿轮块处于右端和左端时，操纵手柄 AB 分别处于水平和铅垂位置（即将手柄从水平位置顺时针转 90° 后的位置）。试用几何作图法设计此四杆机构。

3.10　题图 3.9 所示为一飞机起落架机构。实线表示飞机降落时起落架的位置，虚线表示飞机在飞行中的位置。已知 $l_{AD} = 520\text{mm}$，$l_{CD} = 340\text{mm}$，$\alpha = 90°$，$\beta = 60°$，$\theta = 10°$，试用图解法求出构件 AB 和 BC 的长度 l_{AB} 和 l_{BC}。

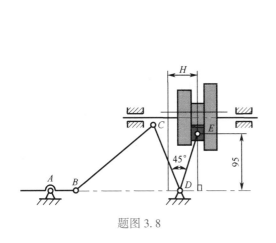

题图 3.8

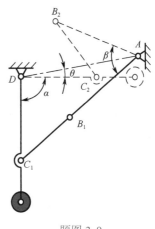

题图 3.9

3.11　设计一铰链四杆机构，如题图 3.10 所示，已知摇杆的行程速度变化系数 $K = 1$，机架长 $l_{AD} = 120\text{mm}$，曲柄长 $l_{AB} = 20\text{mm}$；当曲柄 AB 运动到与连杆 BC 拉直共线时，曲柄位置 AB_2 与机架的夹角 $\varphi_1 = 45°$，试确定摇杆及连杆的长度 l_{CD} 和 l_{BC}。

3.12　如题图 3.11 所示，设计一曲柄滑块机构，已知滑块的行程 $H = 50\text{mm}$，偏距 $e = 10\text{mm}$，行程速比系数 $K = 1.2$。试用图解法求曲柄和连杆的长度。

3.13　如题图 3.12 所示，已知线段 MN 与连杆连成一体，长度为 26mm，机架 $l_{AD} = 35\text{mm}$，固定铰链中心 A、D 和线段 M_1N_1、M_2N_2 的位置如图所示。当连杆从第一个位置转到第二个位置时，原动件 AB 转过 $\varphi_{12} = 115°$，从动件 CD 转过 $\psi_{12} = 60°$。试设计此机构。若 φ_{12} 和 ψ_{12} 不加任何限定，则设计结果如何？

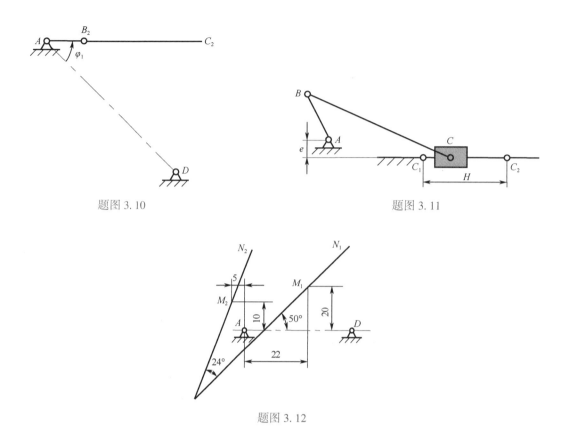

题图 3.10

题图 3.11

题图 3.12

3.14　设计一铰链四杆机构，使其能近似地实现给定的函数 $y = \lg x$（$1 \leq x \leq 2$），主、从动连架杆的最大摆角分别为 60° 和 90°（可按三个精确点设计计算）。

3.15　题图 3.13 所示为织机中传动综框的曲柄滑块机构。按工艺要求和机器的位置给定：$B_1(420\text{mm}, 15\text{mm})$，$\theta_{12} = -30°$，$\theta_{13} = 30°$，$s_{12} = 40\text{mm}$，$s_{13} = -40\text{mm}$。要求确定 $A_1(x_{A1}, y_{A1})$、A_0A 和 AB。

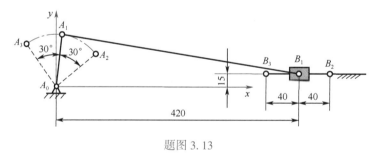

题图 3.13

3.16　设计一铰链四杆机构 $ABCD$，使连杆上某一点通过五个精确点。这五个精确点是 P_1($1.0, 1.0$)、P_2($2.0, 0.5$)、P_3($3.0, 1.5$)、P_4($2.0, 2.0$)、P_5($1.5, 1.9$)（可任意指定四个参数，即令两固定铰链的坐标分别为 A($2.1, 0.6$)、B($1.5, 4.2$)。

3.17　求机构在题图 3.14 所示位置时的所有瞬心。

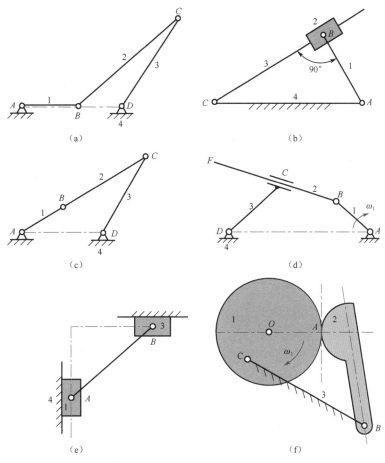

题图 3.14

3.18 题图 3.15 所示摆动导杆机构中，已知各杆长度为 $l_{AB} = 300$mm，$l_{AC} = 400$mm，$l_{BD} = 250$mm，构件 1 以等角速度 $\omega_1 = 10$rad/s 绕定点 A 顺时针转动。试用速度瞬心法求机构在图示位置滑块 2 上点 D 的速度 v_D、导杆 3 的角速度 ω_3 及角速度比 ω_1/ω_3。

3.19 如题图 3.16 所示四杆机构中，已知 $l_{AB} = 65$mm，$l_{AD} = l_{BC} = 125$mm，$l_{CD} = 90$mm，构件 1 以等角速度 $\omega_1 = 10$rad/s 顺时针转动。试用速度瞬心法求 $\varphi_1 = 0°$ 和 $15°$ 时点 C 的速度 v_C 和杆 3 的角速度 ω_3。

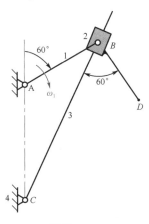

题图 3.15

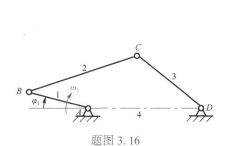

题图 3.16

3.20   如题图 3.17 所示机构中，设已知各杆的长度为 $l_{AD} = 85mm$，$l_{AB} = 35mm$，$l_{CD} = 45mm$，$l_{BC} = 50mm$，$l_{BE} = 60mm$，原动件 1 以等角速度 $\omega_1 = 10rad/s$ 逆时针转动。试用相对运动图解法求图示瞬时位置时点 E 的速度和加速度。

3.21   如题图 3.18 所示冲床机构中，如果 $l_{AB} = 100mm$，$l_{BC} = 400mm$，$l_{CD} = 125mm$，$l_{CE} = 540mm$，$h = 350mm$，当 $\omega_1 = 10rad/s$ 顺时针转动，$\varphi_1 = 30°$ 时，BC 杆处于水平位置。试用解析法求点 E 的速度和加速度。

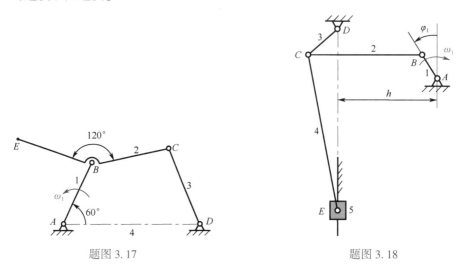

题图 3.17   题图 3.18

3.22   如题图 3.19 所示摇块机构中，已知曲柄 AB 做等角速度 $\omega_1 = 40rad/s$ 逆时针转动。$l_{AB} = 100mm$，$l_{BC} = 200mm$，$l_{BS2} = 86mm$。当杆 AB 与机架的夹角为 $90°$ 时，试用解析法求连杆 2 的角加速度 ε_2，以及点 S_2、C_2 的加速度 $\boldsymbol{a}_{S2}$、a_{C2} 的大小和方向。

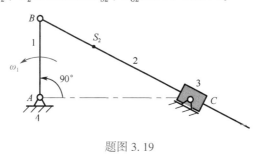

题图 3.19

3.23   试用 Matlab 软件编写铰链四杆机构及偏置曲柄滑块机构的位移分析、速度分析、加速度分析程序，并上机调试通过。

第4章 凸轮机构及其设计

内容提要：本章介绍凸轮机构的类型、特点和应用场合；常用的从动件运动规律方程及运动规律的设计；应用凸轮机构的反转法原理进行凸轮廓线设计的图解法和解析法；凸轮机构的基本尺寸设计。拓展阅读部分介绍凸轮机构的计算机辅助设计。

§4.1 凸轮机构的应用和分类

凸轮机构是由具有曲线轮廓或凹槽的构件通过高副接触带动从动件实现预期运动规律的一种高副机构。它广泛地应用于各种机械，特别是自动机械、自动控制装置和装配生产线中。在设计机械时，当需要其从动件必须准确地实现某种预期的运动规律时，常采用凸轮机构。

4.1.1 凸轮机构的组成和应用

1. 凸轮机构的组成

凸轮机构是由凸轮、从动件（也称为推杆）和机架三部分组成的高副机构。一般情况下，凸轮是具有曲线轮廓的盘状体或带有凹槽的柱状体。从动件可做往复直线运动，也可做往复摆动。通常凸轮为主动件，且做等速转动。图4.1所示为盘形凸轮机构，图4.1（a）所示为直动从动件盘形凸轮机构，图4.1（b）所示为摆动从动件盘形凸轮机构。

当凸轮做等速转动时，从动件的运动规律（指位移、速度、加速度、跃度等）取决于凸轮轮廓曲线（简称凸轮廓线）的形状。反之，按机器的工作要求给定从动件的运动规律以后，合理地设计凸轮廓线是凸轮机构设计的重要内容。由于凸轮机构在机器中的功能不同，其从动件的运动规律也不相同。

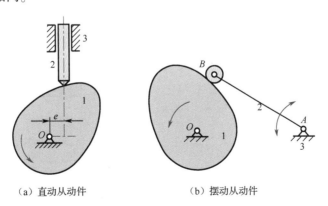

（a）直动从动件 （b）摆动从动件

1—凸轮；2—从动件；3—机架

图4.1 盘形凸轮机构

2. 凸轮机构的应用

凸轮机构结构简单、紧凑，通过合理设计凸轮的轮廓曲线，即可实现从动件各种复杂的运动和动力要求。

1）实现预期的位置要求

图 4.2 所示为自动送料凸轮机构。当圆柱凸轮 1 转动时，通过其圆柱面上的沟槽推动直动从动件 2 往复移动，将待加工毛坯 3 推到预定的位置。凸轮每转一周，直动从动件 2 即从储料器 4 中推出一个待加工毛坯。这种自动送料凸轮机构能够完成输送毛坯到达预定位置的功能，但对毛坯在移动过程中的运动规律没有特殊要求。

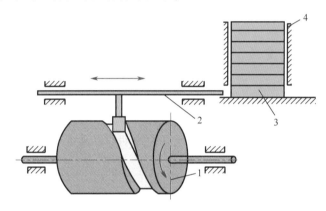

1—圆柱凸轮；2—直动从动件；3—毛坯；4—储料器
图 4.2　自动送料凸轮机构

2）实现预期的运动规律要求

图 4.3 所示为自动机床的进刀机构。图中具有曲线凹槽的柱状体 1 是圆柱凸轮，当它做等速回转运动时，其上曲线凹槽的侧面推动摆杆 2 绕 O 点做往复摆动，通过摆杆 2 上的扇形齿轮和固结在刀架 3 上的齿条，控制刀架实现进刀和退刀运动。刀架的运动规律取决于圆柱凸轮 1 上曲线凹槽的形状。当切削零件时，要求圆柱凸轮 1 推动摆杆 2 等速摆动，并通过其另一端的扇形齿轮推动刀架相对被加工零件实现等速进给运动。由于在等速进给状态下，机床承受的载荷波动最小，因此可使被加工零件获得较高的表面质量。

图 4.4 所示为绕线机中的凸轮机构。这种凸轮在运动中能推动摆动从动件 2 实现均匀缠绕线绳的运动学要求。"心形"凸轮 1 转动时，摆动从动件 2 做往复摆动，其端部导叉能引导线绳均匀地从线轴 3 的一端缠绕到另一端，然后反向继续引导线绳均匀地缠绕，直至工作结束。

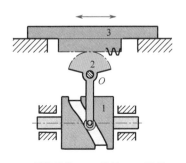

1—圆柱凸轮；2—摆杆；3—刀架
图 4.3　自动机床的进刀机构

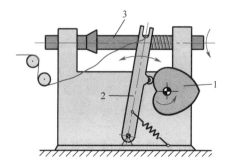

1—凸轮；2—摆动从动件；3—线轴
图 4.4　绕线机中的凸轮机构

3）实现运动与动力特性要求

图 4.5 所示为内燃机配气凸轮机构。当原动件凸轮 1 连续等速转动时，其凸轮轮廓通过与从动件 2（气阀）的平底接触，使气阀有规律地开启或关闭。工作对气阀的动作程序及其速度和加速度都有严格的要求，这些要求均是通过凸轮 1 的轮廓曲线来实现的。只要适当设计凸轮的轮廓曲线，就能实现气阀的运动学要求，并且具有良好的动力学特性。

4.1.2　凸轮机构的分类

凸轮机构的种类很多，常用凸轮机构的分类方法有以下几种。

1. 按凸轮的形状分类

1）盘形凸轮（disk cam；plate cam）

如图 4.1 所示，凸轮呈盘状，并且具有变化的向径。当其绕固定轴转动时，可推动从动件在垂直于凸轮转轴的平面内运动。它是凸轮最基本的形式，结构简单，应用最广。

2）移动凸轮（translating cam；wedge cam）

当盘形凸轮的转轴位于无穷远处时，就演化成了图 4.6 所示的凸轮，这种凸轮称为移动凸轮（或楔形凸轮）。凸轮呈板状，它相对于机架做直线移动。

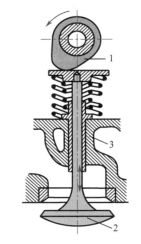

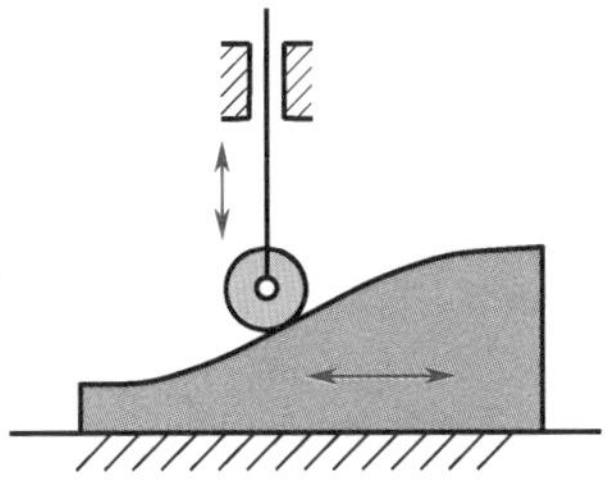

1—凸轮；2—气阀；3—内燃机壳体

图 4.5　内燃机配气凸轮机构

在以上两种凸轮机构中，凸轮与从动件之间的相对运动均为平面运动，故又统称为平面凸轮机构。

3）圆柱凸轮（cylindrical cam）

如图 4.2、图 4.3 所示，圆柱凸轮的轮廓曲线在圆柱体上。它可以看作把上述移动凸轮卷成圆柱体演化而成。在这种凸轮机构中，凸轮与从动件之间的相对运动是空间运动，故它属于空间凸轮机构。

图 4.6　移动凸轮机构

2. 按从动件端部的形状分类

1）尖底从动件（knife-edge follower）

如图 4.7（a）所示，从动件的尖底能够与任意复杂的凸轮轮廓保持接触，从而使从动件实现任意的运动规律。这种从动件结构最简单，但尖底处易磨损，故只适用于速度较低和传力不大的场合。

2）滚子从动件（roller follower）

如图 4.7（b）所示，从动件的端部安装有一个滚子。从运动学的角度看，这种从动件的滚子运动是多余的，但滚子的转动作用把凸轮与从动件之间的滑动摩擦转化为滚动摩擦，减小了凸轮机构的磨损，可以传递较大的动力，故应用最为广泛。

3）平底从动件（flat-faced follower）

图 4.7（c）所示为平底从动件，从动件与凸轮轮廓之间为线接触，接触处易形成油膜，润滑状况较好。此外，在不计摩擦时，凸轮对从动件的作用力始终垂直于从动件的平底，故受力平稳，传动效率高，常用于高速场合。其缺点是与之配合的凸轮轮廓必须全部为外凸形状。

4）球面从动件（spherical-faced follower）

如图 4.7（d）所示为球面从动件。球面从动件克服了尖底从动件的尖底易磨损的缺点，在工程中的应用也较多。

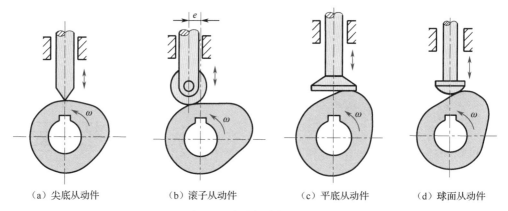

（a）尖底从动件　　　（b）滚子从动件　　　（c）平底从动件　　　（d）球面从动件

图 4.7　从动件端部的形状

3. 按从动件的运动形式分类

无论从动件的形状如何，就从动件的运动形式来说，只有以下两种。

（1）直动从动件（translating follower）：如图 4.1（a）所示，从动件做往复直线移动。

（2）摆动从动件（oscillating follower）：如图 4.1（b）所示，从动件做往复摆动。

直动从动件凸轮机构又可以根据其从动件轴线与凸轮回转轴心的相对位置，进一步分为对心直动从动件（in-line translating follower）（图 4.7（a）中偏距 $e = 0$）和偏置直动从动件（offset translating follower）（图 4.7（b）中偏距 $e \neq 0$）。

4. 按凸轮与从动件维持高副接触的方式分类

凸轮机构是一种高副机构，凸轮轮廓与从动件之间所形成的高副是一种单面约束的开式运动副，因此就存在着如何维持凸轮轮廓与从动件始终保持接触而不脱开的问题。根据维持高副接触的方式不同，凸轮机构又可分为以下两类。

1）力封闭型凸轮机构（force-closcd cam mechanism）

利用重力、弹簧力或其他外力使从动件与凸轮轮廓始终保持接触的凸轮机构称为力封闭型凸轮机构。图 4.4 所示的凸轮机构就是利用弹簧力来维持高副接触的一个实例。

2）形封闭型凸轮机构（form-closed cam mechanism）

利用高副元素本身的几何形状使从动件与凸轮轮廓始终保持接触的凸轮机构称为形封闭型凸轮机构。常用的形封闭型凸轮机构有以下几种。

（1）槽凸轮机构（groove cam mechanism）。如图 4.8（a）所示，凸轮轮廓曲线做成凹槽，从动件的滚子置于凹槽中，依靠凹槽两侧的轮廓曲线使从动件与凸轮在运动过程中始终保持接触。这种封闭方式结构简单，其缺点是加大了凸轮的尺寸和质量。

（2）等宽凸轮机构（constant-breadth cam mechanism）。如图 4.8（b）所示，从动件做成矩形框架形状，而凸轮廓线上任意两条平行切线间的距离都等于框架内侧的宽度，因此，凸轮廓线与平底可始终保持接触。其缺点是从动件的运动规律的选择受到一定限制，当 180°范围内的凸轮廓线根据从动件的运动规律确定后，其余 180°范围内的凸轮廓线必须根据等宽的原

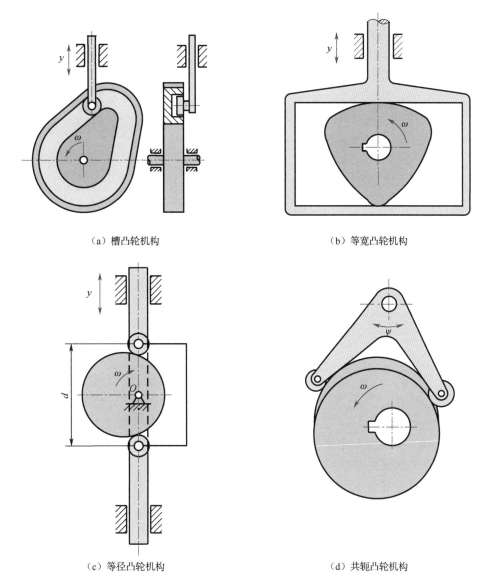

（a）槽凸轮机构　　　　　　　　　　　　　（b）等宽凸轮机构

（c）等径凸轮机构　　　　　　　　　　　　（d）共轭凸轮机构

图 4.8　形封闭型凸轮机构

则来确定。

（3）等径凸轮机构（constant-diameter cam mechanism）。如图 4.8（c）所示，其从动件上装有两个滚子，凸轮廓线同时与两个滚子相接触，由于两滚子中心间的距离始终保持不变，故可使凸轮廓线与两滚子始终保持接触。其缺点与等宽凸轮机构相同，即当 180°范围内的凸轮廓线根据从动件的运动规律确定后，其余 180°范围内的凸轮廓线必须根据等径的原则来确定，因此，从动件运动规律的选择也受到一定的限制。

（4）共轭凸轮机构（conjugate cam mechanism）。为了克服等宽、等径凸轮机构的缺点，使从动件的运动规律可以在 360°范围内任意选取，可以用两个固结在一起的凸轮控制一个具有两滚子的从动件，如图 4.8（d）所示。一个凸轮（称为主凸轮）推动从动件完成正行程的运动，另一个凸轮（称为回凸轮）推动从动件完成反行程的运动，故这种凸轮机构又称为主回凸轮机构。其缺点是结构较复杂，对制造精度要求较高。

在以上凸轮机构的几种分类方法中，若将不同类型的凸轮与从动件组合起来，就可以得到各种不同形式的凸轮机构。设计时，应根据工作要求和使用场合的不同加以选择。

在前面介绍的各种形式的凸轮机构中，都将凸轮作为主动件，推动从动件实现预期的运动规律。在工程实际中也有将凸轮作为从动件的，这种凸轮机构称为反凸轮机构。如图 4.9 所示，摆杆 1 为主动件，其端部装有滚子，凸轮 2 为从动件。当摆杆 1 左右摆动时，通过滚子与凸轮的沟槽接触，推动凸轮上下往复运动。

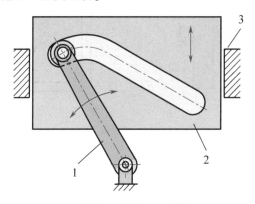

1—摆杆；2—凸轮；3—机架

图 4.9　反凸轮机构

4.1.3　凸轮机构的特点

凸轮机构的活动构件少，并且占据的空间较小，是一种结构简单、紧凑的机构。从动件的运动规律取决于凸轮廓线的形状，只要适当地设计凸轮廓线，就可以使从动件获得各种预期的运动规律。对于几乎任意要求的从动件运动规律，都可以毫无困难地设计出相应的凸轮廓线来实现，这是凸轮机构的最大优点。

凸轮机构的缺点是：凸轮廓线与从动件之间是点或线接触的高副，易于磨损，故多用于传力不太大的场合。

§4.2　从动件的运动规律

凸轮机构中，从动件的运动情况是由凸轮轮廓曲线的形状决定的。一定轮廓曲线形状的凸轮，能够使从动件产生一定规律的运动；反过来说，从动件不同的运动规律，要求凸轮具有不同形状的轮廓曲线，即凸轮的轮廓曲线与从动件的运动规律之间存在着确定的依从关系。因此，凸轮机构设计的关键一步，就是根据工作要求和使用场合，选择或设计从动件的运动规律。

4.2.1　凸轮机构的基本名词术语

以图 4.10 所示的尖底直动从动件盘形凸轮机构为例，凸轮机构的基本名词术语如下。

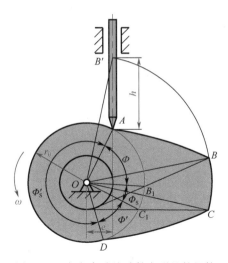

图 4.10　尖底直动从动件盘形凸轮机构

1. 基圆（base circle）

以凸轮回转中心为圆心，以凸轮轮廓曲线上的最小向径为半径所作的圆称为凸轮的基圆。基圆半径用 r_0 表示。基圆是设计凸轮轮廓曲线的基准。

2. 偏距圆（offset circle）

凸轮回转中心 O 点至过接触点的从动件导路之间的偏置距离为 e，以 O 为圆心、e 为半径所作的圆称为偏距圆。

3. 推程运动角（cam angle for rise）

图 4.10 所示的位置是从动件开始上升的位置，这时尖底与凸轮轮廓曲线上点 A（基圆与曲线 AB 的连接点）接触。现凸轮逆时针方向转动，当向径渐增的轮廓曲线段 AB 与尖底作用时，从动件以一定的运动规律从最低位置上升到最高位置，此过程中凸轮转过的角度 $\varPhi = \angle B'OB = \angle AOB_1$ 称为推程运动角。

4. 远休止角（cam angle for outer dwell）

当凸轮继续回转至以 O 为中心的圆弧 BC 与尖底作用时，从动件在最远位置处停留，此过程中凸轮转过的角度 $\varPhi_S = \angle BOC(= \angle B_1OC_1)$ 称为远休止角。

5. 回程运动角（cam angle for return）

当向径渐减的轮廓曲线段 CD 与尖底作用时，从动件以一定的运动规律返回初始位置，此过程中凸轮转过的角度 $\varPhi' = \angle C_1OD$ 称为回程运动角。

6. 近休止角（cam angle for inner dwell）

当基圆 DA 段圆弧与尖底作用时，从动件在距凸轮回转中心最近的位置处停留不动，这时对应的凸轮转角 $\varPhi_S'$ 称为近休止角。当凸轮继续回转时，从动件又重复进行升-停-降-停的运动循环。显然，一个运动循环中，应有下式成立：

$$\Phi + \Phi_S + \Phi' + \Phi'_S = 360°$$

7. 行程（stroke）

从动件从距凸轮回转中心的最近点运动到最远点所通过的距离或从最远点回到最近点所通过的距离称为行程。行程是从动件的最大运动距离，用 h 表示。推程的起始点或回程的起始点都称为行程的起始点，推程的终止点或回程的终止点都称为行程的终止点。

8. 从动件运动线图

从动件位移 s 与凸轮转角 φ 之间的对应关系可用图 4.11 所示的从动件位移线图来表示。由于大多数凸轮做等速转动，其转角与时间成正比，因此该线图的横坐标也代表时间 t。通过微分可以作出从动件速度线图和加速度线图，它们统称为从动件运动线图。

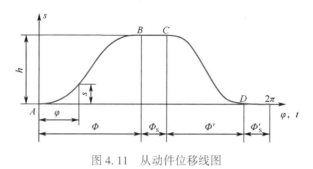

图 4.11　从动件位移线图

4.2.2　从动件的运动规律

从动件的运动规律是指从动件的位移 s、速度 v、加速度 a 及加速度的变化率 j 随时间 t 或凸轮转角 φ 变化的规律。它们全面地反映了从动件的运动特性及其变化的规律性。其中，加速度的变化率 j 称为跃度，它与惯性力的变化率密切相关，因此对从动件的振动和机构工作的平稳性有很大影响。经过长期的生产实践和理论研究，人们总结出了几种常用的基本运动规律。下面对这些基本运动规律的组成、特性和应用场合做简单介绍，以供设计时使用。

1. 多项式类运动规律（polynomial motion law）

多项式类运动规律的一般形式为

$$\begin{cases} s = c_0 + c_1\varphi + c_2\varphi^2 + c_3\varphi^3 + \cdots + c_n\varphi^n \\ v = \omega(c_1 + 2c_2\varphi + 3c_3\varphi^2 + \cdots + nc_n\varphi^{n-1}) \\ a = \omega^2[2c_2 + 6c_3\varphi + \cdots + n(n-1)c_n\varphi^{n-2}] \end{cases} \tag{4.1}$$

式中，$c_0, c_1, c_2, \cdots, c_n$ 为待定系数，可根据对从动件运动规律的具体要求所确定的边界条件求出。

1）等速运动规律（constant velocity motion law；uniform motion law）

等速运动规律是指凸轮以等角速度 ω 转动时，从动件的运动速度为常量。在多项式类运动规律的一般形式中，当 $n=1$ 时，则有

$$\begin{cases} s = c_0 + c_1 \varphi \\ v = c_1 \omega \\ a = 0 \end{cases} \tag{4.2}$$

在推程阶段，$\varphi \in [0, \Phi]$，当 $\varphi = 0$ 时，$s = 0$；当 $\varphi = \Phi$ 时，$s = h$。可解出待定常数：$c_0 = 0$，$c_1 = \dfrac{h}{\Phi}$。将其代入式（4.2）并整理，可得从动件在推程时的运动方程为

$$\begin{cases} s = \dfrac{h}{\Phi} \varphi \\ v = \dfrac{h}{\Phi} \omega \\ a = 0 \end{cases} \tag{4.3}$$

在回程阶段，$\varphi \in [0, \Phi']$，当 $\varphi = 0$ 时，$s = h$；当 $\varphi = \Phi'$ 时，$s = 0$。可解出待定常数：$c_0 = h$，$c_1 = -\dfrac{h}{\Phi'}$。将其代入式（4.2）并整理，可得从动件在回程时的运动方程为

$$\begin{cases} s = h - \dfrac{h}{\Phi'} \varphi \\ v = -\dfrac{h}{\Phi'} \omega \\ a = 0 \end{cases} \tag{4.4}$$

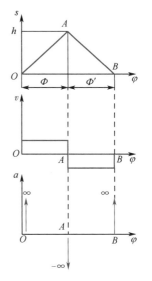

图 4.12　等速运动规律运动线图

由式（4.4）可知，当 $n = 1$ 时，从动件按等速运动规律运动。位移是凸轮转角的一次函数，故位移曲线是一条斜直线。从动件按等速运动规律变化时的运动线图如图 4.12 所示。

在行程的起点与终点（O、A、B）处，由于速度发生突变，加速度在理论上为无穷大，导致从动件产生非常大的冲击惯性力，这种冲击称为刚性冲击（rigid impulse；rigid shock）。另外，位移线图上的尖点 A 必定在对应的凸轮廓线上产生尖点。这会对从动件的工作产生不良影响，同时也加快了凸轮机构的磨损。为消除等速运动规律的这种不良现象，常对起始点与终止点的运动规律进行必要的修正。

2）等加速等减速运动规律（constant acceleration and deceleration motion law）

等加速等减速运动规律是指从动件在一个运动行程中，前半段做等加速运动，后半段做等减速运动。

在多项式运动规律的一般形式中，当 $n = 2$ 时，则有

$$\begin{cases} s = c_0 + c_1 \varphi + c_2 \varphi^2 \\ v = \omega (c_1 + 2 c_2 \varphi) \\ a = 2 c_2 \omega^2 \end{cases} \tag{4.5}$$

在推程的前半段，$\varphi \in [0, \Phi/2]$，从动件做等加速运动，其边界条件为：当 $\varphi = 0$ 时，$s = 0$，$v = 0$；当 $\varphi = \Phi/2$ 时，$s = h/2$。将其代入式（4.5），即可求出待定常数：$c_0 = 0$，$c_1 = 0$，$c_2 = \dfrac{2h}{\Phi^2}$。再将上述各参数值代入式（4.5），可得从动件在推程前半段的运动方程为

$$\begin{cases} s = \dfrac{2h}{\Phi^2}\varphi^2 \\[2mm] v = \dfrac{4h\omega}{\Phi^2}\varphi \\[2mm] a = \dfrac{4h\omega^2}{\Phi^2} \end{cases} \tag{4.6}$$

在推程的后半段，$\varphi \in [\Phi/2, \Phi]$，从动件做等减速运动，其边界条件为：当 $\varphi = \Phi/2$ 时，$s = h/2$，$v = 2h\omega/\Phi$；当 $\varphi = \Phi$ 时，$s = h$，$v = 0$。将其代入式（4.5），可求出待定常数：$c_0 = -h$，$c_1 = \dfrac{4h}{\Phi}$，$c_2 = -\dfrac{2h}{\Phi^2}$。再将上述各参数值代入式（4.5）并整理，可得从动件在推程后半段的运动方程为

$$\begin{cases} s = h - \dfrac{2h}{\Phi^2}(\Phi - \varphi)^2 \\[2mm] v = \dfrac{4h\omega}{\Phi^2}(\Phi - \varphi) \\[2mm] a = -\dfrac{4h\omega^2}{\Phi^2} \end{cases} \tag{4.7}$$

同理，可求出从动件在回程阶段的运动方程。

当 $\varphi \in [0, \Phi'/2]$ 时，从动件做等加速运动，其运动方程为

$$\begin{cases} s = h - \dfrac{2h}{\Phi'^2}\varphi^2 \\[2mm] v = -\dfrac{4h\omega}{\Phi'^2}\varphi \\[2mm] a = -\dfrac{4h\omega^2}{\Phi'^2} \end{cases} \tag{4.8}$$

当 $\varphi \in [\Phi'/2, \Phi']$ 时，从动件做等减速运动，其运动方程为

$$\begin{cases} s = \dfrac{2h}{\Phi'^2}(\Phi' - \varphi)^2 \\[2mm] v = -\dfrac{4h\omega}{\Phi'^2}(\Phi' - \varphi) \\[2mm] a = \dfrac{4h\omega^2}{\Phi'^2} \end{cases} \tag{4.9}$$

由式（4.6）~式（4.9）可知，当 $n = 2$ 时，从动件按等加速等减速运动规律运动。位移曲线为凸轮转角的二次函数，即为抛物线方程。从动件按等加速等减速运动规律变化时的运动线图如图 4.13 所示。

由加速度线图可知，O、A、B、C、D 五点的加速度有突变，因而从动件的惯性力也有突变。由于加速度的突变为一有限值，惯性力的突变也是有限值，对凸轮机构的冲击也是有限的，故称为柔性冲击（flexible impulse；soft shock）。

3）五次多项式运动规律（quintic polynomial motion law）

在多项式类运动规律的一般形式中，当 $n = 5$ 时，则有

$$\begin{cases} s=c_0+c_1\varphi+c_2\varphi^2+c_3\varphi^3+c_4\varphi^4+c_5\varphi^5 \\ v=\omega\left(c_1+2c_2\varphi+3c_3\varphi^2+4c_4\varphi^3+5c_5\varphi^4\right) \quad(4.10) \\ a=\omega^2\left(2c_2+6c_3\varphi+12c_4\varphi^2+20c_5\varphi^3\right) \end{cases}$$

在推程阶段，$\varphi\in[0,\Phi]$，其边界条件为：当 $\varphi=0$ 时，$s=0$，$v=0$，$a=0$；当 $\varphi=\Phi$ 时，$s=h$，$v=0$，$a=0$。将其代入式（4.10），可求出 6 个待定系数：$c_0=c_1=c_2=0$，$c_3=\dfrac{10h}{\Phi^3}$，$c_4=-\dfrac{15h}{\Phi^4}$，$c_5=\dfrac{6h}{\Phi^5}$。再将上述各参数值代入式（4.10）并整理，可得从动件在推程阶段的运动方程为

$$\begin{cases} s=h\left[10\left(\dfrac{\varphi}{\Phi}\right)^3-15\left(\dfrac{\varphi}{\Phi}\right)^4+6\left(\dfrac{\varphi}{\Phi}\right)^5\right] \\ v=\dfrac{h\omega}{\Phi}\left[30\left(\dfrac{\varphi}{\Phi}\right)^2-60\left(\dfrac{\varphi}{\Phi}\right)^3+30\left(\dfrac{\varphi}{\Phi}\right)^4\right] \\ a=\dfrac{h\omega^2}{\Phi^2}\left[60\left(\dfrac{\varphi}{\Phi}\right)-180\left(\dfrac{\varphi}{\Phi}\right)^2+120\left(\dfrac{\varphi}{\Phi}\right)^3\right] \end{cases}$$
$$(4.11)$$

同理，当 $\varphi\in[0,\Phi']$ 时，可推导出从动件在回程阶段的运动方程为

$$\begin{cases} s=h\left[1-10\left(\dfrac{\varphi}{\Phi'}\right)^3+15\left(\dfrac{\varphi}{\Phi'}\right)^4-6\left(\dfrac{\varphi}{\Phi'}\right)^5\right] \\ v=-\dfrac{h\omega}{\Phi'}\left[30\left(\dfrac{\varphi}{\Phi'}\right)^2-60\left(\dfrac{\varphi}{\Phi'}\right)^3+30\left(\dfrac{\varphi}{\Phi'}\right)^4\right] \\ a=-\dfrac{h\omega^2}{\Phi'^2}\left[60\left(\dfrac{\varphi}{\Phi'}\right)-180\left(\dfrac{\varphi}{\Phi'}\right)^2+120\left(\dfrac{\varphi}{\Phi'}\right)^3\right] \end{cases}$$
$$(4.12)$$

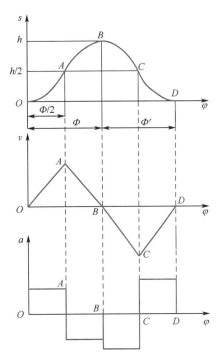

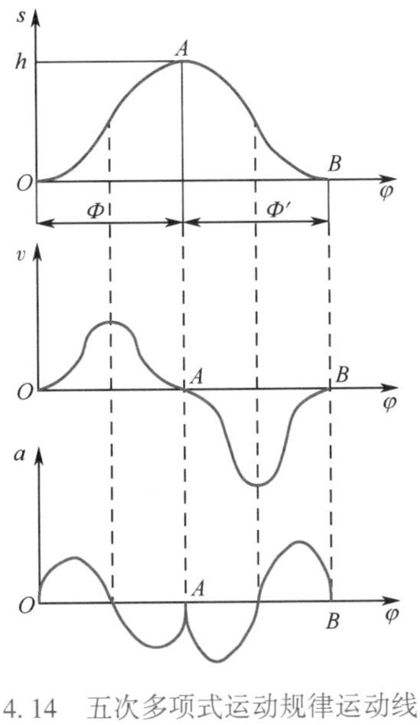

图 4.13　等加速等减速运动规律运动线图

五次多项式位移方程式中多项式剩余项的次数为 3、4、5，故五次多项式运动规律也称为 3-4-5 次多项式运动规律。从动件按五次多项式运动规律变化时的运动线图如图 4.14 所示。

由加速度线图可知，五次多项式运动规律中加速度相对于凸轮转角的变化曲线是连续曲线，因而没有由惯性力引起的冲击现象，运动平稳性好，可用于高速凸轮机构。

2. 三角函数类运动规律（trigonometric function motion law）

三角函数类运动规律是指从动件的加速度按余弦规律或正弦规律变化。

1）简谐运动规律（simple harmonic motion law）

如图 4.15 所示，动点 M 做圆周运动时，M 点在坐标轴 s 上投影的变化规律称为简谐运动规律。取动点 M 在 s 轴上的变化规律为从动件的运动规律，并设行程 h 等于圆

图 4.14　五次多项式运动规律运动线图

周直径 $2R$。当动点 M 顺时针由 O 点转过 π 角时，从动件推程为 $h = 2R$，凸轮转过推程运动角 Φ。如果动点 M 转过角 θ，从动件位移为 s，凸轮转角为 φ，则有如下关系式：

$$\frac{\pi}{\Phi} = \frac{\theta}{\varphi}$$

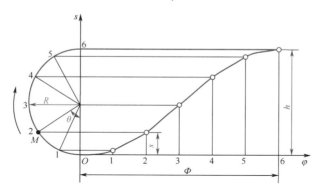

图 4.15 简谐运动规律

可求出动点 M 转过的角度 θ 与凸轮转角 φ 之间的关系为

$$\theta = \frac{\pi}{\Phi}\varphi$$

当 $\varphi \in [0, \Phi]$ 时，从动件在推程阶段的位移方程为

$$s = R - R\cos\theta = \frac{h}{2} - \frac{h}{2}\cos\left(\frac{\pi}{\Phi}\varphi\right)$$

对位移 s 分别求时间的一阶导数、二阶导数并整理，可得从动件在推程阶段的运动方程为

$$\begin{cases} s = \dfrac{h}{2} - \dfrac{h}{2}\cos\left(\dfrac{\pi}{\Phi}\varphi\right) \\[2mm] v = \dfrac{\pi h\omega}{2\Phi}\sin\left(\dfrac{\pi}{\Phi}\varphi\right) \\[2mm] a = \dfrac{\pi^2 h\omega^2}{2\Phi^2}\cos\left(\dfrac{\pi}{\Phi}\varphi\right) \end{cases} \tag{4.13}$$

当 $\varphi \in [0, \Phi']$ 时，从动件在回程阶段的位移方程为

$$s = R + R\cos\theta = \frac{h}{2} + \frac{h}{2}\cos\left(\frac{\pi}{\Phi'}\varphi\right)$$

对位移 s 分别求时间的一阶导数、二阶导数并整理，可得从动件在回程阶段的运动方程为

$$\begin{cases} s = \dfrac{h}{2} + \dfrac{h}{2}\cos\left(\dfrac{\pi}{\Phi'}\varphi\right) \\[2mm] v = -\dfrac{\pi h\omega}{2\Phi'}\sin\left(\dfrac{\pi}{\Phi'}\varphi\right) \\[2mm] a = -\dfrac{\pi^2 h\omega^2}{2\Phi'^2}\cos\left(\dfrac{\pi}{\Phi'}\varphi\right) \end{cases} \tag{4.14}$$

当 $\Phi = \Phi'$ 时，从动件按简谐运动规律变化时的运动线图如图 4.16 所示。可以看出，简谐运动规律的加速度曲线按余弦规律变化，故又称为余弦加速度运动规律（cosine acceleration motion law）。

余弦加速度运动规律的加速度在行程的起始点及终止点有突变，这会引起柔性冲击。但在无休止角的升-降-升型凸轮机构的连续运动中，加速度曲线变成连续曲线，从而避免了柔性冲击的产生。

2）摆线运动规律（cycloidal motion law）

如图 4.17 所示，当半径为 R 的滚圆沿坐标系 A-φs 的纵坐标轴 s 做匀速纯滚动时，圆周上的动点 M 的轨迹为一摆线，该点在 s 轴上投影的变化规律为摆线运动规律。取该圆滚动一周沿 s 轴上升的距离为从动件的行程，则有 $h = 2\pi R$。该圆滚动一周自转 2π，对应的从动件上升 h，凸轮转过推程运动角 Φ；当滚圆转过 θ 角时，对应的从动件上升 s，凸轮转角为 φ，则有如下关系式：

$$\frac{2\pi}{\Phi} = \frac{\theta}{\varphi}$$

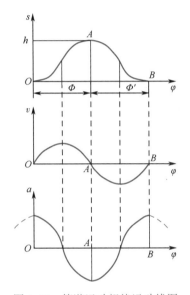

图 4.16　简谐运动规律运动线图

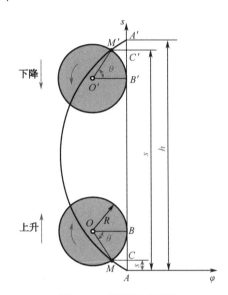

图 4.17　摆线运动规律

由上式可导出滚圆转角与凸轮转角之间的关系为

$$\theta = \frac{2\pi}{\Phi}\varphi$$

当滚圆自转 θ 角时，从动件上升的距离 s 为

$$s = \overline{AB} - \overline{BC} = \overset{\frown}{BM} - \overline{BC}$$

$$= R\theta - R\sin\theta = \frac{h}{\Phi}\varphi - \frac{h}{2\pi}\sin\left(\frac{2\pi}{\Phi}\varphi\right)$$

当 $\varphi \in [0, \Phi]$ 时，从动件在推程阶段的运动方程为

$$\begin{cases} s = \dfrac{h}{\Phi}\varphi - \dfrac{h}{2\pi}\sin\left(\dfrac{2\pi}{\Phi}\varphi\right) \\[2mm] v = \dfrac{h}{\Phi}\omega - \dfrac{h\omega}{\Phi}\cos\left(\dfrac{2\pi}{\Phi}\varphi\right) \\[2mm] a = \dfrac{2\pi h\omega^2}{\Phi^2}\sin\left(\dfrac{2\pi}{\Phi}\varphi\right) \end{cases} \tag{4.15}$$

当 $\varphi \in [0, \Phi']$ 时，从动件在回程阶段的运动方程为

$$\begin{cases} s = h - \dfrac{h}{\Phi'}\varphi + \dfrac{h}{2\pi}\sin\left(\dfrac{2\pi}{\Phi'}\varphi\right) \\[2mm] v = -\left[\dfrac{h}{\Phi'}\omega - \dfrac{h\omega}{\Phi'}\cos\left(\dfrac{2\pi}{\Phi'}\varphi\right)\right] \\[2mm] a = -\dfrac{2\pi h\omega^2}{\Phi'^2}\sin\left(\dfrac{2\pi}{\Phi'}\varphi\right) \end{cases} \tag{4.16}$$

从动件按摆线运动规律变化时的运动线图如图 4.18 所示。可以看出，摆线运动规律的加速度曲线按正弦规律变化，故又称为正弦加速度运动规律（sine acceleration motion law）。由于速度曲线和加速度曲线均连续没有突变，所以在运动中没有冲击，可在较高速度工况下使用。

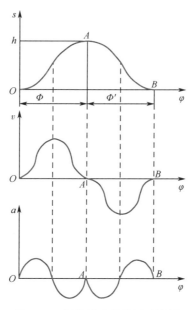

图 4.18　摆线运动规律运动线图

4.2.3　从动件运动规律的组合

在工程实际中，对从动件的运动特性和动力特性的要求是多种多样的。上述单一型的运动规律已不能满足工程的需要。为了获得更好的运动特性和动力特性，可以把几种运动规律曲线拼接起来，构成组合运动规律。构造组合运动规律时，可以根据凸轮机构的工作性能指标，选择一种基本运动规律作为主体，再用其他类型的基本运动规律与其拼接。拼接时应遵循以下原则。

（1）位移曲线和速度曲线（包括运动的起始点和终止点）必须连续，以避免刚性冲击。

（2）对于高速凸轮机构，要求其加速度曲线（包括运动的起始点和终止点）也必须连续，以避免柔性冲击。跃度曲线可以不连续，但其突变必须是有限值。

因此，当对不同的运动规律进行组合时，它们在连接点处的位移、速度和加速度值应分别相等，这是运动规律组合时必须满足的边界条件。常用的组合运动规律有改进型等速运动规律、改进型正弦加速度运动规律、改进型梯形加速度运动规律等。图 4.19 所示为改进型等速运动规律运动线图。图 4.19（a）中，位移曲线用切于停歇区的两段圆弧与直线拼接，这种组合运动规律避免了刚性冲击，但仍存在柔性冲击。若要进一步改善凸轮机构的动力性能，可用正弦加速度运动规律与等速运动规律的两端拼接，这样的组合运动规律既无刚性冲击，又无柔性冲击，如图 4.19（b）所示。

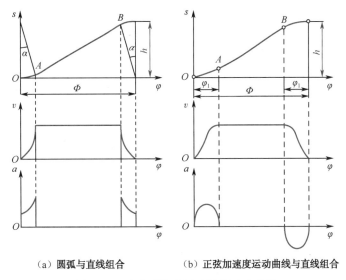

（a）圆弧与直线组合　　　（b）正弦加速度运动曲线与直线组合

图 4.19　改进型等速运动规律运动线图

图 4.20 所示为变形正弦加速度运动规律的加速度线图，它是由三段正弦曲线拼接而成的。第一段 $\varphi \in \left[0, \dfrac{\Phi}{8}\right]$ 和第三段 $\varphi \in \left[\dfrac{7\Phi}{8}, \Phi\right]$ 为周期等于 $\dfrac{\Phi}{2}$ 的 1/4 波正弦曲线，第二段 $\varphi \in \left[\dfrac{\Phi}{8}, \dfrac{7\Phi}{8}\right]$ 为振幅相同、周期等于 $\dfrac{3\Phi}{2}$ 的半波正弦曲线，这几段曲线在拼接处相切，形成了连续而光滑的加速度曲线。

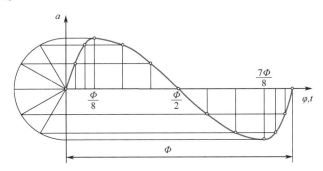

图 4.20　变形正弦加速度运动规律的加速度线图

4.2.4　从动件运动规律的设计

从动件运动规律的选择或设计涉及许多问题。除了要满足机械的具体工作要求外，还应使凸轮机构具有良好的动力特性，同时又要考虑所设计的凸轮廓线应便于加工等因素。而这些因素往往又是相互制约的。因此，在选择或设计从动件运动规律时，必须根据使用场合、工作条件等分清主次因素，综合考虑，确定选择或设计运动规律的主要依据。

（1）当机械的工作过程只要求从动件实现一定的工作行程，而对其运动规律无特殊要求时，应主要考虑所设计的运动规律使凸轮机构具有较好的动力特性和便于加工等问题。对于低速轻载的凸轮机构，可主要从凸轮廓线便于加工来考虑，选择圆弧、直线等易于加工的曲线作为凸轮廓线，因为这时其动力特性不是主要的；而对于速度较高的凸轮机构，则应首先考虑动力特性，以避免产生过大冲击。例如，等加速等减速运动规律与正弦加速度运动规律相比，前者所对应的凸轮廓线的加工并不比后者更容易，而且其动力特性也比后者差，所以在高速场合一般选用后者而不是前者。

（2）当机械的工作过程对从动件的运动规律有特殊要求，而凸轮转速又不太高时，应首先从满足工作需要的要求出发来选择从动件的运动规律，其次考虑其动力特性和是否便于加工。例如，对于图4.3所示的自动机床上控制刀架进给的凸轮机构，为了使被加工的零件具有较高的表面质量，同时使机床载荷稳定，一般要求刀具切削时做等速运动。在设计这一凸轮机构时，对应于切削过程的从动件应选择等速运动规律。但考虑到全推程等速运动规律在运动起始和终止位置时有刚性冲击，动力特性差，因而可在这两处进行适当改进，如图4.21所示，以保证其在满足刀具等速切削的前提下，又具有较好的动力特性。

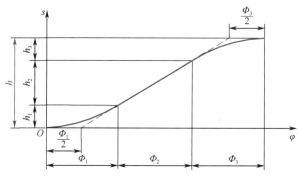

图 4.21　等速运动规律的修正

（3）当机械的工作过程对从动件的运动规律有特殊要求，而凸轮的转速又较高时，应兼顾两者来设计从动件的运动规律。通常可考虑把不同形式的常用运动规律恰当地组合起来，形成既能满足工作对运动的特殊要求，又具有良好动力性能的运动规律，如图4.19、图4.20所示。

（4）在选择或设计从动件运动规律时，除了要考虑其冲击特性外，还应考虑其具有的最大速度 v_{max}、最大加速度 a_{max} 和最大跃度 j_{max}，因为这些参数也会从不同角度影响凸轮机构的工作性能。其中，最大速度 v_{max} 与从动件系统的最大动量 mv_{max} 有关，为了使机构停动灵活和运行安全，mv_{max} 不宜过大，特别是当从动件系统的质量 m 较大时，应选用较小的 v_{max}。最大加速度 a_{max} 与从动件系统的最大惯性力 ma_{max} 有关，而惯性力是影响机构动力学性能的主要因素，惯性力越大，作用在凸轮与从动件之间的接触应力越大，对构件的强度和耐磨性要求也越高。因此，对于运转速度较高的凸轮机构，应选用尽可能小的 a_{max}。最大跃度 j_{max} 与惯性力的变化率密切相关，它直接影响从动件系统的振动和工作平稳性，因此总希望其越小越好，特别是对于高速凸轮机构尤为重要。表4.1列出了几种常用运动规律的特性值及推荐的适用场合，供设计从动件运动规律时参考。

表 4.1　从动件常用运动规律的特性值及适用场合

运动规律	冲击特性	$v_{max}/(h\omega/\Phi)$	$a_{max}/(h\omega^2/\Phi^2)$	$j_{max}(h\omega^3/\Phi^3)$	适用场合
等速运动规律	刚性冲击	1.00	∞	—	低速轻载
等加速等减速运动规律	柔性冲击	2.00	4.00	∞	中速轻载
五次多项式运动规律	无	1.88	5.77	60.0	高速中载
简谐运动规律	柔性冲击	1.57	4.93	∞	中速中载
摆线运动规律	无	2.00	6.28	39.5	高速轻载

§4.3　图解法设计凸轮廓线

当根据使用场合和工作要求选定了凸轮机构的类型和从动件的运动规律后，即可根据选定的基圆半径着手进行凸轮廓线的设计。凸轮廓线的设计方法有图解法和解析法两种，无论使用哪种方法，它们所依据的基本原理都是反转法原理。

4.3.1　凸轮廓线设计的反转法原理

一般情况下，凸轮机构中的凸轮做匀速定轴转动，从动件沿固定导路做往复移动或绕固定轴线往复摆动。下面以图 4.22 所示的对心尖底直动从动件盘形凸轮机构的设计为例，来说明反转法原理（principle of kinematic inversion）。

如图 4.22 所示，已知凸轮绕轴心 O 以匀角速度 ω 逆时针转动，推动从动件在导路中上下往复移动。当从动件处于最低位置时，凸轮廓线与从动件在 A 点接触；当凸轮转过 φ_1 角时，凸轮的向径 OA 将转到 OA' 的位置，而凸轮轮廓将转到图中虚线所示的位置。这时从动件尖底从最低位置 A 上升至 B'，上升的距离 $s_1 = AB'$。这是凸轮转动时从动件的真实运动情况。

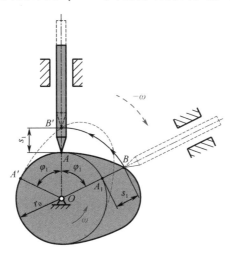

图 4.22　凸轮廓线设计的反转法原理

现在设想给整个机构加上一绕凸轮轴心 O 转动的公共角速度 $-\omega$。这时，凸轮与从动件之间的相对运动关系保持不变，但凸轮将静止不动成为机架，而从动件将一方面随原静止不动的导路以角速度 $-\omega$ 绕凸轮轴心 O 转动，同时又在导路中按预期的运动规律做相对移动。

当从动件连同导路一起绕 O 点以角速度 $-\omega$ 转过 φ_1 角时，从动件运动到图中虚线所示位置，此时从动件向上移动的距离是 A_1B，显然，$A_1B = AB' = s_1$，即在上述两种情况下，从动件移动的距离不变。

由于从动件尖底在运动过程中始终与凸轮廓线保持接触，所以它在上述复合运动中的轨迹就是凸轮廓线。

4.3.2 直动从动件盘形凸轮廓线的设计

1. 尖底从动件

图 4.23（a）所示是一偏置直动尖底从动件盘形凸轮机构。设已知凸轮的基圆半径为 r_0，从动件轴线偏于凸轮轴心的左侧，偏距为 e，凸轮以匀角速度 ω 顺时针方向转动，从动件位移线图如图 4.23（b）所示，试设计凸轮的轮廓曲线。

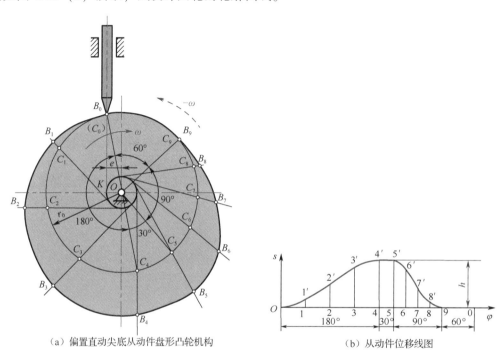

(a) 偏置直动尖底从动件盘形凸轮机构　　　　（b）从动件位移线图

图 4.23　尖底从动件凸轮廓线的设计

运用反转法原理，具体的设计方法和步骤如下。

（1）以 r_0 为半径作基圆，以 e 为半径作偏距圆。点 K 为从动件导路线与偏距圆的切点，导路线与基圆的交点 $B_0(C_0)$ 便是从动件尖底的起始位置。

（2）将位移线图 s-φ 的推程运动角和回程运动角各分成若干等份（图中各为 4 等份）。

（3）自 OC_0 开始，沿 ω 的相反方向取推程运动角 $\Phi=180°$、远休止角 $\Phi_\mathrm{S}=30°$、回程运动角 $\Phi'=90°$、近休止角 $\Phi'_\mathrm{S}=60°$，在基圆上得到 C_4、C_5、C_9 诸点。将推程运动角和回程运动角分成图 4.23（b）对应的等份，得到 C_1、C_2、C_3 和 C_6、C_7、C_8 诸点。

（4）过 C_1、C_2、C_3……各点作偏距圆的一系列切线，它们便是反转后从动件导路的一系列位置。

（5）沿以上各切线自基圆开始量取从动件相应的位移量，即取线段 $\overline{C_1B_1}=\overline{11'}$，$\overline{C_2B_2}=\overline{22'}$……得到反转后尖底的一系列位置 B_1、B_2、B_3……。

（6）将点 B_0、B_1、B_2……连成光滑曲线（B_4 和 B_5 之间及 B_9 和 B_0 之间均为以 O 为中心的圆弧），便得到所求的凸轮廓线。

2. 滚子从动件

如图 4.24 所示的偏置直动滚子从动件盘形凸轮机构，当用反转法原理使凸轮固定不动后，从动件的滚子在反转过程中，将始终与凸轮廓线保持接触，而滚子中心将描绘出一条与凸轮廓线法向等距的曲线 η。由于滚子中心 B 是从动件上的一个铰接点，所以它的运动规律就是从动件的运动规律，即曲线 η 可以根据从动件的位移曲线作出。

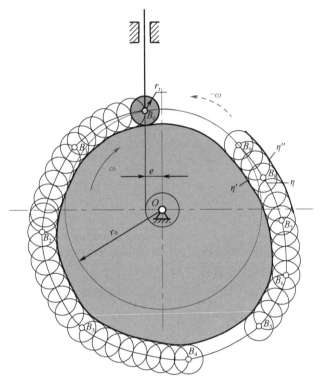

图 4.24　滚子从动件凸轮廓线的设计

具体作图步骤如下。

（1）将滚子中心 B 假想为尖底从动件的尖底，按照上述尖底从动件凸轮廓线的设计方法作出曲线 η。这条曲线是反转过程中滚子中心的运动轨迹，称为凸轮的理论廓线。

（2）以理论廓线上的各点为圆心，以滚子半径 r_r 为半径，作一系列滚子圆，然后作这族滚子圆的内包络线 η'，即为凸轮的实际廓线。显然，该实际廓线是上述理论廓线的等距曲线（法向等距，其距离为滚子半径）。

若同时作这族滚子圆的内、外包络线 η' 和 η''，则形成图 4.8（a）所示的槽凸轮的轮廓曲线。

由作图过程可知，在滚子从动件盘形凸轮机构的设计中，基圆半径 r_0 指的是理论廓线上的基圆半径。

在图 4.23 与图 4.24 中，当 $e=0$ 时，即得对心直动从动件凸轮机构。这时，偏距圆的切线转化为过回转中心 O 的径向射线，其设计方法与上述相同。

3. 平底从动件

平底从动件凸轮廓线的设计方法与上述滚子从动件凸轮廓线的设计方法相似，不同的是取平底与从动件导路中心线的交点 B_0 作为假想的尖底从动件的尖底，如图 4.25 所示。具体设计步骤如下。

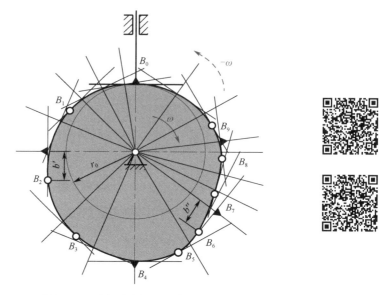

图 4.25　平底从动件凸轮廓线的设计

（1）取平底与从动件导路中心线的交点 B_0 作为假想的尖底从动件的尖底，按照尖底从动件盘形凸轮的设计方法，求出该尖底反转后的一系列位置 B_1、B_2、B_3……。

（2）过 B_1、B_2、B_3……各点，画出一系列代表平底的直线，得到一直线族。这族直线即代表反转过程中从动件平底依次占据的位置。

（3）作该直线族的包络线，即可得到凸轮的实际廓线。

由图中可以看出，平底上与凸轮实际廓线相切的点是随机构位置不同而变化的。因此，为了保证在所有位置上从动件平底都能与凸轮廓线相切，凸轮的所有廓线都必须是外凸的，并且平底左、右两侧的宽度应分别大于导路中心线至左、右最远切点的距离 b' 和 b''。

4.3.3　摆动从动件盘形凸轮廓线的设计

图 4.26（a）所示为一尖底摆动从动件盘形凸轮机构。已知凸轮轴心与从动件转轴之间的中心距为 a，凸轮基圆半径为 r_0，从动件长度为 l，凸轮以匀角速度 ω 逆时针转动，从动件位移线图如图 4.26（b）所示，试设计该凸轮廓线。

反转法原理同样适用于摆动从动件凸轮廓线的设计。当给整个机构加上一个绕凸轮回转中心 O 的公共角速度 $-\omega$ 时，凸轮将固定不动，从动件的转轴 A 将以角速度 $-\omega$ 绕 O 点转动，同时从动件将仍按原有的运动规律绕转轴 A 摆动。凸轮廓线的具体设计步骤如下。

（1）选取适当的比例尺，作出从动件的位移线图，并将位移线图 ψ-φ 的推程运动角和回程运动角各分成若干等份（图中各为 4 等份）。与直动从动件不同的是，这里纵坐标代表从动件的摆角 ψ，因此，纵坐标的比例尺是 1mm 代表多少角度。

（2）以 O 为圆心，以 r_0 为半径作基圆，并根据已知的中心距 a，确定从动件转轴 A 的位置 A_0。然后以 A_0 为圆心，以从动件杆长 l 为半径作圆弧，交基圆于 C_0 点。A_0C_0 即代表从动件的起始位置，C_0 即为从动件尖底的起始位置。

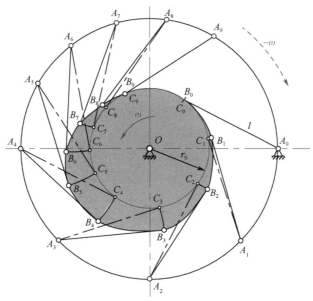

（a）摆动从动件盘形凸轮机构

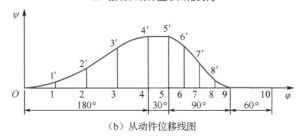

（b）从动件位移线图

图 4.26 摆动从动件凸轮廓线的设计

（3）以 O 为圆心，OA_0 为半径作转轴圆，并自 A_0 点开始沿 $-\omega$ 方向将该圆分成与图 4.26（b）中横坐标对应的区间和等份，得点 A_1、A_2、A_3、……、A_9，它们代表反转过程中从动件转轴 A 依次占据的位置。

（4）以上述各点为圆心，以从动件杆长 l 为半径，分别作圆弧，交基圆于 C_1、C_2……各点，得线段 A_1C_1、A_2C_2……；以 A_1C_1、A_2C_2……为一边，分别作 $\angle C_1A_1B_1$、$\angle C_2A_2B_2$……，使它们分别等于图 4.26（b）中对应的角位移，得线段 A_1B_1、A_2B_2……，这些线段即代表反转过程中从动件依次占据的位置。B_1、B_2……即为反转过程中从动件尖底的运动轨迹。

（5）将点 B_0、B_1、B_2……连成光滑曲线，即得凸轮廓线。由图中可以看出，该廓线与线段 AB 在某些位置已经相交。故在考虑机构的具体结构时，应将从动件做成弯杆形式，以避免机构运动过程中凸轮与从动件发生干涉。

需要指出的是，在摆动从动件的情况下，位移曲线纵坐标的长度代表从动件的角位移。因此，在绘制凸轮廓线时，需要先把这些长度转换成角度，然后才能一一对应地把它们转移到凸轮轮廓设计图上。

若采用滚子或平底从动件，则上述连接 B_0、B_1、B_2……各点所得的光滑曲线为凸轮的理论廓线，过这些点作一系列滚子圆或平底，然后作它们的包络线，即可求得凸轮的实际廓线。

§4.4 解析法设计凸轮廓线

用解析法设计凸轮廓线，就是根据工作所要求的从动件的运动规律和已知的机构参数，求出凸轮廓线的方程式，并精确地计算出凸轮廓线上各点的坐标值。随着机械不断朝着高速、精密、自动化方向发展，以及计算机和各种数控加工机床在生产中的广泛应用，用解析法设计凸轮廓线具有更大的实际意义，并且正在越来越广泛地用于生产中。下面以几种常用的盘形凸轮机构的设计为例，来说明凸轮廓线设计的解析法。

4.4.1 直动滚子从动件盘形凸轮廓线的设计

如图 4.27 所示，在偏置直动滚子从动件盘形凸轮机构上建立直角坐标系 $O\text{-}xy$，原点 O 位于凸轮的回转中心，y 轴平行于从动件导路。偏置直动滚子从动件位于行程起始位置 1，滚子中心位于 B_0 点。当整个凸轮机构反转 φ 角后，从动件到达位置 2，B_0 点到达 B 点，$s = BB'$。从动件上 B 点的运动可以看作 B_0 点绕 O 点反转 φ 角，到达理论廓线基圆上的 B' 点。B' 点再沿导路移到 B 点。设偏距为 e，B_0 点的坐标为 $B_0(x_{B0}, y_{B0})$，B 点的坐标为 $B(x, y)$，B 点的复合运动可用下述的坐标旋转变换和平移变换来实现。

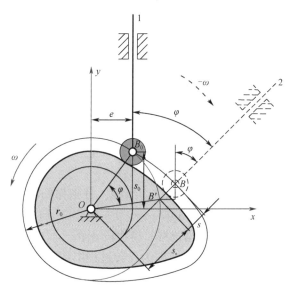

图 4.27 偏置直动滚子从动件盘形凸轮廓线的设计

$$\begin{bmatrix} x \\ y \end{bmatrix} = \begin{bmatrix} \cos\varphi & \sin\varphi \\ -\sin\varphi & \cos\varphi \end{bmatrix} \begin{bmatrix} x_{B0} \\ y_{B0} \end{bmatrix} + \begin{bmatrix} s_x \\ s_y \end{bmatrix} \tag{4.17}$$

式中，$\begin{cases} x_{B0} = e \\ y_{B0} = s_0 = \sqrt{r_0^2 - e^2} \end{cases}$；$\begin{cases} s_x = s\sin\varphi \\ s_y = s\cos\varphi \end{cases}$。

将其代入式（4.17）并整理，得

$$\begin{cases} x = (s + s_0)\sin\varphi + e\cos\varphi \\ y = (s + s_0)\cos\varphi - e\sin\varphi \end{cases} \tag{4.18}$$

式（4.18）是直动滚子从动件盘形凸轮的理论廓线方程。

凸轮的实际廓线是圆心位于理论廓线上的一系列滚子圆族的包络线，其方程为

$$\begin{cases} f(x_a, y_a, \varphi) = 0 \\ \dfrac{\partial f(x_a, y_a, \varphi)}{\partial \varphi} = 0 \end{cases} \tag{4.19}$$

滚子圆的方程为

$$f(x_a, y_a, \varphi) = (x_a - x)^2 + (y_a - y)^2 - r_r^2 = 0 \tag{4.20}$$

如图 4.28 所示，(x, y) 为理论廓线上的坐标；(x_a, y_a) 为滚子圆和实际廓线上的公共点坐标，也是滚子圆和实际廓线上的切点坐标。

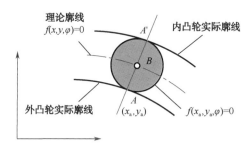

图 4.28　理论廓线与实际廓线的关系

$$\frac{\partial f(x_a, y_a, \varphi)}{\partial \varphi} = -2(x_a - x)\frac{dx}{d\varphi} - 2(y_a - y)\frac{dy}{d\varphi} = 0$$

$$(x_a - x)\frac{dx}{d\varphi} = -(y_a - y)\frac{dy}{d\varphi} \tag{4.21}$$

联立求解包络线方程式（4.20）和式（4.21），可得凸轮的实际廓线方程为

$$\begin{cases} x_a = x \pm r_r \dfrac{\dfrac{dy}{d\varphi}}{\sqrt{\left(\dfrac{dx}{d\varphi}\right)^2 + \left(\dfrac{dy}{d\varphi}\right)^2}} \\ \\ y_a = y \mp r_r \dfrac{\dfrac{dx}{d\varphi}}{\sqrt{\left(\dfrac{dx}{d\varphi}\right)^2 + \left(\dfrac{dy}{d\varphi}\right)^2}} \end{cases} \tag{4.22}$$

式中，$\dfrac{dx}{d\varphi}$、$\dfrac{dy}{d\varphi}$ 可由式（4.18）对 φ 求导得到。

如图 4.28 所示，滚子圆的包络线有两条，式（4.22）中，上面一组符号用于求解外凸轮的包络线方程；下面一组符号用于求解内凸轮的包络线方程。

4.4.2　直动平底从动件盘形凸轮廓线的设计

如图 4.29 所示，建立直角坐标系 $O\text{-}xy$，其原点位于凸轮的回转中心 O 点，直动平底从动件的初始位置在行程起始位置 1，平底切于行程起始点 B_0。当整个凸轮机构反转 φ 角后，从动件到达位置 2，凸轮与从动件平底的接触点 B_0 到达 B 点，$B'B''$ 为对应的位移 s。从动件上 B 点

的运动可以看作 B_0 点先绕 O 点反转 φ 角，到达基圆上的 B' 点；再由 B' 点沿导路方向移动位移 s 到达 B'' 点；然后 B'' 点再沿平底方向移到 B 点。设 B_0 点的坐标为 $B_0(x_{B0}, y_{B0})$，B 点的坐标为 $B(x, y)$，则 B 点的复合运动可用下述的坐标旋转变换和平移变换来实现。

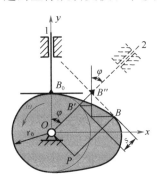

图 4.29　直动平底从动件盘形凸轮廓线的设计

$$\begin{bmatrix} x \\ y \end{bmatrix} = \begin{bmatrix} \cos\varphi & \sin\varphi \\ -\sin\varphi & \cos\varphi \end{bmatrix} \begin{bmatrix} x_{B0} \\ y_{B0} \end{bmatrix} + \begin{bmatrix} s_x \\ s_y \end{bmatrix} + \begin{bmatrix} OP\cos\varphi \\ -OP\sin\varphi \end{bmatrix} \tag{4.23}$$

式中，$\begin{cases} x_{B0}=0 \\ y_{B0}=r_0 \end{cases}$；$\begin{cases} s_x=s\sin\varphi \\ s_y=s\cos\varphi \end{cases}$；$OP=BB''=\dfrac{v}{\omega}=\dfrac{\mathrm{d}s}{\mathrm{d}\varphi}$。

将其代入式（4.23），得

$$\begin{bmatrix} x \\ y \end{bmatrix} = \begin{bmatrix} \cos\varphi & \sin\varphi \\ -\sin\varphi & \cos\varphi \end{bmatrix} \begin{bmatrix} 0 \\ r_0 \end{bmatrix} + \begin{bmatrix} s\sin\varphi \\ s\cos\varphi \end{bmatrix} + \begin{bmatrix} \dfrac{\mathrm{d}s}{\mathrm{d}\varphi}\cos\varphi \\ -\dfrac{\mathrm{d}s}{\mathrm{d}\varphi}\sin\varphi \end{bmatrix}$$

整理后得

$$\begin{cases} x=(r_0+s)\sin\varphi+\dfrac{\mathrm{d}s}{\mathrm{d}\varphi}\cos\varphi \\[3mm] y=(r_0+s)\cos\varphi-\dfrac{\mathrm{d}s}{\mathrm{d}\varphi}\sin\varphi \end{cases} \tag{4.24}$$

式（4.24）为直动平底从动件盘形凸轮的实际廓线方程。

4.4.3　摆动滚子从动件盘形凸轮廓线的设计

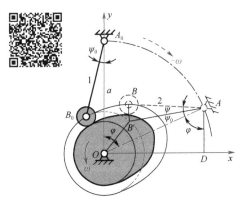

图 4.30　摆动滚子从动件盘形凸轮廓线的设计

如图 4.30 所示，建立直角坐标系 $O\text{-}xy$，其原点位于凸轮的回转中心 O 点。中心距为 a，摆杆 A_0B_0 的长度为 l。摆动滚子从动件的初始位置在行程起始位置 1 时的 A_0B_0。当整个凸轮机构反转 φ 角后，从动件到达位置 2 的 AB。凸轮与从动件的接触点 B_0 到达 B 点，$B'B$ 为对应的弧位移 s，对应从动件的摆角 ψ。从动件 AB 的运动可以看作 A_0B_0 绕 O 点反转 φ 角，到达 AB' 位置；AB' 再摆动 ψ 角到达 AB 位置。

设 B_0 点的坐标为 $B_0(x_{B0}, y_{B0})$，B 点的坐标为 $B(x, y)$，AB 的复合运动可用下述的坐标旋转和平移变换来实现。

$$\begin{bmatrix} x \\ y \end{bmatrix} = \begin{bmatrix} \cos(\varphi+\psi) & \sin(\varphi+\psi) \\ -\sin(\varphi+\psi) & \cos(\varphi+\psi) \end{bmatrix} \begin{bmatrix} x_{B0}-x_{A0} \\ y_{B0}-y_{A0} \end{bmatrix} + \begin{bmatrix} x_A \\ y_A \end{bmatrix} \quad (4.25)$$

式中，$\begin{cases} x_A = a\sin\varphi \\ y_A = a\cos\varphi \end{cases}$；$\begin{cases} x_{A0} = 0 \\ y_{A0} = a \end{cases}$；$\begin{cases} x_{B0} = -l\sin\psi_0 \\ y_{B0} = a - l\cos\psi_0 \end{cases}$。

ψ_0 为摆杆的初始位置角，其值为

$$\psi_0 = \arccos\left(\frac{a^2+l^2-r_0^2}{2al}\right)$$

将其代入式（4.25）并整理，可得凸轮的理论廓线方程为

$$\begin{cases} x = a\sin\varphi - l\sin(\varphi+\psi_0+\psi) \\ y = a\cos\varphi - l\cos(\varphi+\psi_0+\psi) \end{cases} \quad (4.26)$$

实际廓线方程同式（4.22），其中 $\dfrac{dx}{d\varphi}$ 和 $\dfrac{dy}{d\varphi}$ 可由式（4.26）对 φ 求导获得。

4.4.4 摆动平底从动件盘形凸轮廓线的设计

如图 4.31 所示，建立直角坐标系 $O\text{-}xy$，其原点位于凸轮的回转中心 O 点，中心距为 a，摆动平底从动件的初始位置在行程起始位置 1 时为 A_0B_0。B_0 点为平底从动件与凸轮的切点。当整个凸轮机构反转 φ 角后，从动件到达位置 2 的 AB。B 点为平底从动件与凸轮在位置 2 的切点。凸轮与从动件 2 的接触点 B_0 到达 B 点，从动件的摆角为 $\psi = \angle B_0'AB$。从动件 AB 的运动可以看作 A_0B_0 先绕 A_0 点反转 $(\varphi+\psi)$ 角，到达 A_0B' 位置；然后 A_0B' 再平移到达 AB'' 位置；B'' 点再沿平底移到 B 点。

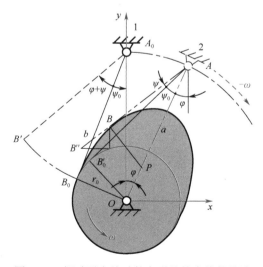

图 4.31 摆动平底从动件盘形凸轮廓线的设计

设 B_0 点的坐标为 $B_0(x_{B0}, y_{B0})$，B 点的坐标为 $B(x, y)$，BB'' 的长度为 b，则可用下述的坐标旋转变换和平移变换求得 B 点的坐标为

$$\begin{bmatrix} x \\ y \end{bmatrix} = \begin{bmatrix} \cos\ (\varphi+\psi) & \sin\ (\varphi+\psi) \\ -\sin\ (\varphi+\psi) & \cos\ (\varphi+\psi) \end{bmatrix} \begin{bmatrix} x_{B0}-x_{A0} \\ y_{B0}-y_{A0} \end{bmatrix} + \begin{bmatrix} x_A \\ y_A \end{bmatrix} + \begin{bmatrix} b\sin\ (\varphi+\psi_0+\psi) \\ b\cos\ (\varphi+\psi_0+\psi) \end{bmatrix} \tag{4.27}$$

式中，$\begin{cases} x_A = a\sin\varphi \\ y_A = a\cos\varphi \end{cases}$；$\begin{cases} x_{A0} = 0 \\ y_{A0} = a \end{cases}$；$\begin{cases} x_{B0} = -a\sin\psi_0\cos\psi_0 \\ y_{B0} = a\sin^2\psi_0 \end{cases}$。

ψ_0 为摆杆的初始位置角，其值为

$$\psi_0 = \arcsin\left(\frac{r_0}{a}\right)$$

从动件位于 AB 位置时，瞬心在 P 点，由三心定理可求出 AP 和 OP，进而求出 AB。

$$AP = \frac{a}{1+\dfrac{\mathrm{d}\psi}{\mathrm{d}\varphi}}$$

$$AB = AP\cos\ (\psi_0+\psi) = \frac{a\cos\ (\psi_0+\psi)}{1+\dfrac{\mathrm{d}\psi}{\mathrm{d}\varphi}}$$

$$b = AB''-AB = AB_0'-AB = a\cos\psi_0 - \frac{a\cos\ (\psi_0+\psi)}{1+\dfrac{\mathrm{d}\psi}{\mathrm{d}\varphi}} \tag{4.28}$$

将式（4.28）代入式（4.27）并整理，可得凸轮的实际廓线方程为

$$\begin{cases} x = a\sin\varphi - (l-b)\sin\ (\varphi+\psi_0+\psi) \\ y = a\cos\varphi - (l-b)\cos\ (\varphi+\psi_0+\psi) \end{cases} \tag{4.29}$$

式中，$l = A_0B_0 = AB_0' = AB'' = a\cos\psi_0$。

4.4.5 刀具中心轨迹的坐标计算

凸轮可以在数控铣床、磨床或线切割机床上进行加工。加工凸轮时，通常需要给出刀具中心的运动轨迹。对于滚子从动件盘形凸轮，应尽量采用直径和滚子直径相同的刀具。这时刀具中心轨迹与凸轮理论廓线重合，理论廓线的方程即为刀具中心轨迹的方程。如果在机床上采用直径大于滚子直径的铣刀或砂轮来加工凸轮廓线，或在线切割机床上采用钼丝（直径远小于滚子直径）来加工凸轮廓线，刀具中心将不在理论廓线上，这时就需要给出刀具中心轨迹的坐标值，以供加工时使用。刀具中心轨迹如图 4.32 所示。

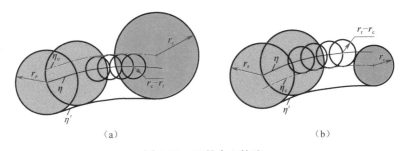

（a）　　　　　　　　　　　　　　（b）

图 4.32　刀具中心轨迹

由图 4.32（a）可以看出，当刀具半径 r_c 大于滚子半径 r_r 时，刀具中心的运动轨迹 η_c 为凸轮理论廓线 η 的等距曲线。它相当于以 η 上各点为圆心，以 (r_c-r_r) 为半径所作一系列滚子圆

的外包络线。由图 4.32 （b） 可以看出，当刀具半径 r_c 小于滚子半径 r_r 时，刀具中心的运动轨迹 η_c 相当于以理论廓线 η 上各点为圆心，以 (r_r-r_c) 为半径所作一系列滚子圆的内包络线。因此，只要用 $|r_c-r_r|$ 代替 r_r，便可由式 （4.22） 得到刀具中心轨迹方程：

$$
\begin{cases}
x_c = x \pm |r_c - r_r| \dfrac{\dfrac{\mathrm{d}y}{\mathrm{d}\varphi}}{\sqrt{\left(\dfrac{\mathrm{d}x}{\mathrm{d}\varphi}\right)^2 + \left(\dfrac{\mathrm{d}y}{\mathrm{d}\varphi}\right)^2}} \\[4mm]
y_c = y \mp |r_c - r_r| \dfrac{\dfrac{\mathrm{d}x}{\mathrm{d}\varphi}}{\sqrt{\left(\dfrac{\mathrm{d}x}{\mathrm{d}\varphi}\right)^2 + \left(\dfrac{\mathrm{d}y}{\mathrm{d}\varphi}\right)^2}}
\end{cases}
\tag{4.30}
$$

当 $r_c > r_r$ 时，取下面一组符号；当 $r_c < r_r$ 时，取上面一组符号。

§4.5　凸轮机构的压力角及基本尺寸的设计

4.5.1　凸轮机构的压力角

凸轮机构的压力角是指从动件在高副接触点所受的法向压力 $\boldsymbol{F}$ 与从动件在该点的线速度 $\boldsymbol{v}$ 方向所夹的锐角 α。

1. 直动从动件凸轮机构的压力角

1） 直动滚子从动件盘形凸轮机构的压力角

由图 4.33 可以看出，凸轮对从动件的作用力 $\boldsymbol{F}$ 可以分解成两个分力，即沿从动件运动方向的分力 $\boldsymbol{F}'$ 和垂直于运动方向的分力 $\boldsymbol{F}''$。只有前者才是推动从动件克服载荷的有效分力，而后者将增大从动件与导路间的滑动摩擦，它是一种有害分力。压力角 α 越大，有害分力越大；当压力角 α 增大到某一数值时，有害分力所引起的摩擦阻力将大于有效分力 $\boldsymbol{F}'$，这时无论凸轮给从动件的作用力有多大，都不能推动从动件运动，即机构发生自锁。因此，为减小推力 $\boldsymbol{F}$，避免自锁，使机构具有良好的受力状况，压力角 α 应越小越好。

图 4.33 中，过凸轮与从动件的接触点 B 作理论廓线的法线 n—n，该法线与过凸轮轴心 O 所作从动件导路的垂线交于 P 点。由瞬心定义可知，该点即为凸轮与从动件在此位置时的瞬

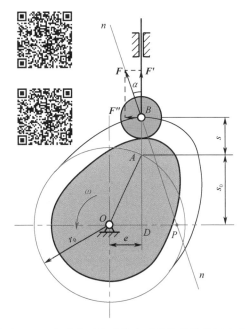

图 4.33　直动滚子从动件盘形凸轮机构的压力角

心，且 $OP=\dfrac{v}{\omega}=\dfrac{\mathrm{d}s}{\mathrm{d}\varphi}$，于是由图中 $\triangle BDP$ 可得

$$\tan\alpha=\frac{\left|\dfrac{\mathrm{d}s}{\mathrm{d}\varphi}-e\right|}{s+s_0}=\frac{\left|\dfrac{\mathrm{d}s}{\mathrm{d}\varphi}-e\right|}{s+\sqrt{r_0^2-e^2}}\qquad(4.31)$$

式中，$\dfrac{\mathrm{d}s}{\mathrm{d}\varphi}$ 为位移曲线的斜率，推程时为正，回程时为负。

式 (4.31) 是在凸轮逆时针方向转动、从动件偏于凸轮轴心右侧的情况下直动滚子从动件盘形凸轮机构的压力角的计算公式。当凸轮顺时针方向转动、从动件偏于凸轮轴心左侧时，可推导出与式 (4.31) 完全相同的计算公式；而当凸轮逆时针方向转动、从动件偏于轴心左侧或凸轮顺时针方向转动、从动件偏于轴心右侧时，仿照上述推导过程，可得压力角的计算公式为

$$\tan\alpha=\frac{\left|\dfrac{\mathrm{d}s}{\mathrm{d}\varphi}+e\right|}{s+\sqrt{r_0^2-e^2}}\qquad(4.32)$$

综合以上两式，可以得出

$$r_0=\sqrt{\left(\frac{\left|\dfrac{\mathrm{d}s}{\mathrm{d}\varphi}\mp e\right|}{\tan\alpha}-s\right)^2+e^2}\qquad(4.33)$$

由式 (4.33) 可以看出，在其他条件不变的情况下，压力角 α 越大，基圆半径越小，也即凸轮的尺寸越小。因此，为使机构的结构紧凑，压力角 α 应越大越好。

2）直动平底从动件盘形凸轮机构的压力角

由压力角的定义可知，图 4.34（a）所示的直动平底从动件盘形凸轮机构的压力角为：$\alpha=90°-\gamma$。图 4.34（b）所示的直动平底从动件凸轮机构的压力角为：$\alpha=0°$。

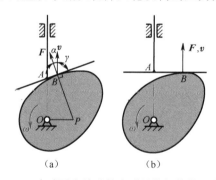

图 4.34　直动平底从动件盘形凸轮机构的压力角

由于平底从动件凸轮机构的压力角为常数，并且机构的受力方向不变，因而采用平底从动件的凸轮机构运转平稳性较好。

例 4.1　图 4.35 所示滚子直动从动件盘形凸轮机构中的凸轮为偏心圆盘，圆心为 O'，半径 $R=30\text{mm}$，偏心距 $l_{OO'}=10\text{mm}$，偏距 $e=10\text{mm}$，滚子半径 $r_\mathrm{r}=10\text{mm}$。试求：（1）凸轮的基圆半径 r_0 和从动件的行程 h；（2）凸轮机构的最大压力角 $\alpha_{\max}$ 及其发生的位置。

解：（1）凸轮的基圆半径 r_0 指理论廓线上的最小向径，即

$$r_0=R+r_\mathrm{r}-l_{OO'}=30\text{mm}$$

凸轮机构从动件的行程 h 指从动件的最大运动距离，如图 4.36（a）所示。

$$h = l_{DB'} - l_{DE} = 20(\sqrt{6} - \sqrt{2})\,\text{mm}$$

（2）如图 4.36（b）所示，最大压力角 $\alpha_{\max}$ 的位置发生在 O' 点在 O 点左侧，且 $O'O$ 与从动件导路垂直的位置。

$$\alpha_{\max} = 90° - \arccos \frac{l_{O'D}}{l_{O'B}} = 30°$$

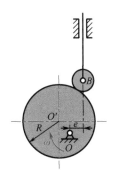
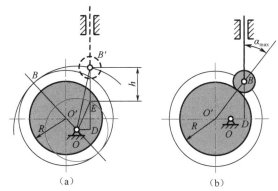

图 4.35　例 4.1 图　　　　　　　图 4.36　例 4.1 图解

2. 摆动从动件凸轮机构的压力角

1）摆动滚子从动件盘形凸轮机构的压力角

图 4.37 所示为摆动滚子从动件盘形凸轮机构的压力角示意图。摆杆长 $AB = l$，摆杆与凸轮的中心距 $AO = a$。

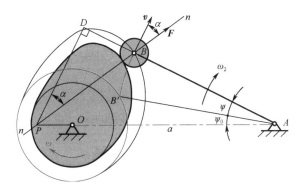

图 4.37　摆动滚子从动件盘形凸轮机构的压力角

过瞬心 P 作摆杆 AB 的垂直线，交 AB 延长线于 D 点，则有

$$\tan \alpha = \frac{BD}{PD} = \frac{AP\cos(\psi_0 + \psi) - l}{AP\sin(\psi_0 + \psi)} \tag{4.34}$$

P 点为瞬心，根据瞬心的性质有

$$\omega_1 OP = \omega_2 AP$$

即

$$\frac{\omega_2}{\omega_1} = \frac{OP}{AP} = \frac{\mathrm{d}\psi/\mathrm{d}t}{\mathrm{d}\varphi/\mathrm{d}t} = \frac{\mathrm{d}\psi}{\mathrm{d}\varphi} = \frac{OP}{OP + a}$$

式中，$OP = \dfrac{\dfrac{\mathrm{d}\psi}{\mathrm{d}\varphi}a}{1-\dfrac{\mathrm{d}\psi}{\mathrm{d}\varphi}}$；$AP = OP + a = \dfrac{a}{1-\dfrac{\mathrm{d}\psi}{\mathrm{d}\varphi}}$。

将上式代入式（4.34），得

$$\tan\alpha = \frac{a\cos(\psi_0+\psi) - l\left(1-\dfrac{\mathrm{d}\psi}{\mathrm{d}\varphi}\right)}{a\sin(\psi_0+\psi)} \tag{4.35}$$

式（4.35）是按照 ω_1 和 ω_2 转向相同时推出的，若 ω_1 和 ω_2 转向相反，则压力角按下式求出：

$$\tan\alpha = \frac{a\cos(\psi_0+\psi) - l\left(1+\dfrac{\mathrm{d}\psi}{\mathrm{d}\varphi}\right)}{a\sin(\psi_0+\psi)}$$

影响摆动滚子从动件盘形凸轮机构的压力角的因素很多，设计时应加以注意。

2）摆动平底从动件盘形凸轮机构的压力角

对于图 4.38 所示的摆动平底从动件盘形凸轮机构，接触点 B 处的速度方向垂直于 AB，B 点的受力方向垂直于平底。压力角 α 可通过下式计算：

$$\sin\alpha = \frac{e}{AB}$$

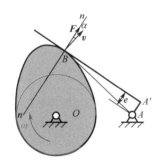

图 4.38　摆动平底从动件盘形
凸轮机构的压力角

式中，AB 的求法见式（4.28）。若摆杆的偏距 $e=0$，则其压力角为 0°。

3. 许用压力角与基圆半径的选择原则

在一般情况下，人们总希望所设计的凸轮机构既有较好的传力特性，又有较紧凑的结构。但由以上分析可知，这两者是相互制约的。因此，在设计凸轮机构时，应兼顾两者，统筹考虑。为了使凸轮机构能够顺利工作，规定了压力角的许用值，如表 4.2 所示。设计时应保证凸轮机构的最大压力角小于等于许用压力角，即 $\alpha_{\max} \leqslant [\alpha]$。

表 4.2　凸轮机构的许用压力角

封闭形式	从动件的运动方式	推　程	回　程
力封闭型	直动从动件	$[\alpha] = 25° \sim 35°$	$[\alpha'] = 70° \sim 80°$
	摆动从动件	$[\alpha] = 35° \sim 45°$	$[\alpha'] = 70° \sim 80°$
形封闭型	直动从动件	$[\alpha] = 25° \sim 35°$	$[\alpha'] = [\alpha]$
	摆动从动件	$[\alpha] = 35° \sim 45°$	$[\alpha'] = [\alpha]$

4.5.2　凸轮机构基本尺寸的设计

1. 基圆半径的设计

1）直动滚子从动件

对于直动滚子从动件盘形凸轮机构，可根据式（4.33）求出凸轮的基圆半径。

$$r_0 = \sqrt{\left(\frac{\left|\dfrac{\mathrm{d}s}{\mathrm{d}\varphi} \mp e\right|}{\tan \alpha} - s\right)^2 + e^2}$$

该式说明：在其他条件不变的情况下，压力角 α 越大，基圆半径越小，凸轮的尺寸越小，凸轮机构的结构越紧凑。当 $\alpha = [\alpha]$ 时，选取有利于减小压力角的偏距，可求出最小基圆半径 $r_{0\min}$。

$$r_{0\min} = \sqrt{\left(\frac{\dfrac{\mathrm{d}s}{\mathrm{d}\varphi} - e}{\tan[\alpha]} - s\right)^2 + e^2} \tag{4.36}$$

基圆半径的设计原则是：在 $\alpha_{\max} \leqslant [\alpha]$ 的前提下，选取尽可能小的基圆半径 r_0。

2）直动平底从动件

对于图 4.34 所示的直动平底从动件盘形凸轮机构，其压力角恒等于常数。因此，平底从动件盘形凸轮机构的基圆半径 r_0 不能按许用压力角 $[\alpha]$ 确定，而应按从动件运动不失真，即按凸轮廓线全部外凸的条件设计凸轮的基圆半径。也就是说，凸轮廓线上各点的曲率半径 $\rho > 0$。

由高等数学可知，曲率半径的计算公式为

$$\rho = \frac{(1 + y'^2)^{\frac{3}{2}}}{y''} \tag{4.37}$$

式中，

$$y' = \frac{\mathrm{d}y}{\mathrm{d}x} = \frac{\dfrac{\mathrm{d}y}{\mathrm{d}\varphi}}{\dfrac{\mathrm{d}x}{\mathrm{d}\varphi}} \tag{4.38}$$

将式（4.38）代入式（4.37）并整理，得

$$\rho = \frac{\left[\left(\dfrac{\mathrm{d}x}{\mathrm{d}\varphi}\right)^2 + \left(\dfrac{\mathrm{d}y}{\mathrm{d}\varphi}\right)^2\right]^{\frac{3}{2}}}{\dfrac{\mathrm{d}x}{\mathrm{d}\varphi} \cdot \dfrac{\mathrm{d}^2 y}{\mathrm{d}\varphi^2} - \dfrac{\mathrm{d}y}{\mathrm{d}\varphi} \cdot \dfrac{\mathrm{d}^2 x}{\mathrm{d}\varphi^2}} \tag{4.39}$$

下面推导曲率半径 ρ 与基圆半径 r_0 的关系。如图 4.39 所示，设凸轮廓线与从动件的平底在点 B 处相切，凸轮廓线在 B 点的曲率中心为 A，曲率半径为 $\rho = l_{AB}$。用高副低代法可作出该位置的低副瞬时代替机构 $OABC$。该机构的从动件加速度为

$$\boldsymbol{a}_2 = \boldsymbol{a}_{B2} = \boldsymbol{a}_{B3} + \boldsymbol{a}_{B2B3} = \boldsymbol{a}_A + \boldsymbol{a}_{B2B3}$$

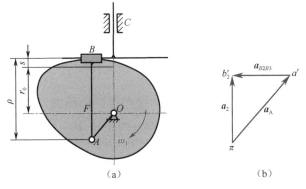

(a)　　　　　　　　(b)

图 4.39 直动平底从动件凸轮基圆半径的设计

凸轮匀速转动时，$\boldsymbol{a}_A = \boldsymbol{a}_A^n$。作加速度多边形，如图 4.39（b）所示，因 $\triangle \pi a' b_2' \backsim \triangle AOF$，所以

$$\frac{l_{AF}}{l_{AO}} = \frac{\overline{\pi b_2'}}{\overline{\pi a'}} = \frac{|\boldsymbol{a}_2|}{|\boldsymbol{a}_A|} = \frac{\dfrac{\mathrm{d}^2 s}{\mathrm{d}t^2}}{l_{AO}\omega^2} = \frac{\dfrac{\mathrm{d}^2 s}{\mathrm{d}\varphi^2}}{l_{AO}}$$

即

$$l_{AF} = \frac{\mathrm{d}^2 s}{\mathrm{d}\varphi^2}$$

故曲率半径

$$\rho = l_{AB} = \frac{\mathrm{d}^2 s}{\mathrm{d}\varphi^2} + r_0 + s \qquad (4.40)$$

只要保证 $\rho > 0$，即可获得外凸轮廓曲线。但曲率半径太小时，容易磨损，故通常设计时规定一最小曲率半径 $\rho_{\min}$，使轮廓曲线各处满足 $\rho \geqslant \rho_{\min}$。因此式（4.40）可表示为

$$\rho = \frac{\mathrm{d}^2 s}{\mathrm{d}\varphi^2} + r_0 + s \geqslant \rho_{\min}$$

当运动规律选定之后，每个位置的 s 和 $\dfrac{\mathrm{d}^2 s}{\mathrm{d}\varphi^2}$ 均为已知，总可以求出 $\left(\dfrac{\mathrm{d}^2 s}{\mathrm{d}\varphi^2} + s\right)_{\min}$。显然，取基圆半径为

$$r_0 \geqslant \rho_{\min} - \left(\frac{\mathrm{d}^2 s}{\mathrm{d}\varphi^2} + s\right)_{\min} \qquad (4.41)$$

可保证所有位置都满足 $\rho \geqslant \rho_{\min}$ 的条件。

因 r_0 和 s 恒为正值，由式（4.40）可以看出：只有当 $\dfrac{\mathrm{d}^2 s}{\mathrm{d}\varphi^2}$ 为负值且 $\left|\dfrac{\mathrm{d}^2 s}{\mathrm{d}\varphi^2}\right| > r_0 + s$ 时，才出现轮廓曲线内凹的情形。

2. 滚子半径的设计

对于滚子从动件盘形凸轮机构，其凸轮的实际廓线是以理论廓线上各点为圆心作一系列滚子圆，然后作该圆族的包络线得到的。因此，凸轮实际廓线的形状必然与滚子的大小有关。在设计滚子尺寸时，必须保证滚子同时满足强度和运动特性两方面的要求。

（1）从强度要求考虑，滚子半径应满足条件：$r_r \geqslant (0.1 \sim 0.5) r_0$。

（2）从运动特性要求考虑，不能发生运动的失真现象。

前面已讨论过凸轮的实际廓线是一系列滚子圆的包络线，也就是说，凸轮的实际廓线形状与滚子半径有关。图 4.40（a）所示为滚子半径过大，导致内凹凸轮运动失真的现象。避免失真的改进方法是减小滚子的半径，使其小于或等于内凹凸轮廓线的最小曲率半径，如图 4.40（b）所示。

图 4.41 所示为四种滚子半径与凸轮理论廓线和实际廓线之间的关系。对于图 4.41（a）所示的内凹廓线中滚子圆族的包络情况，由于 $\rho_a = \rho + r_r$，不会出现运动失真问题。

由图 4.41（b）可知，当理论廓线外凸时，实际廓线上的曲率半径 ρ_a、理论廓线上的曲率半径 ρ 和滚子半径 r_r 之间存在如下关系：

$$\rho_a = \rho - r_r$$

可分为以下三种情况。

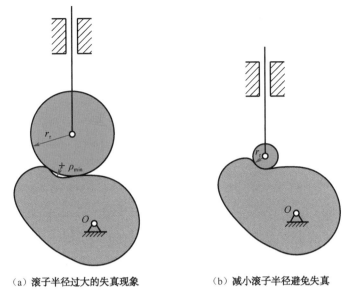

（a）滚子半径过大的失真现象　　　（b）减小滚子半径避免失真

图 4.40　滚子半径与凸轮廓线的关系

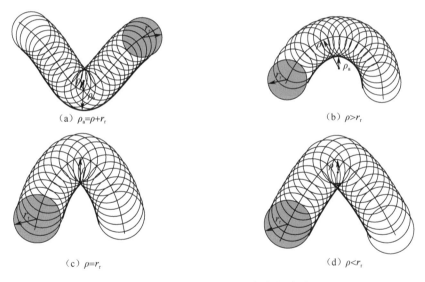

（a）$\rho_a = \rho + r_r$　　　　　　　　　　　（b）$\rho > r_r$

（c）$\rho = r_r$　　　　　　　　　　　（d）$\rho < r_r$

图 4.41　滚子半径与凸轮廓线的关系

（1）当 $\rho > r_r$ 时，$\rho_a > 0$，如图 4.41（b）所示，这时，可以得出正常的实际廓线。

（2）当 $\rho = r_r$ 时，$\rho_a = 0$，如图 4.41（c）所示，这时，实际廓线上出现尖点，轮廓极易磨损，不能使用。

（3）当 $\rho < r_r$ 时，$\rho_a < 0$，如图 4.41（d）所示，这时，实际廓线已经相交，交点以外的轮廓将被切掉，导致运动发生失真。

为避免发生这种失真现象，设计时要对滚子半径加以限制。滚子半径必须小于理论廓线外凸部分的最小曲率半径 ρ_{min}。工程上建议取

$$r_r \leqslant 0.8\rho_{min}$$

3. 直动从动件偏置方向的设计

直动从动件的偏置方向可按减小压力角的原则选择，偏置的距离可按下式计算：

$$\tan \alpha = \frac{\dfrac{\mathrm{d}s}{\mathrm{d}\varphi}-e}{\sqrt{r_0^2-e^2}+s} = \frac{\dfrac{v}{\omega}-e}{s_0+s} = \frac{v-e\omega}{(s_0+s)\omega} \tag{4.42}$$

一般情况下，从动件运动速度的最大值发生在凸轮机构压力角最大值的位置处，则式 (4.42) 可改写为

$$\tan \alpha_{max} = \frac{v_{max}-e\omega}{(s_0+s)\omega}$$

由于压力角为锐角，故有 $v_{max}-e\omega \geqslant 0$。

增大偏距，有利于减小机构的压力角，但偏距的增大也有限度，其最大值应满足下式：

$$e_{max} \leqslant \frac{v_{max}}{\omega}$$

4. 平底从动件平底长度的设计

对于平底从动件，应保证从动件的平底在任意时刻均与凸轮接触，因此应有一定的长度 l。由图 4.42 可知，平底的长度为

$$l = 2OP_{max}+\Delta l = 2\left(\frac{\mathrm{d}s}{\mathrm{d}\varphi}\right)_{max}+\Delta l$$

式中，Δl 为考虑到留有一定余量的附加长度，一般取 $\Delta l = 5\sim 7\mathrm{mm}$。

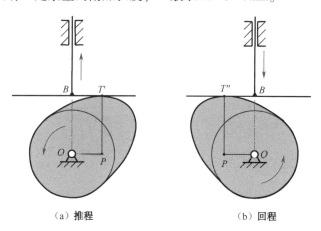

（a）推程   （b）回程

图 4.42   平底从动件平底长度的设计

综上所述，凸轮机构的尺寸与参数设计或选择有时是相互制约的，为减小凸轮机构的压力角，基圆半径就会增大，导致机构的尺寸和质量增大。设计时应进行整体优化，使其综合性能指标满足设计要求。

小故事：瓦特设计的凸轮机构

詹姆斯·瓦特（James Watt, 1736—1819），英国发明家，第一次工业革命的重要人物。1776 年瓦特制造出第一台有实用价值的蒸汽机。以后又经过一系列重大改进，使蒸汽机在工业上得到了广泛应用。瓦特开辟了人类利用能源的新时代，使人类进入"蒸汽时代"。后人为

了纪念这位伟大的发明家，把功率的单位定为"瓦特"（简称"瓦"，符号为 W）。

当瓦特设计蒸汽机时，他需要一个直线运动来带动阀门。从表面看这是一个很简单的问题，在今天用一个导轨便可以了。但以当时的加工设备和润滑技术，还不能制造出导轨，而须用连杆。瓦特想不出这样一种连杆，便要求格拉斯哥大学的数学家们帮忙，结果数学家们也想不出。后来事情传开了，竟发现全世界的数学家都解决不了这个问题。瓦特只得用了一个近似的直线机构。直到瓦特去世后几十年，这个问题才由一位法国数学家解决了。这件事说明了在机器上对传动机构要求之高和问题解决之难。只要机器还在使用，传动机构也必然要继续发展。

在已有文献基础上对传动机构进行改进或进一步研发是非常必要的，但在机械化的工业革命时代，由于公司之间的竞争，很容易引起版权纠纷。瓦特为了避免专利权纠纷设计了两种不同的带有凸轮关节的传动机构方案。第一种是具有棒带组合的"斜轮"机构，如插图 4.1（a）所示，这个机构作为直线驱动机构通过摩擦辊来带动斜轮旋转。这个方案依赖斜轮的飞轮效应来保证恒定的角速度，瓦特不能以令人满意的方式做到这一点，因而他放弃了这个方案。第二种机构是带有三个圆盘的"偏心轮"机构，其工作起来就像滚子从动件凸轮机构，在运动上类似于旋转关节的两个元件的扩展，如插图 4.1（b）所示。

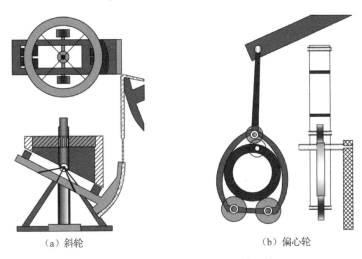

（a）斜轮　　　　　　　　　　　　　（b）偏心轮

插图 4.1　瓦特设计的两种凸轮机构

§4.6　拓展阅读：Computer-aided Design of Cam Mechanism

With the wide application of computer, the method of computer-aided design has been increasingly common in the design of cam mechanism. Not only can it greatly reduce design work, highly improve the design speed, but also can greatly improve the design precision of cam profile and further better satisfy the design requirements.

In this section, the process of the computer-aided design of cam mechanism will be illustrated by a specific design example.

Example 4.2

Design a disk cam mechanism with translating roller follower used in a mechanical device. The follower motions are:

The follower rises 50mm when the cam rotates clockwise 180°;

The follower dwells when the cam continues to rotate 90°;

The follower returns when the cam continues to rotate the remaining 90°.

The cam rotates about its center with an angular velocity of $\omega = 10\text{rad/s}$ clockwise. The work requires the mechanism neither rigid impulse nor flexible impulse.

Solution:

(1) Select the type of cam mechanism according to the applications and work requirements. In this example, it requires the follower accomplish reciprocating movement, so we can choose a disk cam mechanism with in-line translating roller follower.

(2) Select the motion law of follower according to work requirements. In order to ensure the mechanism neither rigid impulse nor flexible impulse, the cycloidal motion law and the fifth-power polynomial motion law can be selected. In this example, we use the cycloidal motion law in the rise travel and return travel. The follower motions are:

Rise the follower with the cycloidal motion for 180°;

Lower the follower with the cycloid motion for 90°;

Dwell for 90° at the highest position of follower;

Dwell for 0° at the lowest position of follower;

(3) Select the radius of the roller r_r, according to the structure and strength of the roller. In this example, select $r_r = 8\text{mm}$.

(4) Preliminarily select the radius r_0 of base circle of the cam, according to the structure space of the cam mechanism. In this example, preliminarily select $r_0 = 25\text{mm}$.

(5) Carry out computer-aided design of the cam mechanism. In order to ensure the cam has good stress condition, select the allowable pressure angle of the rise travel $[\alpha] = 38°$, the allowable pressure angle of the return travel $[\alpha'] = 70°$. In the design process, $\alpha_{\text{rise}} \leqslant [\alpha] = 38°$ and $\alpha_{\text{return}} \leqslant [\alpha'] = 70°$ should be satisfied; In order to ensure the mechanism does not produce movement distortion and avoid stress concentration on the cam profile, take the allowable curvature radius $[\rho_a] = 3\text{mm}$. The curvature radius of the convex part of the pitch curve should satisfy the following equation

$$\rho \geqslant [\rho_a] + r_r = 3 + 8 = 11\text{mm}$$

According to the above ideas and the relative calculation equations, the computer-aided design program diagram of the cam mechanism can be designed, as shown in Fig. 4.43.

According to the program diagram shown in Fig. 4.43, a computer program is made. The calculating results are shown in Table 4.3.

From Table 4.3, the maximum pressure angle of the rise travel of the cam mechanism appears in $\varphi = 70°$, its value is $\alpha_{\text{max}} = 35.6°$ which satisfies the design requirement $\alpha \leqslant [\alpha] = 38°$; the maximum pressure angle of the return travel of the cam mechanism appears in $\varphi = 320°$, its value is $\alpha'_{\text{max}} = 54.2°$ which satisfies the design requirement $\alpha' \leqslant [\alpha'] = 70°$; the minimum curvature radius of the cam pitch curve appears in $\varphi = 350°$, its value is $\rho = -14.1\text{mm}$. The negative value of ρ shows the cam profile at

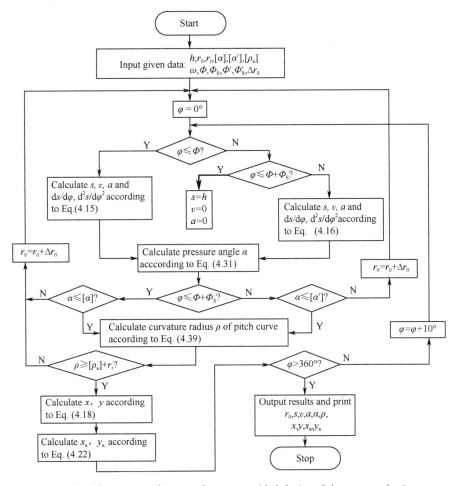

Fig. 4.43 The program diagram of computer-aided design of the cam mechanism

Table 4.3 The calculating results of example 4.6.1

$\varphi/(°)$	s/mm	$v/mm \cdot s^{-1}$	$a/mm \cdot s^{-2}$	$\alpha/(°)$	ρ/mm	x/mm	y/mm	x_a/mm	y_a/mm
0.00	0.00	0.00	0.00	0.00	25.0	0.00	25.0	0.00	17.0
10.0	0.0561	9.598	1089.0	2.19	44.2	4.36	24.7	3.26	16.7
20.0	0.440	37.24	2046.0	8.33	110	8.69	23.9	7.08	16.1
30.0	1.44	79.58	2757.0	16.8	217	13.2	22.9	11.4	15.1
40.0	3.27	131.5	3135.0	25.0	117	18.2	21.7	16.1	13.9
50.0	6.05	186.8	3135.0	31.0	69.1	23.8	19.9	21.2	12.4
60.0	9.78	238.7	2757.0	34.5	54.0	30.1	17.4	26.7	10.2
70.0	14.3	281.1	2046.0	35.6	48.6	36.9	13.4	32.4	6.85
80.0	19.5	308.7	1089.0	34.8	46.7	43.8	7.73	38.1	2.10
90.0	25.0	318.3	0.0000	32.5	46.0	50.0	0.00	43.3	−4.30
100	30.5	308.7	−1089.0	29.1	45.8	54.7	−9.64	47.1	−12.3
110	35.7	281.1	−2046.0	24.9	46.0	57.0	−20.8	49.0	−21.4
120	40.2	238.7	−2757.0	20.1	46.6	56.5	−32.6	48.6	−31.2
130	43.9	186.8	−3135.0	15.2	47.9	52.8	−44.3	45.6	−41.0

$\varphi/(°)$	s/mm	$v/\text{mm}\cdot\text{s}^{-1}$	$a/\text{mm}\cdot\text{s}^{-2}$	$\alpha/(°)$	ρ/mm	x/mm	y/mm	x_a/mm	y_a/mm
140	46.7	131.5	−3135.0	10.4	50.0	46.1	−54.9	39.9	−49.8
150	48.6	79.58	−2757.0	6.18	53.5	36.8	−63.7	32.1	−57.2
160	49.6	37.24	−2046.0	2.86	58.5	25.5	−70.1	22.4	−62.7
170	49.9	9.598	−1089.0	0.734	65.4	13.0	−73.8	11.5	−65.9
180	50.0	0.00	−0.00	0.00	75.0	0.00	−75.0	0.00	−67.0
190	50.0	0.00	−0.00	0.00	75.0	−13.0	−73.9	−11.6	−66.0
200	50.0	0.00	−0.00	0.00	75.0	−25.7	−70.5	−22.9	−63.0
210	50.0	0.00	−0.00	0.00	75.0	−37.5	−65.0	−33.5	−58.0
220	50.0	0.00	−0.00	0.00	75.0	−48.2	−57.5	−43.1	−51.3
230	50.0	0.00	−0.00	0.00	75.0	−57.5	−48.2	−51.3	−43.1
240	50.0	0.00	−0.00	0.00	75.0	−65.0	−37.5	−58.0	−33.5
250	50.0	0.00	−0.00	0.00	75.0	−70.5	−25.7	−63.0	−22.9
260	50.0	0.00	−0.00	0.00	75.0	−73.9	−13.0	−66.0	−11.6
270	50.0	0.00	−0.00	0.00	75.0	−75.0	0.00	−67.0	−0.00
280	49.6	−74.47	−8184.0	5.71	35.7	−73.5	13.0	−65.7	10.8
290	46.7	−263.0	−12539	20.0	28.7	−67.4	24.5	−61.3	19.4
300	40.2	−477.5	−11027	36.2	33.0	−56.5	32.6	−53.3	25.3
310	30.5	−617.4	−4355.0	48.1	43.6	−42.5	35.7	−42.2	27.7
320	19.5	−617.4	4355.0	54.2	57.5	−28.6	34.1	−30.6	26.3
330	9.87	−477.5	11027	53.9	107	−17.4	30.1	−20.6	22.8
340	3.27	−263.0	12539	42.9	−42.3	−9.68	26.6	−12.8	19.2
350	0.440	−74.47	8184.0	16.3	−14.1	−4.41	25.0	−5.30	17.1
360	0.00	−0.00	0.00	0.00	25.0	0.00	25.0	−0.00	17.0

this place is concave. Thus, it won't produce excessive cutting; in all the convex part, the minimum curvature radius $\rho_{\min}=25\text{mm}>11\text{mm}$. All position can meet the design requirement $\rho_a>[\rho_a]=3\text{mm}$. It will not produce stress concentration and movement distortion.

In Table 4.3, the results are calculated through every 10° give a φ value. In the actual design, in order to improve the design precision of the cam profile, usually, every 1° or 2° give a φ value to calculate.

Another advantage of computer-aided design of cam mechanism is that it can quickly and conveniently print out the chart of the follower displacement, velocity and acceleration, and accurately draw the cam profile. In this example, the pitch curve and profile of the cam can be drawn by a computer, as shown in Fig. 4.44.

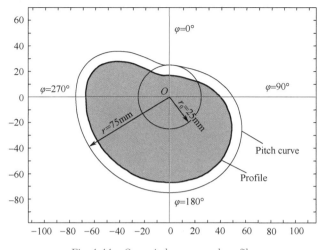

Fig. 4.44 Cam pitch curve and profile

习　　题

4.1　已知题图 4.1 所示凸轮机构中凸轮的理论廓线，试在图上画出它们的实际廓线。

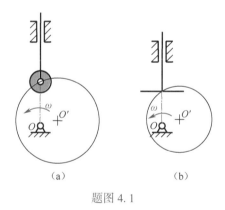

题图 4.1

4.2　画出题图 4.2 所示凸轮机构中凸轮的基圆；在图上标出凸轮由图示位置转过 60° 角时从动件的位移及凸轮机构的压力角。

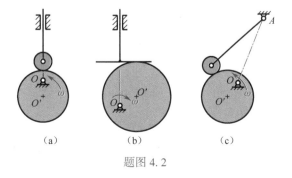

题图 4.2

4.3　如题图 4.3 所示，已知凸轮的实际廓线，试求：（1）在图上标出滚子与凸轮由接触

点 D_1 到接触点 D_2 的运动过程中，对应凸轮转过的角度；（2）在图上标出滚子与凸轮在 D_2 点接触时凸轮机构的压力角。

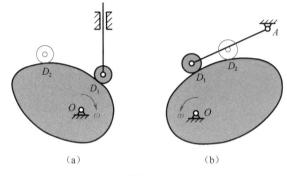

题图 4.3

4.4 采用简谐运动规律、摆线运动规律、五次多项式运动规律时，试计算在推程阶段从动件的最大加速度和对应的凸轮转角。

4.5 在对心直动尖底从动件盘形凸轮机构中，题图 4.4 所示的运动规律不完整，试在图上把 s-φ、v-φ、a-φ 曲线补齐，并指出哪些位置有刚性冲击，哪些位置有柔性冲击。

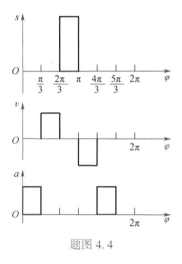

题图 4.4

4.6 题图 4.5 所示偏置直动滚子从动件盘形凸轮机构中，凸轮的实际廓线由三段圆弧和一段直线组成，三段圆弧 EA、AB 和 BCD 的中心分别位于点 O、N 和 P。在图上标出凸轮的基圆 r_0、偏距 e、推程运动角 Φ、远休止角 Φ_S、回程运动角 Φ'、近休止角 Φ'_S 和行程 h。在图上标出图示位置的压力角 α、位移 s 和对应的凸轮转角 φ。

4.7 题图 4.6 所示摆动滚子从动件盘形凸轮机构中，凸轮的实际廓线上有两段圆弧 GH 和 IJ，其圆心均位于凸轮的回转中心 O 点。在图上标出凸轮的基圆 r_0、推程运动角 Φ、远休止角 Φ_S、回程运动角 Φ'、近休止角 Φ'_S 和从动摆杆的最大角行程 ψ_{max}。在图上标出图示位置的压力角 α、从动件的角位移 ψ 和对应的凸轮转角 φ。

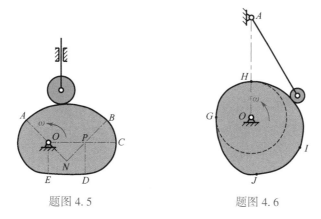

题图 4.5　　　　　　　　　　题图 4.6

4.8　试设计一对心直动滚子从动件盘形凸轮机构。已知凸轮以匀角速度 ω 逆时针方向转动。在凸轮的一个运转周期 2π 时间内，要求从动件在 1s 内等速上升 10mm，0.5s 内静止不动，0.5s 内等速上升 6mm，2s 内静止不动，2s 内等速下降 16mm。

（1）画出从动件的位移线图；

（2）如果按推程的许用压力角 $[\alpha]=30°$ 选择基圆半径，该凸轮的基圆半径为多少？

（3）推导该凸轮的理论廓线方程。

4.9　设计一偏置直动滚子从动件盘形凸轮机构的凸轮廓线。如题图 4.7 所示，已知凸轮以匀角速度 ω 逆时针方向转动，基圆半径 $r_0=40$mm，偏距 $e=10$mm，滚子半径 $r_r=10$mm，行程 $h=30$mm。从动件的运动规律为：凸轮转过 180°，从动件等速上升 30mm；凸轮继续转过 60°，从动件在最高位置处静止不动；凸轮再转过 120°，从动件以简谐运动规律回到最低位置。

4.10　设计一直动平底从动件盘形凸轮机构的凸轮廓线。如题图 4.8 所示，已知凸轮以匀角速度 ω 顺时针方向转动，基圆半径 $r_0=30$mm，平底与导路方向垂直。从动件的运动规律为：凸轮转过 180°，从动件按简谐运动规律上升 25mm；凸轮继续转过 180°，从动件以等加速等减速运动规律回到最低位置。

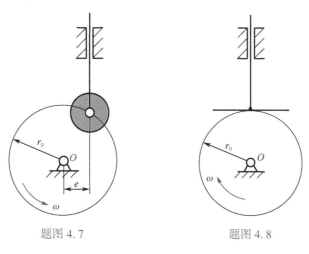

题图 4.7　　　　　　　　　　题图 4.8

4.11　设计一摆动滚子从动件盘形凸轮机构的凸轮廓线。如题图 4.9 所示，已知凸轮以匀角速度 ω 逆时针方向转动，凸轮理论廓线的基圆半径 $r_0=30$mm，滚子半径 $r_r=6$mm，摆杆长 $l_{AB}=50$mm，凸轮转动中心 O 与摆杆的摆动中心之间的距离为 $a=60$mm。从动件的运动规律为：

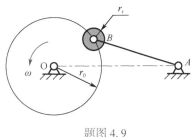

凸轮转过180°，从动件按摆线运动规律向远离凸轮中心方向摆动30°；凸轮再转过180°，从动件以简谐运动规律回到最低位置。

4.12　试设计一平底摆动从动件盘形凸轮机构。如题图4.10所示，已知凸轮以匀角速度 ω 逆时针方向转动，基圆半径 $r_0 = 30\text{mm}$，摆杆的初始位置 AB 与 OB 垂直，凸轮转动中心 O 与摆杆的摆动中心之间的距离为 $a = 50\text{mm}$。从动件的运动规律为：凸轮转过180°，从动件按摆线运动规律向远离凸轮中心方向摆动30°；凸轮再转过180°，从动件以简谐运动规律回到最低位置。

4.13　如题图4.11所示，试推导摆动滚子从动件圆柱凸轮的理论廓线方程，并计算推程阶段 $\varphi = 30°$ 时的凸轮理论廓线坐标值。已知凸轮以匀角速度 ω 顺时针方向转动，圆柱凸轮的平均半径 $r_m = 50\text{mm}$，摆杆长 $l_{AB} = 80\text{mm}$，摆角 $\psi_{\max} = 20°$，滚子半径 $r_r = 10\text{mm}$。从动件的运动规律为：凸轮转过180°，从动件按摆线运动规律摆动20°；凸轮再转过180°，从动件仍以摆线运动规律回到原位置。

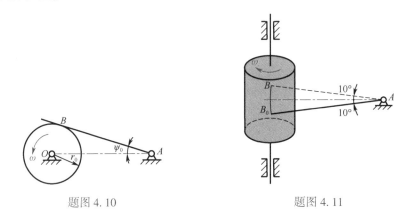

题图4.10　　　　　　　　　　题图4.11

4.14　设计一尖底直动从动件盘形凸轮机构。已知凸轮以匀角速度 ω 顺时针方向转动，从动件运动规律为：$\Phi = 120°$，$\Phi_S = 30°$，$\Phi' = 90°$，$\Phi_S' = 120°$，从动件推程及回程均做简谐运动，升程 $h = 30\text{mm}$。给定推程许用压力角 $[\alpha] = 30°$，回程许用压力角 $[\alpha'] = 70°$，试求满足许用压力角的凸轮最小基圆半径 $r_{0\min}$ 和最佳偏距 e_0。如果采用对心直动从动件，则凸轮的最小基圆半径应为多少？

第5章 齿轮机构及其设计

内容提要：本章以渐开线直齿圆柱齿轮机构的啮合特性和设计为主线，主要介绍齿廓啮合基本定律、齿轮传动啮合原理、齿轮的基本参数和尺寸计算、切齿原理、根切及最少齿数、变位及变位齿轮设计的基本概念和基本理论；在此基础上，简要介绍平行轴斜齿圆柱齿轮传动、蜗杆蜗轮传动及直齿圆锥齿轮传动的传动特点和基本尺寸计算。拓展阅读部分讨论交叉轴斜齿轮传动的特点和效率。

§5.1 齿轮机构的类型和特点

齿轮机构是现代机械中应用最广泛的一种高副传动机构，它利用轮齿的啮合来传递空间任意两轴间的运动和动力，并可改变运动的速度和形式。齿轮机构具有传递功率和适用速度范围大、结构紧凑、工作可靠、传动平稳、效率高、寿命长等优点，故齿轮机构广泛应用于机械传动中。但是齿轮机构也有制造安装费用较高、低精度齿轮传动的振动噪声大、不适合远距离两轴间的传动、刚性传动不具有过载保护作用等缺点。

齿轮机构的类型很多，按照一对齿轮传动的传动比是否恒定，齿轮机构可以分为两大类：其一是定传动比齿轮机构，齿轮是圆形的，又称为圆形齿轮机构（circular gear mechanism），它是目前应用最广泛的一种，能保证恒定的传动比，可实现平行轴、任意角相交轴、任意角交错轴之间的传动；其二是变传动比齿轮机构，齿轮一般是非圆形的，又称为非圆齿轮机构（noncircular gear mechanism），由于非圆齿轮加工复杂，故仅在某些特殊机械中使用。本章只研究圆形齿轮机构。

按照一对齿轮在传动时的相对运动是平面运动还是空间运动，圆形齿轮机构又可分为平面齿轮机构和空间齿轮机构两类。

5.1.1 平面齿轮机构

平面齿轮机构（planar gear mechanism）用于传递两平行轴之间的运动和动力，其齿轮是圆柱形的，又称为圆柱齿轮。按照轮齿在圆柱体上排列方向的不同，可分为直齿圆柱齿轮机构、斜齿圆柱齿轮机构及人字齿轮机构。

1. 直齿圆柱齿轮机构（spur gear mechanism）

直齿圆柱齿轮简称直齿轮，其轮齿的齿向与轴线平行。由一对直齿轮组成的齿轮机构即为直齿圆柱齿轮机构，按其啮合方式可分为以下三种类型。

（1）外啮合（external gearing）直齿轮机构：如图5.1（a）所示，由两个外齿轮互相啮合传动，两齿轮的转动方向相反，应用广泛。

（2）内啮合（internal gearing）直齿轮机构：如图5.1（b）所示，由一个外齿轮和一个内齿轮互相啮合传动，内齿轮的轮齿分布在空心圆柱体的内表面上，它与外齿轮啮合时两轮的转动方向相同。

（3）直齿轮齿条（pinion and rack）机构：如图 5.1（c）所示，由一个外齿轮和一个齿条互相啮合传动，齿轮转动，齿条做直线移动。齿条是圆柱齿轮的特殊形式，当齿轮齿数增大到无穷多时，即演变为排列着轮齿的齿条。

（a）外啮合直齿轮机构　　　　　（b）内啮合直齿轮机构　　　　　（c）直齿轮齿条机构

图 5.1　直齿圆柱齿轮机构

2. 斜齿圆柱齿轮机构（helical gear mechanism）

斜齿圆柱齿轮简称斜齿轮，其轮齿的齿向与轴线倾斜一定角度，如图 5.2 所示。平行轴斜齿轮机构也有外啮合、内啮合和齿轮齿条三种啮合方式。

（1）外啮合斜齿轮机构：如图 5.2（a）所示，两齿轮的转动方向相反，螺旋方向也相反，传动平稳，适合于高速传动，但有轴向力。

（2）内啮合斜齿轮机构：如图 5.2（b）所示，内齿轮轮齿与其轴线倾斜，加工困难，它与斜齿外齿轮啮合时两轮转向相同，螺旋方向也相同，有轴向力，应用较少。

（3）斜齿轮齿条机构：如图 5.2（c）所示，由一个外斜齿轮和一个斜齿条互相啮合传动，齿轮转动，齿条做直线移动，应用较少。

（a）外啮合斜齿轮机构　　　　　（b）内啮合斜齿轮机构　　　　　（c）斜齿轮齿条机构

图 5.2　斜齿圆柱齿轮机构

3. 人字齿轮机构（herringbone gear mechanism）

如图 5.3 所示，其齿形如"人"字，它相当于由两个全等但螺旋方向相反的斜齿轮拼接而成，其轴向力被相互抵消，适用于高速重载传动，但制造成本较高。

图 5.3　人字齿轮机构

5.1.2　空间齿轮机构

空间齿轮机构（spatial gear mechanism）用于传递两相交轴或交错轴之间的运动和动力。

1. 相交轴齿轮机构（gear mechanism with intersecting axes）

两齿轮的传动轴线相交于一点，如圆锥齿轮机构，也称伞齿轮机构，用于传递两相交轴之间的运动和动力。

按照齿向的不同，相交轴齿轮机构有直齿、斜齿和曲线齿之分。图 5.4（a）所示为直齿圆锥齿轮机构，轮齿沿圆锥母线排列在截圆锥体的表面上，是相交轴齿轮传动的基本形式，制造简单，应用较广。图 5.4（b）所示为斜齿圆锥齿轮机构，轮齿倾斜于圆锥母线，制造困难，应用较少。图 5.4（c）所示为曲线齿圆锥齿轮机构，轮齿是曲线形，有圆弧齿、螺旋齿等，传动平稳，适用于高速重载传动，但制造成本较高。

（a）直齿圆锥齿轮机构　　　　　（b）斜齿圆锥齿轮机构　　　　　（c）曲线齿圆锥齿轮机构

图 5.4　相交轴齿轮机构

2. 交错轴齿轮机构（gear mechanism with crossed axes）

两齿轮的传动轴线在空间交错，如图 5.5 所示为交错轴斜齿轮机构、蜗杆蜗轮机构及准双曲面齿轮机构。

（1）交错轴斜齿轮机构（crossed helical gear mechanism）：如图 5.5（a）所示，两螺旋角数值不等的斜齿轮啮合时，可组成两轴线任意交错的斜齿轮机构，称为交错轴斜齿轮机构。两轮齿为点接触，且滑动速度较大，主要用于传递运动或轻载传动。

（2）蜗杆蜗轮机构（worm and worm wheel mechanism）：如图 5.5（b）所示，蜗杆蜗轮机构多用于两轴交错角为 90° 的传动，其传动比大，传动平稳，具有自锁性，但效率较低。

（3）准双曲面齿轮机构（hypoid gear mechanism）：如图 5.5（c）所示，其节曲面为单叶双曲线回转体的一部分。它能实现两轴中心距较小的交错轴传动，但制造困难。

（a）交错轴斜齿轮机构

（b）蜗杆蜗轮机构

（c）准双曲面齿轮机构

图 5.5 交错轴齿轮机构

§5.2 齿廓啮合基本定律及渐开线齿形

5.2.1 齿廓啮合基本定律

如图 5.6 所示，一对平面齿廓曲线（tooth curve）在点 K 处啮合。齿廓曲线 G_1 绕轴心 O_1 转动，齿廓曲线 G_2 绕轴心 O_2 转动，过啮合接触点 K 作两齿廓的公法线 $n—n$ 与连心线（line of centers）$\overline{O_1O_2}$ 相交于点 P。由三心定理可知，点 P 是这一对齿廓的相对速度瞬心，齿廓曲线在该点有相同的速度，即

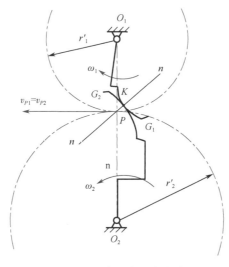

图 5.6 齿廓啮合基本定律

$$v_{P1}=v_{P2}=\overline{O_1P}\cdot\omega_1=\overline{O_2P}\cdot\omega_2$$

由此可得

$$i_{12}=\frac{\omega_1}{\omega_2}=\frac{\overline{O_2P}}{\overline{O_1P}} \tag{5.1}$$

点 P 称为两齿廓的啮合节点，简称节点（pitch point）。i_{12} 称为两齿廓的传动比。由以上分析可得齿廓啮合基本定律（fundamental law of gearing）：一对相啮合的齿轮，在任一位置时的传动比与连心线 $\overline{O_1O_2}$ 被齿廓接触点的公法线 n—n 所分成的两段线段成反比。

由式（5.1）可知，要使两轮做定传动比传动，则其齿廓曲线必须满足以下条件：无论两齿廓在何处啮合，过啮合接触点所作的两齿廓公法线必须通过两轮连心线 $\overline{O_1O_2}$ 上的一固定点 P。此时，$\overline{O_2P}$ 与 $\overline{O_1P}$ 的比值始终保持常数。若分别以 r_1' 和 r_2' 表示 $\overline{O_1P}$ 和 $\overline{O_2P}$，则有

$$i_{12}=\frac{\omega_1}{\omega_2}=\frac{\overline{O_2P}}{\overline{O_1P}}=\frac{r_2'}{r_1'}=常数$$

分别以 O_1 和 O_2 为圆心，以 r_1' 和 r_2' 为半径作两个相切的圆，这两个圆分别为点 P 在轮 1 和轮 2 运动平面上的轨迹，称为轮 1 与轮 2 的节圆（pitch circle），故两齿轮的啮合传动可以视为这一对节圆做无滑动的纯滚动，r_1' 和 r_2' 称为节圆半径。

如果要求两轮的传动比按一定的规律变化，则要求 P 点能依相应的规律在连心线 $\overline{O_1O_2}$ 上变化移动。P 点在两轮动平面上的轨迹是非圆的两条封闭曲线，称为节线（pitch line），相应的齿轮称为非圆齿轮。

满足齿廓啮合基本定律的一对齿廓称为共轭齿廓（conjugate profile）。理论上共轭齿廓曲线有很多种，在定传动比齿轮传动中可采用渐开线、摆线、圆弧等。考虑到啮合性能、加工、互换使用等问题，目前最常用的是渐开线齿廓（involute profile）。

5.2.2　渐开线的形成及其特性

如图 5.7 所示，当直线 B—B 由虚线位置沿一圆周做纯滚动时，其上任一点 K 在平面上的轨迹 K_0K 称为该圆的渐开线（involute）。这个圆称为基圆（base circle），其半径用 r_b 表示，B—B 线称为渐开线的发生线（generating line），θ_K 称为渐开线 K_0K 段的展角（unfolding angle）。

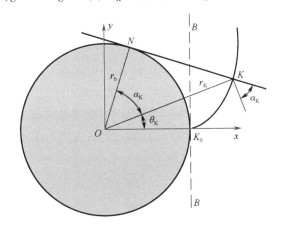

图 5.7　渐开线的形成及其特性

由渐开线的形成过程，可知其具有以下特性。

（1）发生线沿基圆滚过的直线长度，等于基圆上被滚过的圆弧弧长，即 $\overline{NK}=\overparen{NK_0}$。

（2）发生线是渐开线在 K 点的法线，即过渐开线上任何一点的法线始终与基圆相切。

（3）发生线与基圆的切点 N 为渐开线上 K 点的曲率中心，而 $\overline{NK}$ 为其曲率半径。

由渐开线的形成原理可知，渐开线上各点的曲率半径不同。离基圆越远的点，其曲率半径越大；反之，曲率半径越小。在基圆上即 K_0 点处，其曲率半径为零。

（4）渐开线的形状取决于基圆的大小。

如图 5.8 所示，基圆越小，渐开线越弯曲；基圆越大，渐开线越平直。当基圆半径趋于无穷大时，渐开线将成为一条垂直于 B_3K 的斜直线。它就是齿条的齿廓曲线。

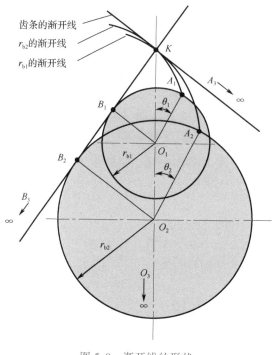

图 5.8　渐开线的形状

（5）基圆内无渐开线。由于渐开线是由基圆开始向外展开的，所以基圆内无渐开线。

5.2.3　渐开线方程

如图 5.7 所示，若以渐开线起始点 K_0 的向径 OK_0 为极轴，渐开线上任一点 K 的向径 r_K 与极轴的夹角为极角，则渐开线上任一点 K 的极坐标可以用向径 r_K 和展角 θ_K 表示。当以此渐开线作为齿轮的齿廓，并与其共轭齿廓在 K 点啮合时，该齿廓在接触点 K 所受的正压力方向（即齿廓在该点的法线方向）与该齿轮绕轴心 O 转动的线速度方向所夹的锐角称为渐开线齿廓在该点的压力角（pressure angle），用 α_K 表示。

$$\cos\alpha_K = \frac{\overline{ON}}{\overline{OK}} = \frac{r_b}{r_K} \tag{5.2}$$

渐开线 K_0K 的展角为
$$\theta_K = \angle NOK_0 - \alpha_K$$

即
$$\theta_K = \frac{\widehat{NK_0}}{r_b} - \alpha_K = \frac{\overline{NK}}{r_b} - \alpha_K = \tan\alpha_K - \alpha_K$$

上式表明，渐开线上任一点 K 的展角 θ_K 是随压力角 α_K 的大小而变化的，它是压力角 α_K 的函数，称为渐开线函数（involute function）。工程上常用 $\mathrm{inv}\alpha_K$ 表示 θ_K，即

$$\mathrm{inv}\alpha_K = \theta_K = \tan\alpha_K - \alpha_K \tag{5.3}$$

当 α_K 已知时，可用式（5.3）求出 θ_K。式中，α_K 和 θ_K 均用弧度表示。为了使用方便，在工程中已把不同压力角 α_K 的渐开线函数值计算出来列成表格，以备查用，如表 5.1 所示。

表 5.1 渐开线函数表（$\mathrm{inv}\,\alpha_K = \tan\alpha_K - \alpha_K$） （节录）

α_K/（°）	次	0′	5′	10′	15′	20′	25′	30′	35′	40′	45′	50′	55′
11	0.00	23941	24495	25057	25628	26208	26797	27394	28001	28616	29241	29875	30518
12	0.00	31171	31832	32504	33185	33875	34575	35285	36005	36735	37474	38224	38984
13	0.00	39754	40534	41325	42126	42938	43760	44593	45437	46291	47157	48033	48921
14	0.00	49819	50729	51650	52582	53526	54482	55448	56427	57417	58420	59434	60460
15	0.00	61498	62548	63611	64686	65773	66873	67985	69110	70248	71398	72561	73738
16	0.0	07493	07613	07735	07857	07982	08107	08234	08362	08492	08623	08756	08889
17	0.0	09025	09161	09299	09439	09580	09722	09866	10012	10158	10307	10456	10608
18	0.0	10760	10915	11071	11228	11387	11547	11709	11873	12038	12205	12373	12543
19	0.0	12715	12888	13063	13240	13418	13598	13779	13963	14148	14334	14523	14713
20	0.0	14904	15098	15293	15490	15689	15890	16092	16296	16502	16710	16920	17132
21	0.0	17345	17560	17777	17996	18217	18440	18665	18891	19120	19350	19583	19817
22	0.0	20054	20292	20533	20775	21019	21266	21514	21765	22018	22272	22529	22788
23	0.0	23049	23312	23577	23845	24114	24386	25660	24936	25214	25495	25777	26062
24	0.0	26350	26639	26931	27225	27521	27820	28121	28424	28729	29037	29348	29660
25	0.0	29975	30293	30613	30935	31260	31587	31917	32249	32583	32920	33260	33602
26	0.0	33947	34294	34644	34997	35352	35709	36069	36432	36798	37166	37537	37910
27	0.0	38287	38666	39047	39432	39819	40209	42602	40997	41395	41797	42201	42607
28	0.0	43017	43430	43845	44264	44685	45110	45537	45967	46400	46837	47276	47718
29	0.0	48164	48612	49064	49518	49976	50437	50901	51368	51838	52312	52788	53268
30	0.0	53751	54238	54728	55221	55717	56217	56720	57226	57736	58249	58765	59285

综上所述，可得渐开线的极坐标方程为

$$\begin{cases} r_K = \dfrac{r_b}{\cos\alpha_K} \\ \theta_K = \mathrm{inv}\,\alpha_K = \tan\alpha_K - \alpha_K \end{cases} \qquad (5.4)$$

§5.3 渐开线标准直齿圆柱齿轮的基本参数和尺寸计算

5.3.1 外齿轮

1. 齿轮各部分的名称和符号

如图 5.9 所示是一外齿轮（external gear）的一部分，齿轮上每个凸起的部分称为齿，齿轮的齿数用 z 表示。

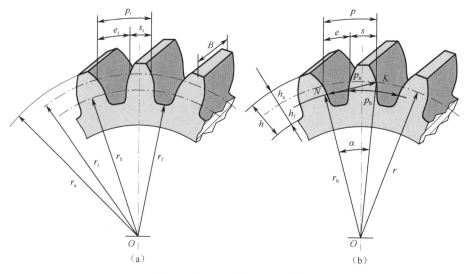

图 5.9 齿轮各部分名称和符号

（1）齿顶圆（addendum circle）：过所有轮齿顶端的圆称为齿顶圆，其直径和半径分别用 d_a 和 r_a 表示。

（2）齿根圆（dcdcndum circle）：过所有齿槽底部的圆称为齿根圆，其直径和半径分别用 d_r 和 r_f 表示。

（3）分度圆（reference circle）：齿顶圆和齿根圆之间的圆，是设计齿轮几何尺寸的基准圆，其直径和半径分别用 d 和 r 表示。

（4）基圆（base circle）：产生渐开线的圆称为基圆，其直径和半径分别用 d_b 和 r_b 表示。

（5）齿顶高（addendum）：分度圆与齿顶圆之间的径向距离称为齿顶高，用 h_a 表示。

（6）齿根高（dedendum）：分度圆与齿根圆之间的径向距离称为齿根高，用 h_f 表示。

（7）齿全高（whole depth）：齿顶圆与齿根圆之间的径向距离称为齿全高，用 h 表示，$h = h_a + h_f$。

（8）齿厚（tooth thickness）：在直径为 d_i 的圆周上，一个轮齿两侧齿廓之间的圆周弧长称为该圆上的齿厚，用 s_i 表示。在分度圆上度量的弧长称为分度圆上的齿厚，用 s 表示。

（9）齿槽宽（space width）：在直径为 d_i 的圆周上，两个轮齿齿槽上的圆周弧长称为该圆上的齿槽宽，用 e_i 表示。在分度圆上度量的弧长称为分度圆上的齿槽宽，用 e 表示。

（10）齿距（circular pitch）：在直径为 d_i 的圆周上相邻两齿同侧齿廓之间的圆周弧长称为该圆上的齿距，用 p_i 表示，显然，$p_i = s_i + e_i$；在分度圆上度量的弧长称为分度圆上的齿距，用 p 表示，$p = s + e$；在基圆上度量的弧长称为基圆齿距（base pitch），又称基节，用 p_b 表示，$p_b = s_b + e_b$，s_b 和 e_b 是基圆上的齿厚和齿槽宽。

（11）法向齿距（normal circular pitch）：相邻两齿同侧齿廓之间在法线方向的距离称为法向齿距，用 p_n 表示。由渐开线的性质可知，$p_n = p_b$。

2. 基本参数

为了计算齿轮各部分的几何尺寸，需要规定若干个基本参数。对于标准齿轮而言，有以下 5 个基本参数。

1）齿数 z（number of teeth）

齿数 z 表示齿轮圆周表面上的轮齿总数。

2）模数 m（module）

分度圆的周长 $l = \pi d = zp$，由此可得

$$d = \frac{p}{\pi} z$$

由于 π 是无理数，用上式求得的分度圆直径也将是无理数，用一个无理数的尺寸作为设计基准，将给设计、加工等带来不便。为了便于设计、加工及互换使用，工程中将 p/π 规定为标准值，称为模数 m，单位是 mm。分度圆上的模数已标准化，计算几何尺寸时应采用我国规定的标准模数系列，如表 5.2 所示。

因此，分度圆直径 $d = mz$，分度圆齿距 $p = \pi m$。

表 5.2　标准模数系列（GB/T 1357-2008）　　　　　　　　　（单位：mm）

第一系列	1　1.25　1.5　2　2.5　3　4　5　6　8　10　12　16　20　25　32　40　50
第二系列	1.125　1.375　1.75　2.25　2.75　3.5　4.5　5.5　(6.5)　7　9　11　14　18　22　28　36　45

注：① 本标准规定了通用机械和重型机械用渐开线圆柱齿轮模数，对斜齿轮是指法面模数。

② 本标准不适用于汽车齿轮。

③ 选用模数时，应优先选用第一系列，其次是第二系列，括号内的模数尽可能不用。

3）分度圆压力角 α

在图 5.9 中，过分度圆与渐开线的交点 K 作基圆切线得切点 N，该交点 K 与中心 O 的连线与 NO 线之间的夹角用 α 表示，其大小等于渐开线在分度圆圆周上压力角的大小。为方便起见，往往用这个中心角表示分度圆压力角。压力角的大小与齿轮的传力效果及抗弯强度有关。一般来说，采用大压力角可以提高齿面和齿根强度，采用小压力角可以增大重合度，进而降低噪声。工程上规定，分度圆上的压力角 α 的标准值一般为 20°。在某些特种装置中，也有采用分度圆压力角 $\alpha = 14.5°$、15°、22.5° 和 25° 等的齿轮。

至此，我们可以给出分度圆的完整定义：分度圆就是齿轮中具有标准模数和标准压力角的圆。

4）齿顶高系数 h_a^*（coefficient of addendum）

齿顶高 h_a 用齿顶高系数 h_a^* 与模数的乘积表示，$h_a = h_a^* m$。

5）顶隙系数 c^*（coefficient of clearance）

齿根高的计算式为：$h_f = (h_a^* + c^*)m$，其中系数 c^* 称为顶隙系数。顶隙（clearance）为啮合

时一个齿轮齿顶圆和另一个齿轮齿根圆之间的径向距离，用 c 表示，$c = c^* m$。

GB/T 1356—2001 规定了齿顶高系数和顶隙系数的标准值，具体如下。

（1）正常齿制：当 $m \geqslant 1\mathrm{mm}$ 时，$h_a^* = 1$，$c^* = 0.25$；当 $m < 1\mathrm{mm}$ 时，$h_a^* = 1$，$c^* = 0.35$。

（2）短齿制：$h_a^* = 0.8$，$c^* = 0.3$。

3. 渐开线标准直齿轮的几何尺寸和基本参数的关系

渐开线标准直齿轮除了基本参数是标准值外，还有以下两个特征。

（1）分度圆上的齿厚等于齿槽宽，即

$$s = e = \frac{p}{2} = \frac{\pi m}{2}$$

（2）具有标准的齿顶高和齿根高，即

$$h_a = h_a^* m, \quad h_f = (h_a^* + c^*) m$$

不具备上述特征的齿轮称为非标准齿轮。

外啮合标准直齿圆柱齿轮机构的几何尺寸计算公式见表 5.3。

表 5.3　外啮合标准直齿圆柱齿轮机构的几何尺寸计算公式

名　称	符　号	计算公式
分度圆直径	d	$d_1 = m z_1$，$d_2 = m z_2$
齿顶高	h_a	$h_a = h_a^* m$
齿根高	h_f	$h_f = (h_a^* + c^*) m$
齿全高	h	$h = h_a + h_f = (2 h_a^* + c^*) m$
齿顶圆直径	d_a	$d_{a1} = d_1 + 2 h_a = (z_1 + 2 h_a^*) m$，$d_{a2} = d_2 + 2 h_a = (z_2 + 2 h_a^*) m$
齿根圆直径	d_f	$d_{f1} = d_1 - 2 h_f = (z_1 - 2 h_a^* - 2 c^*) m$，$d_{f2} = d_2 - 2 h_f = (z_2 - 2 h_a^* - 2 c^*) m$
基圆直径	d_b	$d_{b1} = d_1 \cos \alpha = m z_1 \cos \alpha$，$d_{b2} = d_2 \cos \alpha = m z_2 \cos \alpha$
齿距	p	$p = \pi m$
齿厚	s	$s = \pi m / 2$
齿槽宽	e	$e = \pi m / 2$
标准中心距	a	$a = \dfrac{1}{2}(d_1 + d_2) = \dfrac{m}{2}(z_1 + z_2)$
顶隙	c	$c = c^* m$
基圆齿距	p_b	$p_n = p_b = \pi m \cos \alpha$
法向齿距	p_n	

注：表中的 m、α、h_a^*、c^* 均为标准参数。

由标准齿轮的几何尺寸计算可知，对于齿数 z、齿顶高系数 h_a^*、顶隙系数 c^* 和分度圆压力角 α 均相同的齿轮，模数不同，其几何尺寸也不同。模数越大，齿轮的尺寸也越大。

5.3.2　内齿轮

图 5.10 所示是一直齿内齿轮（internal gear）的一部分，它与外齿轮的不同点如下。

（1）内齿轮的齿顶圆小于分度圆，齿根圆大于分度圆。内齿轮的齿顶圆直径和齿根圆直径的计算公式分别为

$$d_a = d - 2h_a = (z - 2h_a^*) m$$
$$d_f = d + 2h_f = (z + 2h_a^* + 2c^*) m$$

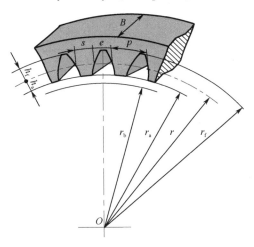

图 5.10　直齿内齿轮

（2）内齿轮的齿廓是内凹的，其齿厚和齿槽宽分别对应于外齿轮的齿槽宽和齿厚。

除此之外，为了使一个外齿轮与一个内齿轮组成的内啮合齿轮传动能正确啮合，内齿轮的齿顶圆必须大于基圆。

5.3.3　齿条

图 5.11 所示是一标准直齿条（rack）。当标准外齿轮的齿数增加到无穷多时，齿轮上的基圆和其他圆都变成了互相平行的直线，同侧渐开线齿廓也变成了互相平行的斜直线齿廓，这样就形成了齿条。齿条与齿轮相比，主要有以下几个特点。

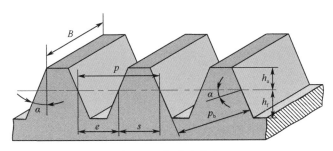

图 5.11　标准直齿条

（1）齿条的齿廓是直线，所以齿廓上各点的法线是平行的。又由于齿条在传动时做平动，齿廓上各点速度的大小和方向都相同，所以齿条齿廓上各点的压力角都相等，且等于齿廓的倾斜角，此角称为齿形角，标准值是 20°。

（2）与齿顶线平行的各直线上的齿距都相同，模数为同一标准值，其中齿厚与齿槽宽相等且与齿顶线平行的直线称为中线，也称为分度线（standard pitch line），它是确定齿条各部分尺寸的基准线。

（3）标准齿条的齿顶高及齿根高与标准齿轮的相同，即

$$h_a = h_a^* m, \quad h_f = (h_a^* + c^*) m$$

§5.4　渐开线直齿圆柱齿轮的啮合传动

5.4.1　渐开线齿轮传动的特性

1. 渐开线齿轮（involute gear）传动具有定传动比

图 5.12 所示为一对渐开线齿轮啮合的情况。当一对齿轮的齿廓在 K 点接触时，过 K 点的法线必与两轮的基圆（基圆半径分别为 r_{b1} 和 r_{b2}）相切，这对齿廓在 K' 点啮合时，过 K' 点的法线也必与两轮的基圆相切。齿轮在啮合的过程中，由于基圆的位置和大小不变，同一方向的内公切线只有一条。故不论这对齿廓在何点啮合，过啮合点所作的法线与连心线 $\overline{O_1 O_2}$ 必交于固定点 P。根据齿廓啮合基本定律，一对渐开线齿廓啮合传动的瞬时传动比不变，即

$$i_{12} = \frac{\omega_1}{\omega_2} = \frac{\overline{O_2 P}}{\overline{O_1 P}} = \frac{\overline{O_2 N_2}}{\overline{O_1 N_1}} = \frac{r_{b2}}{r_{b1}} \tag{5.5}$$

2. 渐开线齿轮传动的啮合线（trajectory of contact）及啮合角（meshing angle）

如图 5.13 所示，主动轮 1 和从动轮 2 开始啮合时，必为主动轮的齿根部推动从动轮的齿顶。B_2 点是从动轮 2 的齿顶圆与公法线的交点，是齿廓啮合的起始点，称为起始啮合点（initial contact point）；而 B_1 点是主动轮 1 的齿顶圆与公法线的交点，是这对轮齿脱离啮合的点，称为终止啮合点（final contact point）。由前述可知，只要两齿廓啮合，其啮合点必在公法线上，即啮合点的轨迹必与其公法线重合。我们将啮合点的轨迹称为啮合线，而 $\overline{B_2 B_1}$ 为一对齿廓实际参与啮合的线段，称为实际啮合线。若将两轮的齿顶圆加大，则点 B_2 和点 B_1 将分别趋近点 N_1 和点 N_2。因为基圆内无渐开线，所以点 B_2 和点 B_1 分别不会超过点 N_1 和点 N_2。$\overline{N_1 N_2}$ 是理论上可能的最长啮合线，称为理论啮合线。N_1、N_2 点称为啮合极限点。

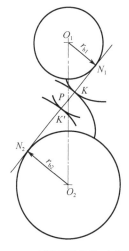

图 5.12　一对渐开线齿轮啮合的情况

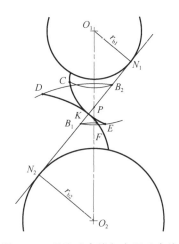

图 5.13　理论啮合线与实际啮合线

轮齿啮合时，并非全部齿廓都参与工作。参与工作的那部分齿廓称为齿廓工作段，不参与工作的那部分齿廓称为齿廓非工作段。如图 5.13 所示，$\overline{CE}$ 是齿轮 1 的齿廓工作段，$\overline{DF}$ 是齿轮 2 的齿廓工作段。

如图 5.14 所示，啮合线 N_1N_2 与两齿轮节圆内公切线 t—t 所夹的锐角称为啮合角，它在数值上恒等于节圆上的压力角，故啮合角与节圆上的压力角都用 α' 表示。在传动过程中，渐开线齿轮的啮合线和啮合角始终不变，所以传力性能良好。

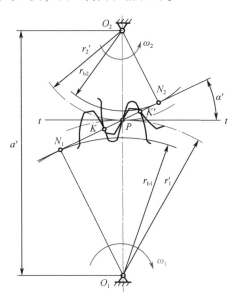

图 5.14 渐开线齿轮传动的啮合角

3. 渐开线齿轮传动具有中心距的可分性

一对渐开线齿轮经加工安装后，其安装中心距为

$$a' = O_2P + O_1P = r_2' + r_1'$$

在实际工作中，由于制造和安装误差或轴承磨损等原因，使其中心距加大了，但由于已制造好的齿轮其基圆是不变的，根据式（5.5）可知：这对齿轮的传动比仍然保持不变。我们将渐开线齿轮传动中心距略有变化而不影响其传动比的特性称为中心距的可分性。这种特性给渐开线齿轮的制造及安装带来了方便。但中心距加大时，两轮的节圆半径及啮合角也相应加大，齿侧将产生间隙，因此中心距不能太大，否则将影响齿轮传动的平稳性。

5.4.2 渐开线齿轮传动的正确啮合条件

为了保证定传动比传动，啮合轮齿的工作侧齿廓的接触点必须总是在啮合线上。若有一对以上的轮齿参与啮合，则各对齿的工作侧齿廓的接触点也必须同时在啮合线上。如图 5.15 所示，根据渐开线的性质可知

$$\overline{M_1L_1} = p_{b1}, \quad \overline{M_2L_2} = p_{b2}$$

为保证正确啮合，有 $\overline{M_1L_1} = \overline{M_2L_2}$，即两齿轮的基圆齿距相等 $p_{b1} = p_{b2}$，而 $p_b = \pi m\cos\alpha$，因此

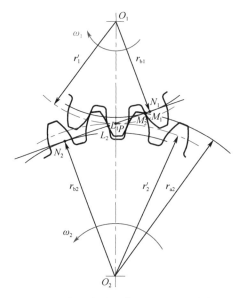

图 5.15　渐开线齿轮传动的正确啮合条件

$$\pi m_1 \cos\ \alpha_1 = \pi m_2 \cos\ \alpha_2$$

因为齿轮中的模数及压力角已标准化，所以渐开线直齿圆柱齿轮传动的正确啮合条件是

$$\begin{cases} m_1 = m_2 = m \\ \alpha_1 = \alpha_2 = \alpha \end{cases} \tag{5.6}$$

5.4.3　渐开线齿轮连续传动的条件

一对齿轮啮合必须满足正确的啮合条件，即两轮的基圆齿距必须相等，但是仅仅满足这个条件有时还不能保证连续传动。

如图 5.16（a）所示，不难看出当实际啮合线 $\overline{B_2 B_1}$ 等于齿轮的基圆齿距 p_b 时，前一对齿轮刚脱离啮合，后一对齿轮即进入啮合；当实际啮合线 $\overline{B_2 B_1} > p_b$ 时，图 5.16（b）所示为前一对轮齿还未脱离啮合，后一对轮齿已进入啮合；图 5.16（c）所示为 $\overline{B_2 B_1} < p_b$ 的情况，即前一对轮齿脱离啮合后，后一对轮齿还未进入啮合。

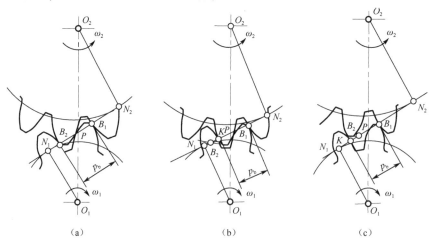

| （a） | （b） | （c） |

图 5.16　渐开线齿轮连续传动的条件

综上所述，齿轮连续传动的条件是：实际啮合线$\overline{B_2B_1}$大于或等于基圆齿距p_b。将$\overline{B_2B_1}$与p_b的比值用ε_α表示，ε_α称为齿轮传动的重合度（contact ratio），所以齿轮连续传动的条件为

$$\varepsilon_\alpha = \frac{\overline{B_2B_1}}{p_b} \geqslant 1 \tag{5.7}$$

考虑到齿轮制造和安装的误差，为了确保齿轮传动的连续，设计时应使重合度$\varepsilon_\alpha > 1$。在实际应用中，ε_α应大于或等于许用值$[\varepsilon_\alpha]$，即

$$\varepsilon_\alpha \geqslant [\varepsilon_\alpha]$$

推荐的ε_α的许用值列于表5.4中。

表 5.4　许用重合度$[\varepsilon_\alpha]$的推荐值

Ⅰ级精度齿轮	1.05	汽车拖拉机制造业	1.1~1.2
Ⅱ级精度齿轮	1.08	机床制造业	1.3
Ⅲ级精度齿轮	1.15	纺织机器制造业	1.3~1.4
Ⅳ级精度齿轮	1.35	一般机器制造业	1.4

如图5.17所示，根据几何关系可推导出重合度与齿轮各基本参数之间的关系为

$$\varepsilon_\alpha = \frac{\overline{B_1B_2}}{p_b} = \frac{\overline{B_1P} + \overline{PB_2}}{\pi m \cos \alpha}$$

式中，

$$\overline{B_1P} = \overline{B_1N_1} - \overline{PN_1} = r_{b1}(\tan \alpha_{a1} - \tan \alpha')$$

$$\overline{PB_2} = \overline{B_2N_2} - \overline{PN_2} = r_{b2}(\tan \alpha_{a2} - \tan \alpha')$$

因此

$$\varepsilon_\alpha = \frac{1}{2\pi}[z_1(\tan \alpha_{a1} - \tan \alpha') + z_2(\tan \alpha_{a2} - \tan \alpha')] \tag{5.8}$$

式中，α'为啮合角；α_{a1}和α_{a2}分别为齿轮1和齿轮2的齿顶圆压力角，其值可用下式计算：

$$\alpha_{a1} = \arccos\left(\frac{r_{b1}}{r_{a1}}\right), \quad \alpha_{a2} = \arccos\left(\frac{r_{b2}}{r_{a2}}\right)$$

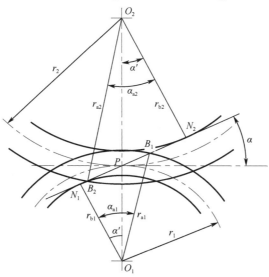

图 5.17　$\overline{B_1B_2}$的几何尺寸关系

如图 5.18 所示，当齿轮与齿条啮合传动时，$\overline{B_1P}$ 的计算公式不变，而 $\overline{PB_2}$ 按下式计算：

$$\overline{PB_2} = \frac{h_a^* m}{\sin \alpha}$$

所以

$$\varepsilon_\alpha = \frac{\overline{B_1P} + \overline{PB_2}}{\pi m \cos \alpha} = \frac{z_1}{2\pi}(\tan \alpha_{a1} - \tan \alpha') + \frac{2h_a^*}{\pi \sin 2\alpha} \tag{5.9}$$

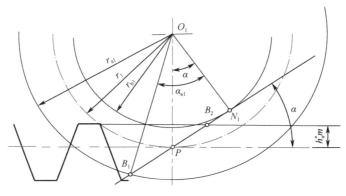

图 5.18　齿轮齿条啮合时的重合度计算

由式（5.8）及式（5.9）可知，ε_α 与模数无关；啮合角增大，ε_α 降低；ε_α 随齿数的增多而加大。如果假想将两轮的齿数增加而趋于无穷大，则 ε_α 将趋于理论极限值 $\varepsilon_{\alpha max}$。由于此时

$$\overline{B_1P} = \overline{PB_2} = \frac{h_a^* m}{\sin \alpha}$$

所以

$$\varepsilon_{\alpha max} = \frac{2\left(\dfrac{h_a^* m}{\sin \alpha}\right)}{\pi m \cos \alpha} = \frac{4h_a^*}{\pi \sin 2\alpha} \tag{5.10}$$

当 $\alpha = 20°$、$h_a^* = 1$ 时，$\varepsilon_{\alpha max} = 1.981$。

事实上，由于两齿轮变为齿条，所以两者将吻合成一体而无啮合运动，可知这个理论极限值是不可能达到的。导出这一理论极限值只是为了说明：虽然重合度 ε_α 随着齿数的增多而有所加大，但直齿圆柱齿轮传动的重合度不可能超过这一理论极限值。

对于内啮合齿轮传动，用类似的方法可推导出其重合度的计算公式为

$$\varepsilon_\alpha = \frac{1}{2\pi}[z_1(\tan \alpha_{a1} - \tan \alpha') + z_2(\tan \alpha' - \tan \alpha_{a2})] \tag{5.11}$$

一对齿轮啮合传动时，其重合度 ε_α 的大小表明了同时参与啮合的轮齿对数的多少。如图 5.19 所示，$\varepsilon_\alpha = 1.53$，表示在实际啮合线 $\overline{B_2A_1}$ 和 $\overline{A_2B_1}$ 这两段长度上，有两对齿同时参与啮合，称为双齿啮合区；而在 $\overline{A_1A_2}$ 这一段长度上只有一对齿参与啮合，称为单齿啮合区。

齿轮传动的重合度越大，表明同时参与啮合的轮齿对数越多，传动越平稳，每对轮齿所承受的载荷越小。因此，重合度是衡量齿轮传动性能的重要指标之一。

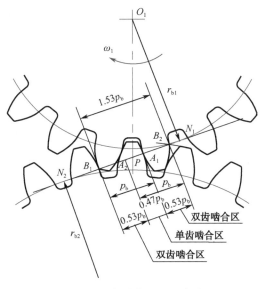

图 5.19　齿轮传动的重合度

5.4.4　标准中心距和安装中心距

安装中心距（mounted center distance）是齿轮传动的重要基本尺寸。如图 5.20（a）所示，一对外啮合标准直齿圆柱齿轮的中心距等于两轮分度圆半径之和，此中心距称为标准中心距（standard center distance）。

$$a = r_1 + r_2 = \frac{m(z_1 + z_2)}{2}$$

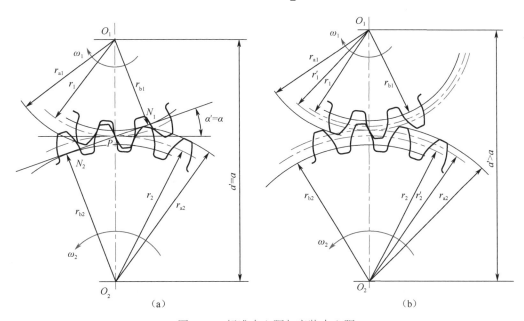

图 5.20　标准中心距与安装中心距

两齿轮的分度圆正好相切，两轮基圆内公切线 $\overline{N_1 N_2}$ 通过切点即节点 P，啮合角等于分度圆压力角，即

$$r_1' = r_1, \quad r_2' = r_2, \quad \alpha' = \alpha$$

由于标准齿轮分度圆的齿厚 s 等于齿槽宽 e，即

$$s_1 = e_1 = s_2 = e_2 = \frac{\pi m}{2} = s' = e'$$

这说明这对齿轮满足无侧隙啮合的几何条件，所以能实现无侧隙啮合传动。实际上为了润滑齿廓及避免轮齿因摩擦发热膨胀而被卡死，齿侧应留有很小的间隙，此间隙用齿厚公差来保证，称为侧隙（backlash）。

对于标准外齿轮，其齿顶圆半径和齿根圆半径分别为

$$r_{a1} = r_1 + h_a^* m$$

$$r_{f2} = r_2 - (h_a^* + c^*) m$$

故

$$r_1 = r_{a1} - h_a^* m$$

$$r_2 = r_{f2} + (h_a^* + c^*) m$$

将以上两式代入标准中心距计算公式，得

$$a = r_1 + r_2 = r_{a1} + r_{f2} + c^* m \tag{5.12}$$

同理也可得

$$a = r_1 + r_2 = r_{a2} + r_{f1} + c^* m \tag{5.13}$$

式（5.12）和式（5.13）说明在一轮的齿顶与另一轮的齿根之间有径向间隙 $c = c^* m$，这也是齿轮的齿根高比齿顶高大 $c^* m$ 的缘故。$c^* m$ 称为标准顶隙，它是为储存润滑油以润滑齿廓表面而设置的。

上述这种满足标准顶隙及齿侧间隙为零的安装称为标准安装。

当一对齿轮的实际中心距 a' 大于标准中心距 a，即 $a' > a$ 时，称为非标准安装，此时节圆与分度圆分离，$\alpha' > \alpha$，顶隙大于标准顶隙 $c^* m$，齿侧产生了间隙，如图 5.20（b）所示。

根据 $r_b = r\cos\alpha = r'\cos\alpha'$ 的关系，可得出

$$r_{b1} + r_{b2} = (r_1 + r_2)\cos\alpha = a\cos\alpha$$

以及

$$r_{b1} + r_{b2} = (r_1' + r_2')\cos\alpha' = a'\cos\alpha'$$

于是

$$a'\cos\alpha' = a\cos\alpha$$

实际中心距为

$$a' = a\frac{\cos\alpha}{\cos\alpha'} \tag{5.14}$$

5.4.5 渐开线齿轮与齿条的啮合特点

如图 5.21 所示，渐开线齿轮与齿条标准安装时，齿轮的分度圆与齿条的分度线（中线）相切并做纯滚动。此时齿轮的节圆与分度圆重合，齿条移动的速度 $v_2 = r_1 \omega_1$，其啮合角 α' 等于压力角 α，即 $\alpha' = \alpha = 20°$。

如果把齿条由标准安装位置径向移动一段距离 xm，这时齿轮与齿条将只有一侧接触，另一侧出现间隙。这时，齿轮基圆的大小和位置不变，齿条直线齿廓的方位也不变，与齿轮节圆相切并做纯滚动的是与齿条中线相平行的节线。由于齿条齿廓各点压力角均为 α，啮合线没有变，节点 P 也没有变，所以 $O_1 P = r_1$，$\alpha' = \alpha = 20°$，齿轮分度圆仍然与节圆重合，但齿条中线与节线（pitch line）已不再重合，这种安装称为非标准安装。

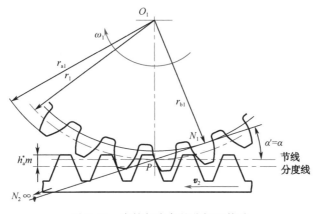

图 5.21 齿轮与齿条的非标准传动

因此，不论齿条的中线是否与齿轮的节圆相切，齿轮的分度圆总是与节圆重合，啮合角 α' 总是等于齿轮分度圆的压力角 α，也等于齿条的齿形角。

§5.5 渐开线齿轮的加工原理

齿轮加工的方法很多，有铸造法、模锻法、热轧法、冲压法、粉末冶金法和切削法等，其中最常用的是切削法。切削法加工也有多种方法，但从加工原理看，有仿形法和范成法两大类。

5.5.1 仿形法

仿形法（form cutting）是利用与齿轮的齿槽形状相同的刀具，将轮坯的齿槽部分切去而形成轮齿的方法。图 5.22（a）表示盘形铣刀（disk milling cutter）加工齿槽的情况，铣刀绕自身轴线回转，轮坯沿自身轴线移动。当铣完一个齿槽后，轮坯退回原处，再用分度头将轮坯转过 $360°/z$。用同样的方法铣第二个齿槽，重复进行，直至铣出全部轮齿。图 5.22（b）所示为指状铣刀（finger milling cutter）加工齿槽的情况。

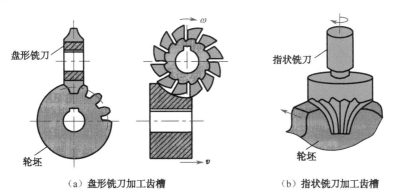

（a）盘形铣刀加工齿槽　　　　　　　（b）指状铣刀加工齿槽

图 5.22 仿形法加工齿槽

仿形法加工费用低，在普通铣床上就可加工齿轮，但其效率低、精度差，只适用于修配或小量生产。造成仿形法精度低的原因主要有两点：一是分度误差和对中误差，二是刀具的齿形误差。渐开线形状取决于基圆半径 $r_b = \dfrac{mz}{2}\cos\alpha$，当 m 和 α 一定时，渐开线的齿廓形状随齿数 z 的多少而改变。这表明每加工一种齿数的齿轮就需要有一把相应的铣刀，这样才能切制出完全准确的齿形，但这显然是很不经济的。在实际加工中，对于同一 m 和 α 的齿轮，一般只备有八把齿轮铣刀，各号铣刀所加工齿轮的齿数范围见表 5.5。各号铣刀的齿形都是按该组内齿数最少的齿轮齿形制作的，以便加工出来的齿轮啮合时不致卡住。

表 5.5 一组八把齿轮铣刀刀号及其加工齿数范围

刀 号	1	2	3	4	5	6	7	8
加工齿数范围	12~13	14~16	17~20	21~25	26~34	35~54	55~134	135 以上

5.5.2 范成法

范成法（generating cutting）是应用包络原理来加工齿轮齿廓的一种方法，其实质是齿轮与齿轮啮合或齿轮与齿条啮合时，其齿廓互为共轭的包络线。范成法切削齿轮时，常用的刀具有齿轮插刀、齿条插刀和齿轮滚刀。

1. 齿轮插刀（pinion cutter）

图 5.23 所示为用齿轮插刀加工齿轮的情形，齿轮插刀是一个齿数为 $z_刀$ 的具有刀刃的外齿轮，用它可加工出模数、压力角与插刀相同而齿数为 z 的齿轮。齿轮插刀与轮坯之间的相对运动有如下几种。

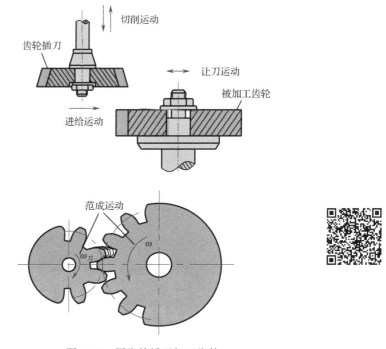

图 5.23 用齿轮插刀加工齿轮

（1）范成运动。齿轮插刀与轮坯以定传动比 $i=\dfrac{\omega_{刀}}{\omega}=\dfrac{z}{z_{刀}}$ 转动。这是加工齿轮的主运动，称为范成运动。

（2）切削运动。齿轮插刀沿轮坯轴线方向做往复运动，其目的是将齿槽部分的材料切去。

（3）进给运动。齿轮插刀向着轮坯方向移动，其目的是切出轮齿高度。

（4）让刀运动。齿轮插刀向上运动时，轮坯沿径向做微量运动，以免刀刃擦伤已形成的齿面，在齿轮插刀向下切削到轮坯前又恢复到原来的位置。

2. 齿条插刀（rack cutter）

图 5.24 所示为用齿条插刀加工齿轮的情况。齿条插刀与轮坯的范成运动相当于齿轮齿条的啮合运动，齿条插刀的移动速度为

$$v_{刀}=r\omega=\frac{mz}{2}\omega$$

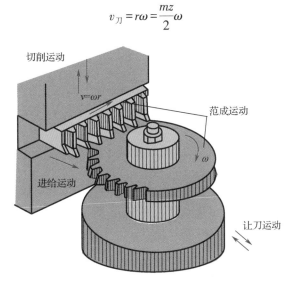

图 5.24　用齿条插刀加工齿轮

此式即为用齿条型刀具加工齿轮的运动条件。由该式可知，只有当刀具的移动速度与轮坯的转动角速度满足上述关系式时，才能加工出所需齿数的齿轮。即被加工齿轮的齿数 z 取决于 $v_{刀}$ 与 ω 的比值。其切齿原理与用齿轮插刀加工齿轮的原理相同。

不论是用齿轮插刀还是用齿条插刀加工齿轮，它们的切削运动都是不连续的，生产率较低，因此在生产中广泛采用齿轮滚刀来加工齿轮。

3. 齿轮滚刀（hobbing cutter）

图 5.25 所示为用齿轮滚刀加工直齿轮的情形。滚刀的形状像一个螺旋，其轴线与轮坯端面所成的夹角等于滚刀升角 γ，滚刀螺旋的切线方向与被切轮齿的方向相同。由于滚刀在轮坯端面上的投影是一齿条，因此它属于齿条型刀具。当滚刀连续转动时，相当于一根无限长的投影齿条向前移动。由于齿轮滚刀一般是单头的，其转动一周，就相当于用齿条插刀切齿时齿条插刀移过一个齿距。所以用滚刀切制齿轮的原理和用齿条插刀切制齿轮的原理基本相同。为了沿齿宽方向切出完整的轮齿，滚刀在转动的同时，还有一个沿轮坯轴线方向的慢速进给运动。

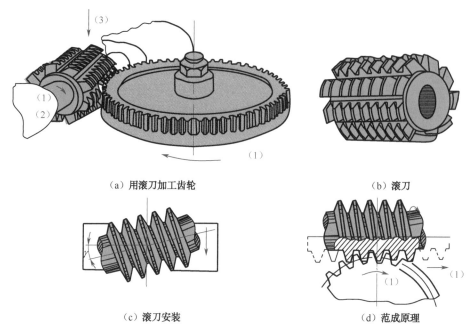

（a）用滚刀加工齿轮   （b）滚刀

（c）滚刀安装   （d）范成原理

（1）范成运动；（2）切削运动；（3）进给运动

图 5.25 用齿轮滚刀加工直齿轮

5.5.3 用标准齿条型刀具加工标准齿轮

齿条插刀比较典型，而且齿轮滚刀在轮坯端面上的投影齿形可以看成齿条。因此，把齿条插刀和齿轮滚刀统称为齿条型刀具，其齿形如图 5.26 所示。它相当于在基本齿廓的齿顶上加一段齿顶圆角，其高度为 c^*m，高出的部分是以 ρ 为半径的圆弧与齿条型刀具的直线齿廓部分相切，用于加工出齿轮的齿根圆角部分。刀具的中线上的齿厚 s 等于齿槽宽 e，均为 $\frac{\pi}{2}m$。中线上、下两段直线齿廓是用来加工渐开线的，其高度分别为 h_a^*m，齿廓倾斜角 α 称为齿形角。齿条型刀具的 h_a^*、c^*、α 等参数均由基本齿廓决定。

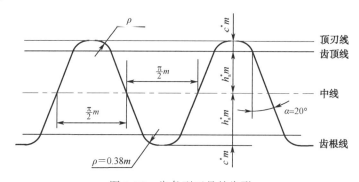

图 5.26 齿条型刀具的齿形

当齿条型刀具的中线与齿轮毛坯的分度圆相切做纯滚动，刀具移动的线速度 v 等于轮坯分度圆的线速度 ωr，即 $v=\omega r$ 时，加工出的齿轮的分度圆压力角等于刀具的齿形角 α，分度圆齿厚 s 等于刀具分度线上的齿槽宽 e，即 $s=e=\frac{\pi}{2}m$，其齿顶高为 h_a^*m，齿根高为 $(h_a^*+c^*)m$，这种齿轮就是标准齿轮。

5.5.4　渐开线齿轮的根切现象及避免根切的方法

1. 产生根切的原因

用范成法加工齿轮时，有时会发现刀具的齿顶部分把被加工齿轮齿根部分已经切削出来的渐开线齿廓切去一部分，这种现象称为根切（undercutting），如图 5.27 所示。根切将削弱齿根强度，甚至可能降低传动的重合度，影响传动质量，显然应避免这种现象。

如图 5.28 所示，齿条型刀具的中线与被切齿轮的分度圆切于节点 P，而齿条型刀具的齿顶线 MM' 与啮合线的交点 B_2 已经超过了被切齿轮的极限点 N。

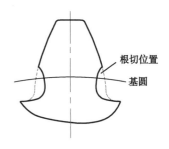

图 5.27　渐开线齿轮的根切现象

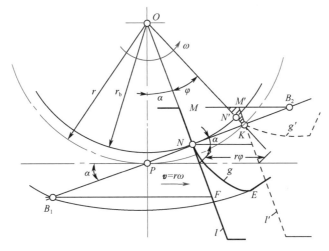

图 5.28　产生根切的原因

当刀具齿廓从点 B_1 开始向右送进到它通过点 N 的位置 l 时，刀具齿廓的 NF 段便切出轮坯的渐开线齿廓 NE。在这段切削过程中无根切现象。

设刀具继续移动的距离为 $r\varphi$，则因刀具的中线与轮坯的分度圆做纯滚动，故轮坯转过的角度为 φ。这时轮坯和刀具的齿廓分别位于位置 g' 和 l'。齿廓 l' 与啮合线垂直交于点 K，故

$$\overline{NK} = r\varphi\cos\alpha = r_b\varphi$$

这时轮坯上的点 N 转过的弧长为 $\overset{\frown}{NN'} = r_b\varphi$，因此得

$$\overset{\frown}{NN'} = \overline{NK}$$

由于 $\overline{NK}$ 为点 N 到直线齿廓 l' 的垂直距离，而 $\overset{\frown}{NN'}$ 为圆弧，所以点 N' 必在齿廓 l' 的左边。又因 N' 是齿廓 g' 在基圆上的始点，故刀具的齿顶必定切入轮坯的齿根，不但基圆内的齿廓被切去一部分，而且基圆外的渐开线齿廓也被切去一部分，即发生根切现象。

2. 避免根切的方法

1）被切齿轮的齿数应多于不产生根切的最少齿数（minimum teeth number）

用标准齿条型刀具切制标准齿轮时，若被切齿轮的基圆半径太小，如图 5.29（a）中的 r_b'，则刀具的齿顶线会超过啮合极限点 N_1' 点而产生根切。在维持刀具位置不变的情况下，应将被加工齿轮的基圆半径 r_b 加大，使 N_1 点相对于节点 P 外移。由基圆半径 $r_b = \dfrac{mz}{2}\cos\alpha$ 可知，当 m 和 α 一定时，影响基圆大小的因素是齿数，也就是说，被加工齿轮的齿数应足够多。

如图 5.29（a）所示，若 $N_1M \geqslant h_a^* m$ 就不会产生根切。由此可得

$$N_1M = PN_1\sin\alpha = r\sin^2\alpha = \frac{mz}{2}\sin^2\alpha$$

于是

$$\frac{mz}{2}\sin^2\alpha \geqslant h_a^* m$$

即

$$z \geqslant \frac{2h_a^*}{\sin^2\alpha}$$

得出切制标准齿轮不产生根切的最少齿数为

$$z_{\min} = \frac{2h_a^*}{\sin^2\alpha} \tag{5.15}$$

当 $h_a^* = 1$，$\alpha = 20°$ 时，$z_{\min} = 17$。

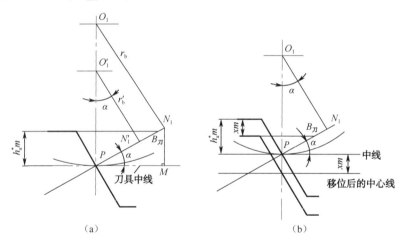

图 5.29　避免根切的方法

2）移动齿条型刀具使之远离轮坯中心

在被加工齿轮的齿数一定的情况下，移动齿条型刀具使之远离轮坯中心，使刀具的齿顶线不超过 N_1 点。

如图 5.29（b）所示，将刀具远离轮坯中心一段距离 xm，其中，x 称为变位系数（modification coefficient），m 为模数。为不产生根切，应使 $\overline{PB_刀} \leqslant \overline{PN_1}$，由于

$$\overline{PB_刀} = (h_a^* - x)m/\sin\alpha, \quad \overline{PN_1} = \frac{mz}{2}\sin\alpha$$

所以

$$h_a^* - x \leqslant \frac{z}{2}\sin^2\alpha$$

即

$$x \geqslant h_a^* - \frac{z}{2}\sin^2\alpha$$

因此用标准齿条型刀具切制少于最少齿数的标准齿轮，使之不产生根切时，刀具远离轮坯中心的最小移距量为

$$x_{\min}m = \left(h_a^* - \frac{z}{2}\sin^2\alpha\right)m$$

而由式（5.15）可得

$$\frac{\sin^2\alpha}{2} = \frac{h_a^*}{z_{\min}}$$

所以

$$x_{\min} = h_a^*\left(1 - \frac{z}{z_{\min}}\right) \tag{5.16}$$

当切制 $h_a^* = 1$，$\alpha = 20°$，$z < 17$ 的标准齿轮时，刀具的最小变位系数为

$$x_{\min} = \frac{17 - z}{17}$$

§5.6　变位齿轮传动

5.6.1　变位齿轮的概念

用范成法加工齿轮时，如果齿条型刀具的中线不与齿轮的分度圆相切，而是靠近或远离轮坯的转动中心，由于与齿条中线相平行的节线上的齿厚不等于齿槽宽，加工出来的齿轮为非标准齿轮，称为变位齿轮（modified gear）。

如图 5.30 所示，当刀具远离轮坯中心的距离为 xm 时，加工出来的齿轮称为正变位齿轮，其中 $x > 0$，称为正变位系数；而刀具移近轮坯中心的距离为 xm 时所加工出来的齿轮称为负变位齿轮，其中 $x < 0$，称为负变位系数。

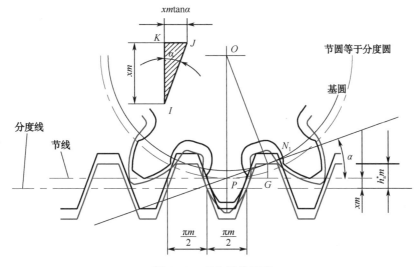

图 5.30　变位齿轮原理

不论是否正确安装，齿轮的分度圆总是等于节圆，所以齿条型刀具切制的齿轮分度圆也与其节圆重合，其上的模数和压力角分别等于刀具的模数和压力角。因此，变位齿轮与同参数的标准齿轮的分度圆、基圆、齿距、基节相同。

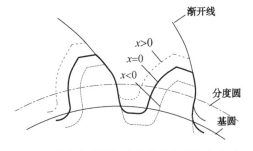

图 5.31 变位齿轮与标准齿轮的渐开线齿廓对比

但是对于正变位齿轮来说，其齿顶圆和齿根圆加大了，齿顶高大于标准值，齿根高小于标准值，齿厚大于齿槽宽；而负变位齿轮则相反。

变位齿轮与同参数的标准齿轮的齿廓曲线都是同一个基圆上的渐开线，只是所选取的部位不同而已。图 5.31 所示是相同参数（z、m、α、h_a^*、c^* 相同）的变位齿轮与标准齿轮的渐开线齿廓对比。

5.6.2 变位齿轮的几何尺寸计算

1. 任意圆上的齿厚计算

如图 5.32 所示，KK' 为齿轮半径为 r_K 的任意圆上的齿厚，用 s_K 表示，s 为分度圆齿厚，θ_K、θ 分别为渐开线在任意圆上 K 点和在分度圆 C 点处的展角。由于

$$\angle KOK' = \angle COC' - 2\angle COK = \frac{s}{r} - 2(\theta_K - \theta)$$

$$s_K = r_K \angle KOK'$$

则

$$s_K = \left[\frac{s}{r} - 2(\theta_K - \theta)\right] r_K = s\frac{r_K}{r} - 2r_K(\mathrm{inv}\alpha_K - \mathrm{inv}\alpha) \qquad (5.17)$$

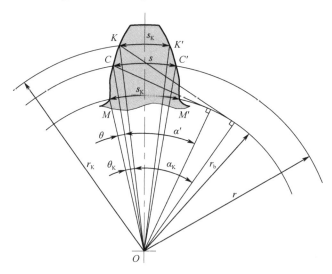

图 5.32 任意圆上的齿厚

2. 分度圆齿厚和齿槽宽

如图 5.30 所示，当用齿条型刀具切制正变位齿轮时，刀具的节线与齿轮的分度圆相切并做纯滚动。因此齿条节线的齿槽宽 e 等于被切齿轮的分度圆齿厚 s，即

$$s = \frac{\pi m}{2} + 2xm \tan \alpha \tag{5.18}$$

齿轮的齿槽宽 $e = p - s$，即

$$e = \frac{\pi m}{2} - 2xm \tan \alpha \tag{5.19}$$

3. 中心距与啮合角

变位齿轮传动与标准齿轮传动一样，要求其齿侧无间隙。显然应使一个齿轮节圆上的齿厚等于另一个齿轮节圆上的齿槽宽，即

$$s_1' = e_2' \quad 或 \quad s_2' = e_1'$$

两齿轮节圆上的齿距为

$$p' = s_1' + e_1' = s_2' + e_2' = s_1' + s_2' \tag{5.20}$$

根据 $r_b = r' \cos \alpha' = r \cos \alpha$ 可得

$$\frac{p'}{p} = \frac{\dfrac{2\pi r'}{z}}{\dfrac{2\pi r}{z}} = \frac{r'}{r} = \frac{\cos \alpha}{\cos \alpha'}$$

于是

$$p' = p \frac{\cos \alpha}{\cos \alpha'} = s_1' + s_2'$$

将式（5.17）及式（5.18）代入上式并整理，得

$$\text{inv}\alpha' = \frac{2(x_1 + x_2) \tan \alpha}{z_1 + z_2} + \text{inv}\alpha \tag{5.21}$$

式（5.21）称为无侧隙啮合方程式。它表明，当两变位齿轮变位系数和 $(x_1 + x_2)$ 不为零，两齿轮做无侧隙啮合传动时，其啮合角 α' 不等于压力角 α；两齿轮的中心距 a' 不等于标准中心距 a；各齿轮的节圆不与它们各自的分度圆重合。变位齿轮传动的中心距与标准中心距之差为 ym，ym 也表示两齿轮分度圆的分离量。显然有

$$a' = a + ym$$

式中，m 为模数；y 称为中心距变动系数，也称为分度圆分离系数。图 5.33（a）所示为无侧隙啮合传动时的中心距 a'。

4. 齿根圆、齿顶圆及齿顶高变动系数

变位齿轮的齿根圆是由刀具的齿顶线包括 c^*m 的圆弧部分切制出来的，所以正变位齿轮的齿根圆比标准齿轮的齿根圆大，而其齿根高则减小了 xm，即齿根高

$$h_f = (h_a^* + c^*)m - xm$$

同理，正变位齿轮的齿顶圆也增大了，其齿顶高增大了 xm，即齿顶高

$$h_a = h_a^* m + xm$$

变位齿轮的齿全高为

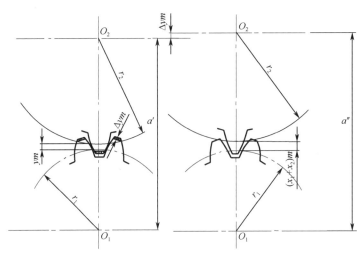

（a）无侧隙啮合传动时的中心距　　　（b）按标准齿全高安装时的中心距

图5.33　中心距与侧隙

$$h = h_a + h_f = (2h_a^* + c^*) m$$

即变位齿轮的齿全高不变。

齿顶圆半径的计算式为

$$r_a = r + (h_a^* + x) m$$

齿根圆半径的计算式为

$$r_f = r - (h_a^* + c^* - x) m$$

如果保证两齿轮的齿全高为标准值且保证标准顶隙，则会出现侧隙，如图5.33（b）所示，两齿轮的中心距为

$$a'' = r_{a2} + c + r_{f1} = r_1 + r_2 + (x_1 + x_2) m = a + (x_1 + x_2) m$$

即两齿轮分度圆之间的距离为 $(x_1 + x_2) m$。

若要同时满足无侧隙啮合和标准顶隙的条件，应使 $a'' = a'$，即 $y = x_1 + x_2$。可以证明，只要 $x_1 + x_2 \neq 0$，$x_1 + x_2 > y$，则实际总是 $a'' > a'$。因此，若按 a' 安装，能保证无侧隙啮合，而不能保证标准顶隙；若按 a'' 安装，能保证标准顶隙，而不能保证无侧隙啮合。为解决此矛盾，实际设计时，按无侧隙的中心距 a' 安装，同时将两轮的齿顶削减 Δym，以满足标准顶隙的要求，即

$$\Delta ym = (x_1 + x_2) m - ym$$

也即

$$\Delta y = (x_1 + x_2) - y$$

式中，Δy 称为齿顶高变动系数。

外啮合变位直齿圆柱齿轮机构几何尺寸计算公式见表5.6。

表5.6　外啮合变位直齿圆柱齿轮机构几何尺寸计算公式

名　称	符　号	计算公式
分度圆直径	d	$d_1 = mz_1$；$d_2 = mz_2$
基圆直径	d_b	$d_{b1} = d_1 \cos \alpha$；$d_{b2} = d_2 \cos \alpha$
齿顶高	h_a	$h_{a1} = (h_a^* + x_1 - \Delta y) m$；$h_{a2} = (h_a^* + x_2 - \Delta y) m$
齿根高	h_f	$h_{f1} = (h_a^* + c^* - x_1) m$；$h_{f2} = (h_a^* + c^* - x_2) m$
齿全高	h	$h = h_a + h_f = (2h_a^* + c^* - \Delta y) m$

续表

名　　称	符　　号	计算公式
齿顶圆直径	d_a	$d_{a1}=d_1+2h_{a1}$；$d_{a2}=d_2+2h_{a2}$
齿根圆直径	d_f	$d_{f1}=d_1-2h_{f1}$；$d_{f2}=d_2-2h_{f2}$
啮合角	α'	$\mathrm{inv}\,\alpha'=\dfrac{2(x_1+x_2)\tan\alpha}{z_1+z_2}+\mathrm{inv}\,\alpha$
标准中心距	a	$a=\dfrac{m}{2}(z_1+z_2)$
实际中心距	a'	$a'=a\dfrac{\cos\alpha}{\cos\alpha'}$；$a'=a+ym$
齿顶高变动系数	Δy	$\Delta y=(x_1+x_2)-y$
中心距变动系数	y	$y=(a'-a)/m$
齿距	p	$p=\pi m$
基圆齿距	p_b	$p_b=p\cos\alpha$
分度圆齿厚	s	$s_1=\dfrac{\pi m}{2}+2x_1 m\tan\alpha$；$s_2=\dfrac{\pi m}{2}+2x_2 m\tan\alpha$
分度圆齿槽宽	e	$e_1=\dfrac{\pi m}{2}-2x_1 m\tan\alpha$；$e_2=\dfrac{\pi m}{2}-2x_2 m\tan\alpha$

例 5.1　如图 5.24 所示，用齿条插刀加工一直齿圆柱齿轮。设已知被加工齿轮轮坯的角速度 $\omega_1=5\mathrm{rad/s}$，刀具移动速度 $v_2=0.375\mathrm{m/s}$，刀具的模数 $m=10\mathrm{mm}$，压力角 $\alpha=20°$，$h_a^*=1$，$c^*=0.25$。（1）求被加工齿轮的齿数 z_1；（2）若齿条分度线与被加工齿轮中心的距离为 77mm，求齿轮变位系数 x_1 及被加工齿轮的分度圆齿厚 s_1；（3）若该小齿轮 1 将与大齿轮 2 做无侧隙啮合且顶隙为标准值，传动比 $i_{12}=4$，实际中心距 $a'=380\mathrm{mm}$，求这两个齿轮的节圆半径 r_1'、r_2' 及啮合角 α'；（4）求这对齿轮传动的重合度 ε_α。

解：（1）由于 $v_2=r_1\omega_1$，因而
$$r_1=v_2/\omega_1=0.375\times1000/5=75\mathrm{mm}$$

由于 $r_1=\dfrac{mz_1}{2}$，所以

$$z_1=2r_1/m=2\times75/10=15$$

（2）齿条分度线与被加工齿轮中心的距离为 77mm，而 $r_1=75\mathrm{mm}$，所以
$$x_1 m=2\mathrm{mm}$$

将 $m=10\mathrm{mm}$ 代入上式，得

$$x_1=0.2$$

$$s_1=\frac{\pi m}{2}+2x_1 m\tan\alpha=\frac{\pi\times10}{2}+2\times0.2\times10\times\tan20°=17.1638\mathrm{mm}$$

（3）由于 $a'=r_1'+r_2'=r_1'(1+i_{12})=r_1'\times5=380$，所以

$$r_1'=380/5=76\mathrm{mm}$$
$$r_2'=r_1'\times i_{12}=76\times4=304\mathrm{mm}$$
$$r_2=r_1\times i_{12}=75\times4=300\mathrm{mm}$$
$$a=r_1+r_2=75+300=375\mathrm{mm}$$
$$\alpha'=\arccos\left(\frac{a\cos\alpha}{a'}\right)=\arccos\left(\frac{375\times\cos20°}{380}\right)=21.9779°$$

（4）重合度的计算公式为

$$\varepsilon_{\alpha} = \frac{1}{2\pi} [z_1 (\tan \alpha_{a1} - \tan \alpha') + z_2 (\tan \alpha_{a2} - \tan \alpha')]$$

已知啮合角 α' 和变位系数 x_1，可根据无侧隙啮合方程式求变位系数 x_2。

$$inv\alpha' = \frac{2(x_1 + x_2) \tan \alpha}{z_1 + z_2} + inv \alpha$$

$$inv\alpha' = inv21.9779° = 0.01999$$

$$inv \alpha = inv20° = 0.014904$$

$$x_2 = \frac{(inv \alpha' - inv \alpha) \times (z_1 + z_2)}{2\tan \alpha} - x_1$$

$$= \frac{(0.01999 - 0.014904) \times (15 + 60)}{2\tan 20°} - 0.2 = 0.3240$$

$$r_{f2} = r_2 - (h_a^* + c^*) m + x_2 m = 290.74\text{mm}$$

$$r_{a1} = a' - r_{f2} - c^* m = 86.76\text{mm}$$

$$r_{f1} = r_1 - (h_a^* + c^*) m + x_1 m = 64.5\text{mm}$$

$$r_{a2} = a' - r_{f1} - c^* m = 313\text{mm}$$

$$r_{b1} = r_1 \cos \alpha = 75 \times \cos 20° = 70.4769\text{mm}$$

$$r_{b2} = r_2 \cos \alpha = 300 \times \cos 20° = 281.907786\text{mm}$$

$$\alpha_{a1} = \arccos \left(\frac{r_{b1}}{r_{a1}} \right) = \arccos \left(\frac{70.4769}{86.76} \right) = 35.6767°$$

$$\alpha_{a2} = \arccos \left(\frac{r_{b2}}{r_{a2}} \right) = \arccos \left(\frac{281.907786}{313} \right) = 25.7545°$$

$$\varepsilon_{\alpha} = \frac{1}{2\pi} [z_1 (\tan \alpha_{a1} - \tan \alpha') + z_2 (\tan \alpha_{a2} - \tan \alpha')]$$

$$= \frac{1}{2\pi} [15(\tan 35.6767° - \tan 21.9779°) + 60(\tan 25.7545° - \tan 21.9779°)]$$

$$= 1.504$$

5.6.3　变位齿轮传动的类型

按照一对齿轮的变位系数之和 $x_1 + x_2$ 的数值不同，可将齿轮传动分为以下三种类型。

1. 零传动

如果一对齿轮的变位系数之和 $x_1 + x_2 = 0$，则这种齿轮传动称为零传动。零传动又分为以下两种情况。

1）标准齿轮传动

两轮的变位系数都等于零，即 $x_1 = x_2 = 0$。

2）高度变位齿轮传动（又称等变位齿轮传动）

这种齿轮传动中，两轮的变位系数之和 $x_1 + x_2 = 0$，但 $x_1 = -x_2 \neq 0$。一般小齿轮采用正变位，大齿轮采用负变位。

2. 正传动

若一对齿轮的变位系数之和大于零，即 $x_1+x_2>0$，则这种齿轮传动称为正传动。

3. 负传动

若一对齿轮的变位系数之和小于零，即 $x_1+x_2<0$，则这种齿轮传动称为负传动。

§5.7　平行轴斜齿圆柱齿轮机构

5.7.1　斜齿圆柱齿轮齿面的形成及啮合特点

1. 斜齿轮齿面的形成

如图 5.34 所示，发生面（generating plane）S 上的直线 $K—K$ 与基圆柱的母线 $N—N$ 平行。当发生面与基圆柱做纯滚动时，直线 $K—K$ 展成的渐开线曲面就是直齿轮的齿廓曲面，称为渐开线柱面。直齿轮的啮合特点是突然地沿齿宽同时进入啮合和同时退出啮合。任一瞬时两齿廓的接触线都平行于齿轮轴并沿齿宽在同一个圆柱面上。齿轮的啮合传动对齿轮的误差（如齿形误差）较敏感，并且轮齿上载荷的变化量大，传动时易产生冲击、振动和噪声，工作平稳性差。斜齿轮的出现将会克服这些缺点。

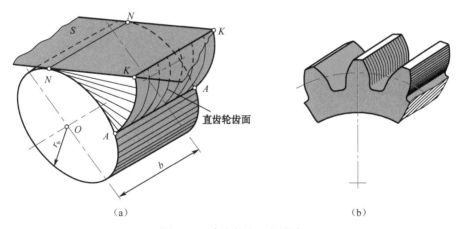

图 5.34　直齿轮齿面的形成

如图 5.35 所示，发生面 S 上的直线 $K—K$ 不与轴线平行而是偏斜了一个角度 β_b。发生面 S 沿基圆柱做纯滚动时，线 $K—K$ 上任一点的轨迹都是基圆柱的一条渐开线，而整个直线 $K—K$ 也展出一个渐开线曲面，称为渐开线螺旋面（involute helicoid）。

相切于基圆柱的平面与齿面的交线为斜直线 $K—K$，它与基圆柱母线的夹角总是 β_b。端面（垂直于齿轮轴线的平面）与齿面的交线为渐开线。基圆柱面及和它同轴的圆柱面与齿面的交线都是螺旋线（helical line），但其螺旋角（helical angle）不等。

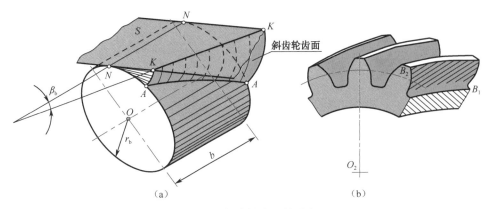

图 5.35　斜齿轮齿面的形成

2. 一对平行轴斜齿轮共轭齿廓的形成

如图 5.36 所示，两轮基圆柱的内公切面 S 是发生面。发生面与基圆柱的切线 N_1—N_1、N_2—N_2 是两基圆柱的母线。平面 S 上的直线 K—K 与母线 N_1—N_1、N_2—N_2 之间的夹角均为 β_b。当发生面 S 分别沿两轮基圆柱面做纯滚动时，则直线 K—K 便展出两轮的渐开线螺旋面齿廓。

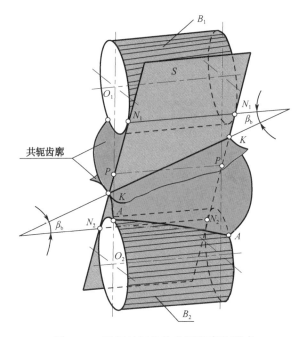

图 5.36　平行轴斜齿轮共轭齿廓的形成

3. 斜齿轮的啮合特点

两齿轮的瞬时接触线是斜直线。传动时，从齿顶 B_2 点开始啮合，接触线由短到长，再由长到短，到 B_1 点啮出为止。载荷由小到大，再由大到小。从端面上看，斜齿轮传动与直齿轮传动相同，能保证准确的传动比。传动过程中，具有啮合角不变和中心距可分性等特点。

5.7.2　斜齿圆柱齿轮的标准参数及基本尺寸

1. 斜齿轮的标准参数

由于斜齿轮的轮齿倾斜了一个 β_b 角，切制斜齿轮时，刀具沿着螺旋线方向进刀，此时轮齿的法面参数与刀具的参数一样。因此，斜齿轮的标准参数是法面参数，即法面模数 m_n、法面压力角 α_n、法面齿顶高系数 h_{an}^*、法面顶隙系数 c_n^* 为标准值。

2. 分度圆柱螺旋角及基圆柱螺旋角

与直齿圆柱齿轮一样，斜齿轮的基本尺寸是以分度圆柱为基准圆进行计算的。斜齿轮分度圆柱上的螺旋线的切线与其轴线所夹的锐角称为分度圆柱螺旋角（简称螺旋角），用 β 表示。为了说明分度圆柱螺旋角 β 与基圆柱螺旋角 β_b 之间的关系，可将斜齿轮沿分度圆柱和基圆柱展开，如图 5.37 所示。由图 5.37（c）可得

$$\tan \beta = \frac{\pi d}{L}, \qquad \tan \beta_b = \frac{\pi d_b}{L}$$

式中，L 为螺旋线的导程（lead）。

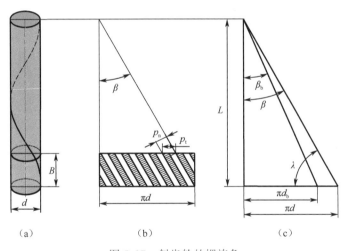

图 5.37　斜齿轮的螺旋角

对同一个斜齿轮而言，任一圆柱面上螺旋线的导程应相同，所以有

$$\tan \beta / \tan \beta_b = d/d_b = 1/\cos \alpha_t$$
$$\tan \beta_b = \tan \beta \cos \alpha_t \tag{5.22}$$

斜齿轮的螺旋角 β 是重要的基本参数之一，由于斜齿轮的轮齿倾斜了 β 角，使斜齿轮传动时产生轴向力，β 越大，轴向力越大。

3. 法面参数（normal parameter）和端面参数（transverse parameter）

由斜齿轮齿廓曲面的形成可知，从斜齿轮的端面看，斜齿轮的啮合传动与直齿轮相同。因此，可将斜齿轮的端面参数代入直齿轮的计算公式进行斜齿轮基本尺寸的计算。为此，必须建立斜齿轮的法面参数与端面参数之间的关系。

1）模数

如图 5.37（b）所示，p_n、p_t 分别为斜齿轮的法面齿距（normal circular pitch）和端面齿距（transverse circular pitch）。它们之间的关系为

$$p_n = p_t \cos \beta$$

由于 $p_n = \pi m_n$，$p_t = \pi m_t$，因此可得

$$m_n = m_t \cos \beta \tag{5.23}$$

2）齿顶高系数、顶隙系数和变位系数

不论从法面看还是从端面看，斜齿轮的齿顶高和齿根高都是相同的，即

$$h_a = h_{an}^* m_n = h_{at}^* m_t$$

$$h_{at}^* = h_{an}^* m_n / m_t = h_{an}^* \cos \beta \tag{5.24}$$

同理

$$h_f = (h_{an}^* + c_n^*) m_n^* = (h_{at}^* + c_t^*) m_t \tag{5.25}$$

因此

$$c_t^* = c_n^* \cos \beta \tag{5.26}$$

切制齿轮时，刀具沿被切齿轮的径向向前或向后移，其移距量不论从法面看还是从端面看都是相同的，因此端面变位系数与法面变位系数的关系为

$$x_t = x_n \cos \beta \tag{5.27}$$

3）压力角

斜齿轮与斜齿条正确啮合时，斜齿条的法面参数和端面参数一定分别与斜齿轮的法面参数和端面参数相同，因此两者的法面参数和端面参数之间的关系也必然相等。由于斜齿条的齿廓是直线，所以可以方便地分析法面压力角（normal pressure angle）和端面压力角（transverse pressure angle）之间的关系。如图 5.38 所示，斜齿条的法面 $\triangle A'B'C$ 与端面 $\triangle ABC$ 的夹角为 β 角，由于斜齿轮的法面与端面的齿高相等，即 $AB = A'B'$，因此可得

$$\frac{\overline{BC}}{\tan \alpha_t} = \frac{\overline{B'C}}{\tan \alpha_n}$$

在 $\triangle BB'C$ 中，$\overline{B'C} = \overline{BC} \cdot \cos \beta$，所以

$$\tan \alpha_n = \tan \alpha_t \cos \beta \tag{5.28}$$

式中，α_n 为法面压力角，是标准值；α_t 为端面压力角，不是标准值。

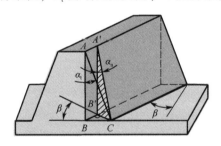

图 5.38　斜齿条中的端面压力角和法面压力角

5.7.3　斜齿圆柱齿轮的正确啮合条件

一对平行轴外啮合斜齿轮传动时，与直齿轮传动一样，两轮的法面模数和法面压力角应分别相等。另外，两轮啮合处的齿向要相同，因此一对平行轴外啮合斜齿圆柱齿轮的正确啮合条件为

$$\begin{cases} m_{n1} = m_{n2} = m_n \\ \alpha_{n1} = \alpha_{n2} = \alpha_n \\ \beta_1 = -\beta_2 \end{cases}$$

由于相互啮合的斜齿轮的螺旋角大小相等、旋向相反，所以其端面模数和端面压力角也分别相等，即

$$m_{t1} = m_{t2}, \quad \alpha_{t1} = \alpha_{t2}$$

5.7.4　斜齿圆柱齿轮传动的重合度

为了便于分析斜齿轮传动的重合度，将端面参数与直齿轮参数相当的斜齿轮进行比较。图 5.39（a）、（b）分别表示直齿轮和斜齿轮的实际啮合线。

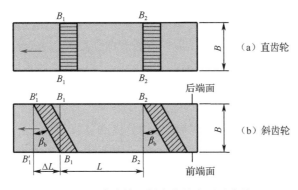

图 5.39　直齿轮和斜齿轮的实际啮合线

由于直齿轮传动啮合时是沿整个齿宽同时进入啮合，如图 5.39（a）中的 B_2—B_2 线，脱离啮合时也是沿整个齿宽同时脱离啮合，如图 5.39（a）中的 B_1—B_1 线，故直齿轮传动的重合度为

$$\varepsilon_\alpha = \frac{\overline{B_1 B_2}}{p_b}$$

对于斜齿圆柱齿轮传动，由于轮齿倾斜了 β_b 角度，当一对轮齿在前端面的 B_2 点进入啮合时，后端面还未进入啮合，如图 5.39（b）所示。同样，该对轮齿的前端面在 B_1 点脱离啮合时，后端面还未脱离啮合，只有当该轮齿的后端面转到 B_1' 点时，该对轮齿才全部脱离啮合。显然，斜齿圆柱齿轮传动的实际啮合线比直齿圆柱齿轮传动的实际啮合线增大了 $\overline{B_1 B_1'}$。

$$\overline{B_1 B_1'} = B \tan \beta_b$$

因此，斜齿轮传动的重合度

$$\varepsilon_\gamma = \frac{\overline{B_1 B_2}}{p_{bt}} + \frac{\overline{B_1 B_1'}}{p_{bt}}$$

上式可写成

$$\varepsilon_\gamma = \frac{\overline{B_1 B_2}}{p_{bt}} + \frac{\overline{B_1 B_1'}}{p_{bt}} = \varepsilon_\alpha + \varepsilon_\beta \tag{5.29}$$

式中，ε_β 称为轴面重合度。

将 $\tan \beta_b = \tan \beta \cos \alpha_t$ 及 $p_{bt} = p_t \cos \alpha_t$ 代入 $\overline{B_1 B_1'} / p_{bt}$ 整理后得

$$\varepsilon_\beta = \frac{B\sin\beta}{\pi m_n} \tag{5.30}$$

ε_α 称为端面重合度，其值与端面尺寸完全相同的直齿圆柱齿轮传动的重合度相等，即

$$\varepsilon_\alpha = \frac{1}{2\pi}\left[z_1(\tan\alpha_{at1}-\tan\alpha_t')+z_2(\tan\alpha_{at2}-\tan\alpha_t')\right] \tag{5.31}$$

由以上分析可知，ε_β 随螺旋角 β 和齿宽 B 的增大而增大，所以斜齿轮传动的重合度比直齿轮的重合度大得多。斜齿轮传动时，同时啮合的齿对数多，因此传动平稳、承载能力强。但 β 和 B 也不能任意增加，有一定限制。

5.7.5　斜齿圆柱齿轮的当量齿数

斜齿圆柱齿轮的法面齿形与端面齿形不同，用仿形法切制斜齿轮时，刀具是沿螺旋形齿槽方向进刀的，因此不仅要知道所要切制的斜齿轮的法面模数和法面压力角，还需要按照与法面齿形相当的齿数来选择刀号。在计算斜齿轮的轮齿弯曲强度时，由于作用力作用在法面内，所以也需要知道它的法面齿形。这就需要找出一个与斜齿轮法面齿形相当的直齿轮来，这个假想的直齿轮称为斜齿轮的当量齿轮（equivalent spur gear），其齿数称为斜齿轮的当量齿数（equivalent teeth number）。

如图 5.40 所示，过实际齿数为 z 的斜齿轮的分度圆柱螺旋线上的一点 P，作此轮齿螺旋线的法面 n—n，将此斜齿轮的分度圆柱剖开，得一椭圆剖面。在此剖面上 P 点附近的齿形可以近似地视为该斜齿轮的法面齿形。如果以椭圆上 P 点的曲率半径 ρ 为半径作一个圆，作为假想的直齿轮的分度圆，并设此假想的直齿轮的模数和压力角分别等于该斜齿轮的法面模数和法面压力角，则该假想的直齿轮的齿形就与上述斜齿轮的法面齿形十分相近。故此假想的直齿轮就是该斜齿轮的当量齿轮，其齿数即为当量齿数，以 z_v 表示。显然 $z_v = \frac{2\rho}{m_n}$。

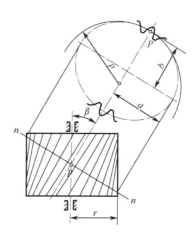

图 5.40　斜齿轮的当量齿轮

由图 5.40 可知，当斜齿轮的分度圆柱的半径为 r 时，椭圆的长半轴 $a = \frac{r}{\cos\beta}$，短半轴 $b = r$。由高等数学可知，椭圆上 P 点的曲率半径为

$$\rho = \frac{a^2}{b} = \left(\frac{r}{\cos\beta}\right)^2 \frac{1}{r} = \frac{r}{\cos^2\beta}$$

因而

$$z_v = \frac{2\rho}{m_n} = \frac{2r}{m_n \cos^2 \beta} = \frac{m_t z}{m_n \cos^2 \beta}$$

将 $m_n = m_t \cos \beta$ 代入上式，得

$$z_v = \frac{z}{\cos^3 \beta} \tag{5.32}$$

按式（5.32）求得的 z_v 值一般不是整数，也不必圆整为整数，只需按这个数值选取刀号即可。此外，在计算斜齿轮轮齿的弯曲疲劳强度、选取变位系数及测量齿厚时，也要用到当量齿数的概念。

5.7.6 斜齿圆柱齿轮的变位和几何尺寸的计算

如前所述，一对平行轴斜齿圆柱齿轮啮合传动时，从端面看与一对直齿圆柱齿轮传动一样。因此，把斜齿轮的法面标准参数换算成端面参数，使用端面参数，则直齿轮的几何尺寸计算公式完全适用于斜齿轮的几何尺寸计算。

一对外啮合平行轴标准斜齿圆柱齿轮传动的中心距为

$$a = \frac{m_t(z_1 + z_2)}{2} = \frac{m_n(z_1 + z_2)}{2\cos \beta} \tag{5.33}$$

由式（5.33）可知，在 z_1、z_2 和 m_n 一定时，可以用改变 β 的方法来配凑中心距 a，而不必像直齿轮传动那样采用变位的方法。

用范成法切制斜齿轮时，不发生根切的最少齿数为

$$z_{\min} = \frac{2h_{at}^*}{\sin^2 \alpha_t} = \frac{2h_{an}^* \cos \beta}{\sin^2 \alpha_t} \tag{5.34}$$

故标准斜齿轮不发生根切的最少齿数比直齿轮的要少。

同直齿圆柱齿轮一样，为了避免根切、配凑中心距或改善传动质量，平行轴斜齿圆柱齿轮传动也可以采用变位齿轮传动。斜齿轮变位时，无论从端面看还是从法面看，刀具的变位量都是一样的，因此

$$x_t m_t = x_n m_n$$

式中，x_t 为端面变位系数；x_n 为法面变位系数。

将 $m_n = m_t \cos \beta$ 代入上式，则得

$$x_t = x_n \cos \beta$$

为了方便设计，表 5.7 列出了外啮合平行轴标准斜齿圆柱齿轮机构的几何尺寸计算公式。

表 5.7　外啮合平行轴标准斜齿圆柱齿轮机构的几何尺寸计算公式

名　称	符　号	计算公式
端面模数	m_t	$m_t = \dfrac{m_n}{\cos \beta}$
端面齿距	p_t	$p_t = \dfrac{\pi m_n}{\cos \beta}$
端面基圆齿距	p_{bt}	$p_{bt} = p_t \cos \alpha_t$

名　称	符　号	计算公式
齿顶高	h_a	$h_{a1} = h_{a2} = h_{an}^* m_n$
齿根高	h_f	$h_{f1} = h_{f2} = (h_{an}^* + c_n^*) m_n$
分度圆直径	d	$d_1 = m_t z_1 = \dfrac{m_n}{\cos \beta} z_1$；$d_2 = m_t z_2 = \dfrac{m_n}{\cos \beta} z_2$
齿顶圆直径	d_a	$d_{a1} = m_n z_1 / \cos \beta + 2 h_{an}^* m_n$；$d_{a2} = m_n z_2 / \cos \beta + 2 h_{an}^* m_n$
齿根圆直径	d_f	$d_{f1} = m_n z_1 / \cos \beta - 2 (h_{an}^* + c_n^*) m_n$；$d_{f2} = m_n z_2 / \cos \beta - 2 (h_{an}^* + c_n^*) m_n$
基圆直径	d_b	$d_{b1} = d_1 \cos \alpha_t$；$d_{b2} = d_2 \cos \alpha_t$
节圆直径	d'	$d_1' = d_{b1} / \cos \alpha_t'$；$d_2' = d_{b2} / \cos \alpha_t'$
当量齿数	z_v	$z_{v1} = z_1 / \cos^3 \beta$；$z_{v2} = z_2 / \cos^3 \beta$
端面齿顶圆压力角	α_{at}	$\alpha_{at1} = \arccos \left(\dfrac{d_{b1}}{d_{a1}} \right)$；$\alpha_{at2} = \arccos \left(\dfrac{d_{b2}}{d_{a2}} \right)$
重合度	ε_γ	$\varepsilon_\gamma = \dfrac{1}{2\pi} \left[z_1 (\tan \alpha_{at1} - \tan \alpha_t') + z_2 (\tan \alpha_{at2} - \tan \alpha_t') \right] + \dfrac{B \sin \beta}{\pi m_n}$

5.7.7　斜齿圆柱齿轮机构的特点及应用

与直齿轮机构相比，平行轴斜齿轮机构有如下优点。

（1）啮合性能好。斜齿轮啮合传动时，轮齿接触线是与轴线不平行的斜直线，轮齿开始啮合和脱离啮合都是逐渐的，故传动平稳、冲击、振动和噪声较小。这种啮合方式也减小了轮齿制造误差对传动的影响。

（2）重合度大，承载能力强。平行轴斜齿轮的重合度随螺旋角 β 和齿宽 B 的增大而增大，有时甚至可达到 10。不仅传动平稳，而且减轻了每对轮齿承受的载荷，提高了承载能力。

（3）结构紧凑。由于标准斜齿轮不发生根切的最少齿数比直齿轮少，可使机构尺寸更为紧凑。

（4）斜齿轮的制造成本与直齿轮相同。

由于具有以上特点，平行轴斜齿轮机构的传动性能和承载能力都优于直齿轮机构，因而被广泛应用于高速、重载的传动中。

平行轴斜齿轮机构的主要缺点是：由于螺旋角的存在，在运动时会产生轴向推力 $F_x = F \sin \beta$，对传动不利，如图 5.41（a）所示。为了既能发挥平行轴斜齿轮传动的优点，又不致使轴向推力过大，设计时一般采用的螺旋角为 $\beta = 8° \sim 15°$。当用于高速大功率的传动时，为了消除轴向推力，可以采用如图 5.41（b）所示的人字齿轮。这种齿轮左右两排轮齿的螺线角大小相等、方向相反，可以使左右两侧产生的轴向力抵消。人字齿轮的螺旋角可以做得大一些，一般取 $\beta = 25° \sim 35°$，但人字齿轮的加工制造比较困难一些。

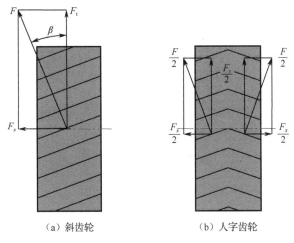

（a）斜齿轮　　　　　　　　　（b）人字齿轮

图 5.41 轮齿的受力

§5.8 蜗杆蜗轮机构

5.8.1 蜗杆蜗轮的形成

蜗杆蜗轮机构（worm and worm wheel mechanism）是应用广泛的传递两交错轴之间的运动和动力的传动机构，通常两轴交错角 $\Sigma = 90°$。

蜗杆蜗轮机构是由交错轴斜齿圆柱齿轮机构演变而来的。如果将两交错角 $\Sigma = 90°$ 的交错轴斜齿轮机构中的一个齿轮的分度圆柱减小，并将齿轮的宽度加大，螺旋角 β_1 加大，则该齿轮的轮齿在分度圆柱上形成完整的螺旋线，如螺杆一样，故称为蜗杆，与之相啮合的齿轮称为蜗轮，蜗轮的螺旋角 $\beta_2 = 90° - \beta_1$。这样的交错轴斜齿轮机构啮合时，其齿廓间仍是点接触。为了改善其接触状况，可以用与蜗轮相啮合的蜗杆作为刀具来加工蜗轮（蜗轮滚刀的外径比标准蜗杆大，以便切出蜗轮的齿根高）。切制出来的蜗轮母线为圆弧形，这样切制出来的蜗轮与蜗杆齿面间的接触为线接触，如图 5.42 所示。

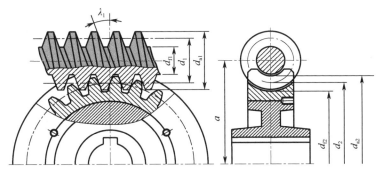

图 5.42 蜗杆蜗轮传动

由斜齿轮演化的蜗杆端面齿廓是渐开线齿廓，称为渐开线蜗杆（involute worm，简称 ZI 蜗杆），由于这种蜗杆加工工艺较复杂，故应用不广。常用的蜗杆是阿基米德蜗杆（Archimedes worm，简称 ZA 蜗杆），如图 5.43 所示，其端面齿形是阿基米德螺旋线（Archimedes spiral），轴面齿形为直线，相当于齿条。由于切制蜗杆与车梯形螺纹相似，所以加工方便、应用广泛。

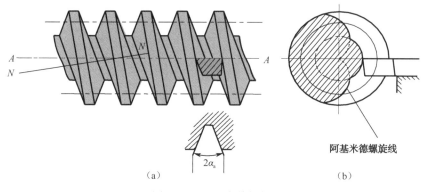

图 5.43　阿基米德蜗杆

蜗杆与螺旋一样，可以制成左旋蜗杆和右旋蜗杆，蜗杆的导程角 $\lambda_1 = 90° - \beta_1$，而交错角 $\Sigma = \beta_1 + \beta_2 = 90°$，因此，蜗杆的导程角 λ_1 与蜗轮的螺旋角 β_2 相同，蜗杆与蜗轮旋向相同。

5.8.2　蜗杆蜗轮机构的标准参数及正确啮合条件

1. 蜗杆蜗轮的标准参数

图 5.42 所示是阿基米德蜗杆蜗轮机构的啮合情况。过蜗杆轴线垂直于蜗轮轴线的平面称为蜗杆传动的中间平面（mid-plane）。在中间平面内，蜗杆与蜗轮的啮合传动相当于齿条与齿轮的传动。因此，蜗杆蜗轮机构的标准参数及基本尺寸计算是在中间平面内按齿轮齿条的啮合尺寸进行计算的。

蜗杆的轴面参数是标准参数，即 m_{a1}、α_{a1}、h_{aa}^*、c_a^* 是标准值；蜗轮的标准参数在端面上，即 m_{t2}、α_{t2}、h_{at}^*、c_t^* 是标准值。标准齿顶高系数和标准顶隙系数分别为 $h_a^* = 1$，$c^* = 0.2$。

2. 蜗杆蜗轮传动的正确啮合条件

由于蜗杆传动的中间平面上相当于齿轮和齿条传动，所以要满足相当于齿轮齿条正确啮合的条件，即在中间平面内，蜗杆和蜗轮的模数和压力角分别相等。此外，还要保证蜗杆和蜗轮轴线的夹角为 90°。所以，阿基米德蜗杆蜗轮传动的正确啮合条件为

$$\begin{cases} m_{a1} = m_{t2} = m \\ \alpha_{a1} = \alpha_{t2} = \alpha \\ \lambda_1 = \beta_2 \end{cases} \tag{5.35}$$

3. 蜗杆蜗轮的传动比及其转动方向的判断

蜗杆蜗轮的传动比按下式计算：

$$i = \frac{\omega_1}{\omega_2} = \frac{z_2}{z_1} = \frac{mz_2}{mz_1} = \frac{d_2}{mq \cdot \dfrac{z_1}{q}} = \frac{d_2}{d_1 \tan \lambda_1} \neq \frac{d_2}{d_1} \tag{5.36}$$

如图 5.44 所示，蜗杆蜗轮的转动方向可用如下方法判断：把蜗杆看作螺杆，蜗轮看作螺

母，当蜗杆只能转动而不能做轴向移动时，螺母移动的方向即表示蜗轮圆周速度的方向，蜗轮的转动方向也随之确定。

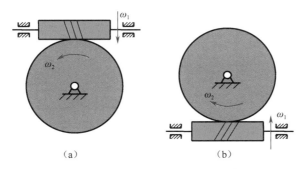

图 5.44　蜗杆蜗轮转动方向的判断

5.8.3　蜗杆蜗轮机构的基本参数和尺寸计算

蜗杆传动的基本参数有模数 m、蜗杆的齿形角 α、蜗杆分度圆直径 d_1、蜗杆的直径系数 q、蜗杆导程角 λ_1、蜗杆头数 z_1 和蜗轮齿数 z_2 等。这些参数不仅影响蜗杆和蜗轮的各部分尺寸，也影响蜗杆传动的性能。它们之间相互联系，故不能孤立地去确定，而应根据蜗杆传动的工作条件和加工条件，考虑参数间的相互影响，综合分析，合理选定。

1. 基本参数

1）模数

蜗杆模数系列与齿轮模数系列有所不同。GB/T 10088—2018 中对蜗杆模数做了规定，可供设计时查阅。

2）蜗杆的齿形角

GB/T 10087—2018 规定，阿基米德蜗杆的轴向齿形角 $\alpha_a = 20°$。在动力传动中，当导程角 $\lambda_1 > 30°$ 时，允许增大齿形角，推荐采用 $\alpha_a = 25°$；在分度传动中，允许减小齿形角，推荐采用 $\alpha_a = 15°$ 或 $12°$。

3）蜗杆的导程角 λ_1

由于蜗杆相当于螺旋，因此可以将蜗杆沿分度圆柱展开，如图 5.45 所示。设蜗杆的头数为 z_1，蜗杆的导程角为 λ_1，蜗杆的轴向齿距为 p_a，蜗杆的导程为 $l = z_1 p_a = z_1 \pi m$，蜗杆的分度圆直径为 d_1。由图 5.45 所示可得

$$\tan \lambda_1 = \frac{l}{\pi d_1} = \frac{z_1 \pi m}{\pi d_1} = \frac{m z_1}{d_1} \tag{5.37}$$

4）蜗杆的直径系数（diameter quotient）

由式（5.37）可知

$$d_1 = \frac{z_1 m}{\tan \lambda_1}$$

蜗杆的分度圆直径不仅与 m、z_1 有关，还与蜗杆的导程角 λ_1 有关。即对于 m、z_1 相同而 λ_1 不同的蜗杆，其 d_1 也不同。

在用蜗轮滚刀范成加工蜗轮时，蜗轮滚刀的分度圆直径等参数必须与工作蜗杆的分度圆直

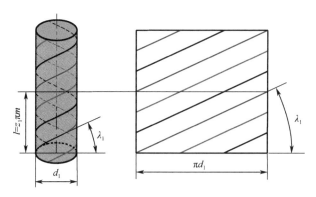

图 5.45 蜗杆螺旋线与导程的关系

径等参数相同。为了减少滚刀的数量和有利于滚刀标准化，GB/T 10085—2018 规定：对于每一个标准模数，只规定 1~4 种标准的蜗杆分度圆直径，并把蜗杆分度圆直径 d_1 与模数 m 的比值称为蜗杆的直径系数，用 q 表示，即 $q = \dfrac{d_1}{m}$。

蜗杆的直径系数在蜗杆传动设计中具有重要意义。因为

$$q = \frac{d_1}{m} = \frac{z_1}{\tan \lambda_1} \tag{5.38}$$

故在 m 一定时，q 大则 d_1 大，蜗杆的刚度和强度也相应增大；而当 z_1 一定时，q 小则导程角大，可以提高传动效率。在 GB/T 10085—2018 中规定了蜗杆分度圆直径 d_1 与其模数 m 的匹配标准系列，见表 5.8。

表 5.8　蜗杆分度圆直径 d_1 与其模数 m 的匹配标准系列（摘自 GB/T 10085—2018）（单位：mm）

m	1	1.25	1.6	2	2.5	3.15	4	5	6.3	8	10	12.5
d_1	18	20 22.4	20 28	(18) 22.4 (28) 35.5	(22.4) 28 (35.5) 45	(28) 35.5 (45) 56	(31.5) 40 (50) 71	(40) 50 (63) 90	(50) 63 (80) 112	(63) 80 (100) 140	(71) 90 (112) 160	(90) 112 (140) 200

注：括号中的数字尽可能不采用。

2. 几何尺寸计算

蜗杆蜗轮机构的几何尺寸计算公式可参看表 5.9。

表 5.9　蜗杆蜗轮机构的几何尺寸计算公式

名　　称	符　　号	计算公式	
		蜗　　杆	蜗　　轮
分度圆直径	d	$d_1 = mq$	$d_2 = mz_2$
齿顶圆直径	d_a	$d_{a1} = m(q + 2h_a^*)$	$d_{a2} = m(z_2 + 2h_a^* + 2x)$
齿根圆直径	d_f	$d_{f1} = m(q - 2h_a^* - 2c^*)$	$d_{f2} = m(z_2 - 2h_a^* - 2c^* + 2x)$
齿顶高	h_a	$h_{a1} = h_a^* m$	$h_{a2} = (h_a^* + x)m$

续表

名　　称	符　号	计算公式	
		蜗　杆	蜗　轮
齿根高	h_f	$h_{f1}=(h_a^*+c^*)m$	$h_{f2}=(h_a^*+c^*-x)m$
节圆直径	d_1'	$d_1'=d_1+2xm$	$d_2'=d_2$
中心距	a'	$a'=\dfrac{m}{2}(q+z_2+2x)$	

5.8.4　蜗杆蜗轮机构的变位

为了满足不同中心距的要求及提高蜗杆蜗轮的承载能力，可以采用变位蜗杆蜗轮传动。由于在中间平面上蜗杆蜗轮传动相当于齿轮齿条传动，在凑中心距时，将中间平面内相当于齿条的蜗杆相对于蜗轮中心前移或后移，即蜗杆不变位而蜗轮变位，如图 5.46 所示。因此，蜗杆的基本尺寸不变，只是在同变位蜗轮啮合时，其节线与分度线（中线）不再重合；变位蜗轮的切制方法与变位齿轮的切制方法相似，因此，蜗轮的齿顶圆、齿根圆、分度圆齿厚发生了变化（与标准蜗轮相比），但在与蜗杆啮合时，其分度圆与节圆重合。蜗轮变位后与蜗杆按无侧隙啮合安装后的中心距 $a'=a+xm$。因此，蜗轮的变位系数为

$$x=\frac{a'-a}{m} \tag{5.39}$$

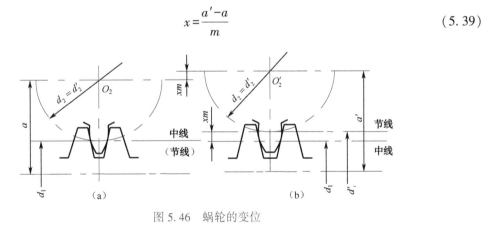

图 5.46　蜗轮的变位

5.8.5　蜗杆蜗轮机构的特点及应用

1. 蜗杆蜗轮机构的特点

1）传动平稳，无噪声
由于蜗杆相当于螺旋，它们啮合时具有螺旋机构的特点，故传动平稳，无噪声。且因啮合时为线接触，故其承载能力比交错轴斜齿轮机构强得多。

2）传动比大，结构紧凑
由于蜗杆的头数较少，$z_1=1\sim4$，而蜗轮的齿数可以很多，因此传动比 $i_{12}=z_2/z_1$ 可以很大，结构紧凑。一般情况下，$i_{12}=10\sim100$，在不传递动力的分度机构中，i_{12} 可达 500 以上。

3）具有自锁性

当蜗杆的导程角 λ_1 小于啮合轮齿间的当量摩擦角 φ_v 时，蜗杆蜗轮机构具有自锁性。这时，只能以蜗杆为主动件带动蜗轮转动，而不能由蜗轮带动蜗杆转动。

4）传动效率较低，磨损较严重

由于啮合轮齿间相对滑动速度大，故摩擦损耗大，因而传动效率较低（一般为 0.7~0.8，具有自锁性的蜗杆蜗轮传动，效率小于 0.5），易出现发热和温升过高现象，且磨损较严重。为保证一定的使用寿命，蜗轮常采用价格较为昂贵的减摩性与抗磨性较好的材料，因而成本较高。

2. 蜗杆蜗轮机构的应用

由于蜗杆蜗轮机构具有以上特点，故常用于两轴交错、传动比较大、传递功率不太大的场合。当要求传递较大功率时，为提高传动效率，常取 $z_1 = 2 \sim 4$。此外，由于当 λ_1 较小时传动具有自锁性，故常用在卷扬机等起重机械中，起安全保护作用。蜗杆蜗轮机构还被广泛用于机床、汽车、仪器、冶金机械、矿山机械及其他机械设备的传动系统中。

小故事：阿基米德螺旋线

阿基米德（Archimedes，公元前 287 年—公元前 212 年），古希腊著名的哲学家、数学家、物理学家，享有"力学之父"的美称，阿基米德和高斯、牛顿并列为世界三大数学家。"给我一个支点，我就能撬起整个地球"，阿基米德的这句家喻户晓的名言不仅精辟地阐释了他在物理学方面的杰出贡献，而且也已成为当代莘莘学子充满激情与自信、无所畏惧、勇往直前的豪言壮语。

阿基米德在其著作《论螺线》中给出了螺旋线的定义及其性质。所谓阿基米德螺旋线，是指一个点在匀速离开一个固定点的同时又以固定的角速度绕该固定点转动而产生的轨迹，如插图 5.1（a）所示。阿基米德螺旋线的极坐标方程为

$$r = a + b\theta$$

式中，a 和 b 均为实数。当 $\theta = 0$ 时，a 为起点到极坐标原点的距离。$\dfrac{\mathrm{d}r}{\mathrm{d}\theta} = b$，$b$ 为螺旋线每增加单位角度 r 随之对应增加的数值。

改变参数 a 可改变螺旋线的形状，而改变参数 b 则改变相邻螺旋线之间的距离。当圆周速度与直线速度同时增大一倍时，阿基米德螺旋线的形状是不会改变的，因此，阿基米德螺旋属于等速度比螺旋，同时由于它在每个旋转周期内是等距离外扩的，故又称为等速螺旋或等距螺旋。

自然界中的很多生物，如鹦鹉螺的贝壳像阿基米德螺旋线，如图 5.1（b）所示；生活中也随处可见阿基米德螺旋线，如由匀速盘香机生产出来的盘状蚊香也是阿基米德螺旋线的形状，如图 5.1（c）所示。因此，阿基米德螺旋线不仅具有数学上的美学价值及生物界的仿生价值，还具有广泛的应用价值。

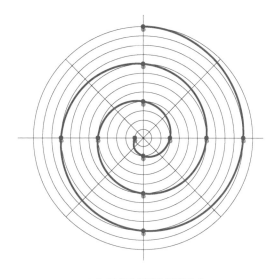

（b）自然界中的阿基米德螺旋线

（a）阿基米德螺旋线的形成　　　　（c）生活中的阿基米德螺旋线

插图 5.1　阿基米德螺旋线及其应用

§5.9　直齿圆锥齿轮机构

圆锥齿轮机构用于传递相交轴之间的运动和动力。两轴之间的夹角（shaft angle）一般为 $\Sigma = 90°$。圆锥齿轮的轮齿分布在截锥体上，如图 5.47 所示。锥齿轮的齿形从大端至小端逐渐变小。因此对应于圆柱齿轮的五个圆柱，圆锥齿轮有分度圆锥、基圆锥、齿顶圆锥、齿根圆锥和节圆锥。

圆锥齿轮机构有三类：直齿圆锥齿轮机构、斜齿圆锥齿轮机构和曲线齿圆锥齿轮机构。它们的特点如 5.1.2 节所述。由于直齿圆锥齿轮机构的设计、制造和安装均较为简便，故其应用最为广泛。本节只讨论直齿圆锥齿轮机构。

5.9.1　直齿圆锥齿轮齿廓的形成

如图 5.48 所示，一个圆平面的半径 R 与一个基圆锥的锥距（母线长度）相等，圆平面的中心 O 与基圆锥的锥顶（common apex of cone）重合，圆平面与基圆锥相切于直线 ON，$\overline{ON} = R$。当圆平面绕基圆锥做纯滚动时，其任一半径 OK 即展开出一个曲面，称为渐开线锥面。

以锥顶 O 为中心，以 R 为半径作一球面。该球面和渐开线锥面的交线称为球面渐开线（spherical involute）。图中的 AK 即为圆锥大端的球面渐开线。直齿圆锥齿轮的齿廓曲面就是由以锥顶为中心而半径不同的球面上的球面渐开线所组成的。

由于球面渐开线不能展开成平面，给设计制造带来不便，因此采用近似的平面齿廓曲线。

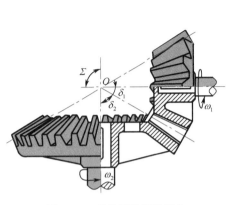

图 5.47　直齿圆锥齿轮机构

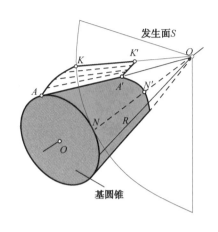

图 5.48　直齿锥齿轮齿廓的形成

5.9.2　背锥与当量齿轮

图 5.49（a）所示是过一对锥齿轮轴面的剖面图。作圆锥 O_1C_1P 和 O_2C_2P 使之分别在两轮节圆锥处与两轮的大端球面相切，切点分别为 C_1、P、C_2，则这两个圆锥称为背锥（back cone）。将两轮的球面渐开线 ab 和 ef 分别投影到各自的背锥上，得到在背锥上的渐开线 $a'b'$ 和 $e'f'$。由图可知，投影出来的齿形与原齿形非常相似，因此可用背锥上的齿形代替球面渐开线。

将背锥展开成平面后，如图 5.49（b）所示，可以得到两个扇形齿轮，其齿数为锥齿轮的齿数 z；若将扇形的缺口补全使之成为完整的圆形齿轮，则这个齿轮称为当量齿轮（equivalent spur gear），其齿形近似等于直齿圆锥齿轮大端面的齿形。当量齿轮的分度圆半径 r_v 即等于背锥锥距。由图可得

$$r_{v1}=\frac{r_1}{\cos\delta_1},\ r_{v2}=\frac{r_2}{\cos\delta_2}$$

式中，δ_1、δ_2 分别为锥齿轮 1 和锥齿轮 2 的分度圆锥角；r_1、r_2 分别为两轮的分度圆半径。根据 $r=\dfrac{mz}{2}$，$r_v=\dfrac{mz_v}{2}$，可推导出锥齿轮的当量齿数分别为

$$z_{v1}=\frac{z_1}{\cos\delta_1},\ z_{v2}=\frac{z_2}{\cos\delta_2} \tag{5.40}$$

5.9.3　直齿圆锥齿轮的基本参数及啮合条件与特点

1. 直齿圆锥齿轮的基本参数

直齿圆锥齿轮的轮齿自大端到小端逐渐收缩，由于大端尺寸最大，测量方便，数值的相对误差最小，所以规定直齿圆锥齿轮的各项参数和尺寸均以大端为准。大端分度圆上的模数 m 按圆锥齿轮的标准模数系列选取，见表 5.10。在 GB 12369—1990 中还规定了大端的压力角 α =20°，齿顶高系数 $h_a^*=1$，顶隙系数 $c^*=0.2$。

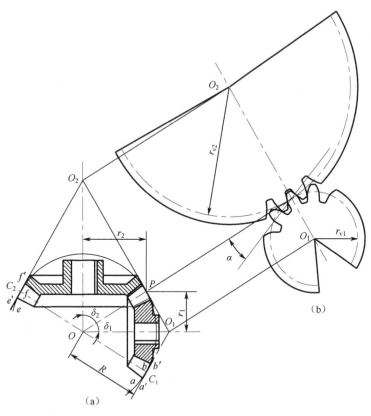

图 5.49　锥齿轮的背锥和当量齿轮

表 5.10　锥齿轮模数（摘自 GB 12368—1990）　　　　　　（单位：mm）

…	1	1.125	1.25	1.375	1.5	1.75	2
2.25	2.5	2.75	3	3.25	3.5	3.75	4
4.5	5	5.5	6	6.5	7	8	9
10	11	12	14	16	18	20	…

2. 直齿圆锥齿轮的正确啮合条件

一对标准直齿圆锥齿轮传动时，两轮的分度圆锥与各自的节圆锥重合。由于在大端面的背锥上可以看成一对当量齿轮在传动，所以其正确的啮合条件与直齿圆柱齿轮的啮合条件相同。因此，一对标准直齿圆锥齿轮的正确啮合条件是：两轮大端上的模数和压力角分别相等。另外，为了保证两轮的节圆锥顶重合，使啮合齿面为线接触，应使 $\delta_1+\delta_2 = \Sigma$。因此，直齿圆锥齿轮的正确啮合条件可用下式表示：

$$\begin{cases} m_1 = m_2 = m \\ \alpha_1 = \alpha_2 = \alpha \\ \delta_1 + \delta_2 = \Sigma \end{cases} \tag{5.41}$$

3. 直齿圆锥齿轮的啮合特点

直齿圆锥齿轮的当量齿轮不仅可用来描述其轮齿的齿形，还能近似地用来研究圆锥齿轮的啮合传动。

（1）一对直齿圆锥齿轮的重合度可按其当量齿轮的重合度计算，即

$$\varepsilon_{\alpha} = \frac{1}{2\pi} [z_{v1}(\tan \alpha_{va1} - \tan \alpha_v') + z_{v2}(\tan \alpha_{va2} - \tan \alpha_v')] \tag{5.42}$$

式中，α_{va1}、α_{va2} 分别为当量齿轮 z_{v1} 和 z_{v2} 的齿顶压力角，其计算式为

$$\alpha_{va1} = \arccos\left(\frac{r_{vb1}}{r_{va1}}\right) = \arccos\left(\frac{r_{v1}\cos \alpha}{r_{v1} + h_a^* m}\right)$$

$$\alpha_{va2} = \arccos\left(\frac{r_{v2}\cos \alpha}{r_{v2} + h_a^* m}\right)$$

对于标准直齿圆锥齿轮，$\alpha_v' = \alpha = 20°$。

（2）标准直齿圆锥齿轮不发生根切的最少齿数 z_{min} 可根据其当量齿轮不发生根切的最少齿数 z_{vmin} 来换算，即

$$z_{min} = z_{vmin}\cos \delta \tag{5.43}$$

式中，z_{vmin} 为圆柱齿轮不发生根切的最少齿数（当 $h_a^* = 1$，$\alpha = 20°$ 时，$z_{vmin} = 17$），故直齿圆锥齿轮不发生根切的最少齿数小于 z_{vmin}。

5.9.4 直齿圆锥齿轮的几何尺寸计算

由于规定大端的参数是直齿圆锥齿轮的标准参数，因此其基本尺寸的计算在大端进行。

1）分度圆锥角（reference cone angle）

一对标准直齿锥齿轮正确安装时，两轮的分度圆锥相切并做纯滚动，设两轮的角速度分别为 ω_1 和 ω_2，两轮的齿数分别为 z_1 和 z_2，则两轮的传动比为

$$i_{12} = \frac{\omega_1}{\omega_2} = \frac{z_2}{z_1}$$

由图 5.49 可得

$$i_{12} = \frac{\omega_1}{\omega_2} = \frac{r_2}{r_1} = \frac{\sin \delta_2}{\sin \delta_1} \tag{5.44}$$

由于

$$\Sigma = \delta_1 + \delta_2 \tag{5.45}$$

将式（5.44）和式（5.45）联立求解，得

$$\tan \delta_1 = \frac{\sin \Sigma}{i_{12} + \cos \Sigma} \tag{5.46}$$

$$\tan \delta_2 = \frac{i_{12}\sin \Sigma}{1 + i_{12}\cos \Sigma} \tag{5.47}$$

当 $\Sigma = 90°$ 时，

$$\tan \delta_1 = \frac{1}{i_{12}}, \qquad \tan \delta_2 = i_{12} \tag{5.48}$$

2）锥距（cone distance）

由图 5.50（a）可得锥距 R 为

$$R = \frac{1}{2}\sqrt{d_1^2 + d_2^2} = \frac{r_1}{\sin \delta_1} = \frac{r_2}{\sin \delta_2} \tag{5.49}$$

3）齿根圆锥角（根锥角）（dedendum cone angle）

由于直齿锥齿轮的齿形近似于背锥上的齿形，其齿高是沿背锥母线测量的，由图 5.50 （a）可得根锥角 δ_f 为

$$\delta_f = \delta - \theta_f$$

式中，θ_f 为齿根角。

$$\tan \theta_f = \frac{h_f}{R} \tag{5.50}$$

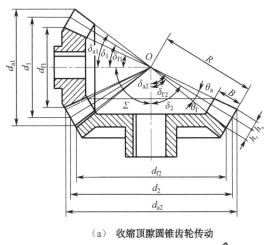

（a） 收缩顶隙圆锥齿轮传动

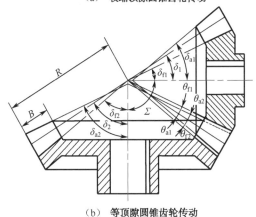

（b） 等顶隙圆锥齿轮传动

图 5.50 标准直齿圆锥齿轮的各部分尺寸

4）齿顶圆锥角（顶锥角）（addendum cone angle）

图 5.50（a）所示的圆锥齿轮传动，其齿顶圆锥、齿根圆锥、分度圆锥的锥顶都重合交于一点，其顶隙是由大端向小端逐渐收缩的，故称为收缩顶隙圆锥齿轮传动，其顶锥角 δ_a 为

$$\delta_a = \delta + \theta_a \tag{5.51}$$

式中，θ_a 为齿顶角，$\tan \theta_a = \dfrac{h_a}{R}$。

收缩顶隙圆锥齿轮传动的缺点是：锥齿轮小端齿顶厚度小，齿根处圆角半径小，将影响齿轮的强度。为了提高小端处的强度，可采用等顶隙圆锥齿轮传动，如图 5.50（b）所示。这种齿轮的分度圆锥和根圆锥的锥顶还是重合的，但为了保证等顶隙，一个齿轮的齿顶圆锥母线应平行于与之啮合齿轮根圆锥的母线，因此顶圆锥的锥顶不重合。这种圆锥齿轮相当于降低了齿

轮小端处的齿高，即减小了小端齿廓的实际工作段，从而可增大小端轮齿的强度。等顶隙圆锥齿轮传动的顶锥角分别为

$$\delta_{a1} = \delta_1 + \theta_{f2}, \quad \delta_{a2} = \delta_2 + \theta_{f1} \tag{5.52}$$

标准直齿圆锥齿轮机构的几何尺寸计算公式列于表 5.11 中。

表 5.11 标准直齿圆锥齿轮机构的几何尺寸计算公式（$\Sigma = 90°$）

名　称	符　号	计算公式	
		小 齿 轮	大 齿 轮
分度圆锥角	δ	$\delta_1 = \arctan \dfrac{1}{i_{12}}$	$\delta_2 = \arctan i_{12}$
齿顶高	h_a	$h_{a1} = h_{a2} = h_a^* m$	
齿根高	h_f	$h_{f1} = h_{f2} = (h_a^* + c^*) m$	
分度圆直径	d	$d_1 = m z_1$	$d_2 = m z_2$
齿顶圆直径	d_a	$d_{a1} = d_1 + 2 h_a \cos \delta_1$	$d_{a2} = d_2 + 2 h_a \cos \delta_2$
齿根圆直径	d_f	$d_{f1} = d_1 - 2 h_f \cos \delta_1$	$d_{f2} = d_2 - 2 h_f \cos \delta_2$
锥距	R	$R = \dfrac{1}{2} \sqrt{d_1^2 + d_2^2} = \dfrac{r_1}{\sin \delta_1} = \dfrac{r_2}{\sin \delta_2}$	
齿顶角	θ_a	（收缩顶隙传动）$\tan \theta_{a2} = \tan \theta_{a1} = \dfrac{h_a}{R}$	
齿根角	θ_f	$\tan \theta_{f1} = \tan \theta_{f2} = \dfrac{h_f}{R}$	
分度圆齿厚	s	$s = \dfrac{\pi m}{2}$	
顶隙	c	$c = c^* m$	
当量齿数	z_v	$z_{v1} = \dfrac{z_1}{\cos \delta_1}$	$z_{v2} = \dfrac{z_2}{\cos \delta_2}$
顶锥角	δ_a	收缩顶隙传动	
		$\delta_{a1} = \delta_1 + \theta_{a1}$	$\delta_{a2} = \delta_2 + \theta_{a2}$
		等顶隙传动	
		$\delta_{a1} = \delta_1 + \theta_{f2}$	$\delta_{a2} = \delta_2 + \theta_{f1}$
根锥角	δ_f	$\delta_{f1} = \delta_1 - \theta_{f1}$	$\delta_{f2} = \delta_2 - \theta_{f2}$
当量齿轮分度圆半径	r_v	$r_{v1} = \dfrac{r_1}{\cos \delta_1}$	$r_{v2} = \dfrac{r_2}{\cos \delta_2}$
当量齿轮齿顶圆半径	r_{va}	$r_{va1} = r_{v1} + h_{a1}$	$r_{va2} = r_{v2} + h_{a2}$
当量齿轮齿顶圆压力角	α_{va}	$\alpha_{va1} = \arccos \left(\dfrac{r_{v1} \cos \alpha}{r_{va1}} \right)$	$\alpha_{va2} = \arccos \left(\dfrac{r_{v2} \cos \alpha}{r_{va2}} \right)$
重合度	ε_α	$\varepsilon_\alpha = \dfrac{1}{2\pi} \left[z_{v1} (\tan \alpha_{va1} - \tan \alpha) + z_{v2} (\tan \alpha_{va2} - \tan \alpha) \right]$	
齿宽	B	$B \leqslant \dfrac{R}{3}$ （取整数）	

习　题

5.1　在基圆半径 $r_b = 50$mm 所发生的渐开线上，试求：（1）当 $r_K = 65$mm 时，渐开线的展角 θ_K、压力角 α_K 和该点曲率半径 ρ_K；（2）当 $\theta_K = 20°$ 时，渐开线的压力角 α_K 及向径 r_K 的值。

5.2　在基圆半径 $r_b = 30$mm 所发生的渐开线上，试求：（1）半径 $r_K = 40$mm 处的压力角 α_K 及展角 θ_K；（2）当 $\alpha = 20°$ 时的曲率半径 ρ 及其所在向径 r。

5.3　试问当渐开线标准齿轮的齿根圆与基圆重合时，其齿数为多少（正常齿制，$h_a^* = 1$，$c^* = 0.25$，$\alpha = 20°$）？当齿数多于以上求得的齿数时，基圆与齿根圆哪个大？

5.4　已知一对正确安装的标准直齿轮传动，其 $\alpha = 20°$，$h_a^* = 1$，$c^* = 0.25$，传动比 $i_{12} = 2.5$，模数 $m = 2.5$mm，中心距 $a = 122.5$mm。试计算两齿轮的齿数、分度圆直径、基圆直径、齿顶圆直径、齿根圆直径、齿厚、齿槽宽、齿距及基圆齿距。

5.5　某齿轮传动的小齿轮已丢失，但已知与之相配的大齿轮为标准齿轮，其齿数 $z_2 = 52$，齿顶圆直径 $d_{a2} = 135$mm，标准安装中心距 $a = 112.5$mm，试求丢失的小齿轮的齿数、模数、分度圆直径、齿顶圆直径、齿根圆直径。

5.6　已知一对直齿圆柱齿轮的中心距 $a' = 140$mm，两轮的基圆直径 $d_{b1} = 84.57$mm，$d_{b2} = 169.15$mm，试求两轮的节圆半径 r_1'、r_2'，啮合角 α'，两齿廓在节点 P 的展角 θ_P 及两齿廓在节点 P 处的曲率半径 ρ_{P1}、ρ_{P2}。

5.7　题图 5.1 中给出了一对齿轮的基圆和齿顶圆，以及两轮的转向。试在图中画出齿轮的啮合线，并标出啮合极限点 N_1、N_2，实际啮合线的起始点和终止点 B_2、B_1，啮合角 α'，以及节圆和节点。

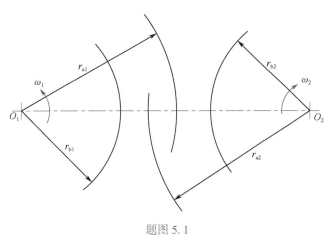

题图 5.1

5.8　一对标准外啮合直齿圆柱齿轮传动，已知 $z_1 = 18$，$z_2 = 47$，$m = 2.5$mm，$h_a^* = 1$，$c^* = 0.25$，试求：（1）标准安装时的中心距 a；（2）当中心距 $a' = 83$mm 时，这对齿轮的顶隙 c 及齿侧间隙 δ。

5.9　一对标准渐开线直齿圆柱齿轮传动，已知 $z_1 = 17$，$z_2 = 42$，$\alpha = 20°$，$m = 5$mm，正常齿制。若将中心距加大至刚好连续传动，求此时的啮合角 α'，节圆直径 d_1'、d_2'，中心距 a'，两分度圆分离距离及顶隙 c。试问此时是否为无侧隙啮合？若不是，啮合节圆上的侧隙为多少（$\delta = 2a'(\mathrm{inv}\alpha' - \mathrm{in}\alpha)$）？

5.10 已知标准直齿圆柱齿轮的齿数 $z = 17$，齿厚 $s = 15.7\text{mm}$，$\alpha = 20°$，$h_a^* = 1$，试求其基圆上的齿厚 s_b 及齿顶圆的齿厚 s_a。

5.11 用齿条刀按范成法加工一渐开线直齿圆柱齿轮，正常齿制，$m = 4\text{mm}$，$\alpha = 20°$，若刀具移动速度 $v_{刀} = 0.001\text{m/s}$，试求：（1）加工 $z = 12$ 的标准齿轮时，刀具分度线与节线至轮坯中心距离各为多少？被切齿轮转速为多少？（2）为避免发生根切，切制的齿轮（非标准齿轮），刀具与轮坯中心至少须拉开多少？此时，刀具分度线与节线至轮坯中心距离各为多少？轮坯转速为多少？

5.12 用齿条刀切制一个齿轮，已知齿轮的齿数 $z = 90$，模数 $m = 2\text{mm}$，试求：（1）当轮坯的角速度 $\omega = \dfrac{1}{22.5}\text{rad/s}$ 时，切制标准齿轮，齿条刀具中线相对于轮坯中心 O 的距离 L 应等于多少？这时齿条刀移动的速度 v 应等于多少？（2）若切制变位系数 $x = -2$，$z = 90$ 的变位齿轮，刀具中线离轮坯中心的距离 L 等于多少？此时 v 等于多少？

5.13 一对 $z_1 = 24$，$z_2 = 96$，$m = 4\text{mm}$，$\alpha = 20°$，$h_a^* = 1$，$c^* = 0.25$ 标准安装的渐开线外啮合直齿圆柱齿轮传动，因磨损严重，维修时拟利用大齿轮齿坯，将大齿轮加工成变位系数 $x_2 = -0.5$ 的负变位齿轮。试求：（1）新配的小齿轮的变位系数 x_1；（2）大齿轮齿顶圆直径 d_{a2}。

5.14 设计一无根切的齿轮齿条机构，$z_1 = 15$，$m = 10\text{mm}$，$\alpha = 20°$，正常齿制。试求：（1）齿轮 r_1、r_1'、s_1、h_{a1}、h_{f1}、r_{a1}、r_{f1}；（2）齿条 s_2、h_{a2}、h_{f2} 及齿轮中心至齿条分度线之间的距离 L。

5.15 已知一对标准外啮合直齿圆柱齿轮传动，$z_1 = 24$，$d_{a1} = 91\text{mm}$，$i = 2$，$\alpha = 20°$，$h_a^* = 1$，试求其重合度 ε_α，并作图标出单齿啮合区和双齿啮合区。

5.16 有一标准齿轮齿条传动，已知 $z_1 = 19$，$m = 5\text{mm}$，$\alpha = 20°$，$h_a^* = 1$，试求其重合度 ε_α。

5.17 已知一对外啮合直齿圆柱齿轮传动，$z_1 = z_2 = 12$，$m = 10\text{mm}$，$\alpha = 20°$，$h_a^* = 1$，$a' = 130\text{mm}$，试设计这对齿轮。

5.18 已知 $m = 20\text{mm}$，$\alpha = 20°$，$h_a^* = 1$，$c^* = 0.25$，$z = 10$ 的齿轮，试问用不根切的最小变位修正时，齿厚等于齿槽宽的圆的半径为多少？如果说齿厚等于齿槽宽的圆就是分度圆，这说法是否正确？

5.19 题图 5.2 所示为共轴线的两级直齿圆柱齿轮减速器，已知 $z_1 = 15$，$z_2 = 53$，$m_{1,2} = 2\text{mm}$，$z_3 = 21$，$z_4 = 32$，$m_{3,4} = 2.5\text{mm}$，各轮压力角均为 $\alpha = 20°$。试问：（1）这两对齿轮能否均用标准齿轮传动？（2）若用变位齿轮传动，可能有几种传动方案？（3）用哪一种方案比较好？

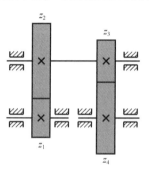

题图 5.2

5.20　一对外啮合标准直齿圆柱齿轮传动，正常齿制，$m = 4\text{mm}$，$\alpha = 20°$，$z_1 = 40$，$i_{12} = 2$。试求：（1）当标准安装时，其 r_1、r_2、r_1'、r_2'、α、a、r_{a1}、r_{f1}、p 各为多少？（2）若将安装中心距比标准中心距加大 1mm 安装，求出以上各项。

5.21　已知一对外啮合标准直齿圆柱齿轮传动，正常齿制，$\alpha = 20°$，$m = 2.5\text{mm}$，$z_1 = 18$，$z_2 = 37$，安装中心距 $a' = 69.75\text{mm}$，求其重合度。

5.22　在某一机械装备中，需要采用一对齿轮传动，其中心距 $a = 144\text{mm}$，传动比 $i = 2$。现在库房中存有四种现成的齿轮，已知它们都是国产的正常齿渐开线标准齿轮，压力角都是 $20°$，这四种齿轮的齿数 z 和齿顶圆直径 d_a 分别为：（1）$z_1 = 24$，$d_{a1} = 104\text{mm}$；（2）$z_2 = 47$，$d_{a2} = 196\text{mm}$；（3）$z_3 = 48$，$d_{a3} = 250\text{mm}$；（4）$z_4 = 48$，$d_{a4} = 200\text{mm}$。试分析能否从这四种齿轮中选出符合要求的一对齿轮来。

5.23　已知一对标准直齿轮传动，$z_1 = 20$，$z_2 = 42$，$\alpha = 20°$，$m = 8\text{mm}$，正常齿制，安装中心距 $a' = 250\text{mm}$。试求：此时啮合角 α' 等于多少？该对齿轮是否做无侧隙啮合？现根据需要改成一对标准斜齿圆柱齿轮传动，基本参数不变（$z_1 = 20$，$z_2 = 42$，$\alpha_n = 20°$，$m_n = 80\text{mm}$），求斜齿轮的螺旋角 β 等于多少？此时是否为无侧隙啮合？

5.24　一对正常齿标准直齿圆柱齿轮传动，小齿轮 1 因遗失需配制。已测得大齿轮 2 的齿顶圆直径 $d_{a2} = 408\text{mm}$，齿数 $z_2 = 100$，压力角 $\alpha = 20°$，$h_a^* = 1$，两轮的中心距 $a = 310\text{mm}$。（1）试确定小齿轮的模数 m、齿数 z_1、分度圆直径 d_1、齿顶圆直径 d_{a1}、基圆直径 d_{b1} 和齿距 P_{b1}；（2）用范成法加工该小齿轮，能否发生根切？

5.25　已知一对斜齿圆柱齿轮传动，$z_1 = 18$，$z_2 = 36$，$m_n = 2.5\text{mm}$，中心距 $a = 70\text{mm}$，$\alpha_n = 20°$，$h_{an}^* = 1$，$c_n^* = 0.25$，齿宽 $B = 20\text{mm}$，试求：（1）螺旋角 β；（2）法面齿距 p_n 和端面齿距 p_t；（3）小齿轮齿根圆半径 r_{f1}；（4）当量齿数 z_{v1} 和 z_{v2}；（5）重合度。

5.26　已知一对渐开线直齿圆柱齿轮采用标准安装，其 $m = 5\text{mm}$，$\alpha = 20°$，$h_a^* = 1$，$c^* = 0.25$，$z_1 = 20$，$z_2 = 40$，试求：

（1）两个齿轮的分度圆半径 r_1、r_2，基圆齿距 p_{b1}、p_{b2}，标准安装时的顶隙 c；

（2）小齿轮的齿顶圆半径 r_{a1} 和大齿轮的齿根圆半径 r_{f2}；

（3）将上述标准中心距加大 5mm 安装两齿轮，求此时的顶隙 c' 及侧隙。

（4）为保证无侧隙啮合，齿轮 1、2 应选用哪种传动类型（等变位传动、正传动和负传动）？并求此时的啮合角 α' 及两轮的节圆半径 r_1'、r_2'。

（5）若齿轮 1、2 改为斜齿轮传动凑（4）中的中心距，则螺旋角 β 应为多大？并求斜齿轮 1 的分度圆直径 d_1、齿顶圆直径 d_{a1}、齿根圆直径 d_{f1}、当量齿数 z_{v1}。

（6）当用范成法加工（4）中齿数为 20 的斜齿轮 1 时，能否发生根切？

5.27　在某设备中有一对直齿圆柱齿轮，已知 $z_1 = 26$，$i_{12} = 5$，$m = 3\text{mm}$，$\alpha = 20°$，$h_a^* = 1$，齿宽 $B = 50\text{mm}$。为了改善齿轮传动的平稳性，降低噪声，要求在不改变中心距和传动比的条件下，将直齿轮改为斜齿轮，试确定斜齿轮的 z_1、z_2、m_n、β，并计算其重合度 ε。

5.28　设有一对平行轴外啮合齿轮机构，$\alpha = 20°$，正常齿制，$z_1 = 15$，$z_2 = 53$，$m = 2\text{mm}$，要求中心距 $a = 60\text{mm}$。试问：（1）若不用变位齿轮，而用斜齿轮来凑此中心距，螺旋角应为多大？（2）若齿轮宽度 $B = 30\text{mm}$，求总重合度；（3）求两齿轮的当量齿数。

5.29　已知一对标准平行轴斜齿圆柱齿轮传动，$z_1 = 10$，$z_2 = 14$，$\alpha_n = 20°$，$m_n = 20\text{mm}$，$h_{an}^* = 1$，$c_n^* = 0.25$。试求：（1）用范成法切制该齿轮不产生根切的螺旋角 β 及最小中心距 $a_{\min}$；（2）计算小齿轮的尺寸 r_1、r_1'、r_{a1}、r_{f1}、r_{b1}。

5.30　有一标准蜗杆蜗轮机构，已知蜗杆头数 $z_1 = 1$，蜗轮齿数 $z_2 = 40$，蜗杆轴面齿距 $p_a =$

15.7mm，蜗杆齿顶圆直径 $d_{a1}=60$mm，试求其模数 m、蜗杆直径系数 q、蜗轮螺旋角 β_2、蜗轮分度圆直径 d_2 及中心距 a。

5.31　一对阿基米德蜗杆蜗轮传动，蜗轮的齿数 $z_2=40$，分度圆直径 $d_2=200$mm，蜗杆为单头，蜗杆直径系数 $q=18$，试求：（1）传动比 $i_{12}=\dfrac{\omega_1}{\omega_2}$，其中 ω_1 为蜗杆的转速，ω_2 为蜗轮的转速；（2）蜗轮端面模数 m_{t2}、蜗杆的轴面模数 m_{a1}、分度圆直径 d_1；（3）蜗杆分度圆升角 λ_1；（4）中心距 a。

5.32　一对标准直齿圆锥齿轮传动，已知 $z_1=16$，$z_2=63$，$m=14$mm，$\alpha=20°$，$h_a^*=1$，两轴夹角 $\Sigma=90°$，求两齿轮的分度圆、齿顶圆、齿根圆、锥距及当量齿数。

5.33　一对标准直齿圆锥齿轮传动，$z_1=14$，$z_2=30$，$m=10$mm，$\alpha=20°$，$h_a^*=1$，$c^*=0.2$，轴交角 $\Sigma=90°$。试求：分度圆直径 d_1、d_2，齿顶圆直径 d_{a1}，齿根圆直径 d_{f1}，当量齿数 z_{v1}、z_{v2}。此时小齿轮是否根切？为什么？

第6章 轮系及其设计

内容提要：本章介绍轮系的类型，重点介绍定轴轮系、周转轮系和复合轮系传动比的计算方法，介绍轮系的设计及轮系的功能等相关问题。拓展阅读部分对行星轮系的效率进行讨论。

§6.1 轮系的类型

第5章研究的一对齿轮的啮合传动是齿轮机构最简单的形式。在工程实际中，为了满足各种不同的工作要求，往往需要采用若干个彼此啮合的齿轮进行传动，如机械手表、汽车变速箱及航空发动机上的传动装置等。这种由一系列齿轮组成的传动系统称为轮系（gear train）。它通常介于原动机和执行机构之间，把原动机的运动和动力传给执行机构。根据在运转过程中各轮几何轴线在空间的相对位置关系是否变动，轮系可分为以下几类。

6.1.1 定轴轮系

在图6.1、图6.2所示的轮系中，运动由齿轮1输入，通过一系列齿轮传动，带动从动齿轮5转动。在这两个轮系中，虽然有多个齿轮，但在运转过程中，每个齿轮几何轴线的位置都是固定不变的。这种所有齿轮几何轴线的位置在运转过程中均固定不变的轮系称为定轴轮系，又称普通轮系（ordinary gear train）。定轴轮系可以由圆柱齿轮、圆锥齿轮、蜗杆蜗轮等组成。定轴轮系分为两大类：一类是所有齿轮的轴线都相互平行，称为平行轴定轴轮系（也称平面定轴轮系），组成轮系的各对啮合齿轮均为圆柱齿轮；另一类是轮系中有相交或交错的轴线，称为非平行轴定轴轮系（也称空间定轴轮系）。图6.1所示是由圆柱齿轮组成的平行轴定轴轮系，图6.2所示是由圆柱齿轮、蜗杆蜗轮和圆锥齿轮组成的非平行轴定轴轮系。

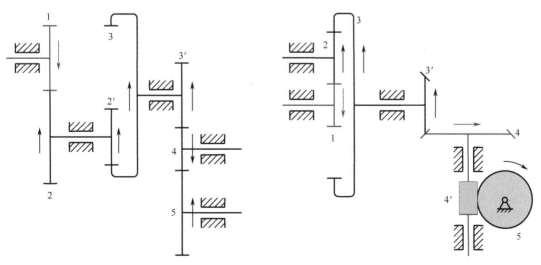

图6.1 平行轴定轴轮系　　　　　　　　图6.2 非平行轴定轴轮系

6.1.2 周转轮系

在图 6.3 所示的轮系中，齿轮 1、3 的轴线相重合，它们均为定轴齿轮，而齿轮 2 的转轴装在构件 H 的端部，在构件 H 的带动下，它可以绕齿轮 1、3 的轴线做周转。这种在运转过程中至少有一个齿轮几何轴线的位置不固定，而是绕其他定轴齿轮轴线回转的轮系称为周转轮系（epicyclic gear train）。

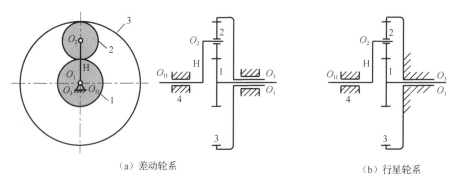

（a）差动轮系　　　　　　　　（b）行星轮系

图 6.3　周转轮系

由于齿轮 2 既绕自己的轴线自转，又绕定轴齿轮 1、3 的轴线公转，就像行星（如地球）的运动一样，故称其为行星轮（planet gear）；支承行星轮 2 并带动它做公转的构件 H 则称为系杆或行星架（planet carrier），构件 H 绕 O_1O_H 轴转动，O_1O_H 轴线称为主轴线；与行星轮 2 相啮合的定轴齿轮 1 和 3 称为中心轮（central gear），又称太阳轮（sun gear）。因此，周转轮系一般是由行星轮、中心轮、行星架和机架等组成的。

周转轮系中凡是轴线与主轴线 O_1O_H 重合，并承受外力矩的构件均称为基本构件，通常以基本构件作为运动的输入或输出构件。显然图 6.3 中，中心轮 1、3 与行星架 H 为基本构件。

根据周转轮系所具有的自由度数目的不同，周转轮系可分为以下两类。

1）差动轮系（differential gear train）

在图 6.3（a）所示的周转轮系中，中心轮 1 和 3 均可转动。这种自由度为 2 的周转轮系称为差动轮系。为了使轮系各构件间具有确定的相对运动，需要向轮系输入两个独立的运动。

2）行星轮系（planetary gear train）

在图 6.3（b）所示的周转轮系中，中心轮 3（或 1）固定。这种自由度为 1 的周转轮系称为行星轮系。为了确定该轮系的运动，只需要给定轮系中的一个构件以独立的运动规律即可。

此外，根据周转轮系中基本构件的不同，周转轮系可以分为以下三类。

1）2K-H 型周转轮系

这里，符号 K 表示中心轮，H 表示系杆。图 6.4（a）~（c）所示为 2K-H 型周转轮系，其中图 6.4（a）是单排形式（行星轮只有一个），图 6.4（b）、（c）是双排形式（行星轮有两个）。该轮系的特点是轮系中有两个中心轮。

2）3K 型周转轮系

图 6.4（d）所示为 3K 型周转轮系，该轮系中有三个中心轮，其中系杆 H 只起支承行星轮使其与中心轮保持啮合的作用，不作为输出或输入构件，也就不起传力作用，故在轮系的型号中不含"H"。

3）K-H-V 型周转轮系

图 6.4（e）所示为 K-H-V 型周转轮系，其中 1 为中心轮，2 为行星轮，H 为系杆，3 为等角速比机构。该轮系只有一个中心轮，其运动通过等角速比机构由 V 轴输出。

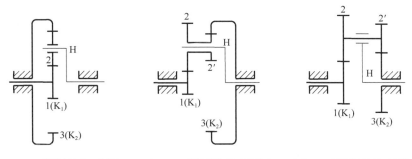

（a）2K-H型周转轮系（单排）　（b）2K-H型周转轮系（双排1）　（c）2K-H型周转轮系（双排2）

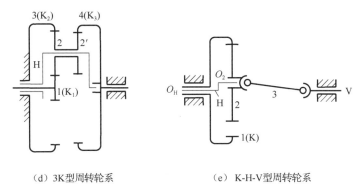

（d）3K型周转轮系　　　　　　（e）K-H-V型周转轮系

图 6.4　周转轮系的分类

6.1.3　复合轮系

在工程实际中，除了采用单一的定轴轮系和单一的周转轮系外，还经常采用既含定轴轮系部分又含周转轮系部分，或者由若个周转轮系组成的复杂轮系，通常称这种轮系为复合轮系（compound gear train），也称混合轮系。图 6.5 所示就是复合轮系的一个例子，其中，由中心轮 6、4′、行星轮 5 和系杆 H 组成的是一个自由度为 2 的周转轮系；而左边的定轴轮系把周转轮系中的行星架 H 和中心轮 4′连接起来，这时整个轮系的自由度变为 1。

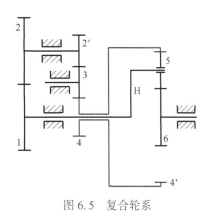

图 6.5　复合轮系

§6.2　定轴轮系的传动比计算

当轮系运转时，其输入轴的角速度（或转速）与输出轴的角速度（或转速）之比称为该轮系的传动比。设轮系的输入轴为 1，输出轴为 K，则该轮系的传动比为

$$i_{1K} = \frac{\omega_1}{\omega_K} = \frac{n_1}{n_K}$$

轮系运动学分析的主要内容就是确定其传动比。确定一个轮系的传动比就是计算其传动比的大小和确定其输入轴与输出轴转向之间的关系。

6.2.1 传动比大小的计算

现以图 6.1 所示的平行轴定轴轮系为例，来讨论定轴轮系传动比大小的计算方法。设齿轮 1 的轴为输入轴，齿轮 5 的轴为输出轴，则该轮系的总传动比为

$$i_{15} = \frac{\omega_1}{\omega_5} = \frac{n_1}{n_5}$$

由图 6.1 可见，齿轮 1 到齿轮 5 之间的传动是通过各对齿轮的依次啮合来实现的，那么轮系的总传动比 i_{15} 必定与组成该轮系的各对齿轮的传动比有关。为此，首先求出轮系中各对啮合齿轮的传动比大小，有

$$i_{12} = \frac{\omega_1}{\omega_2} = \frac{z_2}{z_1}, \quad i_{2'3} = \frac{\omega_{2'}}{\omega_3} = \frac{z_3}{z_{2'}}$$

$$i_{3'4} = \frac{\omega_{3'}}{\omega_4} = \frac{z_4}{z_{3'}}, \quad i_{45} = \frac{\omega_4}{\omega_5} = \frac{z_5}{z_4}$$

将以上各式等号两边连乘，得

$$i_{12}i_{2'3}i_{3'4}i_{45} = \frac{\omega_1}{\omega_2} \cdot \frac{\omega_{2'}}{\omega_3} \cdot \frac{\omega_{3'}}{\omega_4} \cdot \frac{\omega_4}{\omega_5} = \frac{z_2 z_3 z_4 z_5}{z_1 z_{2'} z_{3'} z_4}$$

由于
$$\omega_2 = \omega_{2'}, \quad \omega_3 = \omega_{3'}$$

所以
$$i_{15} = \frac{\omega_1}{\omega_5} = \frac{z_2 z_3 z_5}{z_1 z_{2'} z_{3'}} \tag{6.1}$$

式（6.1）表明，定轴轮系的传动比等于组成该轮系的各对啮合齿轮传动比的连乘积；其大小等于各对啮合齿轮中所有从动轮齿数的连乘积与所有主动轮齿数的连乘积之比，即

$$\text{定轴轮系的传动比} = \frac{\text{所有从动轮齿数的连乘积}}{\text{所有主动轮齿数的连乘积}} \tag{6.2}$$

由图 6.1 可以看出，齿轮 4 同时与齿轮 3′ 和齿轮 5 相啮合，对于齿轮 3′ 来讲，它是从动轮；对于齿轮 5 来讲，它又是主动轮。因此，其齿数 z_4 在式（6.1）的分子、分母中同时出现，可以约去。齿轮 4 的作用仅仅是改变齿轮 5 的转向，而其齿数的多少并不影响该轮系传动比的大小，我们称这样的齿轮为惰轮（idle gear）。虽然它不会改变总传动比的大小，但它参与的两次啮合却能改变输出轴的转向，此外它还有改变传动距离的作用。

6.2.2 主、从动轮的转向关系

在工程实际中，不仅需要知道轮系传动比的大小，还需要根据主动轮的转动方向来确定从动轮的转向。下面分几种情况加以讨论。

1. 轮系中各轮几何轴线均互相平行的情况

这是工程实际中最为常见的情况，组成这种轮系的所有齿轮均为直齿或斜齿圆柱齿轮。由

于一对内啮合圆柱齿轮的转向相同，而一对外啮合圆柱齿轮的转向相反，所以每经过一次外啮合就改变一次方向，故可用轮系中外啮合的对数来确定轮系中主、从动轮的转向关系。即若用 m 来表示轮系中外啮合的对数，则可用 $(-1)^m$ 来确定轮系传动比的正负号。若计算结果为正，则说明主、从动轮转向相同；若计算结果为负，则说明主、从动轮转向相反。对于图 6.1 所示的轮系，$m=3$，所以其传动比为

$$i_{15}=(-1)^3\,\frac{z_2z_3z_5}{z_1z_{2'}z_{3'}}$$

这说明从动轮 5 的转向与主动轮 1 的转向相反。

2. 轮系中部分齿轮的几何轴线不平行，但首、末两轮的几何轴线平行的情况

若轮系中包含蜗杆蜗轮传动或圆锥齿轮传动等空间齿轮传动机构，则这些齿轮的几何轴线不平行，不能说它们的转向相同或相反。在这种情况下，可在图上用箭头来表示各轮的转向。

1) 蜗杆蜗轮传动的转动方向

由于蜗杆蜗轮传动具有螺旋传动的特点，因而可以按螺杆和螺母的相对运动关系来确定蜗杆蜗轮的转向。因为蜗杆蜗轮的螺旋方向相同，一般可由蜗杆的旋向及转向确定蜗轮的转向，因此首先要判断蜗杆的旋向。判断旋向时，可以在简图上从蜗杆（或蜗轮）的端面沿其轴线观察，若螺旋线（斜线）是向右上方倾斜的，则为右旋，如图 6.6（a）所示；反之则为左旋，如图 6.6（b）所示。

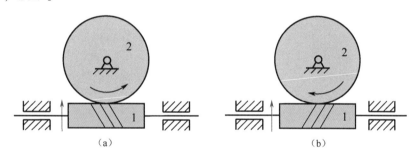

图 6.6　蜗杆蜗轮的转向

判断蜗轮转向时，可根据蜗杆的螺旋方向及转向，用"左、右手定则"判断。当蜗杆为右旋时，用右手的四指顺着蜗杆的转向弯曲，拇指的指向表示蜗杆沿轴线移动的方向，但蜗杆是不能沿轴向移动的，所以只有推动蜗轮向相反方向转动，如图 6.6（a）所示，蜗轮逆时针方向转动；蜗杆为左旋时，则用左手以同样的方法可判断出蜗轮的转向，如图 6.6（b）所示，蜗轮为顺时针转向。

2) 圆锥齿轮传动的转动方向

一对圆锥齿轮啮合时，其圆锥齿轮转动方向的判断可用"同时指向啮合点或同时背离啮合点"的规则来判断。如图 6.7 所示的含有圆锥齿轮的轮系，其各轮的转动方向用画箭头的方法标在图上。

由于该轮系中首、末两轮（齿轮 1 和齿轮 4）的轴线相互平行，所以仍然可在传动比的计算结果前加上"+""−"号来表示主、从动轮的转向关系。如图 6.7 所示，主动轮 1 和从动轮 4 的转向相反，故其传动比为

$$i_{14}=\frac{\omega_1}{\omega_4}=-\frac{z_2z_3z_4}{z_1z_{2'}z_{3'}}$$

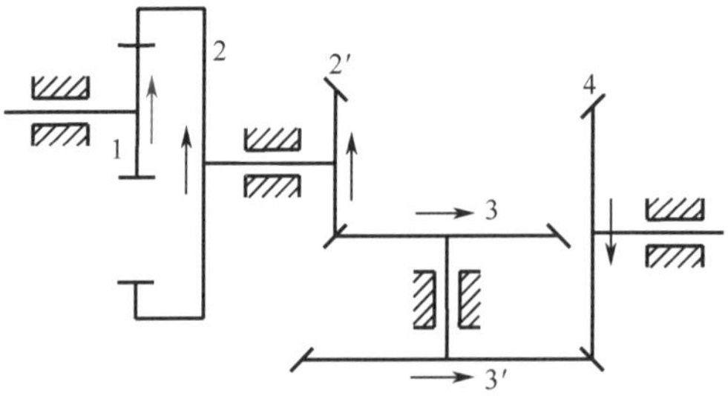

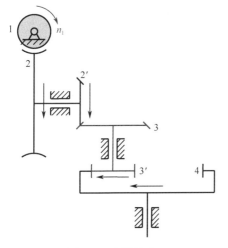

图 6.7 圆锥齿轮的转向

3. 轮系中首、末两轮的几何轴线不平行的情况

在图 6.2 所示的轮系中，主动轮 1（圆柱齿轮）和从动轮 5（蜗轮）的几何轴线不平行，它们分别在两个不同的平面内转动，转向不能说相同或相反，因此不能采用在传动比的计算结果中加"+""−"号的方法来表示主、从动轮转向间的关系，其转向关系只能用箭头标示在图上。

例 6.1 在图 6.8 所示的定轴轮系中，已知蜗杆为单头且右旋，转速 $n_1 = 1440\text{r/min}$，转动方向如图所示，其余各轮齿数为 $z_2 = 40$，$z_{2'} = 20$，$z_3 = 30$，$z_{3'} = 18$，$z_4 = 54$，试：（1）计算齿轮 4 的转速 n_4；（2）在图中标出齿轮 4 的转动方向。

图 6.8 定轴轮系

解：（1） $n_4 = \dfrac{z_1 \cdot z_{2'} \cdot z_{3'}}{z_2 \cdot z_3 \cdot z_4} \cdot n_1 = \dfrac{1\times20\times18}{40\times30\times54}\times1440 = 8\text{r/min}$

（2）蜗杆为右旋，用"右手定则"判断蜗轮转向为：↓。然后用画箭头的方法判断出齿轮 4 的转向为：←。

§6.3 周转轮系的传动比计算

在周转轮系中，由于行星架（系杆）的转动，行星轮的运动不是绕定轴的简单转动，而是既公转又自转的复合运动，故其传动比不能直接用定轴轮系传动比的公式进行计算。

6.3.1 周转轮系传动比计算的基本思路

为了解决周转轮系的传动比计算问题，应设法将周转轮系转化为定轴轮系，随后采用定轴轮系的传动比公式计算周转轮系的传动比。周转轮系与定轴轮系的根本区别在于，周转轮系中有一个转动着的行星架，因此使行星轮既自转又公转。如果能将周转轮系中的行星架相对固定，即将周转轮系转化为定轴轮系，就可以借助此转化轮系（或称转化机构），按定轴轮系的传动比公式进行周转轮系传动比的计算，这种方法称为反转法或转化机构法。

在图 6.9 中，设 ω_1、ω_3、ω_2、ω_H 分别为中心轮 1、3、行星轮 2 和行星架 H 的角速度

（绝对角速度），如果给整个周转轮系加上一个 $-\omega_H$ 的公共角速度，此时行星架就相对固定不动，原周转轮系就转化为定轴轮系。表 6.1 列出了转化前后各构件的角速度。表中，ω_1^H、ω_2^H、ω_3^H 分别表示在行星架固定后得到的转化机构中齿轮 1、2、3 相对于行星架的相对角速度，$\omega_H^H = \omega_H - \omega_H = 0$ 表明转化机构中行星架固定不动，图 6.9 所示的周转轮系就转化成了图 6.10 所示的定轴轮系。这时就可以用定轴轮系的传动比计算公式列出转化机构中各构件的角速度与各轮齿数的关系式，并由此得到周转轮系中各构件的真实角速度之间的关系，进而求得周转轮系的传动比。

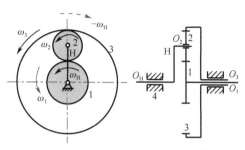

图 6.9 周转轮系各构件的转速

表 6.1 周转轮系转化前后各构件的角速度

构 件	原轮系中的角速度（相对于机架的角速度）	转化轮系中的角速度（相对于行星架的角速度）
齿轮 1	ω_1	$\omega_1^H = \omega_1 - \omega_H$
齿轮 2	ω_2	$\omega_2^H = \omega_2 - \omega_H$
齿轮 3	ω_3	$\omega_3^H = \omega_3 - \omega_H$
行星架 H	ω_H	$\omega_H^H = \omega_H - \omega_H = 0$

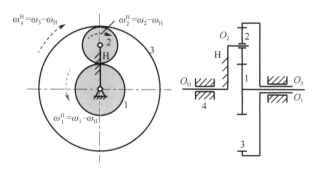

图 6.10 周转轮系的转化机构

6.3.2 周转轮系传动比的计算

首先求转化机构的传动比，按照传动比的定义可知

$$i_{13}^H = \frac{\omega_1^H}{\omega_3^H} = \frac{\omega_1 - \omega_H}{\omega_3 - \omega_H}$$

式中，i_{13}^H 表示在转化机构中 1 轮主动、3 轮从动时的传动比。由于转化轮系相当于定轴轮系，

故其传动比可按定轴轮系的传动比公式进行计算，有

$$i_{13}^{H} = -\frac{z_2 z_3}{z_1 z_2} = -\frac{z_3}{z_1}$$

综合以上两式可得

$$i_{13}^{H} = \frac{\omega_1 - \omega_H}{\omega_3 - \omega_H} = -\frac{z_3}{z_1}$$

式中，传动比前的负号表示在转化机构中齿轮 1、3 的转向相反。

根据上述原理，不难得出计算周转轮系传动比的一般关系式。设周转轮系中的两个中心轮分别为 1 和 K，行星架为 H，其转化轮系的传动比 i_{1K}^{H} 可表示为

$$i_{1K}^{H} = \frac{\omega_1 - \omega_H}{\omega_K - \omega_H} = \frac{n_1 - n_H}{n_K - n_H} = \pm \frac{\text{从1到 K 所有从动轮齿数的连乘积}}{\text{从1到 K 所有主动轮齿数的连乘积}} \quad (6.3)$$

式中，给定 ω_1、ω_K 及 ω_H 中的任意两个量，便可求得第三个量。于是，此公式可用来求解周转轮系中各基本构件的绝对角速度和任意两基本构件间的传动比。

6.3.3　周转轮系传动比计算的注意事项

在利用式（6.3）计算周转轮系传动比时，需要注意以下几点。

（1）式（6.3）只适用于转化轮系的首、末两轮轴线平行的情况。如图 6.11 所示的转化轮系的构件 1 与构件 3 的传动比可以写为

$$i_{13}^{H} = \frac{\omega_1^{H}}{\omega_3^{H}} = \frac{\omega_1 - \omega_H}{\omega_3 - \omega_H} = -\frac{z_3}{z_1}$$

但由于构件 1 的轴线与构件 2 的轴线不平行，故

$$i_{12}^{H} \neq \frac{\omega_1 - \omega_H}{\omega_2 - \omega_H}$$

因为构件 2 的轴线与行星架 H 的轴线不平行，故 $\omega_2 - \omega_H$ 是没有意义的。

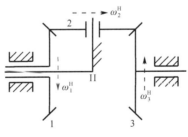

图 6.11　转化轮系

（2）式（6.3）中，i_{1K}^{H} 是转化轮系中 1 轮主动、K 轮从动时的传动比，其大小和正负完全按定轴轮系来处理。在具体计算时，要特别注意转化轮系传动比 i_{1K}^{H} 的正负号，它不仅表明在转化轮系中中心轮 1 和 K 转向之间的关系，而且将直接影响周转轮系传动比的大小和正负号。需要强调的是，i_{1K}^{H} 的正负号与中心轮的真实转向无直接关系，即正号并不表示两中心轮的真实转向一定相同，负号也并不表示两中心轮的真实转向一定相反。

（3）ω_1、ω_K、ω_H 均为代数值，运用式（6.3）计算时要代入相应的 "＋" "－" 号。若转向相同，则用同号代入；若转向不同，则应分别用 "＋" "－" 号代入。在已知周转轮系中各

轮齿数的条件下，已知 ω_1、ω_K、ω_H 中的两个量（包括大小和方向），就可按式（6.3）确定第三个量。值得注意的是，第三个构件的转向应由计算结果的"+""–"号来判断。

由于行星轮系中有一个中心轮的转速为零，若令行星轮系的中心轮 K 固定，由于其转动角速度 $\omega_K = 0$，故由式（6.3）可推导出行星轮系的传动比计算公式为

$$i_{AK}^{H} = \frac{\omega_A - \omega_H}{\omega_K - \omega_H} = \frac{\omega_A - \omega_H}{-\omega_H} = 1 - i_{AH}$$

即
$$i_{AH}^{(K)} = 1 - i_{AK}^{H} \tag{6.4}$$

式（6.4）表明，活动齿轮 A 对行星架 H 的传动比等于 1 减去行星架 H 固定时，活动齿轮 A 对原固定中心轮 K 的传动比。

由以上分析可知，周转轮系中各个构件的转速及轮系中两构件的传动比，一定要借助转化轮系的传动比才能求得。

例 6.2 图 6.12 所示的行星轮系中，已知 $z_1 = 100$，$z_2 = 101$，$z_{2'} = 100$，$z_3 = 99$，求 i_{H1}。

解：

$$i_{13}^{H} = \frac{\omega_1 - \omega_H}{\omega_3 - \omega_H} = 1 - i_{1H} = (-1)^2 \frac{z_2 z_3}{z_1 z_{2'}}$$

$$\frac{\omega_1}{\omega_H} = 1 - \frac{z_2 z_3}{z_1 z_{2'}} = 1 - \frac{101 \times 99}{100 \times 100} = \frac{1}{10000}$$

$$i_{H1} = \frac{\omega_H}{\omega_1} = 10000$$

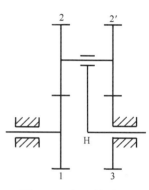

图 6.12 行星轮系

ω_1 与 ω_H 转向相同。

如果 $z_3 = 100$，则

$$\frac{\omega_1}{\omega_H} = 1 - \frac{z_2 z_3}{z_1 z_{2'}} = 1 - \frac{101 \times 100}{100 \times 100} = -\frac{1}{100}$$

比较可知，同一种结构形式的行星轮系，因变动一个齿数，传动比大不相同。

此例说明，周转轮系可获得很大的传动比。但必须指出，这种轮系的效率很低。

例 6.3 在图 6.13（a）所示的轮系中，已知各轮齿数分别为 $z_1 = 60$，$z_2 = 40$，$z_{2'} = z_3 = 20$，$n_1 = 120 \text{r/min}$，$n_3 = 60 \text{r/min}$，转向如图所示，试求系杆 H 转速 n_H 的大小及方向。

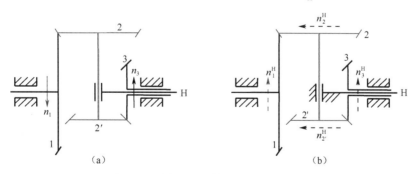

图 6.13 例 6.3 图

解：这是一个由锥齿轮组成的差动轮系，先计算其转化机构的传动比，有

$$i_{13}^{H} = \frac{n_1^{H}}{n_3^{H}} = \frac{n_1 - n_H}{n_3 - n_H} = \frac{z_2 z_3}{z_1 z_{2'}} = \frac{40 \times 20}{60 \times 20} = \frac{2}{3}$$

式中，齿数比前的"+"号表示在该轮系的转化机构（见图 6.13（b））中，齿轮 1、3 的转向 n_1^H 与 n_3^H 相同，它是通过在图 6.13（b）中用画箭头的方法确定的。

将已知的 n_1 与 n_3 值代入上式。由于 n_1 与 n_3 的实际转向相反，故一个取正值，另一个取负值。取 n_1 为正，n_3 为负，则

$$\frac{120-n_H}{-60-n_H}=\frac{2}{3}$$

解该式得
$$n_H = 480 \text{r/min}$$

计算结果为正，表明系杆 H 的转向与齿轮 1 相同，与齿轮 3 相反。

§6.4 复合轮系的传动比计算

6.4.1 复合轮系传动比的计算方法

复合轮系由定轴轮系与周转轮系组合而成，或由几个单一的周转轮系组合而成。由于定轴轮系与周转轮系传动比的计算方法不同，显然计算复合轮系的传动比时，应当将复合轮系中定轴轮系部分与周转轮系部分区分开来分别计算。因此，复合轮系传动比的计算方法及步骤如下。

1. 正确区分各个基本轮系

所谓基本轮系，指的是单一的定轴轮系或单一的周转轮系。在划分基本轮系时，首先要找出各个单一的周转轮系。具体方法是：先找行星轮，即找出那些几何轴线位置不固定而是绕其他定轴齿轮几何轴线转动的齿轮；找出行星轮后，再找出行星架（注意：行星架不一定呈杆状），以及与行星轮相啮合的所有中心轮；分出一个基本的周转轮系后，还要判断是否有其他行星轮被另一个行星架支承，每一个行星架对应一个基本周转轮系，在逐一找出所有基本周转轮系后，剩下的便是定轴轮系了。

2. 分别列出计算各基本轮系传动比的方程式

定轴轮系部分应当按定轴轮系传动比公式计算，而周转轮系部分必须按周转轮系传动比公式来计算。

3. 将各基本轮系传动比方程式联立求解

找出各基本轮系之间连接构件的运动关系式，最后将上述传动比计算式及连接构件关系式进行联立求解。

6.4.2 复合轮系的传动比计算举例

为了具体说明复合轮系传动比的计算方法，下面举例说明。

例 6.4 图 6.14 所示轮系中，各轮模数和压力角均相同，都是标准齿轮，各轮齿数分别为 $z_1 = 23$，$z_2 = 51$，$z_3 = 92$，$z_{3'} = 40$，$z_4 = 40$，$z_{4'} = 17$，$z_5 = 33$，$n_1 = 1500 \text{r/min}$，转向如图所示。

试求齿轮 2′的齿数 $z_{2'}$ 及 n_A 的大小和方向。

解：（1）齿轮 1、2 啮合的中心距等于齿轮 2′、3 啮合的中心距，所以有

$$m(z_1+z_2)/2 = m(z_3-z_{2'})/2$$

$$z_{2'} = z_3-z_1-z_2 = 92-23-51 = 18$$

（2）1-（2-2′）-3-H（Λ）组成差动轮系，3′-（4-4′）-5-H（A）组成行星轮系。

$$i_{13}^H = \frac{n_1-n_H}{n_3-n_H} = -\frac{z_2z_3}{z_1z_{2'}} = -\frac{51\times92}{23\times18} = -\frac{34}{3}$$

$$i_{3'H} = \frac{n_{3'}}{n_H} = \frac{n_3}{n_H} = 1-i_{3'5}^H = 1+\frac{z_4z_5}{z_{3'}z_{4'}} = 1+\frac{40\times33}{40\times17} = \frac{50}{17}$$

$$\frac{n_1-n_H}{\frac{50}{17}n_H-n_H} = -\frac{34}{3}$$

$$3n_1-3n_H = -66n_H$$

所以

$$63n_H = -3n_1$$

$$n_A = n_H = -\frac{n_1}{21} = -\frac{1500}{21} \approx -71.43 \text{r/min}$$

式中，"-"号表明 n_H 的转向与 n_1 的转向相反。

例 6.5 图 6.15（a）所示轮系中，已知各轮齿数：$z_2=32$，$z_3=34$，$z_4=36$，$z_5=64$，$z_7=32$，$z_8=17$，$z_9=24$。轴 A 按图示方向以 1250r/min 的转速回转，轴 B 按图示方向以 600r/min 的转速回转，求轴 C 转速 n_C 的大小和方向。

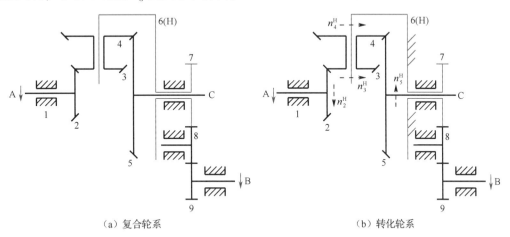

（a）复合轮系　　　　（b）转化轮系

图 6.15　例 6.5 图

解：（1）分析轮系结构：2-3-4-5-6(H)为差动轮系，7-8-9 为定轴轮系。

（2）
$$i_{97} = \frac{n_9}{n_7} = (-1)^2\frac{z_7}{z_9} = \frac{32}{24} = \frac{4}{3} \tag{ⓐ}$$

（3）
$$i_{25}^6 = \frac{n_2-n_6}{n_5-n_6} = -\frac{z_3z_5}{z_2z_4} = -\frac{34\times64}{32\times36} = -\frac{17}{9} \tag{ⓑ}$$

由式ⓐ得

$$n_7 = \frac{3n_9}{4} = \frac{3 \times 600}{4} = 450 \text{r/min}$$

由式ⓑ得

$$n_5 - n_6 = -\frac{9(n_2 - n_6)}{17}$$

（4）
$$n_5 = -\frac{9 \times (1250 - 450)}{17} + 450 \approx 26.47 \text{r/min}$$

故 $n_C = n_5 = 26.47$r/min，方向与轴 A 相同。

例 6.6　图 6.16 所示轮系中，蜗杆 $z_1 = 1$（左旋），蜗轮 $z_2 = 40$，齿轮 $z_{2'} = 20$，$z_{2''} = 20$，$z_3 = 15$，$z_{3'} = 30$，$z_4 = 40$，$z_{4'} = 40$，$z_5 = 40$，$z_{5'} = 20$。试确定传动比 i_{AB} 及轴 B 的转向。

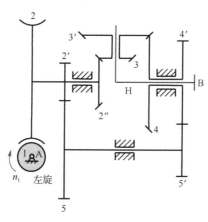

图 6.16　例 6.6 图

解：（1）$2''$-3-$3'$-4-H(B)为差动轮系，1-2-$2'$-5-$5'$-$4'$为定轴轮系。

（2）
$$i_{2''4}^{H} = \frac{n_{2''} - n_H}{n_4 - n_H} = -\frac{z_3 z_4}{z_{2''} z_{3'}} \qquad ⓐ$$

$$i_{12} = \frac{n_1}{n_2} = \frac{z_2}{z_1}, \quad n_2 = \frac{z_1}{z_2} n_1 \downarrow \qquad ⓑ$$

$$i_{14'} = \frac{n_1}{n_{4'}} = \frac{z_2 z_5 z_{4'}}{z_1 z_{2'} z_{5'}}, \quad n_{4'} = \frac{z_1 z_{2'} z_{5'}}{z_2 z_5 z_{4'}} n_1 \downarrow \qquad ⓒ$$

从图 6.16 中可以看出

$$n_2 = n_{2'} = n_{2''}, \quad n_4 = n_{4'} \qquad ⓓ$$

（3）联立式ⓐ~式ⓓ，得

$$i_{AB} = i_{1H} = \frac{n_1}{n_H} = 64$$

（4）
$$\frac{n_{2'}}{n_{4'}} = \frac{n_{2''}}{n_4} = \frac{z_{4'} z_5}{z_{5'} z_{2'}} = \frac{40 \times 40}{20 \times 20} = 4$$

代入式ⓐ，得
$$n_2 = \frac{8}{5} n_H$$

B(H)和轮 2 同向，均为↓方向。

§6.5 轮系的设计

定轴轮系和周转轮系是轮系的两种基本类型，它们的设计问题最为常见。

6.5.1 定轴轮系的设计

定轴轮系设计的主要任务如下。

1. 定轴轮系类型的选择

在一个定轴轮系中，可以同时包含直齿圆柱齿轮、平行轴斜齿轮、交错轴斜齿轮、蜗杆蜗轮和圆锥齿轮机构等。因此，为了实现同一种运动和动力传递，采用的定轴轮系可以有多种不同方案，这既提供了定轴轮系类型选择的灵活性，也增加了定轴轮系类型选择的复杂性。

在设计定轴轮系时，应根据工作要求和使用场合恰当地选择轮系的类型。一般来说，除了满足基本的使用要求外，还应考虑机构的外廓尺寸、效率、质量、成本等因素。当设计的定轴轮系用于高速、重载场合时，为了减小传动的冲击、振动和噪声，提高传动性能，选择平行轴斜齿轮传动要比选择直齿圆柱齿轮传动更好；当设计的轮系在主、从动轴传递过程中，由于工作和结构空间的要求，需要转换运动轴线方向或改变从动轴转向时，选择圆锥齿轮传动可以满足这一要求；当设计的轮系用于功率较小、速度不高但需要满足交错角为任意值的空间交错轴之间的传动时，可选用交错轴斜齿轮传动；当设计的轮系要求传动比大、结构紧凑或用于分度、微调及有自锁要求的场合时，则应选择蜗杆传动。

2. 定轴轮系中各轮齿数的确定

要确定定轴轮系中各轮的齿数，关键在于合理地分配轮系中各对齿轮的传动比。为了把轮系的总传动比合理地分配给各对齿轮，在具体分配时应注意以下几点。

（1）每一级齿轮的传动比要在其常用范围内选取。齿轮传动时，传动比为 5~7；蜗杆传动时，传动比不大于 80。

（2）当轮系的传动比过大时，为了减小外廓尺寸和改善传动性能，通常采用多级传动。当齿轮传动的传动比大于 8 时，一般应设计成两级传动；当传动比大于 30 时，常设计成两级以上齿轮传动。

（3）当轮系为减速传动时（工程实际中的大多数情况），按照"前小后大"的原则分配传动比较有利。同时，为了使机构外廓尺寸协调和机构匀称，相邻两级传动比的差值不宜过大。

（4）当设计闭式齿轮减速器时，为了润滑方便，应使各级传动中的大齿轮都能浸入油池，且浸入的深度应大致相等，以防止某个大齿轮浸油过深而增加搅油损耗。根据这一条件分配传动比时，高速级的传动比应大于低速级的传动比，通常 $i_{高} = (1.3 \sim 1.4) i_{低}$。

由以上分析可见，当考虑问题的角度不同时，就有不同的传动比分配方案。因此，在具体分配定轴轮系各级传动比时，应根据不同条件进行具体分析，不能简单地生搬硬套某个原则。

一旦根据具体条件合理地分配了各对齿轮传动的传动比，就可以根据各对齿轮的传动比来确定每一个齿轮的齿数了。下面通过一个具体的例子来说明定轴轮系中各轮齿数的确定方法。

某装置中拟采用一个定轴轮系，工作要求的总传动比 $i = 12$。由于传动比大于 8，考虑采用两级齿轮传动。为了使机构较为紧凑，需使中间轴有较高的转速和较小的扭矩，为此，在进行传动比分配时，初步确定低速级的传动比为高速级的 2 倍。由此可得

$$i = \frac{z_2}{z_1} \cdot \frac{z_3}{z_{2'}} = \frac{z_2}{z_1} \cdot 2\frac{z_2}{z_1} = 2\left(\frac{z_2}{z_1}\right)^2 = 12$$

式中，z_2/z_1 和 $z_3/z_{2'}$ 分别为高速级和低速级的传动比。

由上式可得

$$\frac{z_2}{z_1} = \sqrt{6} \approx 2.4495$$

下列齿数比与该值接近：

$$\frac{37}{15}, \frac{39}{16}, \frac{44}{18}, \frac{49}{20}, \frac{54}{22}$$

其中，$\frac{49}{20} = 2.45$ 与 2.4495 最为接近。若选择它作为高速级齿轮的齿数比，则低速级齿轮的齿数比应为 $\frac{98}{20}$，由此可得

$$i = \frac{z_2}{z_1} \cdot \frac{z_3}{z_{2'}} = \frac{49}{20} \cdot \frac{98}{20} = \frac{2401}{200} = 12.005$$

这一结果与工作要求的传动比存在少许误差。若工作对传动比的要求很严格，可以选择高速级的齿数比为 $\frac{44}{18}$，低速级的齿数比为 $\frac{108}{22}$，即 $z_1 = 18$，$z_2 = 44$，$z_{2'} = 22$，$z_3 = 108$，此时总传动比为

$$i = \frac{z_2}{z_1} \cdot \frac{z_3}{z_{2'}} = \frac{44}{18} \cdot \frac{108}{22} = 12$$

在这种情况下，虽然低速级的传动比不再严格地等于高速级传动比的 2 倍（通常这一要求并不是主要的），但总传动比却精确地满足了工作要求。

3. 定轴轮系布置方案的选择

同一个定轴轮系，可以有几种不同的布置方案，在设计定轴轮系时，应根据具体情况来加以选择。例如，图 6.17 所示的定轴轮系，有以下三种形式的布置方案。

图 6.17（a）所示是最简单的展开式布置方案。其优点是结构简单；缺点是轴上的齿轮与两端轴承的位置不对称，当轴弯曲变形时，会引起载荷沿齿宽分布不均匀的现象，故只宜用于载荷较平稳处。

图 6.17（b）所示是对称式布置方案。其优点是轴上齿轮的位置与两端的轴承对称，故宜用于变载荷处；缺点是结构较复杂。

图 6.17（c）所示是同轴式布置方案。其优点是输入轴与输出轴在同一轴线上（称为回归轮系），结构较紧凑；缺点是中间轴较长，由于中间轴的变形，会使齿宽上的载荷分布不均匀。

由以上分析可以看出，同一个定轴轮系可以有几种不同的布置方案，各方案具有不同的特点。究竟选择哪种设计方案，要根据具体情况来决定：若载荷较平稳，可选择展开式布置方案，结构简单些；若用于变载处，可选择对称式布置方案，工作情况好一些；若空间位置较小，可选择同轴式布置方案，机构尺寸小些。

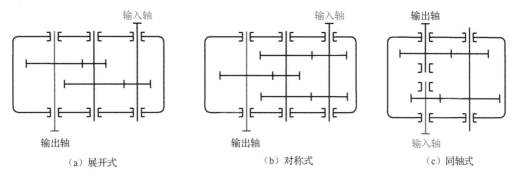

图 6.17　定轴轮系的三种布置方案

（a）展开式　　　　　　　　　（b）对称式　　　　　　　　　（c）同轴式

6.5.2　周转轮系的设计

周转轮系设计的主要任务如下。

1. 周转轮系类型的选择

周转轮系类型的选择，主要应从传动比的范围、效率高低、结构复杂程度及外廓尺寸等几个方面综合考虑。表 6.2 给出了几种常用的 2K-H 型负号机构的传动比适用范围，供选择轮系类型时参考。

表 6.2　几种常用的 2K-H 型负号机构的传动比适用范围

轮系类型		
传动比计算式	$i_{1H}=1-i_{13}^{H}=1+\dfrac{z_3}{z_1}>2$	$i_{1H}=1-i_{13}^{H}=1+\dfrac{z_3}{z_1}<2$
适用范围	$i_{1H}=2.8\sim13$	$i_{1H}=1.14\sim1.56$
轮系类型		
传动比计算式	$i_{1H}=1-i_{13}^{H}=1+\dfrac{z_3}{z_1}=2$	$i_{1H}=1-i_{13}^{H}=1+\dfrac{z_2z_3}{z_1z_{2'}}$
适用范围	$i_{1H}=2$	$i_{1H}=8\sim16$

（1）当设计的轮系主要用于传递运动时，首先要考虑的是能否满足工作所要求的传动比，其次兼顾效率、结构复杂程度、外廓尺寸和质量等。

由表 6.2 可知，负号机构的传动比只比其转化机构的传动比 i_{13}^H 的绝对值大 1，因此，单一的负号机构，其传动比均不太大。在设计轮系时，若工作所要求的传动比不太大，可以根据具体情况选用上述负号机构。这时轮系除了可以满足工作对传动比的要求外，还具有较高的效率。

由于负号机构的传动比的大小主要取决于其转化机构中各轮的齿数比，因此，若希望利用负号机构来实现大的传动比，首先要设法增大其转化机构传动比的绝对值，这势必会造成机构外廓尺寸过大。在选择轮系类型时，要注意这一问题。若希望获得比较大的传动比，又不致使机构外廓尺寸过大，可考虑选用复合轮系。

利用正号机构可以获得很大的传动比，且当传动比很大时，其转化机构的传动比将接近于 1，因此，机构的尺寸不致过大，这是正号机构的优点，其缺点是效率较低。若设计的轮系用于传动比大而对效率要求不高的场合，可考虑选用正号机构。需要注意的是，正号机构用于增速时，虽然可以获得极大的传动比，但随着传动比的增大，效率将急剧下降，甚至出现自锁现象。因此，选用正号机构时，一定要慎重。

（2）当设计的轮系主要用于传递动力时，首先要考虑机构效率的高低，其次兼顾传动比、外廓尺寸、结构复杂程度和质量等。

由 6.7 节的讨论可知，对于负号机构来说，无论用于增速还是减速，都具有较高的效率。因此，当设计的轮系主要用于传递动力时，为了使所设计的机构具有较高的效率，应选用负号机构。若所设计的轮系除了用于传递动力外，还要求具有较大的传动比，而单级负号机构又不能满足传动比的要求时，可将几个负号机构串联起来，或采用负号机构与定轴轮系串联的复合轮系，以获得较大的传动比。需要指出的是，随着串联级数的增多，效率将会有所降低，机构外廓尺寸和质量都会增加。

2. 周转轮系中各轮齿数的确定

设计周转轮系时，其中各轮齿数的选配需要满足以下四个条件，下面以图 6.4（a）所示的单排周转轮系为例加以讨论。

1）满足传动比条件（train ratio condition）

周转轮系用来传递运动，各轮齿数必须实现工作所要求的传动比。

因为轮系中，
$$i_{1H} = 1 + \frac{z_3}{z_1}$$

所以
$$\frac{z_3}{z_1} = i_{1H} - 1$$

由此可得
$$z_3 = (i_{1H} - 1)z_1 \tag{6.5}$$

2）满足同心条件（concentric condition）

周转轮系是一种共轴式的传动装置。为了保证装在系杆上的行星轮在传动过程中始终与中心轮正确啮合，必须使系杆的转轴与中心轮的轴线重合，这就要求各轮齿数必须满足同心条件。

中心轮 1 与行星轮 2 组成外啮合传动，中心轮 3 与行星轮 2 组成内啮合传动，同心条件就是要求这两组传动的中心距必须相等，即 $a'_{12} = a'_{23}$。

对于渐开线标准直齿圆柱齿轮传动，则有

$$\frac{m(z_1+z_2)}{2}=\frac{m(z_3-z_2)}{2}$$

即

$$z_2=\frac{z_3-z_1}{2}$$

该式表明,两中心轮的齿数应同为奇数或偶数。将式(6.5)代入上式,整理后可得

$$z_2=\frac{(i_{1H}-2)z_1}{2} \tag{6.6}$$

3)满足安装条件(assembly condition)

为了平衡轮系中的离心惯性力,减小行星架的支承反力,减轻轮齿上的载荷,一般将多个行星轮均布在两个中心轮之间。因此,行星轮的数目与各轮齿数之间必须满足一定的关系。下面参照图 6.18 分析行星轮数目与各轮齿数之间应满足的关系。

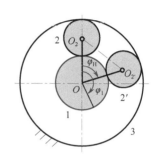

图 6.18 行星轮系的装配关系

设 k 为均布的行星轮数目,则相邻两行星轮间所夹的中心角为 $2\pi/k$。现将第一个行星轮在位置 O_2 装入,设齿轮 3 是固定中心轮,使系杆 H 沿顺时针方向转过 $\varphi_H=2\pi/k$ 到达位置 $O_{2'}$,这时中心轮 1 转过角度 φ_1,由于

$$\frac{\varphi_1}{\varphi_H}=\frac{\omega_1}{\omega_H}=i_{1H}=1-i_{13}^H=1+\frac{z_3}{z_1}$$

$$\varphi_1=\left(1+\frac{z_3}{z_1}\right)\frac{2\pi}{k}$$

现若在位置 O_2 处又能装入第二个行星轮,则此时中心轮 1 在位置 1 的轮齿相位应与其回转角 φ_1 之前在该位置时的轮齿相位完全相同,即 φ_1 角所对应的弧长必须刚好是其齿距的整倍数。也就是说,φ_1 角对应于整数个齿。设 φ_1 角对应于 N 个齿,因每个齿距所对应的中心角为 $2\pi/z_1$,所以

$$\varphi_1=N\frac{2\pi}{z_1}=\left(1+\frac{z_3}{z_1}\right)\frac{2\pi}{k}$$

即

$$N=\frac{z_1+z_3}{k}$$

该式表明,欲将 k 个行星轮均匀地分布在中心轮周围,则两个中心轮的齿数和应能被行星轮个数 k 整除。

在设计计算时,由于传动比是已知条件,故通常用下式作为装配条件关系式:

$$z_1=\frac{kN}{i_{1H}} \tag{6.7}$$

4)满足邻接条件(non-overlapping condition;adjacent condition)

在图 6.18 中,O_2 和 $O_{2'}$ 为相邻两行星轮的转轴中心,为了保证相邻两行星轮的齿顶不发生碰撞和干涉,就要求其中心连线 $O_2O_{2'}$ 的长度大于两行星轮的齿顶圆半径之和,即

$$O_2O_{2'}>2r_{a2}$$

式中,r_{a2} 为行星轮的齿顶圆半径。

对于标准齿轮传动,可得

$$2 \cdot (r_1 + r_2) \cdot \sin \frac{\pi}{k} > 2 \cdot (r_2 + h_a^* m)$$

或 $$(z_1 + z_2) \sin(\pi/k) > z_2 + 2h_a^* \tag{6.8}$$

当采用变位齿轮传动时，其邻接条件应根据齿轮的实际尺寸进行校核。

至此，我们得到了单排周转轮系中用于确定各轮齿数的四个条件的关系式。至于差动轮系的设计问题，可以假想将其中一个中心轮固定，使其转化为一个假想的行星轮系，然后用上述方法来设计。

§6.6　轮系的功能

在工程实际中，广泛地应用着各种轮系。其功能可以概括为以下几个方面。

6.6.1　实现大传动比传动

一对齿轮传动，为了避免由于齿数过于悬殊而使小齿轮易于损坏和发生齿根干涉等问题，一般传动比不得大于5~7。在需要获得大传动比时，可利用定轴轮系的多级传动来实现，也可利用周转轮系和复合轮系来实现。

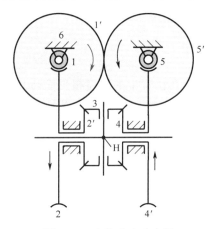

图 6.19　大传动比减速器

例 6.7　图 6.19 所示为一大传动比减速器，其中蜗杆 1 和 5 均为单头右旋蜗杆，其余各轮齿数为：$z_{1'} = 101$，$z_2 = 99$，$z_{2'} = z_4$，$z_{4'} = 100$，$z_{5'} = 100$。当运动由蜗杆 1 输入，由系杆 H 输出时，求传动比 i_{1H}。又如果主动蜗杆 1 由转速为 1375r/min 的电动机带动，求输出轴 H 转一周的时间 t。

解：该轮系是由两个定轴轮系 1-2-6 和 1'-5'-5-4'-6 及一个差动轮系 2'-3-4-H-6 所组成的复合轮系。

由定轴轮系 1-2-6 得

$$i_{12} = \frac{n_1}{n_2} = \frac{z_2}{z_1} \rightarrow n_2 = \frac{z_1}{z_2} n_1 \tag{ⓐ}$$

由定轴轮系 1'-5'-5-4'-6 得

$$i_{1'4'} = \frac{n_{1'}}{n_{4'}} = \frac{z_4 z_5'}{z_5 z_{1'}} \rightarrow n_{4'} = \frac{z_{1'} z_5}{z_5' z_4} n_{1'} = \frac{z_{1'} z_5}{z_5' z_4} n_1 \tag{ⓑ}$$

由差动轮系 2'-3-4-H-6 得

$$i_{2'4}^{H} = \frac{n_{2'} - n_H}{n_4 - n_H} = \frac{n_2 - n_H}{n_{4'} - n_H} = -\frac{z_4}{z_{2'}} = -1 \tag{ⓒ}$$

因 1 和 5 均为单头右旋蜗杆，故如图 6.19 所示，当蜗杆 1 顺时针方向回转时，蜗轮 2 的回转方向为↓（即从左向右看时为顺时针方向），而蜗轮 4'的回转方向为↑（即从左向右看时为逆时针方向），因此将式ⓐ的 n_2 为正和式ⓑ的 $n_{4'}$ 为负代入式ⓒ并整理，得

$$i_{1H} = \frac{n_1}{n_H} = \frac{2}{\dfrac{z_1}{z_2} - \dfrac{z_{1'} z_5}{z_5' z_{4'}}} = \frac{2}{\dfrac{1}{99} - \dfrac{101 \times 1}{100 \times 100}} = 1980000$$

上式表明，系杆 H 转一周时，蜗杆 1 转 1980000 周，所以输出轴 H 转一周的时间为

$$\frac{1980000}{60 \times 1375} = 24\text{h}$$

这是利用复合轮系实现大传动比的一个实例。

6.6.2 实现变速与换向传动

图 6.20 所示为能实现变速与换向的机构。该机构除了差动轮系 1-2-3-H 外，还有制动器 T 和离合器 C。制动器 T 的作用是阻止中心轮 3 运动，离合器 C 的作用是连接齿轮 3 和系杆 H。齿轮 1 是输入构件，系杆 H 是输出构件。

当制动器 T 启动，而离合器 C 关闭时，图 6.20 所示机构变为行星轮系，其传动比为

$$i_{13}^{\text{H}} = \frac{\omega_1 - \omega_{\text{H}}}{\omega_3 - \omega_{\text{H}}} = 1 - i_{1\text{H}} = -\frac{z_3}{z_1}$$

$$i_{1\text{H}} = \frac{\omega_1}{\omega_{\text{H}}} = 1 + \frac{z_3}{z_1}$$

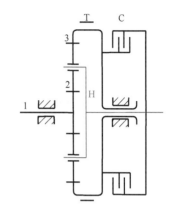

图 6.20 实现变速与换向的机构

当制动器 T 关闭，而离合器 C 启动时，图 6.20 所示机构中所有的运动构件固接在了一起。$\omega_1 = \omega_{\text{H}}$，传动比 $i_{1\text{H}} = 1$。这种变速与换向装置易于操作，因此在汽车行业得到了广泛应用。

6.6.3 实现分路传动

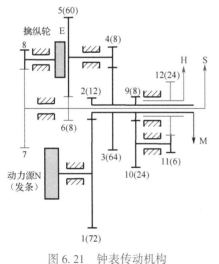

图 6.21 钟表传动机构

在只有一个动力源的机械中，当需要使用多个执行机构同时获得运动及动力时，可采用有多个分路传动的定轴轮系来实现。图 6.21 所示为钟表传动机构，动力源（发条 N）经定轴轮系 1-2 直接带动分针 M 转动；一路通过定轴轮系 9-10-11-12 带动时针 H 转动；另一路通过定轴轮系 3-4-5-6 带动秒针 S 转动。图中括号内为各轮齿数。由图可见，分针 M 与时针 H 之间的传动比为

$$i_{\text{MH}} = \frac{n_{\text{M}}}{n_{\text{H}}} = (-1)^2 \left(\frac{z_{10} z_{12}}{z_9 z_{11}} \right) = \frac{24 \times 24}{8 \times 6} = 12$$

秒针 S 与分针 M 之间的传动比为

$$i_{\text{SM}} = \frac{n_{\text{S}}}{n_{\text{M}}} = (-1)^2 \left(\frac{z_3 z_5}{z_4 z_6} \right) = \frac{64 \times 60}{8 \times 8} = 60$$

6.6.4 实现运动的合成与分解

差动轮系有两个自由度，利用差动轮系的这一特点，可以实现运动的合成与分解。

图 6.11 所示是由锥齿轮组成的差动轮系。在该轮系中，因两个中心轮的齿数相等，即 $z_1 = z_3$，故

$$i_{13}^H = \frac{n_1 - n_H}{n_3 - n_H} = -\frac{z_3}{z_1} = -1$$

即

$$n_H = \frac{1}{2}(n_1 + n_3)$$

上式表明，系杆 H 的转速是两个中心轮转速的合成，故这种轮系可用作加法机构。

又若在该轮系中，以系杆 H 和任一中心轮（比如齿轮 3）作为主动件，则上式可改写为

$$n_1 = 2n_H - n_3$$

这说明该轮系又可用作减法机构。由于转速有正负之分，所以这种加减是代数量的加减。差动轮系的这种特性在机床、计算装置及补偿调整装置中得到了广泛的应用。

差动轮系不仅能将两个独立的运动合成为一个运动，而且还可以将一个基本构件的转动，按所需比例分解为另外两个基本构件的不同转动。汽车后桥的差速器就利用了差动轮系的这一特性。

图 6.22 所示为汽车后桥差速器。其中齿轮 3、4、5、2（H）组成一差动轮系。汽车发动机的运动从变速箱经传动轴传给齿轮 1，再带动齿轮 2 及固接在齿轮 2 上的系杆 H 转动。当汽车直线行驶时，前轮的转向机构通过地面的约束作用，要求两后轮有相同的转速，即要求齿轮 3、5 转速相同（$n_3 = n_5$）。由于在差动轮系中有

$$i_{35}^H = \frac{n_3 - n_H}{n_5 - n_H} = -\frac{z_5}{z_3} = -1 \tag{6.9}$$

故

$$n_H = \frac{1}{2}(n_3 + n_5)$$

将 $n_3 = n_5$ 代入上式，得 $n_3 = n_5 = n_H = n_2$，即齿轮 3、5 和系杆 H 之间没有相对运动，整个差动轮系相当于同齿轮 2 固接在一起成为一个刚体，随齿轮 2 一起转动，此时，行星轮 4 相对于系杆没有转动。

如图 6.22（b）所示，当汽车转弯时，在前轮转向机构确定了后轴线上的转弯中心 P 点之后，通过地面的约束作用，使处于弯道内侧的左后轮的行驶轨迹是一个小圆弧，而处于弯道外侧的右后轮的行驶轨迹是一个大圆弧，即要求两后轮所走的路程不相等，因此要求齿轮 3、5 具有不同的转速。汽车后桥上采用了上述差速器后，就能根据转弯半径的不同，自动改变两后轮的转速。

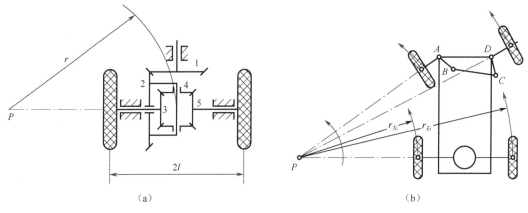

（a） （b）

图 6.22 汽车后桥差速器

设汽车向左转弯行驶，汽车两前轮在梯形转向机构 *ABCD* 的作用下向左偏转，其轴线与汽车两后轮的轴线相交于 *P* 点。在图 6.22（b）所示左转弯的情况下，要求四个车轮均能绕 *P* 点做纯滚动，两个左侧车轮转得慢些，两个右侧车轮要转得快些。由于两前轮是浮套在轮轴上的，故可以适应任意转弯半径而与地面保持纯滚动；至于两个后轮，则是通过上述差速器来调整转速的。设两后轮中心距为 2*l*，弯道平均半径为 *r*，由于两后轮的转速与弯道半径成正比，故由图可得

$$\frac{n_3}{n_5}=\frac{r-l}{r+l} \tag{6.10}$$

联立式（6.9）和式（6.10），可得此时汽车两后轮的转速分别为

$$n_3=\frac{r-l}{r}n_H$$

$$n_5=\frac{r+l}{r}n_H$$

这说明当汽车转弯时，可利用上述差速器自动将主轴的转动分解为后轮的两个不同转动。

需要特别说明的是，差动轮系将一个转动分解为另两个转动是有前提条件的，即这两个转动之间必须具有一个确定的关系。在上述汽车后桥差速器的例子中，两后轮转动之间的关系是由地面的约束条件确定的。

6.6.5 利用行星轮输出的复杂运动实现某些特殊功能

在周转轮系中，行星轮的运动是由自转与公转合成的运动，而且可以得到较高的行星轮转速。工程实际中的一些装备直接利用了行星轮的这一运动特点，来实现机械执行构件的复杂运动。

图 6.23 所示为一种行星搅拌机构，其搅拌器 F(F′) 与行星轮 g(g′) 固结在一起，从而得到复合运动，增强了搅拌效果。

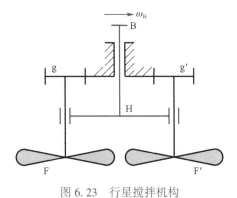

图 6.23 行星搅拌机构

工程中还常利用行星轮上某些点的特殊轨迹，实现间歇运动等，这方面的实例将在第 8 章的组合机构中讨论。

小故事：记里鼓车中的轮系传动

记里鼓车是中国古代用于计算道路里程的车，由记道车发展而来。有关记道车的文字记载

最早见于汉代刘歆的《西京杂记》："汉朝舆驾祠甘泉汾阳……记道车，驾四，中道。"可见在西汉时期就已经有了这种可以计算道路里程的车。而在后来，人们又为它加上了一种击鼓装置，每行1里击一下鼓，这便成了记里鼓车。记里鼓车是现代里程表和减速器的祖先，也是现代机械钟表中报时木偶的始祖，反映了两千年前中国高超的机械工程技术。

宋代记里鼓车工作原理如插图6.1所示。母齿轮固接于左车轮，并与传动轮相啮合。铜旋风轮与传动轮装在同一竖轴A之上，并与下平轮相啮合。小平轮与下平轮装在同一竖轴B之上，并与上平轮相啮合。车轮的圆周长为1丈8尺，古时以6尺为一步，故车轮转1圈车行3步。车行1里（即为300步），车轮和母齿轮都转100圈，传动轮和铜旋风轮转100/3圈，下平轮和小平轮转1圈，而上平轮转1/10圈。也就是说，车行1里，竖轴B转1圈；车行10里，竖轴C转1圈。而在这两个竖轴上，还各附装一个拨子。因此行车1里，竖轴B上的拨子便拨动上层木偶击鼓1次；车行10里，竖轴C上的另一拨子便拨动下层木偶击钲1次。

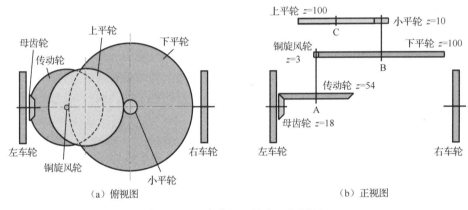

插图6.1　宋代记里鼓车工作原理

插图6.2所示为特7.4-3邮票中的记里鼓车。这是新中国1953年发行的邮票，邮票中的图案是我国汉魏时期发明的记里鼓车的复原模型，该模型由王振铎先生于1937年进行复原。模型的机械部分根据《宋史·舆服志》的记载，而外形则参考了东汉孝堂山画像石中的鼓车形象，复原模型现藏于中国历史博物馆。模型主要表现汉物风貌，邮票图中把它的年代定为晋，比科学的断代晚了，文物专家将其年代定为东汉。

插图6.2　特7.4-3邮票中的记里鼓车

§6.7 拓展阅读: Efficiency of Planetary Gear Trains

The mechanical efficiency of a planetary gear train is very important if the planetary gear train is used in power transmission. The efficiency of planetary gear trains varies greatly. High efficiency is up to more than 98%, while low efficiency is close to zero. And wrong design may result in self-locking of the planetary gear train. Therefore, in order to satisfy the practical application requirements, it is necessary to calculate the efficiency of the planetary gear train.

The principal power losses of transmission of gear trains are: sliding friction loss between meshing profiles, the friction loss in shaft support bearings and the loss of oil churning. Therefore, after the gear train is made, we usually measure the efficiency by experiment. In order to compare the different options in gear train design, we generally estimate the efficiency by only considering engaging loss. Now we introduce a convenient "transformation gear train method".

In terms of the definition of mechanical efficiency, the mechanical efficiency η is the ratio of output power P_r to input power P_d, that is

$$\eta = \frac{P_r}{P_d} = \frac{P_r}{P_r + P_f} = \frac{P_d - P_f}{P_d} = 1 - \frac{P_f}{P_d}$$

thus

$$P_f = P_d(1 - \eta) \tag{6.11}$$

or

$$P_f = P_r\left(\frac{1}{\eta} - 1\right) \tag{6.12}$$

where P_f is the lost power. It is the lost power of engaging friction here.

The lost power of friction in mechanism is mainly dependent on the acting forces of the kinematic pairs, the friction coefficients and the magnitudes of the velocities of relative motions. The difference between planetary gear trains and their transformation gear trains is to add a common angular velocity $-\omega_H$ to the whole gear train. Through this kind of transformation, the relative motion of each link does not change accordingly, and the acting forces on kinematic pairs (the centrifugal inertia force of each link is not taken into account) as well as the friction coefficient do not change either. Therefore, the friction loss at the point of engagement does not change, that is $P_f = P_f^H$. This relational expression is the theoretical basis to calculate efficiency of planetary gear trains by transformation gear train method. In the 2K-H planetary gear train of Fig. 6.4(a), suppose gear 1 is the driving gear, the torque exerted on the shaft of gear 1 is M_1 and the angular velocity is ω_1, then the power passed by gear 1 is $P_1 = M_1\omega_1$, while the power P_1^H passed by gear 1 in the transformation gear train of Fig. 6.24 is

$$P_1^H = M_1(\omega_1 - \omega_H) = P_1(1 - i_{H1}) \tag{6.13}$$

The lost power P_f^H in the transformation gear train of Fig. 6.24 is

$$P_f^H = P_1^H(1 - \eta_{1k}^H) = |M_1(\omega_1 - \omega_H)|(1 - \eta_{1k}^H) \tag{6.14}$$

If $P_1^H > 0$, the sign of P_1^H is the same as that of P_1, and gear 1 is the driving link, P_1^H is the input power. The lost power of the transformation gear train is

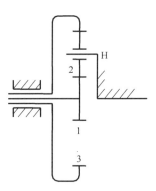

Fig. 6.24   Transformation gear train

$$P_f^H = P_1^H (1 - \eta_{1k}^H) = M_1 (\omega_1 - \omega_H)(1 - \eta_{1k}^H)$$

If $P_1^H < 0$, the sign of P_1^H and P_1 are different, and gear 1 changes into driven link, then P_1^H changes into output power. The lost power of the transmission gear train is

$$P_f^H = |P_1^H| \left(\frac{1}{\eta_{1k}^H} - 1 \right) = |M_1 (\omega_1 - \omega_H)| \left(\frac{1}{\eta_{1k}^H} - 1 \right)$$

Generally speaking, η_{1k} is above 0.9. That is to say, the difference between $\left(\dfrac{1}{\eta_{1k}^H} - 1 \right)$ and $(1 - \eta_{1F}^H)$ is not much. For simplicity reason, in any case, we will take gear 1 as driving link and using absolute value of P_1. Because the lost power of the planetary gear train is equal to that of its transformation gear train, we obtain the following equation

$$P_f = P_f^H = |P_1^H|(1 - \eta_{1k}^H) = |P_1 (1 - i_{H1})|(1 - \eta_{1k}^H) \tag{6.15}$$

It can also be expressed as

$$P_f^H = |M_1 (\omega_1 - \omega_H)|(1 - \eta_{1F}^H) \tag{6.16}$$

The equation above indicates that the lost power of friction is always a positive value. η_{1k}^H is equivalent to the total efficiency of the ordinary gear train. It equals the product of the transmission efficiencies of each couple of gears from gear 1 to gear k. The transmission efficiency of different kinds of engagement system can be found from machine design handbook. In general computation, we can take $\eta_{in} = 0.99$ for a couple of internal gear, and $\eta_{out} = 0.98$ for a couple of external gears.

If substituting Eq.(6.15) into Eqs.(6.13) and (6.14), respectively, we obtain the efficiency of the planetary gear train when gear 1 is driving link.

$$\eta_{1k}^H = 1 - |1 - i_{H1}|(1 - \eta_{1k}^H) \tag{6.17}$$

When arm H is the driving link, the efficiency of the planetary gear train is

$$\eta_{H1} = \frac{1}{1 + |1 - i_{H1}|(1 - \eta_{1k}^H)} \tag{6.18}$$

From the two equations above we can see that, when the value of η_{1k}^H is specific, the efficiency of the planetary gear train is function of its transmission ratio, whose variable curve is shown in Fig. 6.25. i and η represent the horizontal coordinate and longitudinal coordinate, respectively. The solid line and dash line represent the variable curves of efficiency when gear 1 and arm H are the driving links, respectively. In the planetary gear trains, we call the mechanism with $\eta_{1k}^H > 0$ "positive sign mechanism" (that is the epicyclic gear train, the sign of the transmission ratio η_{1k}^H of whose transformation gear train is positive), and call the mechanism with $\eta_{1k}^{H}<0$ "negative sign mechanism" (that is the epicyclic gear train, the sign of the transmission ratio η_{1k}^{H} of whose transformation gear train is negative). From Fig. 6.25, we can see that:

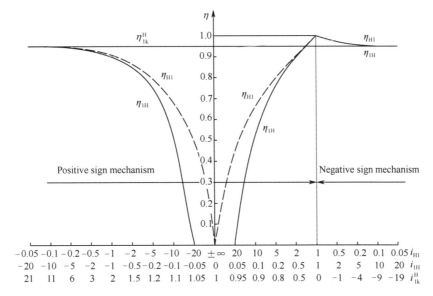

Fig. 6.25　Efficiency curve of the planetary gear train

(1) In the practical range of 2K-H planetary gear train, for negative sign mechanism, either gear 1 or H is drivinglink; its efficiency is always higher than that positive sign mechanism and its transformation gear train. However, the efficiency of negative sign mechanism is much closer to the efficiency η_{1k}^{H} of the train as $\left|i_{1k}^{H}\right|$ is growing larger. Therefore, when the planetary gear train transfers power, we usually choose negative sign mechanism. When we use negative sign mechanism of 2K-H planetary gear train, if we adopt the gear train shown in Fig. 6.4(a), (b), (c), the efficiency is $\eta\approx$ 0.97~0.99 generally; while we adopt the gear train composed of bevel gears shown in Table 6.2, $\eta\approx$ 0.95~0.96.

(2) For the positive sign mechanism, when arm H is the driving link, there will be no self-locking. However, when $\left|i_{H1}\right|$ becomes large, its efficiency will reduce rapidly; when gear 1 is the driving link, η_{1H} may be a negative value. That is, self-locking is possible to occur in the gear train. Therefore, positive sign mechanism is usually used for non-power transmission with great transmission ratio and low efficiency requirement.

习　　题

6.1　在题图 6.1 所示的钟表机构中，S、M 及 H 分别表示秒针、分针及时针。已知 $z_1=8$，$z_2=60$，$z_3=8$，$z_5=15$，$z_7=12$，齿轮 6 与齿轮 7 的模数相同，试求齿轮 4、6、8 的齿数。

6.2　题图 6.2 所示为手动提升机构，已知各齿轮的齿数 $z_1=z_3=18$，$z_2=z_6=60$，$z_4=36$，试求 i_{16}，并指出提升重物时，手柄的转向。

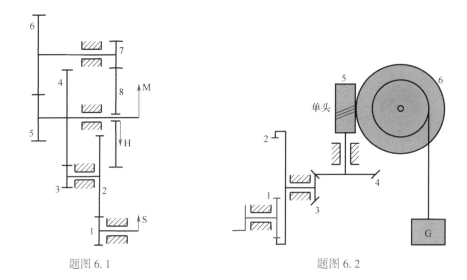

题图 6.1　　　　　　　　　　　　题图 6.2

6.3　题图 6.3 所示为收音机短波调谐、微动机构。已知各齿轮的齿数 $z_1 = 99$，$z_2 = 101$。试问当旋钮转动一圈时，齿轮 2 转过多大角度？（提示：齿轮 3 为宽齿，同时与齿轮 1、2 相啮合。）

6.4　题图 6.4 所示为纺织机中的差动轮系，已知各齿轮的齿数 $z_1 = 30$，$z_2 = 25$，$z_3 = z_4 = 24$，$z_5 = 18$，$z_6 = 121$，$n_1 = 48 \sim 200 \text{r/min}$，$n_H = 316 \text{r/min}$，求 n_6。

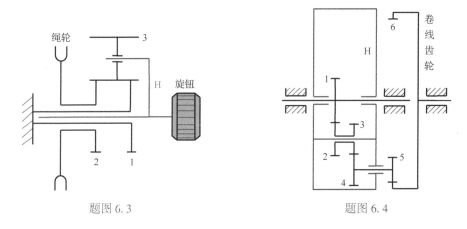

题图 6.3　　　　　　　　　　　　题图 6.4

6.5　题图 6.5 所示轮系中，已知各齿轮的齿数 $z_1 = 15$，$z_2 = 33$，$z_3 = 81$，$z_{2'} = 30$，$z_4 = 78$，求传动比 i_{14}。

6.6　题图 6.6 所示轮系中，若已知各齿轮的齿数，试用齿数写出传动比 i_{16}。

6.7　题图 6.7 所示减速器装置中，齿轮 1 固定于电动机 M 的轴上，已知各齿轮的齿数 $z_1 = z_2 = 20$，$z_3 = 60$，$z_4 = 90$，$z_5 = 210$，电动机转速（齿轮 1 相对于齿轮 3 的转速）$n_1^3 = 1440 \text{r/min}$，求 n_3。

6.8　题图 6.8 所示轮系中，已知 $z_1 = z_2 = 20$，$z_4 = z_5 = 30$，$n_4 = 2000 \text{r/min}$，所有齿轮传动均为标准齿轮传动，求 n_1。

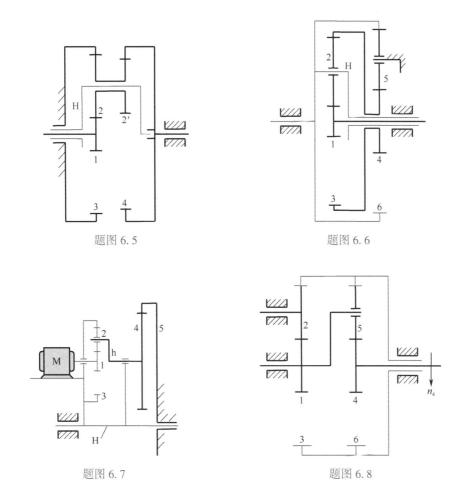

题图 6.5　　　　　　　　　　　　　题图 6.6

题图 6.7　　　　　　　　　　　　　题图 6.8

6.9　题图 6.9 所示的复合轮系中，已知各齿轮的齿数分别为 $z_1 = 40$，$z_2 = 40$，$z_{2'} = 20$，$z_3 = 18$，$z_4 = 24$，$z_{4'} = 76$，$z_5 = 20$，$z_6 = 36$，求 i_{16}。

6.10　题图 6.10 所示轮系中，已知各齿轮的齿数 $z_1 = 56$，$z_2 = 62$，$z_3 = 58$，$z_4 = 60$，$z_5 = 35$，$z_6 = 30$，若 $n_{\mathrm{III}} = 70\mathrm{r/min}$，$n_{\mathrm{II}} = 140\mathrm{r/min}$，两轴转向相同，试求 n_{I} 并判断转向。

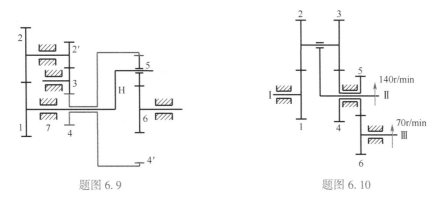

题图 6.9　　　　　　　　　　　　　题图 6.10

6.11　题图 6.11 所示为一用于自动化照明灯具上的周转轮系。已知输入轴转速 $n_1 = 19.5\mathrm{r/min}$，各齿轮的齿数分别为：$z_1 = 60$，$z_2 = z_{2'} = 30$，$z_3 = z_4 = 40$，$z_5 = 120$。试求箱体的转速。（提示：箱体为系杆，同时带有多个行星轮，直接利用行星轮系的传动比计算公式 $i_{1\mathrm{H}} = 1 - i_{15}^{\mathrm{H}}$

求解。)

6.12　题图 6.12 所示的复合轮系中，已知 $z_1 = z_4 = 17$，$z_3 = z_6 = 51$，$n_1 = 150 \mathrm{r/min}$，求 n_{H2}。

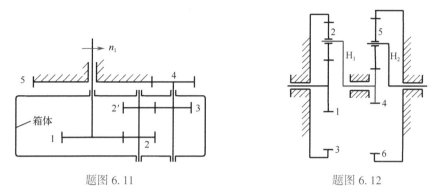

题图 6.11　　　　　　　　　　　　题图 6.12

6.13　在题图 6.13 所示的复合轮系中，已知 $z_1 = z_5 = z_6 = 17$，$z_2 = 18$，$z_{2'} = 27$，$z_3 = 34$，$z_4 = 51$，$n_1 = 110 \mathrm{r/min}$，方向如图所示，求 n_6。

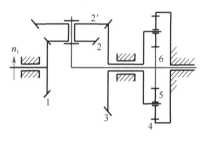

题图 6.13

6.14　题图 6.14 所示轮系中，已知 $n_A = 150 \mathrm{r/min}$，转向如图所示，$z_1 = z_2 = 20$，$z_3 = 25$，$z_4 = 30$，$z_5 = 25$，$z_6 = 25$，$z_7 = 40$，$z_8 = 70$，$z_9 = 25$，$z_{10} = 20$，求 n_B 的大小和方向。

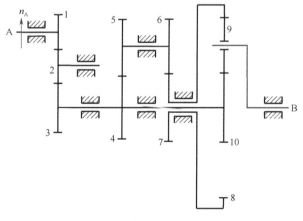

题图 6.14

6.15　设计一 2K-H 型行星减速器，要求减速比 $i \approx 5.33$，设行星轮数 $k = 4$，并采用标准齿轮传动，试确定各齿轮的齿数。

第7章　间歇运动机构

内容提要：在各类机械中，常常需要使某些执行构件实现周期性的运动和停歇。能够将主动件的连续转动转换为从动件有规律的运动和停歇的机构称为间歇运动机构。本章介绍槽轮机构、棘轮机构、不完全齿轮机构等几种常用间歇运动机构的工作原理、类型、特点、设计要点及用途。

§7.1　槽轮机构

7.1.1　槽轮机构的组成和工作原理

槽轮机构（Geneva mechanism）是一种最常用的间歇运动机构。如图 7.1 所示，槽轮机构由具有圆柱销的主动拨盘 1、具有径向直槽的从动槽轮 2 及机架组成。当主动拨盘 1 以等角速度 ω_1 连续回转时，从动槽轮 2 便做单向间歇转动。其工作原理是：当主动件上的圆销 G 未进入槽轮的径向槽时，由于从动槽轮 2 上的内凹锁止弧 $\overgroup{nn}$ 被主动拨盘 1 上的外凸圆弧 $\overgroup{mm}$ 锁住，故主动拨盘 1 虽然连续转动，但从动槽轮 2 在此期间静止不动；当圆销 G 开始进入径向槽时，外凸圆弧的终点 m 正好在中心连线上（如图示位置），此时主动拨盘 1 继续回转一个很小的角度，主动拨盘的外凸锁止弧 $\overgroup{mm}$ 便不能锁住槽轮的内凹锁止弧 $\overgroup{nn}$，从动槽轮 2 在圆销 G 的驱动下逆时针转动；当圆销 G 开始脱离径向槽时，从动槽轮 2 因另一锁止弧 $\overgroup{n'n'}$ 又被锁住而静止，从而实现从动槽轮的单向间歇转动。

7.1.2　槽轮机构的类型

槽轮机构主要分为传递平行轴运动的平面槽轮机构和传递相交轴运动的空间槽轮机构两大类。平面槽轮机构又分为外槽轮机构（见图 7.1）、内槽轮机构（见图 7.2）和平面槽条机构（见图 7.3）三大类。外槽轮机构的主动拨盘 1 和从动槽轮 2 的转向相反；内槽轮机构的主动拨盘 1 和从动槽轮 2 的转向相同。与外槽轮机构相比，内槽轮机构传动较平稳，停歇时间短，所占空间小。

图 7.3 所示为平面槽条机构，主动拨盘 1 的连续转动转换成了槽条 2 的单向间歇移动。

图 7.4 所示的球面槽轮机构是空间槽轮机构，球面槽轮 2 呈半球形，槽 a、槽 b 和锁止弧 $\overgroup{\beta\beta}$ 均分布在球面上，主动件 1 的轴线、销 A 的轴线都与球面槽轮 2 的回转轴线汇交于槽轮球心 O，故又称为球面槽轮机构。主动件 1 连续转动，球面槽轮 2 做间歇转动，转向如图 7.4 所示。

为了满足某些特殊的工作要求，在某些机械中还会用到一些特殊类型的槽轮机构，如不等臂长的多销槽轮机构、曲线槽槽轮机构等。如图 7.5（a）所示的槽轮机构，主动拨盘上圆销的分布不均匀，槽轮上径向槽的尺寸也不同。这样，在槽轮一周中可实现几个运动和停歇时间均不相同的运动要求。如图 7.5（b）所示的槽轮机构中，槽轮的径向槽具有曲线的形状，它可以改变分度过程的运动规律，使其更为平稳。

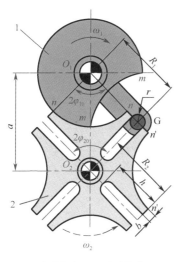

1—主动拨盘；2—从动槽轮

图 7.1　外槽轮机构

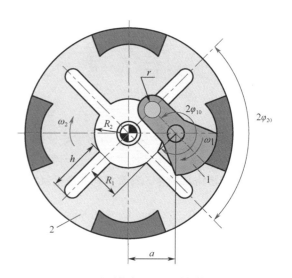

1—主动拨盘；2—从动槽轮

图 7.2　内槽轮机构

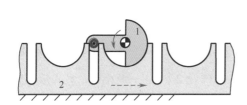

1—主动拨盘；2—槽条

图 7.3　平面槽条机构

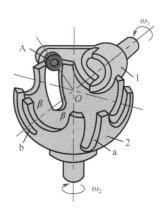

1—主动件；2—球面槽轮

图 7.4　球面槽轮机构

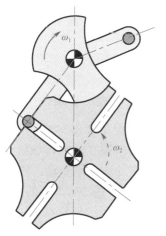

（a）不等径不均布槽轮机构

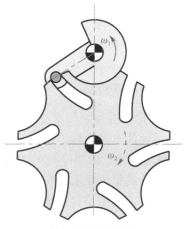

（b）曲线槽槽轮机构

图 7.5　一些特殊的平面槽轮机构

7.1.3　槽轮机构的特点和应用

槽轮机构的优点是结构简单，制造容易，工作可靠，能准确控制转角，机械效率高；缺点主要是动程不可调节，转角不可太小，槽轮在启动和停止时的加速度变化大，有冲击，且随着转速的增加或槽轮槽数的减少而加剧，因而不适用于高速。

槽轮机构一般用于转速不很高的自动机械、轻工机械或仪器仪表中。例如，在电影放映机中用作送片机构，如图 7.6 所示。

图 7.6　电影放映机中的槽轮机构

7.1.4　槽轮机构的设计

槽轮机构的设计主要是根据间歇运动的要求，确定槽轮的槽数 z、圆销数 k 及槽轮机构的基本参数。

1. 槽轮的槽数 z 和圆销数 k

图 7.1 所示的外槽轮机构中，槽轮的运动是周期性的间歇运动。对于槽轮的径向槽为对称均布的槽轮机构，槽轮每转动一次和停歇一次便构成一个运动循环，在一个运动循环中，从动槽轮 2 的运动时间 t_2 与主动拨盘 1 的运动时间 t_1 之比，称为该槽轮机构的运动系数，用 τ 表示，即

$$\tau = \frac{t_2}{t_1} \tag{7.1}$$

它用来衡量槽轮的运动时间在一个间歇周期中所占的比例。

由于主动拨盘 1 通常为等速转动，故上述时间的比值可用拨盘转角的比值表示。对于图 7.1 所示的单圆销外槽轮机构，时间 t_2 与 t_1 所对应的转角分别为 $2\varphi_{10}$ 与 2π，故

$$\tau = \frac{t_2}{t_1} = \frac{2\varphi_{10}}{2\pi}$$

为了避免从动槽轮 2 在启动和停歇时产生刚性冲击，圆销 G 进入和退出径向槽时，径向槽的中心线应切于圆销中心的运动圆周。因此，由图 7.1 可知，对应于槽轮每转过 $2\varphi_{20} = \dfrac{2\pi}{z}$ 角度，主动拨盘的转角为

$$2\varphi_{10} = \pi - 2\varphi_{20} = \pi - \frac{2\pi}{z}$$

将上述关系式代入式（7.1），可得槽轮机构的运动系数为

$$\tau = \frac{t_2}{t_1} = \frac{2\varphi_{10}}{2\pi} = \frac{\pi - \dfrac{2\pi}{z}}{2\pi} = \frac{z-2}{2z} = \frac{1}{2} - \frac{1}{z} \tag{7.2}$$

因为运动系数 τ 应大于零，所以由式（7.2）可知，外槽轮径向槽数应大于或等于 3。从式（7.2）还可以看出，τ 总是小于 0.5。这说明，在这种槽轮机构中，槽轮的运动时间总小

于其静止时间。若欲使 $\tau \geqslant 0.5$，即让槽轮的运动时间大于其停歇时间，可在主动拨盘上安装多个圆销。设均匀分布的圆销数为 k，且各圆销中心离拨盘中心 O_1 的距离相等，则运动系数 τ 为

$$\tau = k \frac{z-2}{2z} \tag{7.3}$$

因为 τ 应小于 1，故

$$k < \frac{2z}{z-2} \tag{7.4}$$

由式（7.4）可得槽数 z 与圆销数 k 的关系如表 7.1 所示，设计时可根据工作要求的不同加以选择。选择不同的槽数 z 和圆销数 k，可获得具有不同动停规律的槽轮机构。

表 7.1　槽数 z 与圆销数 k 的关系

z	3	4~5	$\geqslant 6$
k	1~5	1~3	1~2

同理，可推导出内槽轮机构的运动系数 τ 为

$$\tau = \frac{z+2}{2z} = \frac{1}{2} + \frac{1}{z} \tag{7.5}$$

圆销数 k 与槽数 z 的关系为

$$k < \frac{2z}{z+2} \tag{7.6}$$

由式（7.5）和式（7.6）可知，内槽轮机构的运动系数 $0.5 < \tau < 1$，径向槽数 $z \geqslant 3$，圆销数 k 只能为 1。

由式（7.2）可知，槽轮槽数 z 越多，τ 越大，因而槽轮转动的时间增加，停歇的时间缩短。因为 $\tau > 0$，故槽数 $z \geqslant 3$，但当 $z > 12$ 时，τ 值变化不大，故很少使用 $z > 12$ 的槽轮。因此，一般取 $z = 3 \sim 12$。

一般情况下，槽轮的停歇时间为机器的工作行程时间，而槽轮的运动时间则为机器的空回行程时间。为了提高生产率，要求机器的空回行程时间尽量短，即 τ 值要小，也就是槽数要少。由于 z 越少，槽轮机构运动和动力性能越差，故一般在设计槽轮机构时，应根据工作要求、受力情况、生产率等因素综合考虑，合理选择 τ 值，再来确定槽数 z。一般多取 $z = 4$ 或 6。

2. 槽轮机构基本参数的设计

当根据槽轮的转角要求选定槽数 z，根据载荷和结构尺寸选定中心距 a 和圆销 G 的半径 r 后，其余几何参数和运动参数可按表 7.2 进行设计计算，其中圆销中心半径 R_1 与中心距 a 的比值 $\lambda = \dfrac{R_1}{a} = \sin \varphi_{20} = \sin \dfrac{\pi}{z}$，$-\varphi_{10} \leqslant \varphi_1 \leqslant \varphi_{10}$。

表 7.2　槽轮机构的参数及运动尺寸计算

参数名称	外槽轮机构	内槽轮机构
槽轮槽间角	$2\varphi_{20} = \dfrac{2\pi}{z}$	
槽间角对应圆销运动角	$2\varphi_{10} = \pi - 2\varphi_{20}$	$2\varphi_{10} = \pi + 2\varphi_{20}$

续表

参数名称	外槽轮机构	内槽轮机构
主动拨盘圆销数	$k < \dfrac{2z}{z-2}$	$k = 1$
槽轮运动时拨盘的转角	$2\varphi_1 = \pi\left(1 - \dfrac{2}{z}\right)$	$2\varphi_1 = \pi\left(1 + \dfrac{2}{z}\right)$
槽轮不动时拨盘的转角	$2\alpha = \pi\left(\dfrac{2}{K} + \dfrac{2}{z} - 1\right)$	$2\alpha = \pi\left(1 - \dfrac{2}{z}\right)$
圆销中心回转半径	$R_1 = a\sin \varphi_{20} = a\sin \dfrac{\pi}{z}$	
槽轮外圆半径	$R_2 = a\cos \dfrac{\pi}{z}$	
槽轮槽长	$h \geqslant R_1 + R_2 - a + r$	$h \geqslant R_1 - R_2 + a + r$
运动系数	$\tau = k\dfrac{z-2}{2z}$	$\tau = \dfrac{z+2}{2z}$
槽轮角位移	$\varphi_2 = \arctan \dfrac{\lambda \sin \varphi_1}{1 - \lambda \cos \varphi_1}$	$\varphi_2 = \arctan \dfrac{\lambda \sin \varphi_1}{1 + \lambda \cos \varphi_1}$
槽轮角速度	$\omega_2 = \dfrac{\lambda(\cos \varphi_1 - \lambda)}{1 - 2\lambda \cos \varphi_1 + \lambda^2}\omega_1$	$\omega_2 = \dfrac{\lambda(\cos \varphi_1 + \lambda)}{1 + 2\lambda \cos \varphi_1 + \lambda^2}\omega_1$
槽轮角加速度	$\varepsilon_2 = \dfrac{\lambda(\lambda^2 - 1)\sin \varphi_1}{(1 - 2\lambda \cos \varphi_1 + \lambda^2)^2}\omega_1^2$	$\varepsilon_2 = \dfrac{\lambda(\lambda^2 - 1)\sin \varphi_1}{(1 + 2\lambda \cos \varphi_1 + \lambda^2)^2}\omega_1^2$

当拨盘的角速度 ω_1 一定时，槽轮的角速度及角加速度的变化取决于槽轮的槽数 z，且随槽数 z 的增大而减小。此外，圆销在啮入和啮出时有柔性冲击，其冲击将随槽数 z 的减小而增大。

7.1.5　槽轮机构的动力特性

槽轮机构的动力特性通常用 $\dfrac{\varepsilon_2}{\omega_1^2}$ 来表示。图 7.7 和表 7.3 分别给出了外槽轮机构的动力特性曲线和数值。由图 7.7 和表 7.3 可知，随着槽数 z 的增加，运动趋于平稳，动力特性也将得到改善。但槽数过多，将使槽轮体积过大，产生较大的惯性力矩。因此，为保证性能，一般设计中槽数的正常选用值是 4~8。

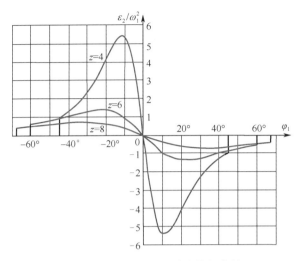

图 7.7　外槽轮机构的动力特性曲线

表 7.3　外槽轮机构的动力特性

槽数 z	3	4	5	6	7	8	9	10	12	15
$\dfrac{\varepsilon_0}{\omega_1^2}$	1.73	1.00	0.727	0.577	0.482	0.414	0.364	0.325	0.268	0.212
$\dfrac{\varepsilon_{2max}}{\omega_1^2}$	31.4	5.41	2.30	1.35	0.928	0.700	0.559	0.465	0.348	0.253

表 7.3 中，ε_{2max} 为槽轮的最大角加速度，ε_0 为槽轮启动、停止瞬时的角加速度。

槽轮机构中设计的锁止弧能使槽轮在停歇过程中保持静止，但定位精度不高。为精确定位，自动化机床、精密机械和仪表中应设计专门的精确定位装置。

§7.2　棘轮机构

7.2.1　棘轮机构的组成和工作原理

图 7.8 所示是常见的外啮合齿式棘轮机构（ratchet mechanism），它主要由棘轮、主动棘爪、止回棘爪和机架组成。当主动摆杆 1 逆时针摆动时，摆杆上铰接的主动棘爪 2 插入棘轮 3 的齿内，推动棘轮同向转动一定角度。当主动摆杆 1 顺时针摆动时，止回棘爪 4 阻止棘轮 3 反向转动，此时主动棘爪 2 在棘轮 3 的齿背上滑回原位，棘轮静止不动。为保证棘爪工作可靠，常利用弹簧 6 使棘爪紧压齿面。

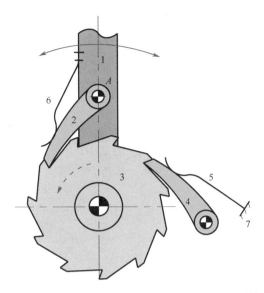

1—主动摆杆；2—主动棘爪；3—棘轮；4—止回棘爪；5、6—弹簧；7—机架

图 7.8　外啮合齿式棘轮机构

7.2.2　棘轮机构的类型和特点

1. 按结构分类

1）齿式棘轮机构

如图 7.8 所示，齿式棘轮机构的特点是结构简单、制造方便；转角准确、运动可靠；动程可在较大范围内调节；动停时间比可通过选择合适的驱动机构来实现，但动程只能做有级调节；棘爪在齿背上的滑行引起噪声、冲击和磨损，故齿式棘轮机构不宜用于高速传动。

2）摩擦式棘轮机构

如图 7.9 所示，摩擦式棘轮机构以偏心扇形楔块代替齿式棘轮机构中的棘爪，以无齿摩擦轮代替棘轮。其特点是传动平稳、无噪声；传递扭矩较大；动程可无级调节，但由于靠摩擦力传动，会出现打滑现象，由此可起过载保护作用，但也使传动精度不高，适用于低速轻载的场合。

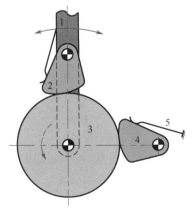

1—主动摆杆；2—主动楔块；3—摩擦轮；4—止回楔块；5—弹簧

图 7.9　摩擦式棘轮机构

2. 按啮合方式分类

1）外啮合方式

如图 7.8、图 7.9 所示，外啮合式棘轮机构的棘爪或楔块均安装在棘轮的外部。外啮合式棘轮机构应用较广。

2）内啮合方式

图 7.10（a）所示为内啮合齿式棘轮机构，图 7.10（b）所示为内啮合摩擦式棘轮机构。它们的棘爪 2 或楔块 2 均安装在棘轮 3 的内部。其特点为结构紧凑，外形尺寸小。

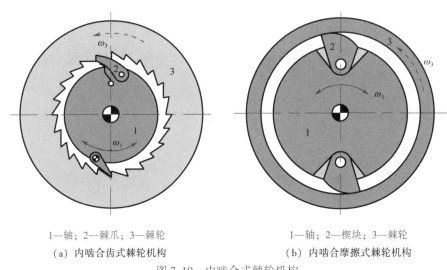

1—轴；2—棘爪；3—棘轮　　　　　　　1—轴；2—楔块；3—棘轮

（a）内啮合齿式棘轮机构　　　　　　　（b）内啮合摩擦式棘轮机构

图 7.10　内啮合式棘轮机构

3. 按运动形式分类

1）从动件做单向间歇转动

如图 7.8~图 7.10 所示，从动件棘轮均做单向间歇转动。

2）从动件做单向间歇移动

如图 7.11 所示，当棘轮半径为无穷大时成为棘齿条，当主动摆杆 1 往复摆动时，主动棘爪 2 推动棘齿条 3 做单向间歇移动。

3）双动式棘轮机构（或称双棘爪机构）

以上介绍的棘轮机构，都是当主动件向某一方向运动时才能使棘轮转动，称为单动式棘轮机构。图 7.12 所示机构为双动式棘轮机构。装有两个主动棘爪 2 和 2′ 的主动摆杆 1 不是绕棘轮转动中心 O_3 摆动，而是绕 O_1 摆动的。在其两个方向往复摆动的过程中分别带动主动棘爪 2 或 2′，两次推动棘轮转动。

当载荷较大，棘轮尺寸受限制，使齿数 z 较少，而主动摆杆的摆角小于棘轮齿距角 $2\pi/z$ 时，采用双棘爪（或三棘爪）机构。

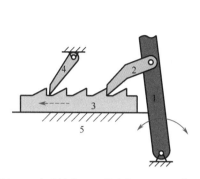

1—主动摆杆；2—主动棘爪；3—棘齿条；4—止回棘爪；5—机架

图 7.11　棘齿条机构

1—主动摆杆；2、2′—主动棘爪；3—棘轮

图 7.12　双动式棘轮机构

4) 双向式棘轮机构

以上介绍的棘轮机构，都只能按一个方向做单向间歇运动。图 7.13 所示的棘轮机构为棘轮可变换转动方向的双向式棘轮机构。图 7.13（a）所示机构中，当棘爪 2 在实线位置 AB 时，棘轮 3 按逆时针方向做间歇转动；当棘爪 2 在虚线位置 AB' 时，棘轮 3 按顺时针方向做间歇转动。图 7.13（b）所示机构中，只需拔出销子，提起棘爪 2 绕自身轴线转 180°放下，即可改变棘轮 3 的间歇转动方向。双向式棘轮机构一般采用对称齿形。

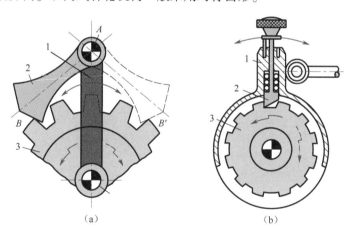

（a）　　　　　　　　　　　（b）

1—主动摆杆；2—棘爪；3—棘轮

图 7.13　双向式棘轮机构

7.2.3　棘轮机构的设计

下面以工程实际中常用的齿式棘轮机构为例，介绍棘轮机构的设计要点。

1. 棘轮机构几何尺寸的设计

1) 齿面倾斜角的选取

棘轮齿面与径向线所夹角 α 称为齿面倾斜角，如图 7.14 所示。棘爪轴心 O_1 与轮齿顶点 A 的连线 O_1A 与过 A 点的齿面法线 n—n 的夹角 β 称为棘爪轴心位置角。

为使棘爪在推动棘轮的过程中始终紧压齿面滑向齿根部，应满足棘齿对棘爪的法向反作用力 N 对 O_1 轴的力矩大于摩擦力 F_f（沿齿面）对 O_1 轴的力矩，即

$$N \cdot \overline{O_1 A} \sin \beta > F_f \cdot \overline{O_1 A} \cos \beta$$

则

$$\frac{F_f}{N} < \tan \beta$$

因为

$$f = \tan \varphi = \frac{F_f}{N}$$

所以

$$\tan \beta > \tan \varphi$$

即

$$\beta > \varphi \tag{7.7}$$

式中，f 和 φ 分别为棘爪与棘轮齿面间的摩擦系数和摩擦角，一般 f 取 $0.15 \sim 0.2$。

由此可知，棘爪能顺利滑向齿根部的条件为：棘爪轴心位置角 β 应大于摩擦角 φ，即棘轮对棘爪的总反力 R_{21} 的作用线与轴心连线 $O_1 O_2$ 的交点 K 应在 O_1、O_2 之间。

为使棘爪 1 受力尽可能小，通常取轴心 O_1、O_2 和 A 点的相对位置 $O_1 A \perp O_2 A$，则

$$\alpha = \beta \tag{7.8}$$

当摩擦系数 f 取值为 $0.15 \sim 0.2$ 时，根据式（7.7）、式（7.8），齿面倾斜角 α 通常取 $10° \sim 15°$，即常使用锐角齿形，如图 7.14 所示。

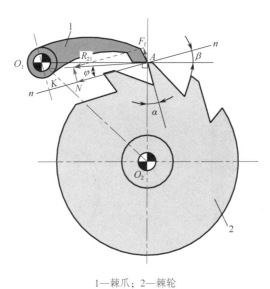

1—棘爪；2—棘轮

图 7.14　棘轮齿面倾斜角

当棘轮齿受力较大时，为保证齿的强度，可取 $\alpha < \varphi$，甚至取 $\alpha = 0°$ 或 $\alpha < 0°$，即使用直角或钝角齿形。

2）模数 m 的选取

与齿轮一样，棘轮也以模数 m 来衡量其棘齿大小，棘轮顶圆直径与齿数之比称为模数。表 7.4 中列出了模数 m 的标准值。

表 7.4　棘轮、棘爪部分尺寸　　　　　　　　　　　（单位：mm）

		0.6	0.8	1	1.25	1.5	2	2.5	3	4	5	6	8	10	12	14	16	18	20	22	24	26	30
棘轮	模数 m	0.6	0.8	1	1.25	1.5	2	2.5	3	4	5	6	8	10	12	14	16	18	20	22	24	26	30
	齿高 h	0.8	1.0	1.2	1.5	1.8	2.0	2.5	3.0	3.5	4	0.75m											
	齿顶弦厚 a	$(1.2\sim1.5)m$							m														
	齿槽夹角 ψ	55°				60°																	
棘爪	齿根角半径 r	0.3				0.5			1.0			1.5											
	工作面边长 h_1	3				4			5			6	8	10	12	14	16	18	20	22		25	
	非工作面边长 a_1								2		3		4		6		8		12		14		16
	爪尖圆角半径 r_1	0.4				0.8			1.5			2											
	齿形角 ψ_1	50°				55°			60°														

3）齿数 z 的选取

可以根据所要求的棘轮最小转角 $\theta_{\min}$ 来确定齿数 z。由于棘轮的齿距角

$$\frac{2\pi}{z}\leqslant\theta_{\min}$$

所以

$$z\geqslant\frac{2\pi}{\theta_{\min}}\tag{7.9}$$

4）主要几何尺寸计算

如图 7.15 所示，棘轮机构的主要几何尺寸如下。

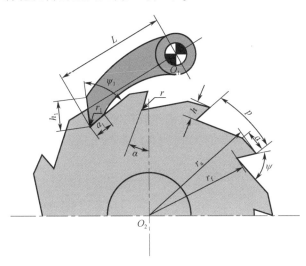

图 7.15　棘轮机构的几何尺寸

顶圆半径：$r_{\mathrm{a}}=mz/2$；

根圆半径：$r_{\mathrm{f}}=r_{\mathrm{a}}-h$，其中，$h$ 为齿高，见表 7.4；

齿距：$p=\pi m$；

轮宽：$b=(1\sim4)m$；

棘爪长度 L：当 $m\geqslant3$mm 时，$L=2p$；当 $m<3$mm 时，L 按结构确定；

其余几何尺寸见表 7.4。

2. 棘轮机构的动程和动停时间比的调节方法

在棘轮机构的设计中，常常要求机构能根据工作需要改变动程或动停时间比，以下是两种常用的调节方法。

1）调整摇杆摆角

如图 7.16（a）所示，棘轮机构由曲柄摇杆机构 O_1ABO_2 驱动，在主动轮 1 的槽中安装滑块 2，由丝杠 3 调节其位置，以改变曲柄 O_1A 的长度；连杆 AB 的长度可由螺母 4 调节；改变销 B 在槽内的位置，则可改变摇杆 O_2B 的长度。通过改变曲柄或摇杆的长度，即可改变棘轮动程的大小。而调节连杆的长度，也可在一定范围内改变动停时间比。

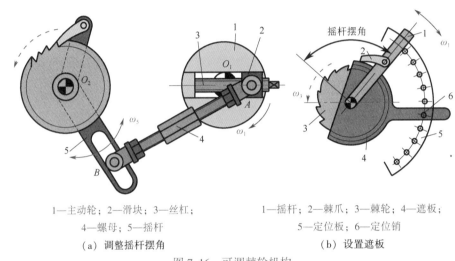

1—主动轮；2—滑块；3—丝杠；   1—摇杆；2—棘爪；3—棘轮；4—遮板；
4—螺母；5—摇杆   5—定位板；6—定位销

      （a）调整摇杆摆角   （b）设置遮板

图 7.16　可调棘轮机构

2）设置遮板

如图 7.16（b）所示，遮板 4 上的定位销 6 放在定位板 5 上不同的孔中，即可调节棘轮被遮板遮盖的齿数，从而改变棘轮转角的大小。

§7.3　不完全齿轮机构

7.3.1　不完全齿轮机构的组成、工作特点及类型

不完全齿轮机构（incomplete gear mechanism）是由普通齿轮机构演变而得的一种间歇运动机构。不完全齿轮机构的主动轮的轮齿不是布满在整个圆周上，而是只有 1 个或几个齿，其余部分为外凸锁止弧，从动轮 2 上有与主动轮轮齿相应的齿间和内凹锁止弧相间布置。因此，当主动轮 1 做整周连续回转时，从动轮 2 可以得到间歇的单向转动。

不完全齿轮机构的啮合形式也分外啮合式（见图 7.17（a））、内啮合式（见图 7.17（b））及齿轮齿条啮合式（见图 7.17（c））。

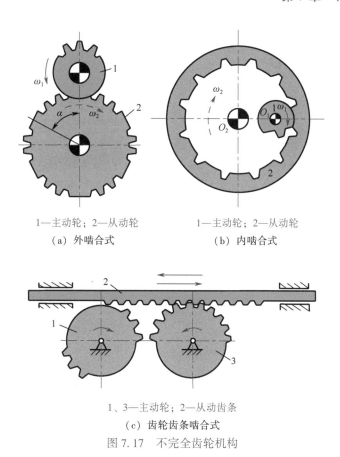

1—主动轮；2—从动轮　　　　　1—主动轮；2—从动轮

（a）外啮合式　　　　　　　（b）内啮合式

1、3—主动轮；2—从动齿条

（c）齿轮齿条啮合式

图 7.17　不完全齿轮机构

如图 7.17（a）、（b）所示，在不完全齿轮机构中，主动轮 1 连续转动，当轮齿进入啮合时，从动轮 2 开始转动，当主动轮 1 上的轮齿退出啮合后，由于两轮的凸、凹锁止弧的定位作用，从动轮 2 可靠停歇，从而实现从动轮 2 的间歇转动。在图 7.17（a）所示的外啮合式不完全齿轮机构中，主动轮 1 上有 3 个轮齿，从动轮 2 上有 6 段轮齿和 6 个内凹圆弧相间分布，每段轮齿上有 3 个齿间与主动轮齿相啮合。当主动轮 1 转动一周时，从动轮 2 转动角度 $\alpha = \dfrac{2\pi}{6}$。

不完全齿轮机构的优点是结构简单，设计灵活，从动轮的运动角范围大，很容易实现一个周期中的多次动、停时间不等的间歇运动。其缺点是加工复杂，在进入和退出啮合时会因速度突变产生刚性冲击，不宜用于高速传动，主、从动轮不能互换。

不完全齿轮机构常用于多工位、多工序的自动机械或生产线上，实现工作台的间歇转位和进给运动。

7.3.2　不完全齿轮机构的设计要点

1. 主动轮首、末齿齿顶需降低

若在主动轮首齿进入啮合时，其齿顶被从动轮齿顶 C 挡住，如图 7.18 中虚线所示，则会发生干涉，不能进入啮合。为了避免干涉，可将首齿齿顶降低，如图 7.18 中实线所示。齿顶圆半径降至 r'_{a1} 后，首齿便能顺利进入啮合。

主动轮除了首齿齿顶应降低外，其末齿齿顶也应降低，其原因如下：从动轮每次停止啮合时，均应停在预定的位置上，而从动轮锁止弧的停歇位置取决于图 7.18 中的 D_1 点，D_1 点是首齿降低后的齿顶圆与从动轮齿顶圆的交点。为了便于机构做正、反向转动，点 D 和 D_1 应对称于两轮中心线 O_1O_2，故主动轮首、末两齿齿顶高应相等。其余各齿保持标准齿高。

2. 改善从动轮动力特性的措施

不完全齿轮机构的从动轮在启动和停止运动时，由于速度的突变会产生冲击，故不适用于高速。为了改善从动轮的动力特性，可在主、从动轮上分别装上如图 7.19 所示的瞬心线附加板 L 和 K。其作用是在首齿进入啮合前，使 L 和 K 先接触，从动轮的速度从零逐渐增至 ω_2，此时两轮已在啮合线上啮合。然后首齿及其他齿相继在啮合线上啮合，以定传动比传动。当末齿退出啮合时，借助另一对附加板（图中未画出），使从动轮角速度由 ω_2 逐渐降至零。因首齿啮入阶段的冲击比末齿啮出阶段的大，有时只采用如图 7.19 所示的一对瞬心线附加板。

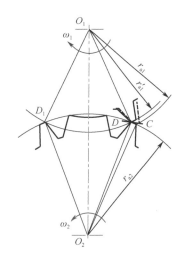 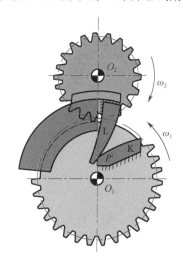

图 7.18　不完全齿轮机构的齿顶设计　　　　图 7.19　具有瞬心线附加板的不完全齿轮机构

§7.4　凸轮式间歇运动机构

7.4.1　凸轮式间歇运动机构的组成和工作原理

凸轮式间歇运动机构一般由主动凸轮、从动转盘和机架组成。图 7.20 所示为圆柱凸轮间歇运动机构（cylindrical cam indexing mechanism），其主动凸轮 1 的圆柱面上有一条两端开口、不闭合的曲线沟槽（或凸脊），从动转盘 2 的端面上有均匀分布的圆柱销 3。当主动凸轮 1 转动时，通过其曲线沟槽（或凸脊）拨动从动转盘 2 上的圆柱销，使从动转盘 2 做间歇运动。

图 7.21 所示为蜗杆凸轮间歇运动机构（hourglass cam indexing mechanism），其主动凸轮 1 上有一条凸脊，犹如圆弧面蜗杆，从动转盘 2 的圆柱面上均匀分布有圆柱销 3，犹如蜗轮的齿。当蜗杆凸轮转动时，将通过转盘上的圆柱销推动从动转盘 2 做间歇运动。

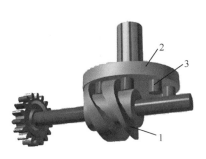

1—主动凸轮；2—从动转盘；3—圆柱销
图 7.20　圆柱凸轮间歇运动机构

1—主动凸轮；2—从动转盘；3—圆柱销
图 7.21　蜗杆凸轮间歇运动机构

7.4.2　凸轮式间歇运动机构的特点和应用

凸轮式间歇运动机构的优点是结构简单，运转可靠，转位精确，无须专门的定位装置，易实现工作对动程和动停时间比的要求。通过适当选择从动件的运动规律和合理设计凸轮的轮廓曲线，可以减小动载荷和避免冲击，以适应高速运转的要求，这是这种间歇运动机构不同于棘轮机构、槽轮机构的最突出的优点。凸轮式间歇运动机构的主要缺点是精度要求较高，加工比较复杂，安装调整比较困难。

圆柱凸轮间歇运动机构多用于两交错轴间的分度运动。通常凸轮的槽数为 1，圆柱销数一般取 $z_2 \geqslant 6$。蜗杆凸轮间歇运动机构也多用于两交错轴间的分度运动。对于单头凸轮，圆柱销数一般取 $z_2 \geqslant 6$，但也不宜过多。这种机构具有良好的动力学性能，可适用于高速精密传动，但加工较困难。

凸轮式间歇运动机构在轻工机械、冲压机械等高速机械中常用作高速、高精度的步进进给和分度转位等机构，如用于高速冲床、多色印刷机、包装机、折叠机等。

§7.5　间歇运动机构设计的共性问题

间歇运动机构常应用于机床、自动机和仪器中，实现原料送进、成品输出、制动、分度、转位、步进、擒纵、超越、换向或单向运动等功能。随着机械的自动化程度和劳动生产率的不断提高，间歇运动机构的应用也日益广泛，对其运动、性能、功能等设计要求更高了。

间歇运动机构在设计中要注意以下几方面的要求。

1. 对执行构件运动及停歇时间的要求

间歇运动机构中，从动件停歇的时间往往是机床或自动机进行工艺加工的时间，而从动件运动的时间一般是机床或自动机做送进、转位等辅助工作的时间。

如前所述，对间歇运动机构的动停时间比用运动系数 τ 来描述。从提高生产率的角度出发，τ 值应尽可能取得小些；但从动力性能看，τ 值过小会使启动和停止时的加速度过大，又是设计中应当避免的。因此，应合理选择动停时间比。

2. 对执行构件运动及停歇位置的要求

设计中应根据工作要求选取从动件运动行程，即动程的大小，并注意从动件停歇位置的准确性。

3. 对间歇运动机构动力性能的要求

设计中应尽量保证间歇运动机构动作平稳，减小冲击。尤其要减小高速运动构件的惯性负荷，注意合理选择从动件的运动规律。

不同用途的间歇运动机构有不同的工艺要求，对以上各项设计要求也有不同侧重。同时，各类间歇运动机构又具有不同的性能。设计时应根据具体的要求和应用场合，合理选用间歇运动机构。

习　题

7.1　设六槽外啮合槽轮机构中，曲柄盘上均匀分布的圆销数 $k=2$，曲柄角速度 $\omega=144\mathrm{rad/s}$，求槽轮机构的运动时间 t_2、停歇时间 t_2' 和运动系数 τ。

7.2　一数控机床工作台利用单圆销六槽槽轮机构转位，若已知每个工位完成加工所需的时间为 45s，求圆销的转速 n_1、槽轮转位的时间 t_2 和机构的运动系数 τ。

7.3　在外槽轮机构中，已知槽轮的槽数 $z=6$，一个循环中槽轮的静止时间 $t_2'=\dfrac{5}{6}\mathrm{s}$，运动时间是静止时间的 2 倍，试求：（1）槽轮机构的运动系数 τ；（2）所需的圆销数 k。

7.4　已知两槽轮机构的槽数 $z=3$ 和 8，主动件的角速度均为 $\omega_1=10\mathrm{rad/s}$，试问：（1）哪个槽轮机构的角加速度大？（2）如何确保槽轮在停歇时间不动？

7.5　某牛头刨床工作台的横向进给丝杠，其导程 $l=5\mathrm{mm}$，与丝杠轴联动的棘轮齿数 $z=40$，棘爪与棘轮之间的摩擦系数 $f=0.15$，试求：（1）棘轮的最小转动角度；（2）该刨床的最小横向进给量；（3）棘轮齿面倾斜角。

7.6　六角车床上六角刀架转位用的外啮合槽轮机构，其中心距 $a=100\mathrm{mm}$，槽数 $z=6$，圆销数 $k=1$，要求停歇时间 $t_2'=1\mathrm{s}$，求外径 $D=50\mathrm{mm}$ 的转台（转台与槽轮连成一体）转动时的最大圆周速度。

7.7　题图 7.1 所示为一磨床的进刀机构。棘轮 4 与行星架 H 固连，齿轮 3 与丝杠固连。已知行星轮系中各轮齿数 $z_1=22$，$z_{2'}=18$，$z_2=z_3=20$，进刀丝杠的导程 $l=5\mathrm{mm}$。若要求实现最小进刀量 $s=1\mu\mathrm{m}$，试求棘轮的最少齿数 z。

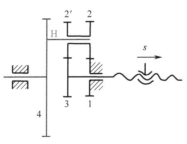

题图 7.1

第8章 其他常用机构

内容提要：组成机器的机构除了前面各章讨论的连杆机构、凸轮机构和齿轮机构等几种主要机构外，还有一些其他类型的机构。本章简要介绍万向联轴节、螺旋机构的工作原理、类型、特点及应用，重点讨论组合机构的类型、功能及设计方法。

§8.1 万向联轴节

万向联轴节主要用于传递两相交轴之间的运动和动力，适用于传动过程中两轴之间的夹角或轴间距离不断变化的场合，广泛应用于汽车、机床、冶金机械等传动系统中。就其构造看，万向联轴节有单万向联轴节和双万向联轴节之分。单万向联轴节的从动轴在旋转一周的过程中转速是周期变化的，而双万向联轴节则能保证主、从动轴转速始终一致。本节主要介绍单万向联轴节和双万向联轴节的运动特点和使用场合。

8.1.1 单万向联轴节

单万向联轴节（universal joint；Hooke's coupling）是用于传递相交轴间转动的空间低副机构，其特点是在运转过程中，当两轴的夹角发生略微变化时，传动并不中断，而只影响其瞬时传动比的大小。图8.1所示是单万向联轴节的结构示意图，它是由两个端部为叉形的构件1和2、"十字形"构件3和机架4组成，其中构件1和2分别与机架4及"十字形"构件3组成转动副，其转动副轴线汇交于"十字形"构件的中心点O。由图8.1可知，当主动轴1转一周时，从动轴2随之转一周，但是两轴的瞬时传动比却并不恒等于1，而是随时变化的。设两轴的角速度分别为ω_1和ω_2，主动轴1的转角为φ_1，则两轴瞬时传动比为

$$i_{21} = \frac{\omega_2}{\omega_1} = \frac{\cos\beta}{1 - \sin^2\beta \cos^2\varphi_1} \tag{8.1}$$

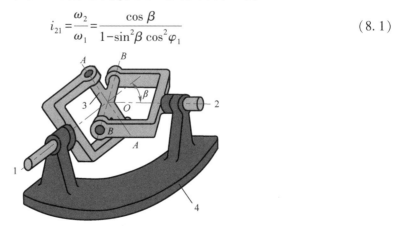

1—主动构件；2—从动构件；3—"十字形"构件；4—机架

图8.1 单万向联轴节的结构示意图

式（8.1）说明，主动轴 1 以等角速度 ω_1 输入运动，从动轴 2 的输出角速度是变化的。两轴夹角 β 一定，当 $\varphi_1=0°$ 或 180°时，传动比值 i_{21} 最大，从动轴 2 的最大角速度为

$$\omega_{2max} = \frac{\omega_1}{\cos \beta}$$

当 $\varphi_1=90°$ 或 270°时，传动比值 i_{21} 最小，从动轴 2 的最小角速度为

$$\omega_{2min} = \omega_1 \cos \beta$$

当两轴夹角 β 变化时，角速度比的值也将改变。图 8.2 所示为不同轴夹角 β 时，传动比 i_{21} 随 φ_1 的变化线图。由图 8.2 可知，传动比的变化幅度随轴夹角 β 的增大而增大。为使 ω_2 不致波动过大，带来过大的附加动载荷和振动，实际应用中，两轴夹角 β 最大不超过 45°。当 $\beta=90°$ 时，$i_{21}=0$，$\omega_2=0$，即垂直的两轴不能传动。

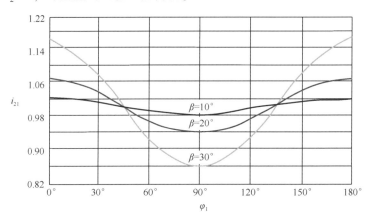

图 8.2　i_{21} 随 φ_1 的变化线图

8.1.2　双万向联轴节

由前述可知，用单万向联轴节传递两相交轴运动时，两轴的传动比是变化的，即当主动轴转速一定，从动轴转速不均匀时将做周期性变化。这将影响机械运转的平稳性，并在传动中引起附加动载荷。为消除此缺点，可将两个单万向联轴节按规定条件安装后成对使用，即采用双万向联轴节（constant-velocity universal joint）。图 8.3 所示为由两个单万向联轴节配置成的能实现定传动比的双万向联轴节，将两个单万向联轴节的从动轴和主动轴合为一根中间轴 2，中间轴做成两段，并用可滑移的花键连接，以适应两轴轴间距离的变化。要使主、从动轴的传动比恒等于 1，双万向联轴节安装时必须满足下面两个条件。

（1）中间轴 2 与主动轴、从动轴之间的夹角必须相等，即 $\beta_{12}=\beta_{23}$ 时，$\omega_1=\omega_3$。但应注意，此时中间轴的角速度 ω_2 不是常数，不过中间轴的转动惯量很小，对传动系统的动载荷影响不大。

（2）当中间轴 2 在 O_1 端的叉面位于轴 1 与轴 2 所在的平面时，中间轴 2 在 O_2 端的叉面也应位于轴 2 和轴 3 所在的平面内。

对用于连接两相交轴或两平行轴的双万向联轴节，因轴 1 和轴 3 位于同一平面内，所以此条件可简化为：中间轴 2 两端的叉面必须位于同一平面内。

双万向联轴节能连接两轴交角较大的相交轴或径向偏距较大的平行轴，且在运转时轴交角或偏距可以不断改变，径向尺寸小，故在机械中得到广泛应用。由于双万向联轴节可使主、从

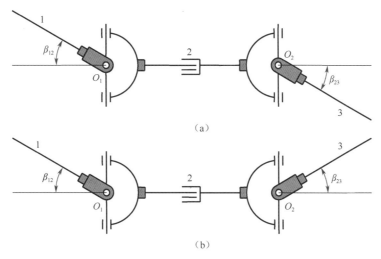

图 8.3 双万向联轴节

动轴的角速度恒等，所以在汽车、多轴钻床、铣床传动轴中被经常采用。图 8.4 所示是双万向联轴节在汽车驱动系统中的应用，其中内燃机和变速箱安装在车架上，而后桥用弹簧和车架连接。在汽车行驶时，由于道路不平，使弹簧发生变形，致使后桥与变速箱之间的相对位置不断发生变化。在变速箱输出轴和后桥传动装置的输入轴之间，通常采用双万向联轴节连接，以实现等角速传动。图 8.5 所示为多轴钻床的传动箱，由 A、B 两个单万向联轴节和中间轴 2 组成的双万向联轴节，将不同心的 1、3 轴连接起来，符合双万向联轴节的安装要求，轴 1 和轴 3 的角速度始终相等。

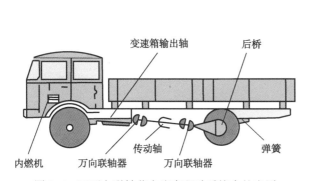

图 8.4 双万向联轴节在汽车驱动系统中的应用

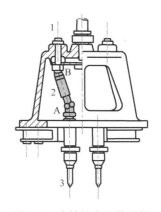

图 8.5 多轴钻床的传动箱

§8.2 螺旋机构

8.2.1 螺旋机构的组成和传动特点

由螺旋副连接相邻构件而成的机构称为螺旋机构。常用的螺旋机构在传动中除螺旋副外还有转动副和移动副。图 8.6 所示为最简单的三构件螺旋机构。图 8.6（a）中，A 为转动副，C 为移动副，螺旋副 B 的导程为 p_B，当螺杆 1 转动 φ 角时，螺母 2 的位移 s 为

$$s = p_B \frac{\varphi}{2\pi} \tag{8.2}$$

若将图 8.6（a）中的 A 改为螺旋副，其导程为 p_A，且螺旋方向与螺旋副 B 相同，则得图 8.6（b）所示机构。当螺杆 1 转动 φ 角时，螺母 2 的位移为两个螺旋副移动量之差，即

$$s = (p_A - p_B) \frac{\varphi}{2\pi} \tag{8.3}$$

由式（8.3）可知，若 p_A 和 p_B 近于相等，则位移 s 可以极小，这种螺旋机构称为差动螺旋机构（differential screw mechanism）。

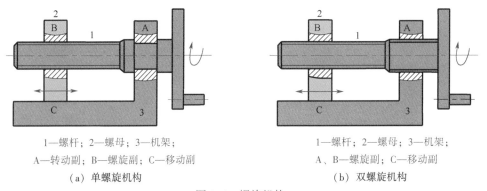

1—螺杆；2—螺母；3—机架；
A—转动副；B—螺旋副；C—移动副
（a）单螺旋机构

1—螺杆；2—螺母；3—机架；
A、B—螺旋副；C—移动副
（b）双螺旋机构

图 8.6 螺旋机构

若图 8.6（b）所示螺旋机构的两个螺旋方向相反，则螺母 2 的位移为

$$s = (p_A + p_B) \frac{\varphi}{2\pi} \tag{8.4}$$

此时，螺母 2 可以产生快速移动，这种螺旋机构称为复式螺旋机构（compound screw mechanism）。

8.2.2 螺旋机构的特点及应用

螺旋机构具有以下特点。
（1）能将回转运动变换为直线运动，运动准确性高。
（2）结构简单，制造方便。
（3）工作平稳，无噪声，可以传递很大的轴向力。
（4）相对运动表面磨损较快，传动效率低，有自锁作用。
（5）实现往复运动要靠主动件改变转动方向。
螺旋机构在机械工业、仪器仪表、工装夹具、测量工具等方面得到广泛应用。例如，螺旋压力机、千斤顶、车床刀架、工作台、台钳、千分尺等中均用到螺旋机构。
图 8.7 所示为台钳定心夹紧机构，它由 V 形夹爪 1、2 组成定心机构，螺杆 3 的 A 端是右旋螺纹，导程为 p_A，B 端为左旋螺纹，导程为 p_B，它是导程不同的复式螺旋机构，当转动螺杆 3 时，V 形夹爪 1 与 2 夹紧工件 5，并能适应不同直径工件的准确定心。
图 8.8 所示为螺旋压力机。螺杆 1 两端分别与螺母 2、3 组成旋向相反、导程相同的螺旋副 A 与 B。根据复式螺旋机构的原理，当转动螺杆 1 时，螺母 2 与 3 很快靠近，再通过连杆 4、

5 使压板 6 向下运动以打击工件，使之变形。

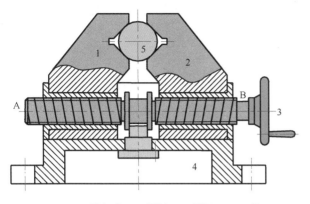

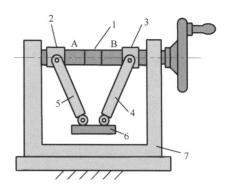

1、2—V 形夹爪；3—螺杆；4—机架；5—工件

图 8.7 台钳定心夹紧机构

1—螺杆；2、3—螺母；4、5—连杆；

6—压板；7—机架

图 8.8 螺旋压力机

图 8.9 所示为镗床镗刀的微调机构。螺母 3 固定于镗杆 6 上。螺杆 7 与螺母 3 组成螺旋副 A，同时又与镗刀 1 上的螺母组成螺旋副 B。镗刀 1 与螺母 3 组成移动副 C。螺旋副 A 与 B 旋向相同而导程不同，当转动螺杆 7 时，镗刀相对镗杆做微量移动，以调整镗孔时的进刀量。如果 $p_A = 2.25\text{mm}$，$p_B = 2\text{mm}$，则调整螺杆 7 转动一周时，镗刀 1 仅移动 0.25mm。因此，可以精确调节镗刀 1 的进给量。

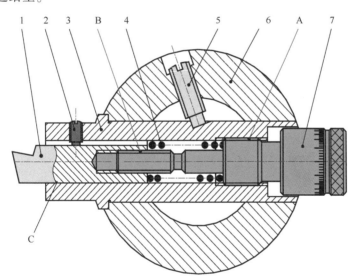

1—镗刀；2—调节螺钉；3—螺母；4—弹簧；5—定位螺钉；6—镗杆；7—螺杆；

A、B—螺旋副；C—移动副

图 8.9 镗床镗刀的微调机构

§8.3 组合机构

随着科学技术的日益进步和工业生产的迅猛发展，对生产过程的机械化和自动化程度的要求越来越高，许多过去用手工完成的复杂工作，迫切需要用机器来实现。单一的基本机构，诸如简单的连杆机构、凸轮机构、齿轮机构等，往往由于其本身所固有的局限性而无法满足自动机械和自动生产线上复杂多样的运动要求。为了满足生产发展所提出的许多新的更高的要求，人们尝试将各种基本机构进行适当的组合，使各基本机构既能发挥其特长，又能避免其本身固有的局限性，从而形成结构简单、设计方便、性能优良的结构系统，以满足生产中所提出的多种要求和提高生产的自动化程度。机构的组合是发展新机构的重要途径之一。

8.3.1　组合机构的基本概念

机构组合而成的复杂机构或机构系统分为两种不同的情况：一种是由两种或几种基本机构通过封闭约束组合而成的，它是具有与原基本机构不同结构特点和运动性能的复合式机构，一般称其为组合机构；另一种则是在机构组合所含的子机构中仍能保持其原有结构和各自相对独立的机构系统，一般称其为机构组合。组合机构与机构组合的不同之处在于：机构组合中所含的子机构，在组合中仍能保持其原有的结构，各自相对独立；而组合机构所含的各子机构不能保持相对独立，而是"有机"连接。所以，组合机构可以看成是若干基本机构"有机"连接的独特机构，每种组合机构具有各自特有的型综合、尺寸综合和分析设计方法。由于组合机构的结构较复杂，设计计算较繁复，故增加了对其研究的难度，但随着电子计算机和现代设计方法的发展，极大地推动了其研究进展，目前组合机构已在各种自动机和自动生产线上得到了广泛的应用。

机构的组合方式有多种，在机构的组合系统中，单个的基本机构称为组合系统的子机构。自由度大于 1 的差动机构称为组合机构的基础机构（fundamental mechanism），自由度等于 1 的基本机构称为组合机构的附加机构（additional mechanism）。

组合机构可以是同类基本机构的组合（如在轮系中所介绍的封闭差动轮系就是这种组合机构的一个特例），也可以是不同类型基本机构的组合。通常，由不同类型的基本机构所组成的组合机构用得最多，因为它更有利于充分发挥各基本机构的特长和克服各基本机构固有的局限性。

组合机构的分类方式有两种：一种是按基本机构的名称分类，另一种是按组合方式分类。下面介绍按基本机构的名称分类。

8.3.2　按基本机构的名称分类

1. 齿轮-凸轮机构

齿轮-凸轮机构利用凸轮机构能实现任意给定的运动规律的特点，用于实现给定运动规律的整周回转运动，它可使从动件获得变速运动、间歇运动及复杂的运动规律。

图 8.10 所示的齿轮-凸轮机构以自由度为 2 的差动轮系 1、2、H 为基础机构，以凸轮固定的凸轮机构为附加机构，组成自由度为 1 的封闭式组合机构，从而实现复杂的运动规律。

2. 齿轮-连杆机构

齿轮-连杆机构是种类最多、应用最广的一种组合机构，它能实现较复杂的运动规律和轨迹，而且它与凸轮—连杆机构和齿轮—凸轮机构相比，由于没有凸轮，制造更为方便。

图 8.11 所示为工程实际中常用来实现复杂运动轨迹的一种齿轮-连杆机构，它由定轴轮系

1、4、5 和自由度为 2 的五杆机构 1、2、3、4、5 组合而成。当改变两轮的传动比、相对相位角和各杆长度时，连杆上的 C 点就能描绘出不同的轨迹。

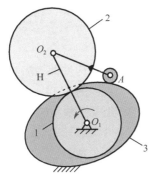

图 8.10　齿轮–凸轮机构

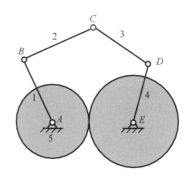

图 8.11　齿轮–连杆机构

3. 凸轮–连杆机构

齿轮–连杆机构不能精确实现给定的运动规律和轨迹，凸轮–连杆机构能精确满足上述要求。凸轮–连杆机构形式很多，在封闭式凸轮–连杆机构中，其基本机理是将简单的连杆机构与可实现任意给定运动规律的凸轮机构组合起来，克服凸轮机构的压力角越小而机构尺寸越大的缺点，改善凸轮机构传递动力的性能，使机构结构紧凑。这种组合机构通常用于实现从动件预定的运动轨迹和运动规律。

图 8.12 所示为一种结构简单的能实现复杂运动规律的凸轮–连杆机构。其基础机构为自由度为 2 的五杆机构（由构件 1、2、3、4 和机架组成），其附加机构为槽凸轮机构（其中槽凸轮 5 固定不动）。只要适当地设计凸轮的轮廓曲线，就能使从动滑块 4 按照预定的复杂规律运动。

图 8.13 所示为另一种形式的凸轮–连杆机构，其基础机构为连杆长度 l_{BD} 可变的双自由度五杆机构，而附加机构则同样为凸轮 5 固定的盘形槽凸轮机构。

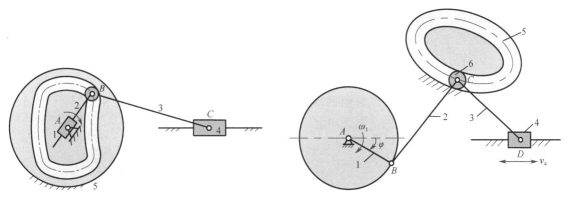

图 8.12　实现从动件往复移动的
凸轮–连杆机构（变曲柄长）

图 8.13　实现从动件往复移动的
凸轮–连杆机构（变连杆长）

8.3.3 组合机构的设计

1. 串联式组合机构（series combined mechanism）

在机构组合系统中，若前一级子机构（或 Assur 杆组）的输出构件即为后一级子机构（或 Assur 杆组）的输入构件，则这种组合方式称为串联式组合方式。图 8.14（a）所示的机构就是这种组合方式的一个例子。构件 1、2、3、4 组成曲柄摇杆机构（基本机构 1），构件 5、6、3、4 组成差动轮系。

曲柄 AB 是驱动件。行星轮 5 与连杆 2 固联，中心轮 6 安装在轴 D 上。行星轮 5、中心轮 6、摇杆 3 和机架 4 组成差动轮系。连杆 2 和摇杆 3 的角度 φ_2、φ_3 是曲柄摇杆机构的两个输出运动，它们同时也是差动轮系的两个输入运动。φ_6 是差动轮系的输出运动。这种组合方式可用图 8.14（b）所示的组合方式框图（block diagram）来表示。

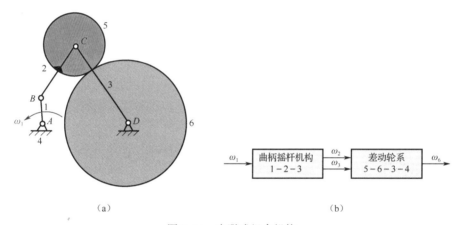

(a)　　　　　　　　　　　　　　　(b)

图 8.14　串联式组合机构

串联式组合所形成的机构系统，其分析与综合的方法均比较简单。分析的顺序是：按框图由左向右进行，即先分析运动已知的基本机构，再分析与其串联的下一个基本机构。而其设计的次序则刚好反过来，按框图由右向左进行，即先根据工作对输出构件的运动要求设计后一个基本机构，然后再设计前一个基本机构。由于对各种基本机构的分析与设计方法在前面各章中已做过较详细的研究，故在此不再赘述。

我们经常用行星轮系与 II 级杆组的串联组合实现各种停歇运动。如图 8.15（a）所示，$z_3/z_2 = 3$，点 C 位于行星轮 2 的节圆圆周上，则点 C 的轨迹为三段圆内旋轮线 $C_1C_2C_3$。

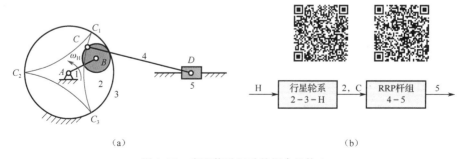

(a)　　　　　　　　　　　　　　　(b)

图 8.15　实现停歇运动的组合机构 1

旋轮线 C_3CC_1 近似于圆弧。连杆 4 的长度设计成与该圆弧的半径相等。输出滑块 5 的导路通过圆弧的中心 D。因此，当点 C 从位置 C_3 运动到位置 C_1 时（相应的主动行星架 AB 转过 120°），输出滑块 5 将近似停歇。该组合机构的组合方式框图如图 8.15（b）所示。

如果 $z_3 = 3z_2$，$l_{BC} = 0.51r_2$，则齿轮 2 上点 C 的轨迹是一带圆角的正三角形。如果添加 RPP Ⅱ级杆组，则滑块 4 在往复移动的一端有较长时间的停歇，如图 8.16 所示。

如果行星轮系中，$z_3/z_2 = 4$，$l_{BC} = 0.36r_2$，则齿轮 2 上点 C 的轨迹是一带圆角的正方形。如果添加 RPP Ⅱ级杆组，则滑块 5 在往复移动的两端有较长时间的停歇，如图 8.17 所示。

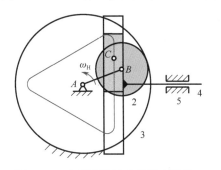

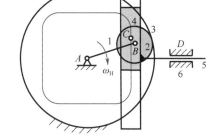

图 8.16　实现停歇运动的组合机构 2　　　　　　图 8.17　实现停歇运动的组合机构 3

2. 并联式组合机构 （parallel combined mechanism）

在机构组合系统中，若几个子机构共用同一个输入构件，而它们的输出运动又同时输入到一个多自由度的子机构，从而形成一个自由度为 1 的机构系统，则这种组合方式称为并联式组合。并联式组合机构的组合方式框图如图 8.18 所示。

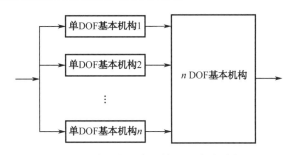

图 8.18　并联式组合机构的组合方式框图

在设计并联式组合机构时，首先需要根据工作要求实现的运动规律或轨迹，选择一合适的多自由度机构；然后分析该多自由度机构的输出运动与输入运动之间的关系；最后根据该多自由度机构的特点，选择和设计合适的附加机构。下面以图 8.19 所示的铁板输送机构为例，说明并联式组合机构的设计思路和设计方法。

如图 8.19 所示，在该组合机构中，齿轮 5、6、7 及系杆 H 组成一自由度为 2 的差动轮系。齿轮 1 和杆 AB 固结在一起，杆 CD 和系杆 H 是同一个构件。主动件 1 的运动一方面通过定轴轮系 1、7、4 传给差动轮系中的中心轮 7，另一方面又通过曲柄摇杆机构传给系杆 H。因此，齿轮 5 所输出的运动是上述两种运动的合成。该机构的组合方式框图如图 8.19（b）所示。

该组合机构的设计要求为：在主动件曲柄 AB（即齿轮 1）等速转动一周的时间内，输出构件齿轮 5 按下述运动规律运动：当主动曲柄从某瞬时开始转过 $\Delta\varphi_1 = 30°$ 时，输出构件齿轮 5 停歇不动，以等待剪切机构将铁板剪断；在主动曲柄转过一周中其余角度时，输出构件齿轮 5

转过 240°，这时刚好将铁板输送到所要求的长度。同时，为了提高传动效率，要求四杆机构的最小传动角大于 50°。

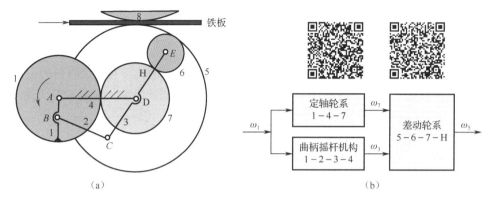

图 8.19 铁板输送机构

为了找出该组合机构的设计方法，首先分析差动轮系 5-6-7-H 的输出运动与输入运动之间的关系，并找出其输出构件 5 产生瞬时停歇的条件。

在齿轮 5、6、7 及系杆 H 组成的差动轮系中，有

$$i_{75}^{H} = \frac{\omega_7 - \omega_H}{\omega_5 - \omega_H} = -\frac{z_5}{z_7}$$

由此可得

$$\omega_5 = \left(1 + \frac{z_7}{z_5}\right)\omega_H - \frac{z_7}{z_5}\omega_7$$

在齿轮 1、7、4 组成的定轴轮系中，有

$$i_{17} = \frac{\omega_1}{\omega_7} = -\frac{z_7}{z_1}$$

由此可得

$$\omega_7 = -\frac{z_1}{z_7}\omega_1$$

故

$$\omega_5 = \left(1 + \frac{z_7}{z_5}\right)\omega_H + \frac{z_1}{z_5}\omega_1 \tag{8.5}$$

或写成

$$\Delta\varphi_5 = \left(1 + \frac{z_7}{z_5}\right)\Delta\varphi_H + \frac{z_1}{z_5}\Delta\varphi_1 \tag{8.6}$$

该式即为输出齿轮 5 的运动方程式。从该式可以看出，齿轮 5 的输出运动为齿轮 1 和系杆 H 的运动的合成。

由上述分析可知，欲使主动齿轮 1 从某瞬时开始转过 $\Delta\varphi_1$ 时，输出齿轮 5 能产生停歇，则必须令式 (8.6) 中的 $\Delta\varphi_5 = 0$，即满足下列条件：

$$\left(1 + \frac{z_7}{z_5}\right)\Delta\varphi_H = -\frac{z_1}{z_5}\Delta\varphi_1$$

$$\Delta\varphi_H = -\frac{z_1}{z_7 + z_5}\Delta\varphi_1 \tag{8.7}$$

由于主动齿轮 1 即为曲柄 AB，系杆 H 即为摇杆 CD，故式 (8.7) 正好反映了该组合机构中四杆机构 ABCD 的主、从动杆之间的传动关系。由此可知，欲使从动齿轮 5 能实现停歇要

求，就必须设计出一个能满足式（8.7）关系的曲柄摇杆机构。

通过以上分析，可得该组合机构的设计步骤如下。

1）确定齿轮 1 和齿轮 5 的齿数 z_1 和 z_5

设主动齿轮 1 转过一周所需的时间为 T，则将式（8.5）两边积分后可得

$$\int_0^T \omega_5 \mathrm{d}t = \left(1 + \frac{z_7}{z_5}\right) \int_0^T \omega_H \mathrm{d}t + \frac{z_1}{z_5} \int_0^T \omega_1 \mathrm{d}t$$

由于在主动齿轮 1 转过一周内，系杆刚好完成一个运动循环，故

$$\int_0^T \omega_H \mathrm{d}t = 0$$

而主动齿轮 1 转动一周的转角为 2π，故

$$\int_0^T \omega_1 \mathrm{d}t = 2\pi$$

因此，当主动齿轮 1 转过一周时，从动齿轮 5 的转角 $\Delta\varphi_5$ 为

$$\Delta\varphi_5 = \int_0^T \omega_5 \mathrm{d}t = \frac{z_1}{z_5} \int_0^T \omega_1 \mathrm{d}t = \frac{z_1}{z_5} \cdot 2\pi$$

现要求主动齿轮 1 转一周时，从动齿轮 5 转过 240°，故从上式可解出 z_1 和 z_5 的比值为

$$\frac{z_1}{z_5} = \frac{240°}{360°} = \frac{2}{3}$$

z_5 一般可根据机构的结构空间及对齿轮强度的要求选取。现取 $z_5 = 90$，则 $z_1 = 60$。

2）确定齿轮 7 和齿轮 6 的齿数 z_7 和 z_6

齿轮 7、6、5 和系杆 H 组成一差动轮系，而差动轮系的设计问题可以转化为行星轮系的设计问题来解决。为此，可假定齿轮 7 固定不动，于是该差动轮系就变成了以系杆 H 为输入构件，以中心轮 5 为输出构件的行星轮系了。若用 $\omega_7^{(7)}$、$\omega_5^{(7)}$、$\omega_H^{(7)}$ 来表示该假想的行星轮系中各构件的角速度，则有

$$i_{57}^H = \frac{\omega_5^{(7)} - \omega_H^{(7)}}{\omega_7^{(7)} - \omega_H^{(7)}} = -\frac{z_7}{z_5}$$

由于假定齿轮 7 固定不动，$\omega_7^{(7)} = 0$，故

$$\frac{\omega_5^{(7)}}{\omega_H^{(7)}} = 1 + \frac{z_7}{z_5} = \frac{z_5 + z_7}{z_5}$$

即

$$i_{H5}^{(7)} = \frac{\omega_H^{(7)}}{\omega_5^{(7)}} = \frac{z_5}{z_5 + z_7} < 1 \tag{8.8}$$

式（8.8）即为中心轮 7 固定不动的情况下，系杆 H 和中心轮 5 之间的传动比。该传动比的大小可以根据组合机构的具体情况在满足式（8.8）要求下任选，现取 $i_{H5}^{(7)} = 0.6$，代入式（8.8）计算可得 $z_7 = 60$。

由同心条件 $z_5 = z_7 + 2z_6$，可得 $z_6 = 15$。若采用多个行星轮均布，则还需校核装配条件和邻接条件。

至此，该组合机构中差动轮系的设计已完成。

3）确定曲柄摇杆机构的尺寸

从上述分析可知，在该组合机构中，四杆机构的尺寸需要同时满足以下三个条件。

（1）在主动曲柄 AB 转过 $\Delta\varphi_1 = 30°$ 的期间内，每一瞬时主、从动杆之间的转角关系均应满足式（8.7），以保证该组合机构中输出齿轮 5 的瞬时停歇。

（2）各杆长度应满足曲柄存在条件，以保证主动杆 *AB* 能做整周回转。

（3）四杆机构的最小传动角 $\gamma_{\min}$ 应大于 50°，以保证机械的传动效率。

对于条件（1），这样的设计命题属于连杆机构中所讲的实现主、从动杆 *n* 对对应角位移的连杆机构综合问题。由四杆机构的综合理论可知，由于四杆机构的待定尺度参数有限，四杆机构的设计一般只能精确地实现主、从动杆的四组对应角位移，即 *n* = 4。也就是说，在主动曲柄 *AB* 转过 $\Delta\varphi_1 = 30°$ 的范围内，要求每一瞬时主、从动杆之间的转角均严格地满足式（8.7），四杆机构一般是无法实现的，只能进行近似设计。

现要求设计的四杆机构，不仅要满足式（8.7），还要保证主动件 *AB* 能成为曲柄和机构最小传动角 $\gamma_{\min} > 50°$，因此一般不能按已知四组对应角位移来设计四杆机构。现取 *n* = 2，即把主动杆的转角 $\Delta\varphi_1$ 分成两等份，把从动杆的转角 $\Delta\varphi_H$ 也相应地分成两等份，在相应的每等份中，使 $\Delta\varphi_H$ 与 $\Delta\varphi_1$ 的运动关系式均满足式（8.7）。这就是实现主、从动杆两组对应角位移的连杆机构设计问题。由此可以得到无穷多个解，从中可以找出满足曲柄存在条件且 $\gamma_{\min} > 50°$ 的曲柄摇杆机构。

本例中，取 $\Delta\varphi_{12} = \Delta\varphi_{23} = 15°$，得到的四杆机构各构件相对于机架 *AD* 的尺寸为

$$a = 0.202, \quad b = 0.909, \quad c = 0.539, \quad \varphi_0 = 25°$$

机构的最小传动角为 $\gamma_{\min} = 60.5° > 50°$。

图 8.20 所示为该曲柄摇杆机构的简图。

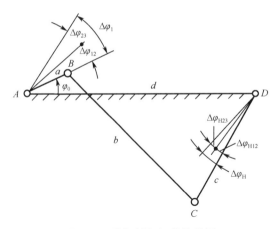

图 8.20 曲柄摇杆机构的简图

为了使所设计的四杆机构在 $\Delta\varphi_1 = 30°$ 的范围内实现的运动规律与式（8.7）所要求的运动规律尽可能接近，可以采用某种函数逼近方法或最优化设计方法。当用最优化设计方法来设计该四杆机构时，可取运动误差最小作为优化设计的目标函数，将曲柄存在条件和最小传动角 $\gamma_{\min} > 50°$ 作为约束条件，来建立优化设计的数学模型。

机构有关参数确定后，即可用运动分析的方法校核该组合机构是否满足工作要求。

3. 复合式组合机构（compound combined mechanism）

这种组合方式的特点是 *n* 个单自由度的基本机构的输出运动是 *n*+1 个自由度的基本机构的输入运动。另外，来自驱动件的输出运动直接作为 *n*+1 个自由度的基本机构的输入运动，该 *n*+1 个自由度的基本机构将 *n*+1 个输入运动合成为一个输出运动。复合式组合机构的组合方式框图如图 8.21 所示。

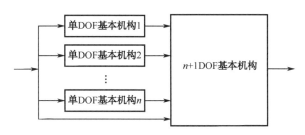

图 8.21　复合式组合机构的组合方式框图

对于 2 自由度的复合式组合机构来说，首先需要根据工作要求实现的运动规律或运动轨迹，恰当地选择一个合适的 2 自由度机构作为基础机构；然后给定该基础机构一个原动件的运动规律，并使该机构的从动件按照工作要求实现的运动规律或轨迹运动，从而找出上述给定运动规律的原动件和另一原动件之间的运动关系；最后按此运动关系设计单自由度的附加机构，即可得到满足工作要求的组合机构。

下面以图 8.22 所示的实现复杂运动轨迹的凸轮-连杆组合机构为例，说明复合式组合机构设计的思路和方法。

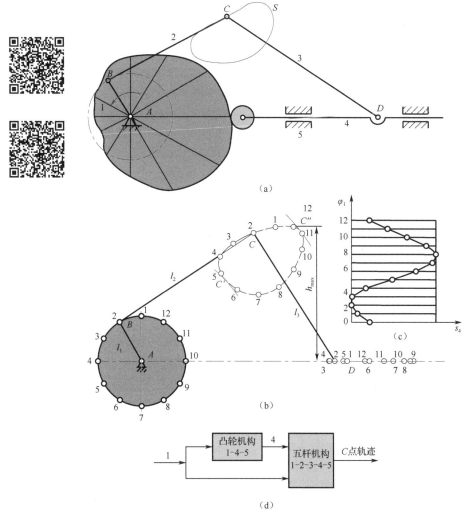

图 8.22　复合式组合机构设计

如图 8.22 所示，在该组合机构中，构件 1、2、3、4、5 组成一自由度为 2 的五杆机构；构件 1、4、5 组成一单自由度的凸轮机构。构件 1 为输入构件，其运动通过凸轮机构传给五杆机构的构件 4，五杆机构将这两个输入运动合成后，从 C 点输出一个如图 8.22（a）所示的复杂运动轨迹 S。因此，该机构的组合方式是典型的复合式组合方式，其组合方式框图如图 8.22（d）所示。

在未引入凸轮机构之前，由于五杆机构具有两个自由度，故可有两个输入运动。因此，当使构件 1 做匀速转动时，可同时让连杆上的 C 点沿着工作所要求的轨迹 S 运动，这时，构件 4 的运动则完全确定。由此可求出构件 4 与构件 1（它们是五杆机构的两个原动件）之间的运动关系 $s_4(\varphi_1)$，并据此设计凸轮的轮廓曲线。显然，当与构件 1 固连的凸轮轮廓曲线能使构件 4 与构件 1 按此运动关系运动时，C 点必将沿着要求的轨迹 S 运动。

由以上分析，可得出该组合机构的设计步骤如下。

（1）作出轨迹曲线 S，并根据机构的总体布局，选定曲柄转轴 A 与预定轨迹曲线 S 之间的相对位置。

（2）确定构件 1 和构件 2 的尺寸。在曲线 S 上找出与转轴 A 之间的最近点 C' 和最远点 C''，如图 8.22（b）所示。由于这两点分别对应于构件 1 和构件 2 两次共线的位置，故有

$$l_1 = \frac{1}{2}(l_{AC''} - l_{AC'})$$

$$l_2 = \frac{1}{2}(l_{AC''} + l_{AC'})$$

（3）确定构件 3 的尺寸。由于构件 4 的导路通过凸轮轴心，为了保证 CD 杆与导路有交点，必须使 l_{CD} 大于轨迹 S 上各点到导路的最大距离。为此，找出曲线 S 与构件 4 的导路间的最大距离 h_{max}，从而选定构件 3 的尺寸为

$$l_3 > h_{max}$$

（4）绘制构件 4 相对于构件 1 的位移曲线 $s_4(\varphi_1)$。将曲柄圆分为若干等份，得到曲柄转一周期间 B 点的一系列位置，然后用作图法找出 C、D 两点对应于 B 点的各个位置，由此即可绘制出从动件的位移曲线 $s_4(\varphi_1)$，如图 8.22（c）所示。

（5）根据结构选定凸轮的基圆半径，按照位移曲线 $s_4(\varphi_1)$ 设计移动滚子从动件盘形凸轮的轮廓曲线。

4. 叠联式组合机构（multiple combined mechanism）

某些组合机构中，把后一个基本机构叠联到前一个基本机构上，一个基本机构的输出构件就是另一个基本机构的相对机架，每一个基本机构均有其独立的动力源，每一个基本机构都执行自己的运动规律，这些运动规律的组合是整个机构的输出运动。这样的组合方式称为叠联式组合方式。

例如，图 8.23（a）所示的挖掘机是一台全液压式挖掘机，其挖掘动作由三个带液压缸的基本连杆机构（1-2-3-4、3-5-6-7 和 8-9-10-7）组合而成。它们一个紧挨着一个，而且后一个基本机构的相对机架正好是前一个基本机构的输出构件。挖掘机臂架 3 的升降、铲斗柄 7 绕 D 轴的摆动及铲斗 10 的摆动分别由三个液压缸驱动，它们分别或协调动作时，便可使挖掘机完成挖土、提升和倒土等动作。挖掘机的底盘是第一个基本机构 1-2-3-4 的机架。图 8.23（b）所示是该组合机构的组合方式框图。

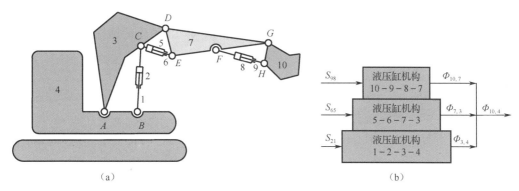

图 8.23 挖掘机的作业机构

5. 反馈式组合机构 (feedback combined mechanism)

一个多自由度基本机构的一个输出运动，经过一个单自由度基本机构转换为另一个输出运动之后，可以又反馈给原来的那个多自由度基本机构。机构的这种组合方式称为反馈式组合方式，其框图如图 8.24 所示。

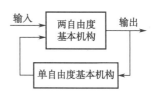

图 8.24 反馈式组合方式框图

图 8.25 (a) 所示是一误差校正机构，基础机构是两自由度的蜗杆机构 2、3、4、1，凸轮机构 3′、4、1 为反馈的附加机构，蜗杆 2 的输入运动带动蜗轮 3 转动，蜗轮 3 与凸轮 3′ 相固结，通过凸轮从动件推动使蜗杆做轴向移动，使蜗轮产生附加转动，可使误差得到校正。

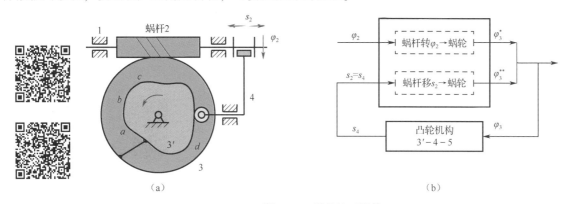

图 8.25 误差校正机构

等速转动的原动蜗杆 2 带动蜗轮 3，而后者的侧面具有一条凸轮槽 3′，其从动件为滑架 4。蜗杆的轴装在滑架的轴承内，但两者却不能做相对移动。当 3′ 推动 4 时，2 的轴也随之移动，故蜗杆具有两个自由度，即一个转动和一个移动。这个组合机构的输出运动 φ_3 由两部分组成：其一是由于蜗杆的输入转动 φ_2 所产生的转动 $\varphi_3^* = \dfrac{z_2}{z_3}\varphi_2$；其二是由于凸轮机构的作用使蜗杆沿轴向移动一个位移 s_2 所产生的一个附加转动 $\varphi_3^{**} = s_2/r_3$。因此，蜗轮输出的转动 φ_3 应为

$$\varphi_3 = \varphi_3^* \pm \varphi_3^{**} = \frac{z_2}{z_3}\varphi_2 \pm \frac{s_2}{r_3}$$

式中，r_3 为蜗轮的节圆半径。

若由于蜗杆转动所产生的蜗轮转动方向与由于蜗杆的移动所产生的蜗轮转动方向相同，则上式等号右边取"+"号；反之，则取"–"号。

将上式对时间 t 求导数，得

$$\omega_3 = \frac{z_2}{z_3}\omega_2 \pm \frac{v_2}{r_3}$$

当从动件滚子与以 O 为圆心的圆弧凸轮槽 abc 段相接触时，凸轮不推动滑架，故 $v_2 = 0$，而 $\omega_3 = \frac{z_2}{z_3}\omega_2$ 为常量，即蜗轮做匀速转动；当滚子与径向变化的凸轮槽 cda 段接触时，$v_2 \neq 0$ 且为变量，故蜗轮输出按一定规律而变化的非匀速转动。

图 8.25（b）为该组合机构的组合方式框图。

6. 混合式组合机构（mixed combined mechanism）

包含两种或两种以上组合方式的机构系统称为混合式组合机构。

图 8.26（a）所示的齿轮连杆机构中，输入轴驱动偏心齿轮 1 绕 A 点以匀角速度 ω_1 转动。齿轮 1、齿轮 6、连杆 2 和机架 4 构成差动轮系；齿轮 6、齿轮 5、摇杆 3 和机架 4 构成另一个差动轮系。这是一混合式组合机构，其组合方式框图如图 8.26（b）所示。

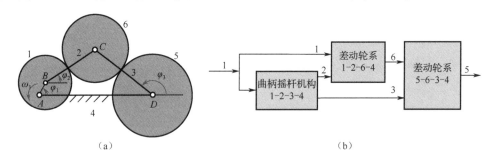

（a）　　　　　　　　　　　　　　　（b）

图 8.26　混合式组合机构设计

在差动轮系 1-2-6-4 中，有

$$\frac{\omega_6 - \omega_2}{\omega_1 - \omega_2} = -\frac{z_1}{z_6}$$

所以

$$\omega_6 = -\frac{z_1}{z_6}\omega_1 + \frac{z_6 + z_1}{z_6}\omega_2 \qquad (8.9)$$

在差动轮系 5-6-3-4 中，有

$$\frac{\omega_5 - \omega_3}{\omega_6 - \omega_3} = \frac{z_6}{z_5}$$

所以

$$\omega_5 = -\frac{z_6}{z_5}\omega_6 + \frac{z_5 + z_6}{z_5}\omega_3 \qquad (8.10)$$

将式（8.9）代入式（8.10）中，则可得输出齿轮 5 的角速度 ω_5 的表达式为

$$\omega_5 = \frac{z_1}{z_5}\omega_1 - \frac{z_6 + z_1}{z_5}\omega_2 + \frac{z_5 + z_6}{z_5}\omega_3$$

8.3.4　组合机构的应用

组合机构已广泛应用于轻工、纺织、印刷、包装、缝制等机械中，具体可实现以下几个方面的功能。

（1）能实现给定的复杂输出函数和复杂的运动规律。

（2）能实现周期性停歇摆动或移动、逆转或反向运动。

（3）能实现大摆角、大位移输出，单一的基本机构的摆动角度或位移输出往往受到限制，但组合机构可以增大单个机构的摆角或位移，从而避免传动角过小或过大等不利情况。

（4）能近似实现给定的轨迹。

小故事：中国古代组合机构的典范——水排

人类历史上最早使用的鼓风设备是用人力鼓风的，称为人排；继而用畜力鼓风，因多用马，所以也称马排。早在公元前 1000 多年前，西亚、埃及、中国就都出现了鼓风机，用于冶炼金属。直到中国东汉时期的发明家杜诗（？—38 年）改用水力鼓风，称为水排，即汉代水排，此时的水排结构已经相当复杂了。

水排最早见于《后汉书·杜诗传》"……建武七年，迁南阳太守，造作水排，铸为农器，用力少，而见功多，百姓便之。""冶铁者为排吹炭，今激水鼓之也。"这说明东汉建武七年河南南阳地区首先使用了这种先进技术，南阳自战国时就是著名的冶铁基地。汉武帝曾在此设铁官，据发掘材料，南阳郡内有汉代冶铁和铸造作坊 5~7 处，从事冶铁者世代相传，在鼓风冶铸方面积累了丰富经验。在水排之前，早已使用水碓舂米，杜诗正是总结了这些经验发明了水排。

不管是炼铜还是炼铁，都需要鼓风机。用鼓风机来提高炉子里边的温度，有了高温才能冶炼金属。水排利用水力进行鼓风具有十分重要的意义，它加大了风量，提高了风压，增强了风力在炉里的穿透能力。这一方面可以提高冶炼强度，另一方面可以扩大炉缸、加高炉身、增大有效容积，可以大大提高冶炼能力。水排的发明是人类利用自然力的一次伟大胜利。远在一千四百多年前，就能创造出这样完整的水力机械，显示了中国古人的高度智慧和创造才能，在世界科技史上占有重要的地位。

插图 8.1（a）所示是水排的工作原理图，其中动力装置是水轮 1，靠水流冲刷转动并提供动力，水轮带动与其同轴的大齿轮 2 旋转，大齿轮 2 又带动与其啮合的小齿轮 3 旋转，小齿轮上安装了一个偏心轴，偏心轴连接到连杆 4，通过连杆 4 带动连杆 5，连杆 4 和连杆 5 之间铰接，连杆 5 与旋转轴 6 连接，旋转轴 6 通过另一对铰接连杆 7、8 与鼓风机风箱 9 连接。其中包含了三个基本机构，构件 2、3、10 组成了齿轮机构；构件 3、4、5、10 组成了空间四杆机构（见图 8.1（b）），构件 7、8、9、10 组成了平面四杆机构（见图 8.1（c）），它们共同组成了串联式组合机构，所以，东汉时期的水排已经是一个复杂的组合机构了。当水轮在水流的作用下旋转时，风箱在一系列组合机构的作用下来回伸缩，最终达到鼓风效果。

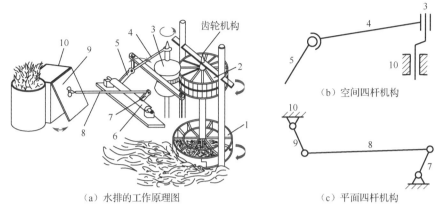

（a）水排的工作原理图　　　　　（c）平面四杆机构

1—水轮；2—大齿轮；3—小齿轮；4、5、7、8—连杆；

6—旋转轴；9—风箱；10—机架

插图 8.1　东汉时期的水排

习　　题

8.1　设单万向联轴节的主动轴 1 以等角速度 $\omega_1 = 157.08\text{rad/s}$ 转动，从动轴 2 的最大瞬时角速度 $\omega_{2\text{max}} = 181.28\text{rad/s}$，求从动轴 2 的最小角速度 $\omega_{2\text{min}}$ 及两轴的夹角 β。

8.2　题图 8.1 所示差动螺旋机构中，螺杆 1 与机架 4 刚性连接，其螺纹为右旋，导程 $p_A = 4\text{mm}$。螺母 3 相对机架 4 只能移动。当内外都有螺纹的螺杆 2 沿箭头方向转 5 圈时，要求螺母 3 向左移动 5mm，求螺杆 2、螺母 3 组成的螺旋副的导程 p_B 及旋向。

8.3　题图 8.2 所示复式螺旋机构中，A 处的螺旋为左旋，$p_A = 5\text{mm}$，B 处的螺旋为右旋，$p_B = 6\text{mm}$。当螺杆沿箭头方向转 10° 时，试求螺母 C 的移动量 s_C 及移动方向。

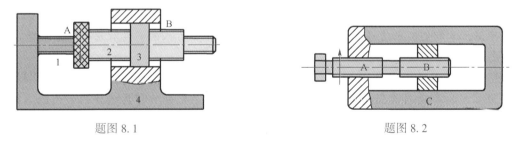

题图 8.1　　　　　　　　　　　　题图 8.2

8.4　机构的组合方式有几种？各有什么特点？试画出每种组合方式的框图。

8.5　题图 8.3 所示为糖果包装机中所用的凸轮-连杆机构。凸轮 5 为原动件，当它等角速度转动时，M 点将描绘出如图所示的轨迹。试分析该机构的组合方式，并画出其组合方式框图。

8.6　题图 8.4 所示为能够实现变速回转运动的凸轮-齿轮机构。构件 H 为原动件，齿轮 1 为输出构件。试分析该机构的组合方式，并画出其组合方式框图。

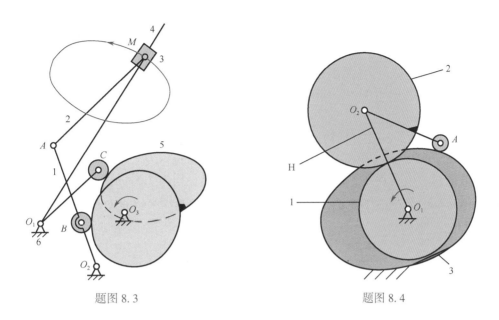

题图 8.3   题图 8.4

8.7 题图 8.5 所示为香皂包装机中所使用的凸轮–连杆机构。凸轮 1–1' 为原动件，从 M 点输出复杂轨迹。试分析该机构的组合方式，并画出其组合方式框图。

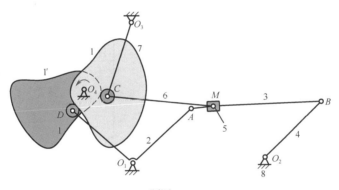

题图 8.5

8.8 题图 8.6 所示为包装机械的物料推送机构。为了提高劳动生产率，要求其推头 M 走如图所示的轨迹，即推头 M 不按原路返回，以便下一个被送物料能提前被送到被推处。试分析该机构的组合方式，并画出其组合方式框图。

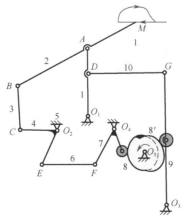

题图 8.6

8.9 题图 8.7 所示为巧克力包装机中的托包机构。已知杆长 $l_1 = 24\text{mm}$，$l_2 = 19\text{mm}$，$l_3 = 76\text{mm}$，托包行程 $h = 33\text{mm}$，滚子半径 $r_r = 4\text{mm}$，托包在最高位置时 $l_{OC} = l = 94\text{mm}$，原动件 1 沿逆时针方向回转。托杆的运动规律如图所示，即当构件 1 回转 120° 时，托杆快速退回；当构件 1 再转 60° 时，托杆静止不动；当构件 1 转过一周中其余 180° 时，托杆慢速托包。试设计该组合机构。

8.10 试设计一凸轮-连杆机构。已知连杆机构的初始位置如题图 8.8 所示，此时 $\angle GAB = \angle ABC = \angle CDE = 90°$，$AG = 50\text{mm}$，$AB = 90\text{mm}$，$BC = 95\text{mm}$，$CD = 30\text{mm}$，$DE = 90\text{mm}$，$DF = 45\text{mm}$，凸轮的回转中心 O 在 FG 连线的中点，两滚子半径均为 7.5mm。若要求铰接点 C 沿图示轨迹 abc 运动，$ac = bc = 30\text{mm}$，且在 ab 段为等速运动，在图示位置 $ac \text{//} BC$，$bc \text{//} CD$，C 在 ab 中点，试设计该机构。

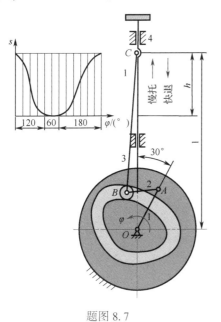

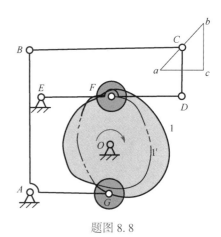

题图 8.7 题图 8.8

第二篇 机械的动力学设计

第9章 平面机构的力分析

内容提要：本章在明确平面机构力分析目的和方法的基础上，首先对构件惯性力的计算做简单介绍，其次介绍不考虑摩擦和考虑摩擦两种情况下机构动态静力分析的图解法和解析法。

§9.1 平面机构力分析的目的和方法

9.1.1 机构力分析的目的

在运动过程中，机构各个构件都将受到力的作用。作用在机构上的力，不仅是影响机构运动和动力性能的重要参数，也是决定相应构件尺寸及结构形状等的重要依据。所以不论是设计新机构，还是合理使用现有机构，都应对机构进行力分析（force analysis）。

机构力分析的目的如下。

（1）确定机构运动副中的约束反力（constraint force），即机构运动副两元素接触处彼此的作用力。此力的大小和性质，对于计算机构各零件强度，确定运动副摩擦和磨损、机构效率及机构动力性能等，都是极为重要的。

（2）确定需加于机械上的平衡力（或平衡力矩）。所谓平衡力（或平衡力矩）是指机械在已知外力作用下，为了使该机械能按给定的运动规律运动，还必须加于机械上的未知外力（或外力矩）。例如，根据机械的生产负荷确定所需原动机的最小功率，或根据原动机的功率确定机械所能克服的最大生产负荷等问题。机械平衡力（equilibrium force）的确定，对于设计新机械及合理使用现有机械，充分挖掘机械的生产潜力都是十分必要的。

9.1.2 机构力分析的方法

机构的力分析有两类，分别是机构的静力分析（static analysis）和动力分析（dynamic

analysis）。机构的静力分析是指在不计惯性力（惯性力矩）的条件下，对机构进行的力分析，主要用于低速轻载机械。机构的动力分析是指在计及惯性力（惯性力矩）的条件下，对机构进行的力分析，主要用于中、高速重载机械。

机构的动力分析常采用动态静力分析法，即根据达朗贝尔原理，假想将惯性力（惯性力矩）加在产生该力（力矩）的构件上，则机构及其各构件便可视为处于静力平衡状态，因此可以用静力学方法对其进行受力分析。这样的力分析称为机构的动态静力分析。

对机构进行动态静力分析时一般可不考虑构件的重力和摩擦力，因其计算结果对大多数工程实际问题的解决影响不大。但对于高速、精密和大动力传动的机械，因摩擦对机械性能有较大影响，故这时必须考虑摩擦力。机构的动态静力分析并不是一种完全真实的受力分析，从本质上讲仍然是一种在假定条件下的受力分析，但它的分析结果较静力分析更接近机构的真实受力情况。

机构力分析的方法有图解法和解析法两种。本章将介绍机构动态静力分析的图解法和解析法。对机构进行动态静力分析时，必须求出机构各构件的惯性力（惯性力矩）。

§9.2 构件的惯性力

在运动过程中，机构各构件产生的惯性力（inertia force）和惯性力矩（inertia moment）与构件的运动形式有关。

9.2.1 做平面移动与绕定轴转动的构件

1. 做平面移动的构件

对于做平面移动的构件（如曲柄滑块机构中的滑块），由于没有角加速度，故不会产生惯性力矩。但当构件做变速移动时，将在其质心 S_i 处产生一个惯性力 $\boldsymbol{F}_{Ii}$，即

$$\boldsymbol{F}_{Ii} = -m_i \boldsymbol{a}_{Si} \tag{9.1}$$

式中，m_i 为构件 i 的质量；$\boldsymbol{a}_{Si}$ 为构件 i 质心 S_i 的加速度；负号则表示 $\boldsymbol{F}_{Ii}$ 与 $\boldsymbol{a}_{Si}$ 的方向相反。

2. 绕定轴转动的构件

对于绕定轴转动的构件，其惯性力和惯性力矩的确定分以下两种情况。

（1）对于绕通过质心的定轴转动的构件（如齿轮、飞轮等构件），因其质心的加速度为零，故惯性力为零。当构件做变速转动时，将产生一惯性力矩 $\boldsymbol{M}_{Ii}$，即

$$\boldsymbol{M}_{Ii} = -J_{Si} \boldsymbol{\varepsilon}_i \tag{9.2}$$

式中，J_{Si} 为构件 i 对其质心轴的转动惯量；$\boldsymbol{\varepsilon}_i$ 为构件 i 的角加速度；负号则表示 $\boldsymbol{M}_{Ii}$ 与 $\boldsymbol{\varepsilon}_i$ 的方向相反。

（2）对于绕不通过质心的定轴转动的构件（如曲柄、凸轮等构件），如构件做变速转动，则将产生惯性力 $\boldsymbol{F}_{Ii}$ 和惯性力矩 $\boldsymbol{M}_{Ii}$，分别为

$$\boldsymbol{F}_{Ii} = -m_i \boldsymbol{a}_{Si}$$

$$\boldsymbol{M}_{Ii} = -J_{Si} \boldsymbol{\varepsilon}_i$$

如构件做等速转动，则仅产生一个惯性力 $\boldsymbol{F}_{Ii}$，即

$$F_{\mathrm{I}i} = -m_i \boldsymbol{a}_{Si}$$

9.2.2 做平面复杂运动的构件

对于做平面复杂运动的构件，如图 9.1（a）所示铰链四杆机构中的连杆 BC，将在其质心 S_i 处产生一个惯性力 $\boldsymbol{F}_{\mathrm{I}i}$ 和一个惯性力矩 $\boldsymbol{M}_{\mathrm{I}i}$，它们分别为

$$\boldsymbol{F}_{\mathrm{I}i} = -m_i \boldsymbol{a}_{Si}$$

$$\boldsymbol{M}_{\mathrm{I}i} = -J_{Si} \boldsymbol{\varepsilon}_i$$

为分析方便，上述惯性力 $\boldsymbol{F}_{\mathrm{I}i}$ 和惯性力矩 $\boldsymbol{M}_{\mathrm{I}i}$ 可用一个大小等于 $\boldsymbol{F}_{\mathrm{I}i}$，作用线由质心 S_i 偏移一距离 h_i 的总惯性力 $\boldsymbol{F}'_{\mathrm{I}i}$ 来代替，如图 9.1（b）所示，距离 h_i 的值为

$$h_i = \frac{M_{\mathrm{I}i}}{F_{\mathrm{I}i}} \tag{9.3}$$

$\boldsymbol{F}'_{\mathrm{I}i}$ 对质心 S_i 的惯性力矩的方向应与 $\boldsymbol{\varepsilon}_i$ 的方向相反。

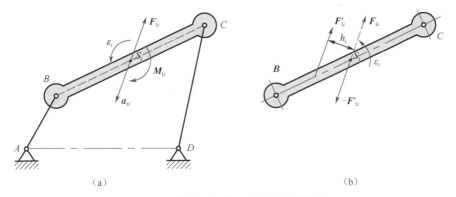

图 9.1　做平面复杂运动构件的惯性力

由上可知，各构件产生的惯性力和惯性力矩，与各构件的质量、对质心轴的转动惯量、质心的加速度及构件的角加速度等有关。

在设计新机械时，由于构件的结构、剖面尺寸、质量、转动惯量和质心位置等均未确定，故作用在构件上的惯性力和惯性力矩也无法计算。此时只能凭借经验或在对机构进行简单静力分析的基础上，对构件的结构、剖面尺寸、质量、转动惯量和质心位置等做出粗略估算，再假定机构原动件按某种运动规律（如匀速）运动，通过机构运动分析，计算构件质心的加速度和构件的角速度，从而算出各构件的惯性力和惯性力矩。

对几何形状比较规则或由几个规则的几何形体组成的构件，可以用计算构件的体积或查阅相关手册和资料的方法来确定构件的质心、质量和转动惯量；对形状复杂的构件，可以用薄纸板或薄木板制作与构件相似的模型来测算其质心和转动惯量；目前比较好的方法是利用有关的 CAE 软件来计算构件的这些动力参数。例如，采用 Adams 软件，通过在计算机上绘制构件的三维模型，可获得构件的质量、转动惯量和质心等动力参数。

§9.3　不考虑摩擦的机构动态静力分析

机构力分析的目的是确定机构运动副中的约束反力和需加于机械上的平衡力（或平衡力

矩）。然而，机构运动副中的约束反力对整个机构而言是内力，故必须将机构分解为若干个构件组，且这些构件组必须满足静定条件，即对构件组所能列出的独立的力平衡方程数应等于构件组中所有力的未知要素的数目。在不考虑摩擦时，由于转动副中的约束反力通过转动副中心，大小和方向未知；移动副中的约束反力方向垂直于移动导路，作用点和大小未知；平面高副中的约束反力作用于高副两元素接触点处的公法线上，仅大小未知，所以如在构件组中共有 P_L 个低副和 P_H 个高副，则共有 $2P_L + P_H$ 个力的未知数。又因每个平面构件可列 3 个独立的力平衡方程：

$$\sum F_x = 0, \sum F_y = 0, \sum M = 0$$

故构件组的静定条件为

$$3n = 2P_L + P_H \tag{9.4}$$

式中，n 为构件组中的构件数。

若机构中的高副均被低代，则式（9.4）变为 $3n = 2P_L$。由此可知，基本杆组都满足静定条件。力分析过程中，通常由二力构件开始，然后再考虑已知力作用的构件组。

9.3.1　用图解法进行机构的动态静力分析

用图解法进行机构的动态静力分析时，须将初步估算出来的惯性力和惯性力矩作为已知外力加在相应构件的质心上，并在机构运动简图中准确地画出其作用方向，然后按静力分析的图解法对机构进行受力分析。

例 9.1　已知图 9.2 所示曲柄滑块机构中各构件的尺寸，原动件曲柄 1 以角速度 ω_1 和角加速度 ε_1 沿顺时针方向转动，曲柄 1 对其转动中心 A 的转动惯量为 J_A，质心 S_1 与 A 点重合；连杆 2 的重量为 G_2、转动惯量为 J_{S2}，质心 S_2 在连杆 BC 的 1/3 处；滑块 3 的重量为 G_3，质心 S_3 在 C 处。作用在滑块 3 上 C 点的生产阻力为 F_r，试求机构在图示位置作用在各运动副中的约束反力和需加于原动件曲柄 1 上的平衡力矩 M_b。

解： 1）对机构进行运动分析

选定速度比例尺 μ_v 及加速度比例尺 μ_a，作出机构的速度矢量图和加速度矢量图，如图 9.2（b）、（c）所示。

2）确定各构件的惯性力及惯性力矩

作用在曲柄 1 上的惯性力矩为

$$M_{I1} = J_A \varepsilon_1 \quad （方向为逆时针）$$

作用在连杆 2 上的惯性力和惯性力矩分别为

$$F_{I2} = m_2 a_{S2} = \frac{G_2}{g} \mu_a \overline{\pi s_2'} \quad （方向与 \boldsymbol{a}_{S2} 方向相反）$$

$$M_{I2} = J_{S2} \varepsilon_2 = J_{S2} \frac{a_{CB}^t}{l_{BC}} = J_{S2} \mu_a \frac{\overline{c''c'}}{l_{BC}} \quad （方向与 \boldsymbol{\varepsilon}_2 方向相反）$$

连杆 2 上的惯性力和惯性力矩可以用一个偏离质心 S_2 距离为 $h_2 = \dfrac{M_{I2}}{F_{I2}}$ 的总惯性力 $F_{I2}' = F_{I2} = m_2 a_{S2} = \dfrac{G_2}{g} \mu_a \overline{\pi s_2'}$ 来代替，F_{I2}' 对质心 S_2 的惯性力矩的方向应与 $\boldsymbol{\varepsilon}_2$ 的方向相反。

作用在滑块 3 上的惯性力为

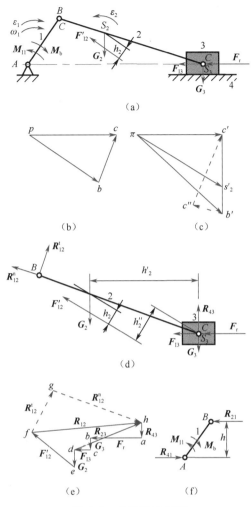

图 9.2 曲柄滑块机构

$$F_{I3} = m_3 a_{S3} = \frac{G_3}{g} \mu_a \overline{\pi c'} \quad （方向与 a_{S3} 方向相反）$$

3）对机构进行动态静力分析

（1）依据静定条件，先取连杆 2 和滑块 3 组成的基本杆组为力分析体进行受力分析。

如图 9.2（d）所示，其上作用有重力 G_2、G_3，惯性力 F'_{I2}、F_{I3}，生产阻力 F_r 及待求的运动副约束反力 R_{12} 和 R_{43}。因各运动副的摩擦忽略不计，故 R_{12} 通过转动副 B 的中心，且将 R_{12} 分解为沿连杆 BC 方向的分力 R^n_{12} 和垂直于连杆 BC 方向的分力 R^t_{12}；而 R_{43} 的方向垂直于滑块移动副的导路。

将连杆 2 对 C 点取矩，可得

$$R^t_{12} = \frac{G_2 h'_2 - F'_{I2} h''_2}{l_{BC}}$$

根据连杆 2 和滑块 3 组成的基本杆组力平衡条件，可得

$$R_{43} + F_r + G_3 + F_{I3} + G_2 + F'_{I2} + R^t_{12} + R^n_{12} = 0$$

式中仅 R_{43} 和 R^n_{12} 的大小未知，故可用图解法（如图 9.2（e）所示），求解得

$$\boldsymbol{R}_{43} = \mu_F \overrightarrow{ha}$$

$$\boldsymbol{R}_{12} = \mu_F \overrightarrow{fh}$$

式中，μ_F 为图9.2（e）所选比例尺。

根据滑块3的力平衡条件，可得

$$\boldsymbol{R}_{43} + \boldsymbol{F}_r + \boldsymbol{G}_3 + \boldsymbol{F}_{I3} + \boldsymbol{R}_{23} = 0$$

式中仅 $\boldsymbol{R}_{23}$ 的大小和方向未知，故可用图解法（如图9.2（e）所示），求解得

$$\boldsymbol{R}_{23} = \mu_F \overrightarrow{dh}$$

（2）取曲柄1为力分析体进行受力分析。

如图9.2（f）所示，将曲柄1对 A 点取矩，可得

$$M_b = M_{I1} + R_{21}h \quad （方向为顺时针）$$

根据曲柄1的力平衡条件，可得

$$\boldsymbol{R}_{41} = -\boldsymbol{R}_{21}$$

例9.2 已知图9.3所示牛头刨床机构中各构件的尺寸，原动件1以角速度 ω_1 沿逆时针方向匀速转动，刨头5的重量为 G_5，机构在图示位置时刨头5的惯性力为 F_{I5}，刀具所受的切削阻力为 F_r，试求机构在图示位置作用在各运动副中的约束反力和需加于原动件1上的平衡力矩 M_b（其他构件的重力和惯性力等忽略不计）。

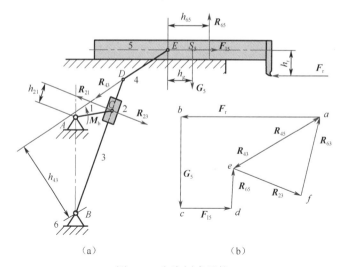

图9.3　牛头刨床机构

解：1）取构件5为力分析体

根据构件5的力平衡条件，可得

$$\boldsymbol{F}_r + \boldsymbol{G}_5 + \boldsymbol{F}_{I5} + \boldsymbol{R}_{65} + \boldsymbol{R}_{45} = 0$$

式中，$\boldsymbol{F}_r$、$\boldsymbol{G}_5$ 及 $\boldsymbol{F}_{I5}$ 的大小和方向均已知；$\boldsymbol{R}_{65}$ 的方向垂直于刨头的导轨，大小未知；$\boldsymbol{R}_{45}$ 因构件4为二力构件，故其方向沿构件4的方向，大小也未知。由于上式中仅 $\boldsymbol{R}_{65}$ 和 $\boldsymbol{R}_{45}$ 的大小未知，故可用图解法（如图9.3（b）所示），求解得

$$\boldsymbol{R}_{65} = \mu_F \overrightarrow{de}$$

$$\boldsymbol{R}_{45} = \mu_F \overrightarrow{ea}$$

将构件5对 E 点取矩，可得 $\boldsymbol{R}_{65}$ 作用线的位置为

$$h_{65} = \frac{G_5 \cdot h_g + F_r \cdot h_r}{R_{65}}$$

2）取构件 3 为力分析体

根据构件 3 的力平衡条件，可得

$$R_{43} + R_{23} + R_{63} = 0$$

式中，$R_{43} = -R_{34} = R_{54} = -R_{45}$；$R_{23} = -R_{32}$，其方向与导杆 3 垂直，大小可根据构件 3 对 B 点取矩得 $R_{23} = \dfrac{R_{43} h_{43}}{\overline{BC}}$。

上式中仅 R_{63} 的大小和方向未知，故可用图解法（如图 9.3（b）所示）求得

$$R_{63} = \mu_F \overrightarrow{fa}$$

3）取原动件 1 为力分析体

因 $R_{21} = -R_{12} = R_{32}$，故其大小和方向已知。将构件 1 对 A 点取矩可得需加于原动件 1 上的平衡力矩为

$$M_b = R_{21} h_{21} \quad （方向为顺时针）$$

又根据原动件 1 的力平衡条件，可得

$$R_{61} = -R_{21}$$

图解法概念清楚，也有一定的精度，但图解过程比较烦琐，而且难以确定构件的最大受力位置。随着对机构力分析精度要求的提高和计算机技术的发展，机构动态静力分析的解析法应用日渐广泛。

9.3.2　用解析法进行机构的动态静力分析

机构动态静力分析的解析法主要有矢量方程解析法、基本杆组法和直角坐标法。不论采用哪种方法，都是根据力的平衡条件列出机构中已知力和待求力之间的力平衡关系式，然后采用相应的数学方法求解。本节将主要介绍平面机构动态静力分析的直角坐标法。

所谓直角坐标法，即首先在进行受力分析的机构运动简图中建立一平面直角坐标系，将各构件上所有的已知力向各自的质心简化为一个通过质心的合力和一个合力矩，并将该合力用平行于坐标轴的两个分量表示；同样，作用在运动副中所有待求的约束反力也用直角坐标两个方向的分量表示，然后以每一个构件为受力分析单元，根据静力平衡条件建立单元力平衡方程式，并将其表示成单元力平衡矩阵方程，根据运动副相连两构件上约束反力大小相等、方向相反的原则，最后将各单元力平衡矩阵方程"组装"成机构力平衡矩阵方程用计算机求解。

例 9.3　已知图 9.4 所示曲柄滑块机构 ABCD 各构件的杆长及各构件上作用的外力（不包括重力和惯性力），且原动件曲柄 1 以角速度 ω_1 沿逆时针方向匀速转动。试用直角坐标法求作用在各运动副中的约束反力和曲柄上的平衡力矩 M_b。

解：（1）根据机构各构件的受力情况和特点，初步确定各构件的结构及剖面尺寸，计算机构各构件的质心、质量、转动惯量和重力。

（2）对机构进行运动分析，计算各质心的加速度和各构件的角加速度，计算各构件所应加的惯性力、惯性力矩。

（3）在机构运动简图上建立平面直角坐标系 O-xy，如图 9.4（a）所示。将作用在三个可动构件上的已知外力向各构件的质心 S_1、S_2 和 S_3 简化，将简化后的力与该构件的惯性力和重

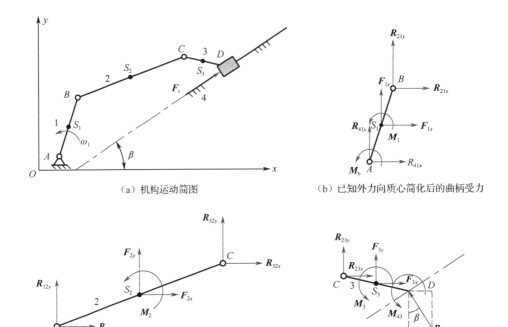

（a）机构运动简图　　（b）已知外力向质心简化后的曲柄受力

（c）已知外力向质心简化后的连杆受力　　（d）已知外力向质心简化后的滑块受力

图 9.4　曲柄滑块机构的动态静力分析

力合并后，沿 x、y 坐标轴分解为 $\boldsymbol{F}_{ix}$、$\boldsymbol{F}_{iy}$，如图 9.4（b）~（d）所示。图中 $\boldsymbol{M}_i$ 为已知力简化后的力矩与该构件惯性力矩和已知外力矩的合力矩（i 为构件编号，$i=1,2,3$）。

作用在各构件上的已知外力的简化方法为：将各已知外力向构件的质心平移，得过质心且大小、方向与原已知外力相等的一个力和一个力矩，力矩的大小与方向等于原已知的外力对构件质心的力矩。

（4）在曲柄上标出待求平衡力矩 $\boldsymbol{M}_b$，力矩以逆时针方向为正；在三个可动构件的运动副上分别标出待求的约束反力；为了避免将作用力和反作用力的方向混淆，所有的约束反力均按坐标轴的正向画出。在图 9.4 中，$\boldsymbol{R}_{ijx}$、$\boldsymbol{R}_{ijy}$ 分别表示构件 i 作用于构件 j 的约束反力在 x 和 y 方向上的分量，$\boldsymbol{R}_{ijx}=-\boldsymbol{R}_{jix}$，$\boldsymbol{R}_{ijy}=-\boldsymbol{R}_{jiy}$，即 $\boldsymbol{R}_{ij}$ 可以用 $-\boldsymbol{R}_{ji}$ 来代替。对于转动副，在不计运动副摩擦时约束反力 $\boldsymbol{R}_{ijx}$、$\boldsymbol{R}_{ijy}$ 通过转动副的中心，方向分别与 x、y 轴平行；对于移动副，由于约束反力的作用点未知，在不计运动副摩擦时可用一个与导路方向垂直的约束力 $\boldsymbol{R}_{ij}$ 和一个约束力矩 $\boldsymbol{M}_{ij}$ 表示，如图 9.4（d）所示。

（5）根据静力平衡条件写出各单元力平衡矩阵方程。

根据图 9.4（b），得曲柄的静力平衡方程为

$$\begin{cases} \boldsymbol{R}_{41x}+\boldsymbol{R}_{21x}+\boldsymbol{F}_{1x}=0 \\ \boldsymbol{R}_{41y}+\boldsymbol{R}_{21y}+\boldsymbol{F}_{1y}=0 \\ \boldsymbol{R}_{41x}(y_{S1}-y_A)+\boldsymbol{R}_{41y}(x_A-x_{S1})+\boldsymbol{R}_{21x}(y_{S1}-y_B)+\boldsymbol{R}_{21y}(x_B-x_{S1})+\boldsymbol{M}_1+\boldsymbol{M}_b=0 \end{cases}$$

为了便于各单元力平衡矩阵的"组合"，将上式中的 $\boldsymbol{R}_{21x}$ 和 $\boldsymbol{R}_{21y}$ 分别用 $-\boldsymbol{R}_{12x}$ 和 $-\boldsymbol{R}_{12y}$ 代替，并将上式表示为矩阵形式：

$$\begin{bmatrix} 1 & 0 & -1 & 0 & 0 \\ 0 & 1 & 0 & -1 & 0 \\ y_{S1}-y_A & x_A-x_{S1} & y_B-y_{S1} & x_{S1}-x_B & 1 \end{bmatrix} \begin{bmatrix} \mathbf{R}_{41x} \\ \mathbf{R}_{41y} \\ \mathbf{R}_{12x} \\ \mathbf{R}_{12y} \\ \mathbf{M}_b \end{bmatrix} = \begin{bmatrix} -\mathbf{F}_{1x} \\ -\mathbf{F}_{1y} \\ -\mathbf{M}_1 \end{bmatrix} \tag{9.5}$$

根据图 9.4（c），得连杆的静力平衡矩阵为

$$\begin{bmatrix} 1 & 0 & -1 & 0 \\ 0 & 1 & 0 & -1 \\ y_{S2}-y_B & x_B-x_{S2} & y_C-y_{S2} & x_{S2}-x_C \end{bmatrix} \begin{bmatrix} \mathbf{R}_{12x} \\ \mathbf{R}_{12y} \\ \mathbf{R}_{23x} \\ \mathbf{R}_{23y} \end{bmatrix} = \begin{bmatrix} -\mathbf{F}_{2x} \\ -\mathbf{F}_{2y} \\ -\mathbf{M}_2 \end{bmatrix} \tag{9.6}$$

根据图 9.4（d），得滑块的静力平衡方程为

$$\begin{cases} \mathbf{R}_{23x}-\mathbf{R}_{43}\sin\beta+\mathbf{F}_{3x}=0 \\ \mathbf{R}_{23y}+\mathbf{R}_{43}\cos\beta+\mathbf{F}_{3y}=0 \\ \mathbf{R}_{23x}(y_{S3}-y_C)+\mathbf{R}_{23y}(x_C-x_{S3})-\mathbf{R}_{43}\sin\beta(y_{S3}-y_D)+\mathbf{R}_{43}\cos\beta(x_D-x_{S3})+\mathbf{M}_3+\mathbf{M}_{43}=0 \end{cases}$$

式中，β 为滑块导路与 x 方向的夹角；x_D、y_D 为约束反力在滑块上作用点的坐标；$\mathbf{M}_{43}$ 为滑块与导路间的约束力矩，其方向以逆时针方向为正。

将上式写成矩阵形式得

$$\begin{bmatrix} 1 & 0 & -\sin\beta & 0 \\ 0 & 1 & \cos\beta & 0 \\ y_{S3}-y_C & x_C-x_{S3} & D & 1 \end{bmatrix} \begin{bmatrix} \mathbf{R}_{23x} \\ \mathbf{R}_{23y} \\ \mathbf{R}_{43} \\ \mathbf{M}_{43} \end{bmatrix} = \begin{bmatrix} -\mathbf{F}_{3x} \\ -\mathbf{F}_{3y} \\ -\mathbf{M}_3 \end{bmatrix} \tag{9.7}$$

式中，$D=(y_D-y_{S3})\sin\beta+(x_D-x_{S3})\cos\beta$。

（6）将各单元力平衡矩阵方程进行"组合"得出机构力平衡矩阵方程。

由于每一个单元力平衡矩阵中待求力数均多于方程个数，故无法单独从式（9.5）～式（9.7）中解出机构的待求力，但整个机构受力是静定的，因此，可将三个单元力平衡矩阵方程进行"组合"，即把各单元力平衡矩阵中求解相同待求力的方程进行合并，得机构力平衡矩阵方程为

$$\begin{bmatrix} 1 & 0 & -1 & 0 & & & & & 0 \\ 0 & 1 & 0 & -1 & & & & & 0 \\ y_{S1}-y_A & x_A-x_{S1} & y_B-y_{S1} & x_{S1}-x_B & & & & & 1 \\ & & 1 & 0 & -1 & 0 & & & \\ & & 0 & 1 & 0 & -1 & & & \\ & & y_{S2}-y_B & x_B-x_{S2} & y_C-y_{S2} & x_{S2}-x_C & & & \\ & & & & 1 & 0 & -\sin\beta & 0 & \\ & & & & 0 & 1 & \cos\beta & 0 & \\ & & & & y_{S3}-y_C & x_C-x_{S3} & D & 1 & \end{bmatrix} \begin{bmatrix} \mathbf{R}_{41x} \\ \mathbf{R}_{41y} \\ \mathbf{R}_{12x} \\ \mathbf{R}_{12y} \\ \mathbf{R}_{23x} \\ \mathbf{R}_{23y} \\ \mathbf{R}_{43} \\ \mathbf{M}_{43} \\ \mathbf{M}_b \end{bmatrix} = \begin{bmatrix} -\mathbf{F}_{1x} \\ -\mathbf{F}_{1y} \\ -\mathbf{M}_1 \\ -\mathbf{F}_{2x} \\ -\mathbf{F}_{2y} \\ -\mathbf{M}_2 \\ -\mathbf{F}_{3x} \\ -\mathbf{F}_{3y} \\ -\mathbf{M}_3 \end{bmatrix}$$

设机构力平衡矩阵方程中已知力矩阵为 $\mathbf{F}$，待求力矩阵为 $\mathbf{R}$，待求力系数矩阵为 $\mathbf{A}$，则机构力平衡矩阵方程可统一表示为

$$AR = F \tag{9.8}$$

由系数矩阵可知，它是机构运动位置的函数，而已知力矩阵中的惯性力和惯性力矩也是机构运动位置的函数，因此，在进行机构动态静力分析时，应根据机构运动的不同位置计算待求力的系数矩阵及已知力中的惯性力和惯性力矩。若系数矩阵 A 是非奇异矩阵，则可解出机构在不同运动位置时作用在运动副中的约束反力和作用在原动件上的平衡力矩。

当机构在一个运动循环中的全部约束反力求出后，应选用约束反力中的最大值对构件强度或刚度条件进行校核。若校核结果不满足设计要求，应重新修改构件的结构及剖面尺寸，重新计算其质心、质量和转动惯量，并重新进行受力分析，直至构件满足设计要求。

根据平衡力矩计算结果的最大值和变化规律，结合机构的传动效率和工作阻力的特点，便可以选择驱动该机构的原动机类型和功率。

§9.4 考虑摩擦的机构动态静力分析

9.4.1 机构运动副中的摩擦

机构中各构件均通过运动副相连，机构运动时各运动副必然会产生摩擦。

1. 移动副中的摩擦

1）平面摩擦（friction on plane）

如图 9.5 所示，滑块 1 与水平平面 2 构成移动副。滑块 1 在水平驱动力 F 的作用下等速向右移动，Q 为作用在滑块 1 上的铅垂载荷（包括滑块自重），平面 2 对滑块 1 的法向反力 N_{21}（normal reaction force）和摩擦力 F_{21}（friction force）的合力 R_{21} 称为总反力（total reaction force）。由图 9.5，根据力的平衡条件可得

$$F_{21} = fN_{21} = fQ \tag{9.9}$$
$$\varphi = \arctan f$$

式中，f 为滑块 1 和平面 2 接触面间的摩擦系数（coefficient of friction）；φ 为总反力 R_{21} 与法向反力 N_{21} 之间的夹角，称为摩擦角（friction angle）。

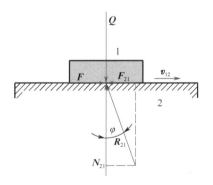

图 9.5 平面摩擦

R_{21} 与 v_{12} 间的夹角总是一个钝角，故在分析移动副摩擦时，可利用这一规律来确定总反力

的方向，即滑块1所受的总反力 $\boldsymbol{R}_{21}$ 与其对平面2的相对速度 $\boldsymbol{v}_{12}$ 之间的夹角总是为钝角（$90°+\varphi$）。

2）斜面摩擦（friction on inclined plane）

如图9.6（a）、图9.7（a）所示，将滑块1置于倾角为 α 的斜面2上，$\boldsymbol{Q}$ 为作用在滑块1上的铅垂载荷（包括滑块自重）。$\boldsymbol{R}_{21}$（$\boldsymbol{R}'_{21}$）为斜面2对滑块1的法向反力 N_{21} 和摩擦力 $F_{21} = fN_{21}$（f 为滑块1和斜面2接触面间的摩擦系数）的合力，即总反力。

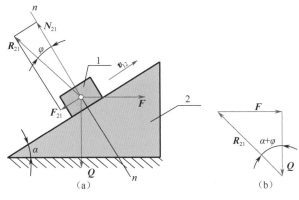

图9.6 滑块等速上升

（1）滑块等速上升。当滑块1在水平力 $\boldsymbol{F}$ 的作用下沿斜面等速上升（通常称此行程为正行程）时，如图9.6（a）所示，根据力的平衡条件可得

$$\boldsymbol{F}+\boldsymbol{Q}+\boldsymbol{R}_{21} = 0$$

由于上式中只有 $\boldsymbol{F}$ 的大小和 $\boldsymbol{R}_{21}$ 的大小未知，故可作力多边形，如图9.6（b）所示，由此可得

$$F_{21} = fN_{21} = fR_{21}\cos\varphi = f\frac{\cos\varphi}{\cos(\alpha+\varphi)}Q \tag{9.10}$$

保持滑块1等速上升所需水平力 $\boldsymbol{F}$ 的大小为

$$F = Q\tan(\alpha+\varphi) \tag{9.11}$$

（2）滑块等速下滑。如图9.7所示，滑块1沿斜面2等速下滑（通常称此行程为反行程）时，滑块1所受的总反力 $\boldsymbol{R}'_{21}$ 方向向后，同样根据力的平衡条件可得

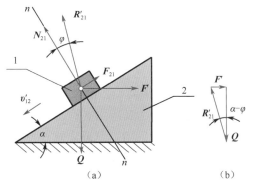

图9.7 滑块等速下滑

$$\boldsymbol{F}'+\boldsymbol{Q}+\boldsymbol{R}'_{21} = 0$$

$$F_{21} = fN_{21} = fR'_{21} \cos\varphi = f\frac{\cos\varphi}{\cos(\alpha-\varphi)}Q \tag{9.12}$$

保持滑块 1 等速下滑所需水平力 $\boldsymbol{F}'$ 的大小为

$$F' = Q\tan(\alpha-\varphi) \tag{9.13}$$

应当注意，当滑块 1 下滑时，$\boldsymbol{Q}$ 始终为驱动力，而 $\boldsymbol{F}'$ 则既可能是阻力，也可能是驱动力。若 $\alpha>\varphi$，则 $\boldsymbol{F}'$ 为阻力，其作用是阻止滑块 1 加速下滑；若 $\alpha<\varphi$，则 $\boldsymbol{F}'$ 反向作用在滑块 1 上成为驱动力，其作用是促使滑块 1 等速下滑。

3）槽面摩擦（friction on V-plane）

如图 9.8 所示，楔形滑块 1 在水平驱动力 $\boldsymbol{F}$ 的作用下沿夹角为 2θ 的槽面 2 等速滑动。$\boldsymbol{Q}$ 为作用在楔形滑块上的铅垂载荷（包括楔形滑块的自重），$\boldsymbol{N}_{21}$ 为槽的每一侧面作用在楔形滑块 1 上的法向反力。根据楔形滑块 1 在铅垂方向的受力平衡条件，可得

$$N_{21} = \frac{Q}{2\sin\theta}$$

楔形滑块 1 所受摩擦力 $\boldsymbol{F}_{21}$ 的大小为

$$F_{21} = 2fN_{21} = f\frac{Q}{\sin\theta}$$

令

$$f_{\mathrm{v}} = \frac{f}{\sin\theta} \tag{9.14}$$

则

$$F_{21} = f_{\mathrm{v}}Q \tag{9.15}$$

式中，f_{v} 称为当量摩擦系数（equivalent coefficient of friction）。与之相对应的摩擦角 $\varphi_{\mathrm{v}} = \arctan f_{\mathrm{v}}$，称为当量摩擦角（equivalent friction angle）。

槽面摩擦相当于摩擦系数为 f_{v} 的平面摩擦。

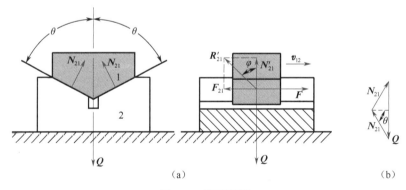

图 9.8　槽面摩擦

一般 $\theta\le90°$，故 $f_{\mathrm{v}}\ge f$，即槽面摩擦比平面摩擦的摩擦力大，因此常利用槽面来增大所需的摩擦力。V 带传动、三角形螺纹连接等即为其应用实例。

引入当量摩擦系数后，在分析运动副中的滑动摩擦力时，不管运动副两元素的几何形状如何，均可视为单一平面摩擦来计算其摩擦力，只需按运动副元素几何形状的不同引入不同的当量摩擦系数即可。

2. 螺旋副中的摩擦

螺旋副由螺杆和螺母组成，是一种空间运动副，其接触面为螺旋面。

1）矩形螺纹螺旋副中的摩擦（friction on square-threaded screw）

图 9.9（a）所示为一矩形螺纹螺旋副。由于螺杆 1 的螺纹可以设想为一斜面卷绕在圆柱体上而形成的，所以螺母 2 和螺杆 1 的相对运动可以简化为滑块 2 沿斜面 1 的相对滑动，如图 9.9（b）所示。现若在螺母 2 上加一力矩 M，使螺母旋转并逆着其所受轴向载荷 Q 等速轴向运动（即拧紧螺母），则相当于滑块 2 沿斜面 1 等速上滑。该斜面的倾角为 α，即螺纹中径 d_2 上的螺纹升角，其计算式为

$$\tan \alpha = \frac{l}{\pi d_2} = \frac{zp}{\pi d_2}$$

式中，l 为螺纹导程；z 为螺纹的头数；p 为螺距。

根据式（9.11），有

$$F = Q\tan(\alpha + \varphi)$$

式中，F 相当于拧紧螺母时必须在螺纹中径 d_2 处施加的圆周力，其对螺纹轴线的力矩为拧紧螺母时所需的拧紧力矩 M。

$$M = F \cdot \frac{d_2}{2} = \frac{d_2}{2}Q\tan(\alpha + \varphi) \tag{9.16}$$

同样，可求得放松螺母时所需的力矩为

$$M' = \frac{d_2}{2}Q\tan(\alpha - \varphi) \tag{9.17}$$

当 $\alpha > \varphi$ 时，M' 为阻止螺母加速松脱的阻力矩；当 $\alpha < \varphi$ 时，M' 为放松螺母所需的驱动力矩。

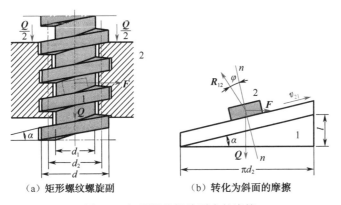

| （a）矩形螺纹螺旋副 | （b）转化为斜面的摩擦 |

图 9.9　矩形螺纹螺旋副中的摩擦

2）三角形螺纹螺旋副中的摩擦（friction on V-threaded screw）

如图 9.10 所示，三角形螺纹螺旋副的螺母和螺杆的相对运动关系与矩形螺纹完全相同，只是螺纹接触面的几何形状不同。如前所述，只要引入相应的当量摩擦系数 f_v 和当量摩擦角 φ_v，即可引用式（9.16）和式（9.17）得出其拧紧和放松螺母所需的力矩

$$M = \frac{d_2}{2}Q\tan(\alpha + \varphi_v) \tag{9.18}$$

$$M' = \frac{d_2}{2}Q\tan(\alpha - \varphi_v) \tag{9.19}$$

式中，当量摩擦角 $\varphi_v = \arctan f_v$，当量摩擦系数 $f_v = \dfrac{f}{\cos\beta}$，$\beta$ 为螺纹的牙侧角。

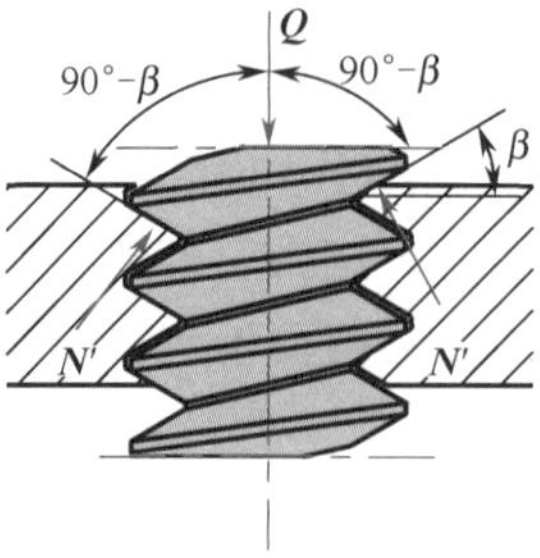

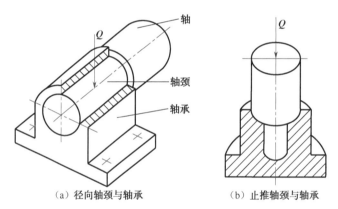

图 9.10　三角形螺纹螺旋副中的摩擦

同理，当 $\alpha < \varphi_v$ 时，M' 为放松螺母所需的驱动力矩。

由于 $\varphi_v > \varphi$，故三角形螺纹的摩擦力矩较矩形螺纹的大，宜用于紧固连接；而矩形螺纹摩擦力矩较小，效率较高，宜用于传递动力的场合。

3. 转动副中的摩擦

如图 9.11 所示，轴颈（轴上与轴承配合的部分称为轴颈）与轴承构成转动副，转动副按其所受载荷方向的不同，分为径向轴颈与轴承（承受径向载荷）和止推轴颈与轴承（承受轴向载荷）两种。

（a）径向轴颈与轴承　　　　　（b）止推轴颈与轴承

图 9.11　径向轴颈和止推轴颈

1）径向轴颈（radial journal）的摩擦

如图 9.12（a）所示，设受有径向载荷 Q（包括自重在内）作用的轴颈 1 在驱动力矩 M_d 的作用下等速回转，此时为阻止轴颈 1 的转动，轴承 2 必将对其产生摩擦力 F_{21}，有

$$F_{21} = fN_{21} = f_v Q$$

式中，N_{21} 为轴承 2 对轴颈 1 的法向反力；f_v 为当量摩擦系数，f_v 的大小可在一定条件下经理论推导计算得出。对于非跑合的径向轴颈，$f_v = \dfrac{\pi}{2} f$；而对于跑合的径向轴颈，$f_v = \dfrac{4}{\pi} f$。

摩擦力 F_{21} 对轴颈形成的摩擦阻力矩 M_f（friction resistance moment）为

$$M_f = F_{21} r = f_v Q r$$

若将接触面上的法向反力 N_{21} 与摩擦力 F_{21} 的合力用总反力 R_{21} 表示，则根据轴颈 1 的力平衡条件可得

$$R_{21} = -Q$$
$$M_d = -R_{21}\rho = -M_f$$

即总反力 R_{21} 对轴颈中心 O 的力矩即为摩擦阻力矩 M_f。故

$$M_f = f_v Q r = R_{21} \rho \tag{9.20}$$

由式（9.20）可得

$$\rho = f_v r \tag{9.21}$$

式中，ρ 的大小与轴颈半径 r 和当量摩擦系数 f_v 有关。

对于一个具体的轴颈，由于 f_v 及 r 均为定值，所以 ρ 也为一个定值。以轴颈中心 O 为圆心，以 ρ 为半径作圆（如图中虚线小圆所示），此圆称为摩擦圆（friction circle），ρ 称为摩擦圆半径。

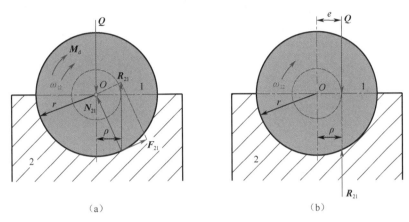

图 9.12　径向轴径的摩擦

综上所述，轴承对轴颈的总反力 R_{21} 将始终切于摩擦圆，且其大小与载荷 Q 相等，总反力 R_{21} 对轴颈中心 O 的力矩的方向必与轴颈 1 相对于轴承 2 的角速度 ω_{12} 的方向相反。

如图 9.12（b）所示，若用对轴颈 1 中心有偏距 e 的单一载荷 Q 来代替图 9.12（a）中的 Q 和驱动力矩 M_d，则此时有

$$M_d = Qe \tag{9.22}$$

显然，当 $e > \rho$ 时，单一载荷 Q 作用在摩擦圆之外，轴颈将加速转动；当 $e = \rho$ 时，单一载荷 Q 刚好切于摩擦圆，轴颈将等速转动；当 $e < \rho$ 时，单一载荷 Q 割于摩擦圆，轴颈将减速至停止转动，若轴颈原来是静止的，则仍保持静止状态。

2）止推轴颈（thrust journal）的摩擦

如图 9.13（a）所示，当轴颈 1 相对轴承 2 旋转时，由于轴向载荷 Q 的作用，将在其接触面间产生摩擦力和摩擦阻力矩 M_f。

如图 9.13（b）所示，从轴端（轴用以承受轴向载荷的部分称为轴端）接触面上半径为 ρ 处取一宽度为 $d\rho$ 的环形微面积 $dS = 2\pi\rho d\rho$，设 dS 上的压强 p（单位面积上的正压力）为常数，则环形微面积 dS 上所受的正压力 $dN = pdS$，而环形微面积上产生的摩擦力为 $dF = fdN = fpdS$。于是，dF 对轴回转轴线的摩擦阻力矩 dM_f 为

$$dM_f = \rho dF = \rho fpdS$$

而轴端所受的总摩擦阻力矩 M_f 为

$$M_f = \int_r^R \rho fpdS = 2\pi f \int_r^R p\rho^2 d\rho \tag{9.23}$$

式（9.23）的解可分为下述两种情况。

（1）非跑合的止推轴颈。对于新制成或很少工作的轴端和轴承，由于其接触面上的压强 p

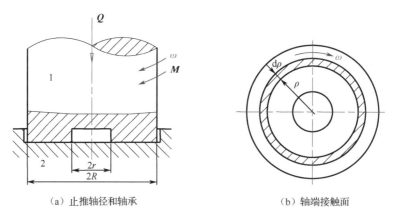

（a）止推轴径和轴承　　　　　　（b）轴端接触面

图 9.13 止推轴颈的摩擦

处处相等，即 p = 常数，故

$$M_{\mathrm{f}} = 2\pi f p \int_{r}^{R} \rho^2 \mathrm{d}\rho = \frac{2}{3}\pi f p (R^3 - r^3)$$

又因

$$N = \int_{r}^{R} p \mathrm{d}S = \int_{r}^{R} p \cdot 2\pi\rho \mathrm{d}\rho = \pi p (R^2 - r^2) = Q$$

$$p = \frac{Q}{\pi (R^2 - r^2)}$$

故

$$M_{\mathrm{f}} = \frac{2}{3}fQ\frac{R^3 - r^3}{R^2 - r^2} \tag{9.24}$$

（2）跑合的止推轴颈。经过一段工作时间的轴端称为跑合轴端。由于距轴中心远的部分磨损较快，近的部分磨损较慢，所以轴端各处压强 p 并不相等，但基本符合 $p\rho$ = 常数的规律。由此可求得

$$Q = \int_{r}^{R} p \mathrm{d}S = \int_{r}^{R} p \cdot 2\pi\rho \mathrm{d}\rho = 2\pi p\rho \int_{r}^{R} \mathrm{d}\rho = 2\pi p\rho (R - r)$$

$$p = \frac{Q}{2\pi\rho (R - r)}$$

故

$$M_{\mathrm{f}} = \frac{1}{2}fQ(R + r) \tag{9.25}$$

根据 $p\rho$ = 常数的关系可知，在轴端中心部分的压强将非常大，故容易压溃。所以，载荷较大的轴端一般都做成空心的，如图 9.13（a）所示。

9.4.2 用图解法进行机构的动态静力分析

例 9.4 已知图 9.14 所示曲柄滑块机构中各构件的尺寸，原动件曲柄 1 在已知驱动力矩 M_1 的作用下以角速度 ω_1 顺时针方向转动，φ 为移动副摩擦角，图中虚线小圆为摩擦圆，若不考虑各构件的重力和惯性力，试确定机构在图示位置时各运动副中的约束反力及作用在滑块 3 上的平衡力 F_r。

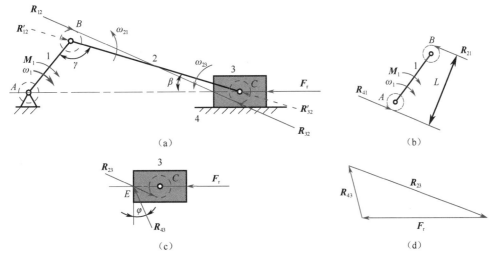

图 9.14　曲柄滑块机构

解：1）取构件 2 为力分析体

如图 9.14（a）所示，在不计摩擦时，各转动副的总反力应通过转动中心。构件 2 为二力构件（Two-force member），其所受两力 $R'_{12} = -R'_{32}$，且作用在转动副 B、C 的中心连线上。另外，根据机构的运动情况，构件 2 所受的力为压力。

在计及摩擦时，各转动副的总反力应切于摩擦圆。因在转动副 B 处构件 2、1 之间的夹角 γ 在逐渐增大，故构件 2 相对于构件 1 的角速度 ω_{21} 为逆时针方向，又由于构件 2 受压力，因此作用力 R_{12} 应切于 B 处摩擦圆上方；在转动副 C 处，构件 2、3 之间的夹角 β 在逐渐减小，故构件 2 相对于构件 3 的角速度 ω_{23} 为逆时针方向，因此，作用力 R_{32} 应切于 C 处摩擦圆下方。由于构件 2 在两力 R_{12} 和 R_{32} 作用下仍处于平衡，故此二力仍应共线，即它们的作用线应同时切于 B 处摩擦圆的上方和 C 处摩擦圆的下方。

2）取原动件曲柄 1 为力分析体

如图 9.14（b）所示，因原动件曲柄 1 相对机架 4 的角速度 ω_{14}（即 ω_1）为顺时针方向，故 R_{41} 应与 R_{21} 平行且切于 A 处摩擦圆下方。由曲柄 1 力平衡条件可得

$$R_{41} = -R_{21}$$

由曲柄 1 的力矩平衡条件可得

$$M_1 = R_{21}L$$

式中，L 为 R_{21} 和 R_{41} 之间的力臂。为此，运动副 A、B、C 的约束反力大小为

$$R_{41} = R_{21} = R_{12} = R_{32} = R_{23} = \frac{M_1}{L}$$

3）取滑块 3 为力分析体

如图 9.14（c）所示，因滑块 3 相对机架 4 以速度 v_{34} 向右运动，故 R_{43} 的方向应与速度 v_{34} 的方向成（90°+φ）。因滑块 3 仅受 R_{23}、F_r 和 R_{43} 三个力，此三力应汇交于一点，故 R_{43} 应汇交于力 R_{23} 与 F_r 的交点 E。由滑块 3 的力平衡条件可得

$$R_{23} + F_r + R_{43} = 0$$

在上式中只有 F_r 和 R_{43} 的大小未知，故可利用图 9.14（d）所示力多边形求得它们的大小。

例 9.5　如图 9.15（a）所示为一摆动从动件盘形凸轮机构，已知作用在从动件 2 上的外

载荷 F，若凸轮 1 以角速度 ω_1 逆时针方向等速回转，试确定各运动副中的总反力（R_{31}、R_{12}、R_{32}）和需加于凸轮 1 上的平衡力矩 M_b。（不考虑构件的重力及惯性力，图中虚线小圆为摩擦圆，运动副 B 处的摩擦角 $\varphi = 10°$。）

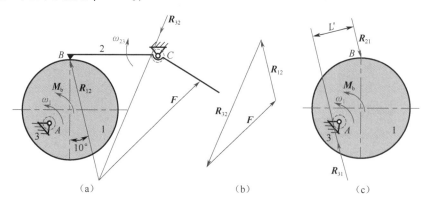

图 9.15　摆动从动件盘形凸轮机构

解：1）取从动件 2 为力分析体

因凸轮 1 以角速度 ω_1 逆时针方向等速回转，故从动件 2 相对于机架 3 的角速度 ω_{23} 为顺时针方向，R_{32} 应切于 C 处摩擦圆的左侧。又因从动件 2 所受三力应汇交于一点，所以可以确定力 R_{32} 的方向。

根据从动件 2 力的平衡条件可知

$$F + R_{12} + R_{32} = 0$$

在上式中只有 R_{12} 和 R_{32} 的大小未知，故可利用图 9.15（b）所示的力多边形求得它们的大小。

2）取凸轮 1 为力分析体

如图 9.15（c）所示，由其力平衡条件可得

$$R_{31} = -R_{21} = R_{12}$$

因凸轮 1 相对机架 3 的角速度 ω_1 为逆时针方向，故 R_{31} 应切于 A 处摩擦圆左侧。根据力矩平衡条件可得需加于凸轮 1 上的平衡力矩 M_b 为

$$M_b = R_{21}L' \quad （方向为逆时针）$$

式中，L' 为 R_{21} 和 R_{31} 之间的力臂。

9.4.3　用解析法进行机构的动态静力分析

对机构进行受力分析时，如计入运动副的摩擦，则 9.3.2 节式（9.8）力平衡方程的待求力部分还应包括运动副中的摩擦力。由于运动副中的摩擦力与作用在运动副中的总反力和运动副元素间的当量摩擦系数 f_v 有关，因此可以把摩擦力和摩擦力矩表示为总反力的函数。

当考虑转动副的摩擦时，构件 i 作用于构件 j 的总反力 R_{ij} 将不通过转动副中心，而切于半径为 $\rho = f_v r$ 的摩擦圆（r 为转轴半径），将 R_{ij} 向转动副中心简化，可得到一个通过转动副中心、大小和方向与 R_{ij} 相同的总反力和一个方向与 ω_{ij} 方向相同的摩擦力矩 $f_v r R_{ij}$，如图 9.16 所示。

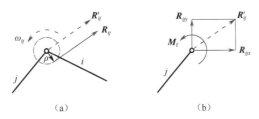

图 9.16 计算摩擦时转动副中的总反力

将 R_{ij} 沿 x、y 轴方向分解得总反力的两个待求分量 R_{ijx}、R_{ijy}，于是作用于转动副中的摩擦力矩可以用待求力分量表示为

$$f_v r \sqrt{(R_{ijx})^2 + (R_{ijy})^2} \tag{9.26}$$

作用在移动副中的摩擦力大小可表示为

$$f_v \sqrt{(R_{ijx})^2 + (R_{ijy})^2} \tag{9.27}$$

设滑块 j 相对于导轨 i 的相对速度 v_{ji} 的方向与 x 轴正向夹角为 β，约束反力 R_{ij} 产生的摩擦力的 x 方向分量为

$$-f_v \cos\beta \sqrt{(R_{ijx})^2 + (R_{ijy})^2} \tag{9.28}$$

y 方向的分量为

$$-f_v \sin\beta \sqrt{(R_{ijx})^2 + (R_{ijy})^2} \tag{9.29}$$

将摩擦力和摩擦力矩加入力平衡方程中，整理可得一个含有待求机构总反力 R_{ijx}、R_{ijy} 和 $\sqrt{(R_{ijx})^2 + (R_{ijy})^2}$ 项的方程组，此时的方程组已不是线性方程组。解非线性方程组是相当困难和繁杂的。因此，在考虑运动副的摩擦用解析法进行机构的动态静力分析时常采用另一种方法——逼近法。逼近法的基本过程如下。

（1）不计运动副中的摩擦列出机构力平衡矩阵，即取 $f_v = 0$，求出理想机械中的运动副反力。

（2）根据上述求出的运动副反力计算运动副中的摩擦力和摩擦力矩，将其作为已知力加在相应的构件上重新进行受力分析，重新计算运动副反力。比较相邻两次计算的结果，若两次计算出的运动副反力误差满足分析精度要求，则以最后一次计算结果作为力分析的最终结果；否则，应重复上述过程，直到满足分析精度要求为止。

例 9.6 已知图 9.17 所示曲柄滑块机构中各构件的尺寸（包括转动副 A、B、C 的轴颈半径 r_A、r_B、r_C）、运动副中的摩擦系数 f、作用在连杆 2 上的总惯性力 F_{I2} 及作用在滑块 3 上的阻抗力 F_r 和惯性力 F_{I3}，若不考虑各构件的重力和曲柄 1 的惯性力，试确定机构在图示位置时各运动副中的约束反力及作用于曲柄 1 上的平衡力矩 M_b。

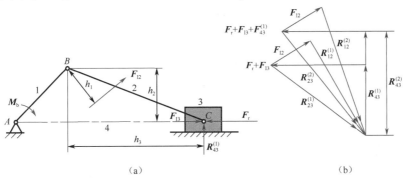

图 9.17 曲柄滑块机构

解：1）分析

在考虑摩擦时首先要确定运动副总反力的方向。但在本题中运动副总反力的方向无法确定，因而其大小也无法确定。在这种情况下，采用逼近法。

2）第一步近似计算

即完全不计运动副中的摩擦，求各运动副的反力。

（1）依据静定条件，先取连杆 2 和滑块 3 组成的基本杆组为力分析体进行受力分析。将连杆 2 和滑块 3 组成的基本杆组对 B 点取矩，可得

$$R_{43}^{(1)} = \frac{-F_{I2}h_1 + (F_r - F_{I3})h_2}{h_3}$$

根据连杆 2 和滑块 3 组成的基本杆组力平衡条件，可得

$$\boldsymbol{R}_{43}^{(1)} + \boldsymbol{F}_r + \boldsymbol{F}_{I3} + \boldsymbol{F}_{I2} + \boldsymbol{R}_{12}^{(1)} = 0$$

上式中仅 $\boldsymbol{R}_{12}^{(1)}$ 的大小和方向未知，故可用图解法求得，如图 9.17（b）所示。

（2）取滑块 3 为力分析体，由其力平衡条件可得

$$\boldsymbol{R}_{43}^{(1)} + \boldsymbol{F}_r + \boldsymbol{F}_{I3} + \boldsymbol{R}_{23}^{(1)} = 0$$

上式中仅 $\boldsymbol{R}_{23}^{(1)}$ 的大小和方向未知，故可用图解法求得，如图 9.17（b）所示。

（3）取曲柄 1 为力分析体，由其力平衡条件可得

$$\boldsymbol{R}_{41}^{(1)} = -\boldsymbol{R}_{21}^{(1)}$$
$$\boldsymbol{R}_{21}^{(1)} = -\boldsymbol{R}_{12}^{(1)}$$

3）第二步近似计算

即考虑运动副中的摩擦，求各运动副的反力。

在上述 2）中计算出的各运动副反力基础上，计算各运动副中的摩擦力和摩擦力矩，并将其作为已知力加在相应的构件上重新进行受力分析，求各运动副的反力。

滑块 3 与机架 4 构成移动副，滑块 3 所受摩擦力 $F_{43}^{(1)} = fR_{43}^{(1)}$。

转动副 A、B、C 中所受摩擦力矩分别为

$$M_{fA}^{(1)} = fR_{41}^{(1)} r_A$$
$$M_{fB}^{(1)} = fR_{12}^{(1)} r_B$$
$$M_{fC}^{(1)} = fR_{23}^{(1)} r_C$$

（1）仍取连杆 2 和滑块 3 组成的基本杆组为力分析体进行受力分析，将连杆 2 和滑块 3 组成的基本杆组对 B 点取矩，可得

$$R_{43}^{(2)} = \frac{-F_{I2}h_1 + (F_r - F_{I3})h_2 + F_{43}^{(1)}h_2 + M_{fB}^{(1)}}{h_3}$$

根据连杆 2 和滑块 3 组成的基本杆组力平衡条件，可得

$$\boldsymbol{R}_{43}^{(2)} + \boldsymbol{F}_r + \boldsymbol{F}_{I3} + \boldsymbol{F}_{43}^{(1)} + \boldsymbol{F}_{I2} + \boldsymbol{R}_{12}^{(2)} = 0$$

上式中仅 $\boldsymbol{R}_{12}^{(2)}$ 的大小和方向未知，故可用图解法求得，如图 9.17（b）所示。

（2）取滑块 3 为力分析体，由其力平衡条件可得

$$\boldsymbol{R}_{43}^{(2)} + \boldsymbol{F}_r + \boldsymbol{F}_{I3} + \boldsymbol{F}_{43}^{(1)} + \boldsymbol{R}_{23}^{(2)} = 0$$

上式中仅 $\boldsymbol{R}_{23}^{(2)}$ 的大小和方向未知，故可用图解法求得，如图 9.17（b）所示。

（3）取曲柄 1 为力分析体，由其力平衡条件可得

$$\boldsymbol{R}_{41}^{(2)} = -\boldsymbol{R}_{21}^{(2)}$$

$$R_{21}^{(2)} = -R_{12}^{(2)}$$

根据计算出的各运动副反力，再计算各运动副中的摩擦力和摩擦力矩，并将其作为已知力加在相应的构件上再重新进行受力分析，求各运动副的反力，直到满足相应要求为止。

4）确定作用于曲柄 1 上的平衡力矩 M_b

$$M_b = R_{21}^{(n)} h_4 + M_{fA}^{(n)} + M_{fB}^{(n)}$$

式中，$R_{21}^{(n)}$ 为第 n 步近似计算求得的转动副 B 中的反力；h_4 为 $R_{21}^{(n)}$ 对点 A 的力臂；$M_{fA}^{(n)}$、$M_{fB}^{(n)}$ 为第 n 步近似计算求得的转动副 A 和转动副 B 中的摩擦力矩。

习　题

9.1　在题图 9.1 所示的发动机曲柄滑块机构中，设已知 $l_{AB} = 0.1\text{m}$，$l_{BC} = 0.33\text{m}$，$n_1 = 1500\text{r/min}$（为常数），活塞及其附件的质量 $m_3 = 2.1\text{kg}$，连杆质量 $m_2 = 2.5\text{kg}$，$J_{S2} = 0.0425\text{kg} \cdot \text{m}^2$，连杆质心 S_2 至曲柄销 B 的距离 $l_{BS_2} = l_{BC}/3$。试确定在图示位置时活塞的惯性力及连杆的总惯性力。

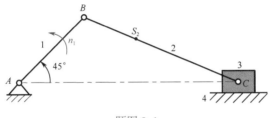

题图 9.1

9.2　在题图 9.2 所示的偏心圆盘凸轮机构中，已知凸轮的半径 $R = 160\text{mm}$，$l_{OA} = 80\text{mm}$，凸轮质量 $m_1 = 3\text{kg}$，从动件质量 $m_2 = 1\text{kg}$。凸轮以等角速度 $\omega_1 = 20\text{rad/s}$ 顺时针转动。当 OA 处在水平位置时，求凸轮和从动件的惯性力。

9.3　在题图 9.3 所示的铰链四杆机构中，已知各构件的长度 $l_{AB} = 100\text{mm}$，$l_{BC} = l_{CD} = 200\text{mm}$，各构件的质量为 $m_1 = m_2 = m_3 = 10\text{kg}$。各构件的质心均在杆的中点。连杆对通过质心 S_2 的转动惯量 $J_{S2} = 0.05\text{kg} \cdot \text{m}^2$，曲柄以等角速度 $\omega_1 = 20\text{rad/s}$ 顺时针转动。当曲柄和摇杆的轴线在铅直位置而连杆的轴线在水平位置时，求各构件的总惯性力。

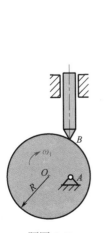

题图 9.2

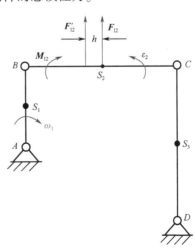

题图 9.3

9.4 在题图 9.4 所示的双滑块机构中，已知机构位置与构件尺寸如图所示，构件 2 的质心 S_2 在 AB 的中点。各构件的质量 $m_1 = m_3 = 2.5\text{kg}$，$m_2 = 5\text{kg}$，构件 2 对质心 S_2 的转动惯量为 $0.04\text{kg} \cdot \text{m}^2$。此机构的加速度图已在图中给出。试确定构件 1、2 和 3 的惯性力。

9.5 在题图 9.5 所示的正切机构中，已知 $h = 500\text{mm}$，$l = 100\text{mm}$，$\omega_1 = 10\text{rad/s}$（为常数），构件 3 的重量 $G_3 = 10\text{N}$，质心在其轴线上，生产阻力 $F_r = 100\text{N}$，其余构件的重力和惯性力均略去不计。试求当 $\varphi_1 = 60°$ 时，需加在构件 1 上的平衡力矩 M_b。

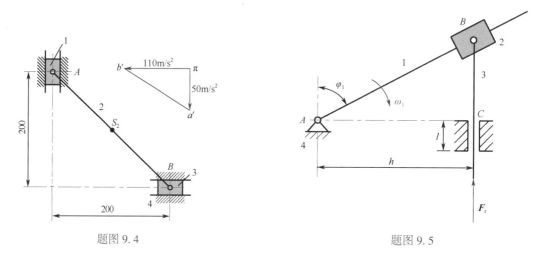

题图 9.4　　　　　　　　　　题图 9.5

9.6 在题图 9.6 所示的摆动导杆机构中，已知 $l_{AB} = 300\text{mm}$，$\varphi_1 = 90°$，$\varphi_3 = 30°$，加在摆动导杆上的力矩 $M_3 = 60\text{N} \cdot \text{m}$。试求图示位置各运动副中的反力和应加于曲柄 1 上的平衡力矩 M_b。

9.7 在题图 9.7 所示的凸轮机构中，已知各构件的尺寸、生产阻力 F_r 的大小及方向，以及凸轮和从动件上的总惯性力 F'_{I1} 及 F'_{I2}。试用图解法求各运动副中的反力和需加于凸轮轴上的平衡力矩 M_b（不考虑摩擦力）。

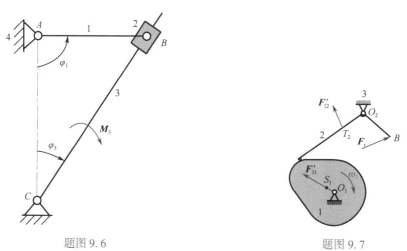

题图 9.6　　　　　　　　　　题图 9.7

9.8 题图 9.8 所示的铰链四杆机构，已知构件 2 的质量为 m_2，质心在 S_2 点，对质心 S_2 的转动惯量为 J_{S2}；构件 3 的质量为 m_3，质心在 S_3 点，对质心 S_3 的转动惯量为 J_{S3}；构件 3 上 E 点作用有载荷 F_r；主动件 1 的质量、转动惯量略去不计。当原动件 1 以等角速度 ω_1 逆时针转动时，求作用于原动件 1 上的平衡力矩 M_b。

9.9　在题图 9.9 所示的铰链四杆机构中，已知曲柄 AB 以等角速度 $\omega_1 = 15\text{rad/s}$ 顺时针转动。$l_{AB} = 150\text{mm}$，$l_{BC} = 400\text{mm}$，$l_{CD} = 300\text{mm}$，A、D 点的相对位置如图所示，连杆 BC 的质量 $m_2 = 10\text{kg}$（其余构件的质量不计），绕连杆质心 S_2（S_2 在 BC 的中点）的转动惯量 $J_{S2} = 0.013\text{kg·m}^2$。当曲柄位置与水平成 $60°$ 角时，求由于连杆的惯性力而作用在运动副 B、C 中的反力。

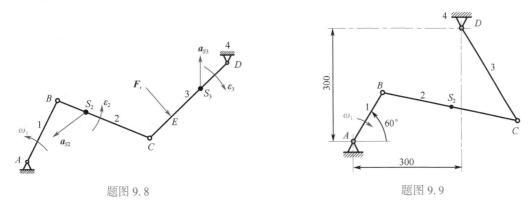

题图 9.8　　　　　　　　　　　　　题图 9.9

9.10　在题图 9.10 所示的周转轮系中，已知中心轮 1 按图示方向以 $n_1 = 1000\text{r/min}$ 等速回转，齿数 $z_1 = 20$，$z_3 = 100$，模数 $m = 5\text{mm}$，行星轮 2 的质量 $m_2 = 0.5\text{kg}$，转臂 H 对其回转轴线的转动惯量为 $J_{OH} = 0.5\text{kg·m}^2$。试求：（1）由于行星轮 2 的质量而在其轴承中所产生的动压力；（2）转臂 H 的惯性力矩 M_{IH}。

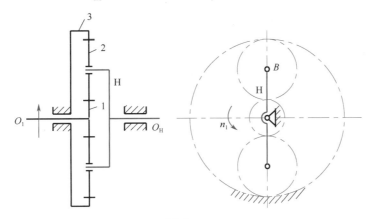

题图 9.10

9.11　在题图 9.11 所示的铰链四杆机构中，已知 $l_{AB} = 80\text{mm}$，$l_{BC} = l_{CD} = 320\text{mm}$。当 $\varphi_1 = 90°$ 时，BC 在水平位置，$\varphi_3 = 45°$，$P_3 = 1000\text{N}$ 作用在 CD 的中点 E，$\alpha_3 = 90°$，作用在构件 3 上的力矩 $M_3 = 20\text{N·m}$。试求各运动副中的反力及应加于构件 1 上的平衡力矩 M_b。

9.12　在题图 9.12 所示的铰链四杆机构中，已知其主动构件 1 在已知驱动力矩 M_1 的作用下沿 ω_1 方向转动，图中虚线小圆为摩擦圆。若不考虑各构件的重力和惯性力，试确定机构在图示位置时各运动副中的总反力及构件 3 所能承受的阻抗力矩（即平衡力矩）M_3。

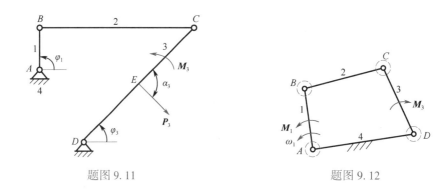

题图 9.11   题图 9.12

9.13 题图 9.13 所示为一曲柄滑块机构的三个不同位置，F 为作用在滑块上的驱动力（回行时力 F 的方向向右），M_r 为作用在曲柄上的阻力矩。转动副 A 及 B 上所画的虚线小圆为摩擦圆，试确定在此三个位置时，作用在连杆 AB 上的作用力的方向（构件重力及惯性力略去不计）。

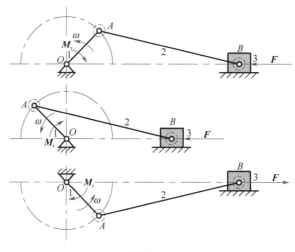

题图 9.13

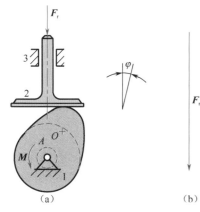

题图 9.14

9.14 平底直动从动件盘形凸轮机构如题图 9.14（a）所示，O 为凸轮与从动件接触点处的曲率中心，F_r 为工作阻力，M 为驱动力矩，φ 为移动副摩擦角，凸轮回转中心 A 处的虚线圆为摩擦圆，按比例尺 μ_F 绘制出的力 F_r 如题图 9.14（b）所示。（1）在题图 9.14（a）上标注各构件的作用力；（2）写出构件 1 和构件 2 的力平衡方程及驱动力矩 M 的表达式；（3）在题图 9.14（b）上作出构件 2 的力多边形。

9.15 在题图 9.15 所示的楔块机构中，已知 $\alpha = \beta = 60°$，各接触面摩擦系数均为 $f = 0.15$，如 $F_r = 1000$N 为有效阻力，试求所需的驱动力 F。

9.16 在题图 9.16 所示的摆动从动件凸轮机构中，已知作用于摆动从动件 3 上的外载荷 Q、各转动副的轴颈半径 r 和当量摩擦系数 f_v、C 点的滑动摩擦系数 f 及机构的各部分尺寸。主动件凸轮 2 的转向如图所示，试求图示位置时作用于凸轮

2 上的驱动力矩 M_b。

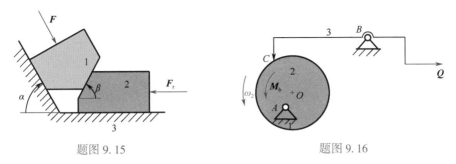

题图 9.15　　　　　　　　　　题图 9.16

9.17　题图 9.17 所示双滑块机构的尺寸、摩擦圆半径 ρ、摩擦角 φ 均为已知。画出图示位置各构件的总反力方向和作用线，并写出各构件的力平衡方程。

9.18　在题图 9.18 所示机构中，已知 $F_r = 1000\text{N}$，$l_{AB} = 100\text{mm}$，$l_{BC} = l_{CD} = 2l_{AB}$，$l_{CE} = l_{ED} = l_{DF}$，$\varphi_1 = 90°$，$\varphi_4 = 45°$，不计各处摩擦，试求各运动副反力和平衡力矩 M_b。

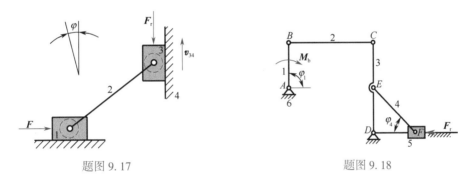

题图 9.17　　　　　　　　　　题图 9.18

9.19　在题图 9.19 所示机构中，已知两齿轮的模数 $m = 2\text{mm}$，$z_1 = 38$，$z_4 = 64$，$\alpha = 20°$。$l_{AB} = 25\text{mm}$，$l_{BC} = 127\text{mm}$，$l_{CD} = 76\text{mm}$，$l_{DE} = 50\text{mm}$，$\varphi_1 = 30°$。设 ω_1 为顺时针方向，作用在构件 3 上的总惯性力 $F'_{I3} = 450\text{N}$，$l_{CF} = 20\text{mm}$。其余构件上的惯性力及各构件的重力均忽略不计。求需加于构件 1 上的平衡力矩和各运动副中的反力。

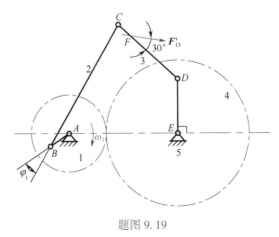

题图 9.19

第 10 章　机械的效率和自锁

内容提要：本章在介绍机械效率和机械自锁基本概念的基础上，探讨机械系统效率的计算和自锁条件的确定方法。

§10.1　机械的效率

10.1.1　作用在机械上的力

作用在机械上的力分为驱动力和阻抗力。

驱动力指驱使机械运动的力。驱动力与其作用点的速度方向相同或成锐角，驱动力所做的功称为输入功（input work）或驱动功。

阻抗力指阻止机械运动的力，包括生产阻力和有害阻力。阻抗力与其作用点的速度方向相反或成钝角，阻抗力所做的功称为阻抗功。生产阻力指机械在生产过程中为了改变工作物的外形、位置或状态等所受到的阻力，克服这些阻力就完成了有效的工作，克服生产阻力所做的功称为输出功（output work）或有效功。有害阻力（detrimental resistance）指机械在运转过程中所受到的非生产阻力，克服这类阻力所做的功纯粹是一种浪费，故称为损耗功（lost work）。

机械在运转过程中，运动副中的摩擦力通常为有害阻力，它不仅会造成机械动力浪费，降低机械效率，而且会使运动副元素受到磨损，削弱零件强度，降低机械运动精度和工作可靠性，缩短机械寿命。因此，研究机械中的摩擦及其对机械效率的影响具有重要意义。

10.1.2　机械效率的表达形式

机械在稳定运转时期，输入功等于输出功与损耗功之和，即

$$W_d = W_r + W_f \tag{10.1}$$

式中，W_d、W_r、W_f 分别表示输入功、输出功和损耗功。

1. 以功或功率的形式表示机械效率

机械的输出功与输入功之比称为机械效率（mechanical efficiency），通常以 η 表示，即

$$\eta = \frac{W_r}{W_d} = 1 - \frac{W_f}{W_d} \tag{10.2}$$

机械效率也可用功率（power）表示，即机械的输出功率（output power）与输入功率（input power）之比：

$$\eta = \frac{P_{\mathrm{r}}}{P_{\mathrm{d}}} = 1 - \frac{P_{\mathrm{f}}}{P_{\mathrm{d}}} \tag{10.3}$$

式中，P_{d}、P_{r}、P_{f} 分别为输入功率、输出功率和损耗功率。

因损耗功 W_{f} 或损耗功率 P_{f} 不可能为零，所以机械效率 η 总是小于 1。而且 W_{f} 或 P_{f} 越大，机械效率就越低。在设计机械时，为使其具有较高的机械效率，应尽量减少机械中的损失，主要是减少摩擦损耗。

2. 以力或力矩的形式表示机械效率

图 10.1 所示为一机械传动装置示意图，设 F 为实际的驱动力，F_{r} 为相应的实际生产阻力，$\boldsymbol{v}_F$ 和 $\boldsymbol{v}_{F_{\mathrm{r}}}$ 分别为 F 和 F_{r} 的作用点沿该力作用线方向的分速度，根据式（10.3）可得

$$\eta = \frac{P_{\mathrm{r}}}{P_{\mathrm{d}}} = \frac{F_{\mathrm{r}} v_{F_{\mathrm{r}}}}{F v_F} \tag{10.4}$$

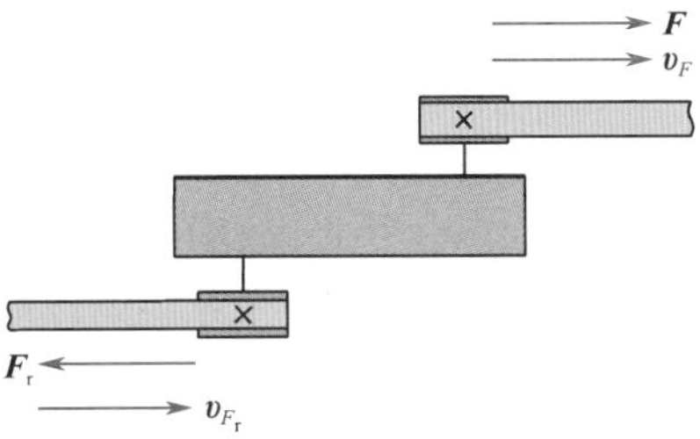

为进一步简化式（10.4），设想在该机械中不存在摩擦等有害阻力，这样的机械称为理想机械。这时，为了克服同样的生产阻力 F_{r}，其所需的驱动力 F_0 称为理想驱动力，显然 $F_0 < F$。因为对理想机械来说，其效率 η_0 应等于 1，故得

图 10.1　机械传动装置示意图

$$\eta_0 = \frac{F_{\mathrm{r}} v_{F_{\mathrm{r}}}}{F_0 v_F} = 1 \tag{10.5}$$

$$F_{\mathrm{r}} v_{F_{\mathrm{r}}} = F_0 v_F$$

将其代入式（10.4）可得

$$\eta = \frac{F_0 v_F}{F v_F} = \frac{F_0}{F} \tag{10.6}$$

式（10.6）说明，机械效率也等于不计摩擦等有害阻力时克服生产阻力所需的理想驱动力 F_0，与克服同样生产阻力（连同克服摩擦力等有害阻力）时该机械实际所需的驱动力 F（F 与 F_0 的作用线方向相同）之比。

同理，机械效率也可用力矩之比的形式来表达，即

$$\eta = \frac{M_{F_0}}{M_F} \tag{10.7}$$

式中，M_{F_0} 和 M_F 分别表示为了克服同样生产阻力所需的理想驱动力矩和实际驱动力矩。

机械效率也有下式成立：

$$\eta = \frac{M_{F_{\mathrm{r}}}}{M_{F_{\mathrm{r}0}}} \tag{10.8}$$

式中，$M_{F_{\mathrm{r}}}$ 和 $M_{F_{\mathrm{r}0}}$ 分别表示在同样驱动力的情况下，机械所能克服的实际生产阻力矩和理想生产阻力矩。

10.1.3　机械效率的计算

各种机械通常都是由一些常用机构组合而成的，若已知这些常用机构和运动副的机械效

率，就可通过计算确定整个机械的机械效率。同理，对于由许多机器组成的机组而言，只要知道了各台机器的机械效率，则该机组的总效率也可通过计算求得。具体的计算方法可按下述三种不同情况进行。

1. 串联系统的效率

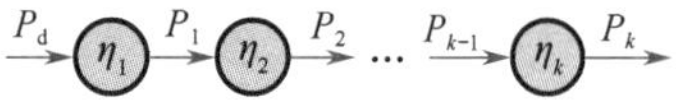

图 10.2 所示为由 k 台机器串联组成的机械系统。设系统的输入功率为 P_d，各机器的效率分别为 $\eta_1,\eta_2,\cdots,\eta_k$，$P_k$ 为系统的输出功率，则系统的总效率 η 为

图 10.2　串联系统的效率

$$\eta=\frac{P_k}{P_d}=\frac{P_1}{P_d}\cdot\frac{P_2}{P_1}\cdots\frac{P_k}{P_{k-1}}=\eta_1\cdot\eta_2\cdots\eta_k \tag{10.9}$$

式（10.9）表明，串联系统的效率等于组成该系统的各个机器效率的连乘积。由于 η_1，$\eta_2,\cdots,\eta_k$ 均小于 1，故串联的级数越多，系统的效率越低，而且只要串联系统中任一机器的效率很低，就会导致整个系统的效率极低。

2. 并联系统的效率

图 10.3 所示为由 k 台机器并联组成的机械系统。设各个机器的效率分别为 $\eta_1,\eta_2,\cdots,\eta_k$，输入功率分别为 $P_1,P_2,\cdots,P_k$，则各机器的输出功率分别为 $P_1\eta_1,P_2\eta_2,\cdots,P_k\eta_k$。这种并联机组的特点是机组的输入功率为各机器的输入功率之和，而其输出功率为各机器的输出功率之和，故并联系统的效率为

图 10.3　并联系统的效率

$$\eta=\frac{\sum P_i\eta_i}{\sum P_i}=\frac{P_1\eta_1+P_2\eta_2+\cdots+P_k\eta_k}{P_1+P_2+\cdots+P_k} \tag{10.10}$$

式（10.10）表明，并联系统的效率不仅与各机器的效率有关，也与各机器所传递的功率大小有关。设在各机器中效率最高者及最低者的效率分别为 η_{max} 及 η_{min}，则 $\eta_{min}<\eta<\eta_{max}$。并且系统的效率主要取决于传递功率最大的机器。由此可得，要提高并联系统的效率，应着重提高传递功率大的传动路线的效率。

3. 混联系统的效率

图 10.4 所示为兼有串联和并联的混联系统。为计算其效率，需先分别计算出总的输入功率 $\sum P_d$ 和总的输出功率 $\sum P_r$，然后按下式计算其总机械效率：

$$\eta=\frac{\sum P_r}{\sum P_d} \tag{10.11}$$

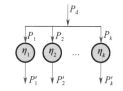

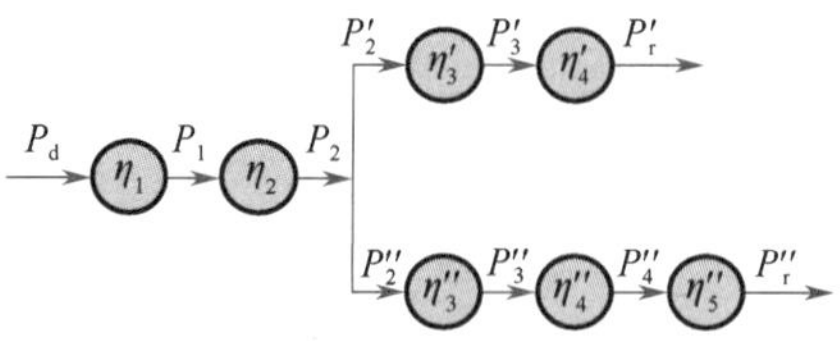

图 10.4　混联系统的效率

机械效率的确定，除了可以用上述计算方法计算之外，对于已有的机械，也可用实验的方法直接测得。表 10.1 为通过实验所测得的简单传动机构和运动副的效率。

表 10.1　简单传动机构和运动副的效率

名　称	传动形式	效率值	备　注
圆柱齿轮传动	6~7 级精度齿轮传动	0.98~0.99	良好跑合、稀油润滑
	8 级精度齿轮传动	0.97	稀油润滑
	9 级精度齿轮传动	0.96	稀油润滑
	切制齿、开式齿轮传动	0.94~0.96	干油润滑
	铸造齿、开式齿轮传动	0.90~0.93	
圆锥齿轮传动	6~7 级精度齿轮传动	0.97~0.98	良好跑合、稀油润滑
	8 级精度齿轮传动	0.94~0.97	稀油润滑
	切制齿、开式齿轮传动	0.92~0.95	干油润滑
	铸造齿、开式齿轮传动	0.88~0.92	
蜗杆传动	自锁蜗杆	0.40~0.45	
	单头蜗杆	0.70~0.75	
	双头蜗杆	0.75~0.82	润滑良好
	三头和四头蜗杆	0.80~0.92	
	圆弧面蜗杆	0.85~0.95	
带传动	平带传动	0.90~0.98	
	V 带传动	0.94~0.96	
	同步带传动	0.98~0.99	
链传动	套筒滚子链	0.96	润滑良好
	无声链	0.97	
摩擦轮传动	平摩擦轮传动	0.85~0.92	
	槽摩擦轮传动	0.88~0.90	
滑动轴承		0.94	润滑不良
		0.97	润滑正常
		0.99	液体润滑
滚动轴承	球轴承	0.99	稀油润滑
	滚子轴承	0.98	稀油润滑
螺旋传动	滑动螺旋	0.30~0.80	
	滚动螺旋	0.85~0.95	

例 10.1　图 10.5 所示为由 A、B、C、D 四台机器组成的机械系统，设各单机效率分别为 η_A、η_B、η_C、η_D，机器 C、D 的输出功率分别为 P_C、P_D。试求该机械系统应输入的总功率 P 和总的机械效率。

解：该系统属于混联系统，设 B 的输出功率为 P_B。

在串联部分　　　　$P_B = P \cdot \eta_A \cdot \eta_B$

在并联部分　　　　$P_B = \dfrac{P_C}{\eta_C} + \dfrac{P_D}{\eta_D}$

由以上两式可得机械系统应输入的总功率 P 为

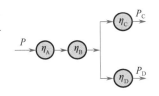

图 10.5　例 10.1 图

$$P = \frac{\dfrac{P_C}{\eta_C} + \dfrac{P_D}{\eta_D}}{\eta_A \cdot \eta_B}$$

系统总的机械效率为

$$\eta = \frac{P_C + P_D}{P} = \frac{P_C + P_D}{\dfrac{\dfrac{P_C}{\eta_C} + \dfrac{P_D}{\eta_D}}{\eta_A \cdot \eta_B}} = \frac{(P_C + P_D) \cdot (\eta_A \cdot \eta_B) \cdot \eta_C \eta_D}{P_C \eta_D + P_D \eta_C}$$

§10.2　机械的自锁

作为机械，只要加上足够大的驱动力，按理就应该能够沿着有效驱动力作用的方向运动。而实际上，由于摩擦的存在，却会出现无论这个驱动力如何增大，也无法使它运动的现象，这种现象称为机械的自锁（self-locking）。

机械的自锁在工程中具有十分重要的意义。一方面，为使机械能够实现预期的运动，必须避免该机械在所需的运动方向发生自锁；另一方面，有些机械的工作需要具有自锁性。例如，图10.6所示的手摇螺旋千斤顶，当转动把手5将支撑物4举起，撤销圆周驱动力 F 后，应保证不论支撑物4的重力 G 多大，都不能驱动螺杆2反转，致使支撑物4自行降落下来，也就是要求该螺旋千斤顶在支撑物4的重力作用下，必须具有自锁性。这种利用自锁性的例子，在工程中有很多。下面就来讨论发生自锁的条件。

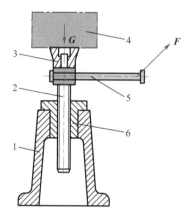

1—千斤顶支座；2—螺杆；3—托盘；4—支撑物；5—把手；6—螺母
图10.6　手摇螺旋千斤顶

10.2.1　运动副的自锁

1. 移动副的自锁

如图10.7所示，滑块1与平台2组成移动副。驱动力 F 作用于滑块1上，β 为力 F 与滑块1和平台2接触面的法线 n-n 之间的夹角，而 φ 为摩擦角。现如将力 F 分解为水平分力 F_t

和垂直分力 F_n，则显然水平分力 F_t 是推动滑块 1 运动的有效分力，其值为

$$F_t = F \sin \beta = F_n \tan \beta$$

而垂直分力 F_n 不仅不会使滑块 1 产生运动，而且还将使滑块和平台接触面间产生摩擦力以阻止滑块 1 的运动，其所能引起的最大摩擦力为

$$F_{fmax} = F_n \tan \varphi$$

当 $\beta \leqslant \varphi$ 时，有

$$F_t \leqslant F_{fmax} \tag{10.12}$$

式（10.12）说明，在 $\beta \leqslant \varphi$ 的情况下，不管驱动力 F 如何增大（方向维持不变），驱动力的有效分力 F_t 总是小于驱动力 F 本身所引起的最大摩擦力，滑块 1 不会发生运动，即出现了自锁现象。

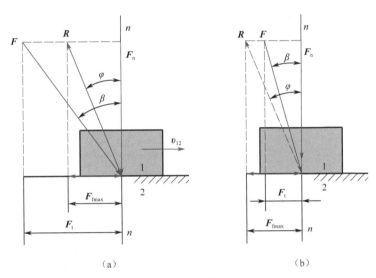

图 10.7　自锁现象

2. 转动副的自锁

如图 10.8 所示，轴颈和轴承组成转动副。设作用在轴颈上的外载荷为 F，则当力 F 的作用线在摩擦圆之内时（即 $a < \rho$），因它对轴颈中心的力矩 $M = Fa$，始终小于它本身所引起的最大摩擦力矩 $M_f = F\rho$，所以力 F 任意增大（力臂 a 保持不变）也不能驱使轴颈转动，即出现了自锁现象。

由此可知，是否会发生自锁与其所受驱动力的作用点和作用方向有关。例如，在上述移动副中，如果作用于滑块 1 上的驱动力 F 作用在摩擦角之外，则不会发生自锁；同理，在上述转动副中，如果作用在轴颈上的驱动力 F 作用于摩擦圆之外，也不会发生自锁。

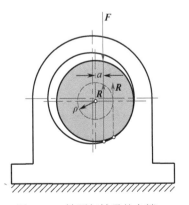

图 10.8　轴颈与轴承的自锁

10.2.2　机械自锁的条件

前面讨论了单个移动副和转动副发生自锁的情况和条件。对于一个机械来说，既可通过分

析其所含运动副的自锁情况来判断其是否自锁，也可利用下述方法来判断其是否自锁。

（1）由前述可知，当出现自锁时，无论驱动力的大小如何增大，都不能使机械发生运动。这实质上是由于驱动力所做的功总是小于或等于克服由其可能引起的最大摩擦阻力所需要的功。因此，根据式（10.2），当机械自锁时，其机械效率将恒小于或等于零，即

$$\eta \leqslant 0 \qquad (10.13)$$

设计机械时，可以利用式（10.13）来判断其是否自锁。当然，因机械自锁时已根本不能做功，故此时 η 已没有一般效率的意义，它只表明机械自锁的程度。当 $\eta=0$ 时，机械处于临界自锁状态；若 $\eta<0$，则其绝对值越大，表明自锁越可靠。

（2）由于机械自锁时，机械已不能运动，所以这时它所能克服的生产阻力 F_r 将小于或等于零，即

$$F_r \leqslant 0 \qquad (10.14)$$

这说明也可以利用当驱动力任意增大时，$F_r \leqslant 0$ 是否成立来判断机械是否处于自锁状态，并据此确定机械的自锁条件。

例 10.2　为确保图 10.6 所示手摇螺旋千斤顶能够正常工作，该千斤顶在支撑物 4 的重力 G 作用下，应具有自锁性。其自锁条件可按 $F_r \leqslant 0$ 的方法求得。

解：螺旋千斤顶在支撑物 4 的重力 G 作用下，其运动的阻力矩 M_r 为

$$M_r = \frac{d_2}{2} G \tan(\alpha - \varphi_v)$$

令 $M_r \leqslant 0$（驱动力 G 为任意值）得

$$\tan(\alpha - \varphi_v) \leqslant 0, \text{ 即 } \alpha \leqslant \varphi_v$$

此即为该螺旋千斤顶在支撑物 4 的重力作用下，不致自行反转的自锁条件。

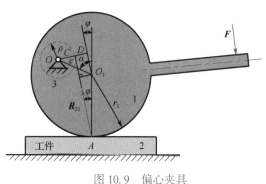

图 10.9　偏心夹具

例 10.3　在图 10.9 所示的偏心夹具中，构件 1 与机架以转动副 O 连接，在构件 1 上施加力 F 将工件 2 夹在机架与构件 1 之间。当撤去力 F 之后，工件仍然可以牢固地被构件 1 和机架夹紧，即要求该夹具具有自锁性。

解：设转动副 O 的摩擦圆半径为 ρ，工件 2 与构件 1 之间的摩擦角为 φ，偏心圆盘的半径为 r_1。当撤去 F 之后，构件 1 在工件 2 对其作用力的作用下，将沿逆时针方向转动并有放松工件的趋势，此时工件 2 作用于构件 1 的总反力 R_{21} 方

向向上偏左。如果 R_{21} 与转动副 O 的摩擦圆相割或相切，则转动副 O 是自锁的。令偏心距 $\overline{OO_1} = e$，$\overline{OO_1}$ 与垂直方向线之间的夹角为 α，则该夹具的自锁条件为

$$\overline{OD} - \overline{CD} \leqslant \rho$$

$$e \sin(\alpha - \varphi) - r_1 \sin \varphi \leqslant \rho$$

从上式可知，在确定了摩擦圆半径 ρ、工件 2 与构件 1 之间的摩擦角 φ 和偏心圆盘的半径 r_1 的条件下，偏心距 e 越大，角度 α 就应该越小。

由以上分析可知，判定机械是否会自锁和在什么条件下发生自锁，可根据具体运用情况分析驱动力是否作用于摩擦角（或摩擦圆）之内，机械效率是否小于或等于零（即 $\eta \leqslant 0$），驱动力所能克服的生产阻力是否小于等于零（即 $F_r \leqslant 0$），或者根据作用在构件上的驱动力是否

始终小于等于由其所能引起的同方向上的最大摩擦力等方法来确定。

§10.3　提高机械效率的途径

机械运转过程中影响其效率的主要因素是机械中的摩擦，因此要提高机械的效率就必须采取措施减小其摩擦，一般需从设计、制造和使用维护三方面加以考虑。在设计方面通常可以采取如下措施。

（1）尽量简化机械传动系统，采用最简单的机构来满足工作要求，使功率传递通过的运动副数量越少越好。

（2）选择合适的运动副形式。如转动副易保证运动副元素的配合精度，效率高；移动副不易保证配合精度，效率较低且容易发生自锁或楔紧。

（3）在满足强度、刚度等要求的情况下，不要盲目增大构件的尺寸。如轴颈尺寸增加会使该轴颈的摩擦力矩增加，机械易发生自锁。

（4）设法减小运动副中的摩擦。如在传递动力的场合尽量选用矩形螺纹或牙侧角小的三角形螺纹；用平面摩擦代替槽面摩擦，用滚动摩擦代替滑动摩擦；选用适当的润滑剂及润滑装置进行润滑，合理选用运动副元素的材料等。

（5）减少机械中因惯性力所引起的动载荷，可提高机械效率。特别是在机械设计阶段就应考虑其平衡问题。

习　题

10.1　在题图 10.1 所示的双滑块机构中，滑块 1 在驱动力 F 作用下等速运动。设已知各转动副中轴颈半径 $r = 10\text{mm}$，当量摩擦系数 $f_v = 0.1$，移动副中的滑动摩擦系数 $f = 0.176327$，$l_{AB} = 200\text{mm}$。各构件的质量忽略不计。当 $F = 500\text{N}$ 时，试求所能克服的生产阻力 F_r 及该机构在此瞬时位置的效率。

提示：本题可分别以滑块 1、3 为分离体进行受力分析，判定运动副总反力的作用线方向，列出构件的力平衡方程式，求出待求生产阻力 F_r；再求出在不考虑摩擦的情况下所能克服的生产阻力 F_{r0}；利用力形式的效率公式求瞬时机械效率 η。

10.2　如题图 10.2 所示，重量为 G 的物体 1 放在倾斜角为 α 的斜面上，物体 1 与斜面 2 的摩擦角为 φ。试求：（1）物体 1 平衡时，水平力 F 的大小；（2）物体 1 上升和下滑时的效率。

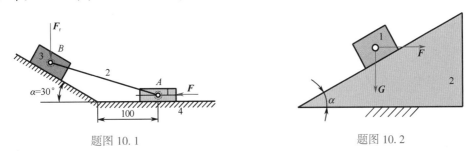

题图 10.1　　　　　　　　　　　　　　题图 10.2

10.3 如题图 10.3 所示，电动机通过 V 带传动及圆锥、圆柱齿轮传动带动工作机 A 及 B。设每对齿轮的效率 $\eta_1 = 0.97$（包括轴承的效率），带传动的效率 $\eta_2 = 0.92$（包括轴承的效率），工作机 A、B 的功率分别为 $P_A = 5kW$，$P_B = 1kW$，效率分别为 $\eta_A = 0.8$，$\eta_B = 0.5$。试求电动机所需的功率。

10.4 在题图 10.4 所示的具有矩形螺纹的起重螺旋机构中，已知螺纹外径 $d = 24mm$，内径 $d_1 = 20mm$，托环的环形摩擦面的外径 $D = 50mm$，内径 $d_0 = 42mm$，手柄长 $l = 300mm$，所有摩擦面的摩擦系数均为 $f = 0.1$。试求：（1）该机构的效率；（2）若 $F = 100N$，所能举起的重量 G 为多少？

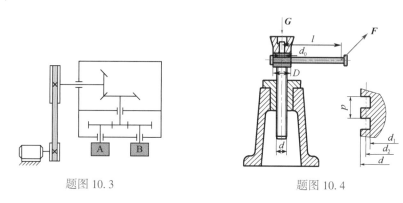

题图 10.3   题图 10.4

10.5 在题图 10.5 所示的电动卷扬机中，已知每对齿轮的效率 η_{12} 和 $\eta_{2'3}$，以及鼓轮 4 的效率 η_4 均为 0.95，滑轮 5 的效率 η_5 为 0.96。载荷 $G = 50kN$，以匀速 $v = 12m/min$ 上升，试求所需电动机的功率。

10.6 题图 10.6 所示为一手动压力机，已知机构的尺寸和作用在构件 1 上的驱动力 F，各转动副处的摩擦圆（如图中虚线圆）、摩擦角 φ 的大小。要求在图示位置：（1）画出各构件的真实受力；（2）求该机构的效率。

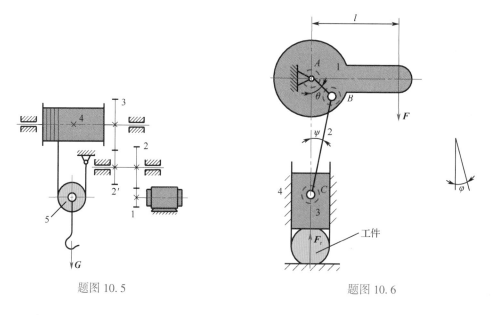

题图 10.5   题图 10.6

10.7 如题图 10.7 所示，已知各构件的尺寸及机构的位置，各转动副处的摩擦圆如图中虚线圆所示，移动副及凸轮高副处的摩擦角为 φ，凸轮顺时针转动，作用在构件 4 上的生产阻

力为 F_r。试求：（1）图示位置各运动副的反力（各构件的重力和惯性力均忽略不计）；
（2）需施加于凸轮 1 上的驱动力矩 M_1；（3）机构的机械效率 η。

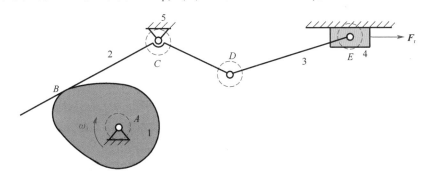

题图 10.7

10.8　某滑块受力如题图 10.8 所示，已知滑块与地面间摩擦系数为 f，试求 F 与 Q 分别
为驱动力时机构的运动效率。

10.9　在题图 10.9 所示的平面滑块机构中，已知驱动力 F 和生产阻力 F_r 的作用方向及作
用点 A 和 B（设计时滑块不会发生倾侧）、滑块 1 的运动方向。运动副中的摩擦系数 f 和力 F_r
的大小均已确定。试求此机构组成的机器的效率。

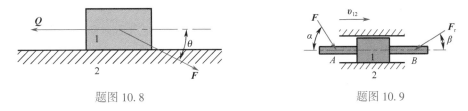

题图 10.8　　　　　　　　　　　　　　题图 10.9

10.10　在题图 10.10 所示的机构运动简图中，转动副 C 处的摩擦圆及 A、B 运动副两处
的摩擦角 φ 如图所示，作用在原动件 1 上的驱动力 $F = 900\mathrm{N}$。（1）试用图解法求该机构所能克
服阻力 F_r 的大小；（2）求机构在该位置时的瞬时效率。

10.11　在题图 10.11 所示的钻床摇臂中，滑套和立柱之间的摩擦系数 $f = 0.125$，摇臂自
重为 G。试求：（1）当 $l = 100\mathrm{mm}$ 时，问在不发生自锁的情况下（即滑套能向下滑动），重心
C 至立柱轴线间的最大偏距 h 为多少？（2）当 $h = 100\mathrm{mm}$ 时，欲使滑套不能下滑的最大长度 l
应为多少？

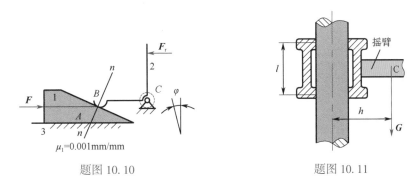

题图 10.10　　　　　　　　　　　　题图 10.11

10.12　在题图 10.12 所示焊接用的楔形夹具中，将两块要焊接的工件 1 及 1′ 预先夹妥，
以便焊接。图中 2 为夹具体，3 为楔块。如已知各接触面间的摩擦系数均为 f，试确定夹具夹

紧后，楔块 3 不会自动松脱的条件。

提示：此题为判断机构的自锁条件，可选用多种方法进行求解，但关键是要搞清楚反行程时 R_{23} 为驱动力。

10.13 题图 10.13 所示为三滑块的斜面机构，已知驱动力为 F，生产阻力为 F_r。求该机构的效率及自锁条件（摩擦角均为 φ）。

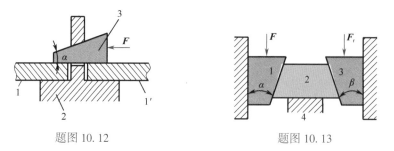

题图 10.12   题图 10.13

10.14 题图 10.14 所示为一杠杆式压紧机构，已知压紧楔块的倾角为 α，$l_{AB} = l_{BC} = l$，摩擦角为 φ，转动副 B 处的摩擦不计。若被压紧工件受到忽左忽右的水平干扰力 Q，问压紧杠杆在图示位置（倾角为 λ，$\lambda > \varphi$）时，压紧工件所需的驱动力 F 及驱动力撤除后楔块不会自行松脱（反行程自锁）的条件。

10.15 题图 10.15 所示斜率 $\tan\beta = 0.05$ 的尖劈，用力 $Q = 6\text{kN}$ 压入孔槽中，如果摩擦系数 $f = 0.1$，试求：（1）尖劈对侧面的正压力 F_N；（2）尖劈压入后，防止尖劈自动松脱的条件；（3）拉出尖劈所需的力 F。

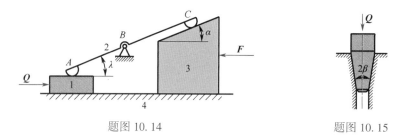

题图 10.14   题图 10.15

第 11 章 机械的运转及其速度波动的调节

内容提要：本章首先介绍机械的运转过程，然后介绍单自由度机械系统的等效动力学模型的建立思路和求解方法，最后介绍机械运转过程中速度波动产生的原因及其调节方法，重点介绍飞轮调节周期性速度波动的基本原理和飞轮的设计方法。

§11.1 作用在机械上的力及机械的运转过程

前面在研究机构的运动分析及力分析时，都假定其原动件的运动规律是已知的，并假设原动件做等速运动。然而实际上机构原动件的运动规律是由机构中各运动构件的质量、转动惯量和作用于其上的驱动力与阻抗力等因素决定的，一般情况下，原动件的速度和加速度是随时间变化的。因此，为了对机构进行精确的运动分析和力分析，比如说为了确定各构件在运动过程中所产生的实际惯性力的大小，就需要首先确定机构原动件的真实运动规律。这对于机械设计，特别是高速、重载、高精度和高自动化程度的机械，是十分重要的。所以本章研究的主要问题之一，就是在外力作用下机械的真实运动规律。

此外，由于机械原动件一般并非做等速运动，即机械在运动过程中将会出现速度波动，而这种速度波动会导致在运动副中产生附加的动压力，并引起机械的振动，从而降低机械的寿命、效率和工作质量，这就需要对机械运转速度的波动及其调节的方法进行研究，以便设法将机械运转速度的波动限制在许可范围之内。所以研究机械运转速度的波动及其调节方法，是本章的另一个主要内容。

11.1.1 作用在机械上的力

在研究上述问题时，必须知道作用在机械上的力及其变化规律。当机械构件的重力及运动副中的摩擦力等可以忽略不计时，则作用在机械上的力将只有原动机发出的驱动力和执行构件完成有用功所承受的生产阻力。

1. 作用在机械上的驱动力

驱动力是指驱使机械运动的力。驱动力是由原动机发出的，驱动力与运动参数之间的函数关系称为原动机的机械特性（mechanical behavior）。通常原动机不同，机械特性不同。工程中常用的原动机有内燃机、电动机、蒸汽机、汽轮机、水轮机、风力机等。

图 11.1 所示为常用原动机的机械特性曲线。图 11.1（a）所示驱动力为常量，如利用重锤的重力做驱动力时，其值为常数；图 11.1（b）所示驱动力为位移的函数，如利用弹簧力做驱动力时，其值为位移的函数；图 11.1（c）～（e）分别为内燃机、直流串激电动机和交流异步电动机的机械特性曲线。

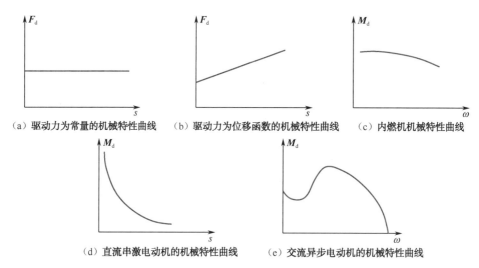

图 11.1 常用原动机的机械特性曲线

用解析法研究机械在外力作用下的运动时，通常需将原动机的机械特性曲线相关部分近似地用解析式来表示。如图 11.2 所示三相交流异步电动机的机械特性曲线 BC 部分，可近似地用通过 N 点和 C 点的直线代替。N 点的力矩 M_n 为电动机的额定力矩，它所对应的角速度 ω_n 为电动机的额定角速度。C 点对应的角速度 ω_0 为同步角速度，这时电动机的力矩为零。直线 CN 上任一点处的驱动力矩 M_d 与其角速度 ω 的关系为

$$M_d = \frac{\omega_0 - \omega}{\tan \alpha}$$

$$\tan \alpha = \frac{\omega_0 - \omega_n}{M_n}$$

整理后有

$$M_d = \frac{M_n \omega_0}{\omega_0 - \omega_n} - \frac{M_n \omega}{\omega_0 - \omega_n} = a + b\omega \tag{11.1}$$

式中，$a = \dfrac{M_n \omega_0}{\omega_0 - \omega_n}$；$b = -\dfrac{M_n}{\omega_0 - \omega_n}$；$M_n$、$\omega_n$、$\omega_0$ 可从电动机铭牌上查出。

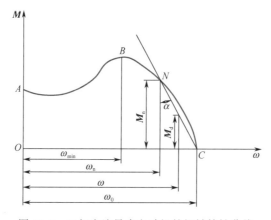

图 11.2 三相交流异步电动机的机械特性曲线

2. 作用在机械上的生产阻力

生产阻力是指机械在生产过程中为了改变工作物的外形、位置或状态等所受到的阻力。至于机械所承受生产阻力的变化规律，通常取决于机械工艺过程的特点。生产阻力可能是常数（如车床）、执行构件位置的函数（如曲柄压力机）、执行构件速度的函数（如鼓风机、搅拌机等）和时间的函数（如球磨机、揉面机等）。

11.1.2　机械的运转过程

机械的运转过程（operating of machinery）通常可分为三个阶段，如图 11.3 所示。

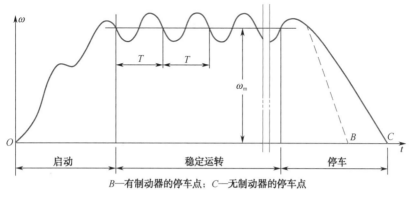

B—有制动器的停车点；C—无制动器的停车点

图 11.3　机械的运转过程

1. 机械的启动阶段

机械的启动阶段（starting phase）指机械主轴由零转速逐渐上升到正常工作转速的过程。该阶段中，机械驱动力所做的功 W_d 大于阻抗力所做的功 W_r，两者之差为机械启动阶段的动能增量 ΔE。

$$\Delta E = W_d - W_r$$

动能增量越大，启动时间越短。为减少机械启动的时间，一般在空载下启动，即 $W_r = 0$。则

$$W_d = \Delta E$$

这时机械驱动力所做的功除克服机械摩擦功之外，全部转换为加速启动的动能，缩短了启动的时间。

2. 机械的稳定运转阶段

经过启动阶段，机械进入稳定运转阶段（steady working period），也就是机械的正常工作阶段。该阶段机械的主轴转速稳定，且主轴的转速通常可分为以下两种情况。

（1）机械主轴转速在其平均值上下做周期性的变动，称为变速稳定运动，如图 11.4 所示。当机械主轴的位置、速度和加速度从某一原始值变回该原始值时，此变化过程称为机械的运动循环（cycle of motion），其所需的时间称为运动周期 T。

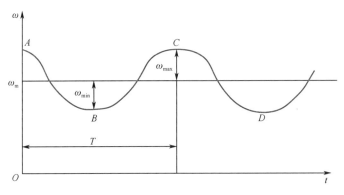

图 11.4　变速稳定运动

（2）机械主轴转速为常数，称为等速稳定运动，如电动机驱动的水泵。在等速稳定运动时，对于任一时间间隔，其驱动功 W_d 都等于阻抗功 W_t。

在周期性变速稳定运转过程中，某一时刻驱动力所做的功不等于阻抗力所做的功。如图 11.4 中的 AB 工作段，角速度呈下降趋势，说明驱动力所做的功小于阻抗力所做的功，即 $W_d <W_r$。在 BC 工作段，角速度上升，说明 $W_d > W_r$。由于在一个运转周期的始末两点的角速度相等，即 $\omega_A = \omega_C$，说明在一个运转周期的始末两点的机械动能（kinetic energy）相等，或者说在一个运转周期内驱动力所做的功 W_{dp} 等于阻抗力所做的功 W_{rp}，即

$$W_{dp} = W_{rp}$$

尽管周期性变速稳定运转过程中的平均角速度 ω_m 为常量，但过大的速度波动会影响机械的工作性能。因此，必须调节机械速度波动程度，将之限制在允许范围内，以减小其不良影响。

3. 机械的停机阶段

机械的停机阶段（stopping phase）是指机械由稳定运转的工作转速下降到零转速的过程。要停止机械运转必须首先撤销机械的驱动力，即 $W_d = 0$。这时阻抗力所做的功用于克服机械在稳定运转过程中积累的动能 ΔE，即

$$W_r = \Delta E$$

由于停机阶段也要撤去阻抗力，仅靠摩擦力所做的功去克服惯性动能会延长停机时间。为缩短停机时间，一般要在机械中安装制动器，加速消耗机械的动能，减少停机时间。

§11.2　机械系统的等效动力学模型

11.2.1　研究机械系统运转过程的方法

机械的运转与作用在机械上的力及各力做功情况有密切关系。例如，研究图 11.5 所示的曲柄压力机（crank press）的运转情况时，若分别以滑块、连杆和曲柄为力的分离体，可建立 2 个、3 个和 3 个力平衡方程（equation of force equilibrium），共 8 个平衡方程。而未知数有 7 个约束反力 F_{ij}（A、B、C 铰链处的约束反力和机架给滑块的约束反力）和作用在曲柄上的

平衡力矩 M_1，共 8 个未知数。当求解出作用在曲柄上的平衡力矩 M_1 以后，再根据机械功率 $P=M_1\omega_1$，可求解曲柄的角速度 ω_1。每求解一个位置的角速度都要求解 8 个方程，十分烦琐。因此，需要解决研究机械运转的有效方法。

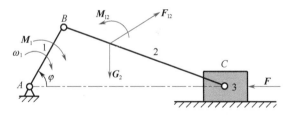

图 11.5 曲柄压力机的受力分析

对于单自由度的机械系统（mechanical system），给定一个构件的运动后，其余各构件的运动也随之确定。所以可以把研究整个机械系统的运动问题转化为研究一个构件的运动问题。也就是说，可以用机械中的一个构件的运动代替整个机械系统的运动。我们把这个能代替整个机械系统运动的构件称为等效构件（equivalent link）。为使等效构件的运动和机械系统中该构件的真实运动一致，等效构件具有的动能应和整个机械系统的动能相等，也就是说，作用在等效构件上的外力所做的功应和整个机械系统中各外力所做的功相等。另外，等效构件上的外力在单位时间内所做的功也应等于整个机械系统中各外力在单位时间内所做的功，即等效构件上的瞬时功率（instantaneous power）等于整个机械系统中的瞬时功率。这样就把研究复杂的机械系统的运动问题简化为研究一个简单的等效构件的运动问题。

为使问题简化，常取机械系统中做简单运动的构件为等效构件，即取做定轴转动的构件或做往复移动的构件为等效构件。当选择定轴转动的构件为等效构件时，常用到等效转动惯量（equivalent moment of inertia）J_e 和等效力矩（equivalent moment）M_e。当选择往复移动的构件为等效构件时，常用到等效质量（equivalent mass）m_e 和等效力（equivalent force）F_e。图 11.6 所示为等效构件示意图。

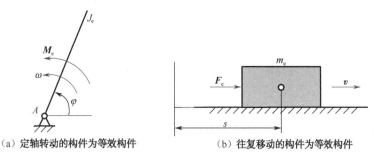

（a）定轴转动的构件为等效构件   （b）往复移动的构件为等效构件

图 11.6 等效构件示意图

对于多自由度的机械系统，不能用建立与机构自由度相等的等效构件的方法来求解机械的运动。可选择与机构自由度数目相等的广义坐标来代替等效构件，再应用拉格朗日方程建立系统的微分方程。多自由度机械系统运动规律求解研究已超出本书范围，在此不做介绍。

11.2.2 等效转动惯量、等效质量、等效力矩、等效力的求解

为建立等效构件的动力学方程，必须首先求解等效构件绕其转动中心的转动惯量或等效构件的质量、作用在等效构件上的外力矩或外力。

1. 等效转动惯量和等效质量

等效构件的转动惯量或等效构件的质量与其动能有关，因此可根据等效构件的动能与机械系统的动能相等的条件来求解。

如等效构件以角速度 ω 做定轴转动，其动能为

$$E = \frac{1}{2} J_e \omega^2$$

组成机械系统的各构件的运动形式主要有三类：定轴转动、往复直线移动和平面运动，各类不同运动形式的构件动能 E_i 分别如下。

（1）做定轴转动的构件的动能：$E_i = \frac{1}{2} J_{si} \omega_i^2$。

（2）做直线移动的构件的动能：$E_i = \frac{1}{2} m_i v_{si}^2$。

（3）做平面运动的构件的动能：$E_i = \frac{1}{2} J_{si} \omega_i^2 + \frac{1}{2} m_i v_{si}^2$。

整个机械系统的动能为

$$E = \sum_{i=1}^{n} \frac{1}{2} J_{si} \omega_i^2 + \sum_{i=1}^{n} \frac{1}{2} m_i v_{si}^2$$

式中，J_{si} 为第 i 个构件对其质心轴的转动惯量；ω_i 为第 i 个构件的角速度；m_i 为第 i 个构件的质量；v_{si} 为第 i 个构件质心处的速度。

由于等效构件的动能与机械系统的动能相等，则有

$$\frac{1}{2} J_e \omega^2 = \sum_{i=1}^{n} \frac{1}{2} J_{si} \omega_i^2 + \sum_{i=1}^{n} \frac{1}{2} m_i v_{si}^2$$

方程两边同除以 $\frac{1}{2} \omega^2$，可求得等效转动惯量为

$$J_e = \sum_{i=1}^{n} J_{si} \left(\frac{\omega_i}{\omega} \right)^2 + \sum_{i=1}^{n} m_i \left(\frac{v_{si}}{\omega} \right)^2 \tag{11.2}$$

如等效构件为移动件，其动能为

$$E = \frac{1}{2} m_e v^2$$

由于等效构件的动能与机械系统的动能相等，则有

$$\frac{1}{2} m_e v^2 = \sum_{i=1}^{n} \frac{1}{2} J_{si} \omega_i^2 + \sum_{i=1}^{n} \frac{1}{2} m_i v_{si}^2$$

等效质量为

$$m_e = \sum_{i=1}^{n} J_{si} \left(\frac{\omega_i}{v} \right)^2 + \sum_{i=1}^{n} m_i \left(\frac{v_{si}}{v} \right)^2 \tag{11.3}$$

2. 等效力矩和等效力

等效构件上的外力矩或外力与其瞬时功率有关，因此可根据等效构件的瞬时功率与机械系统的瞬时功率相等来求解。

如等效构件做定轴转动，其瞬时功率为

$$P = M_e \omega$$

机械系统中各类不同运动形式的构件的瞬时功率分别如下。

（1）做定轴转动的构件的瞬时功率：$P_i = M_i \omega_i$。

（2）做直线移动的构件的瞬时功率：$P_i = F_i v_{si} \cos \alpha_i$。

（3）做平面运动的构件的瞬时功率：$P_i = M_i \omega_i + F_i v_{si} \cos \alpha_i$。

整个机械系统的瞬时功率为

$$P = \sum_{i=1}^{n} M_i \omega_i + \sum_{i=1}^{n} F_i v_{si} \cos \alpha_i$$

由于等效构件的瞬时功率与机械系统的瞬时功率相等，即

$$M_e \omega = \sum_{i=1}^{n} M_i \omega_i + \sum_{i=1}^{n} F_i v_{si} \cos \alpha_i$$

方程两边同除以 ω，得等效力矩为

$$M_e = \sum_{i=1}^{n} M_i \left(\frac{\omega_i}{\omega} \right) + \sum_{i=1}^{n} F_i \left(\frac{v_{si}}{\omega} \right) \cos \alpha_i \tag{11.4}$$

式中，M_i 为第 i 个构件上的力矩；F_i 为第 i 个构件上的力；α_i 为第 i 个构件质心处的速度 v_{si} 与作用力 F_i 之间的夹角。

如等效构件做往复移动，其瞬时功率为

$$P = F_e v$$

由于等效构件的瞬时功率与机械系统的瞬时功率相等，即

$$F_e v = \sum_{i=1}^{n} M_i \omega_i + \sum_{i=1}^{n} F_i v_{si} \cos \alpha_i$$

可求得等效力为

$$F_e = \sum_{i=1}^{n} M_i \left(\frac{\omega_i}{v} \right) + \sum_{i=1}^{n} F_i \left(\frac{v_{si}}{v} \right) \cos \alpha_i \tag{11.5}$$

由上述等效转动惯量、等效质量、等效力矩、等效力的计算表达式可知，它们的大小均与构件的速度比值有关，而构件的速度又与机构位置有关，故它们均为机构位置的函数。

这里的等效力矩或等效力是指作用在等效构件上的等效驱动力矩（equivalent driving moment）M_{ed} 或等效驱动力（equivalent driving force）F_{ed} 与等效阻抗力矩（equivalent resistance moment）M_{er} 或等效阻抗力（equivalent resistance force）F_{er} 的代数和。M_{ed} 与等效构件角速度 ω 同向，做正功；M_{er} 与 ω 方向相反，做负功。为了方便起见，M_{ed} 与 M_{er} 均取绝对值，则

$$M_e = M_{ed} - M_{er}$$

类似地，F_{ed} 与等效构件速度 v 同向，做正功；F_{er} 与 v 反向，做负功。F_{ed} 与 F_{er} 均取绝对值，则

$$F_e = F_{ed} - F_{er}$$

工程上常常要求出某一个力的等效力或等效力矩。等效驱动力矩可按机械系统驱动力矩的瞬时功率等于等效驱动力矩的瞬时功率来求解；等效驱动力可按机械系统驱动力的瞬时功率等于等效驱动力的瞬时功率来求解。等效阻抗力矩可按机械系统阻抗力矩的瞬时功率等于等效阻抗力矩的瞬时功率来求解；等效阻抗力可按机械系统阻抗力的瞬时功率等于等效阻抗力的瞬时功率来求解。

例 11.1　在图 11.7 所示的行星轮系中，已知各齿轮的齿数分别为 z_1、z_2、z_3，各齿轮和系杆 H 的质心均在其回转中心处，它们绕质心的转动惯量分别为 J_1、J_2、J_3、J_H。有两个行星

轮，每个行星轮的质量均为 m_2。若齿轮 z_1 处设置等效构件，求其等效转动惯量 J_e。

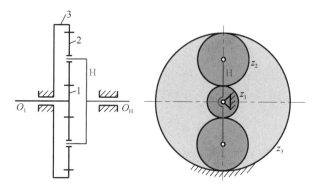

图 11.7　行星轮系

解：等效构件的动能为

$$E = \frac{1}{2} J_e \omega_1^2$$

机构系统的动能为

$$E = \frac{1}{2} J_1 \omega_1^2 + 2\left(\frac{1}{2} J_2 \omega_2^2 + \frac{1}{2} m_2 v_{s2}^2\right) + \frac{1}{2} J_H \omega_H^2$$

由两者动能相等，两边同除以 $\frac{1}{2}\omega_1^2$ 并整理得

$$J_e = J_1 + 2\left[J_2\left(\frac{\omega_2}{\omega_1}\right)^2 + m_2\left(\frac{v_{s2}}{\omega_1}\right)^2\right] + J_H\left(\frac{\omega_H}{\omega_1}\right)^2$$

$$J_e = J_1 + 2\left[J_2\left(\frac{\omega_2}{\omega_1}\right)^2 + m_2\left(\frac{\omega_H r_H}{\omega_1}\right)^2\right] + J_H\left(\frac{\omega_H}{\omega_1}\right)^2$$

由轮系传动比知

$$\frac{\omega_2}{\omega_1} = \frac{z_2 - z_3}{z_1 + z_3} \cdot \frac{z_1}{z_2}, \qquad \frac{\omega_H}{\omega_1} = \frac{z_1}{z_1 + z_3}$$

整理得

$$J_e = J_1 + 2J_2\left[\frac{z_1(z_2 - z_3)}{z_2(z_1 + z_3)}\right]^2 + (2m_2 r_H^2 + J_H)\left(\frac{z_1}{z_1 + z_3}\right)^2$$

由该例可知，传动比为常量的机械系统，其等效转动惯量也为常量。

例 11.2　图 11.8（a）所示为一由齿轮驱动的连杆机构。设已知齿轮 1 的齿数 $z_1 = 20$，转动惯量为 J_1；齿轮 2 的齿数 $z_2 = 60$，它与曲柄 2′ 的质量中心在 B 点，其对 B 轴的转动惯量为 J_2，曲柄长为 l；滑块 3 和构件 4 的质量分别为 m_3、m_4，其质心分别在 C 及 D 点。又知在轮 1 上作用有驱动力矩 $\boldsymbol{M}_1$，在构件 4 上作用有阻抗力 $\boldsymbol{F}_4$。若以曲柄 2′ 为等效构件，试求在图示位置时的等效转动惯量 J_e 及等效力矩 $\boldsymbol{M}_e$。

解：根据式（11.2）有

$$J_e = J_1\left(\frac{\omega_1}{\omega_2}\right)^2 + J_2 + m_3\left(\frac{v_3}{\omega_2}\right)^2 + m_4\left(\frac{v_4}{\omega_2}\right)^2$$

由图 11.8（b）速度矢量图可知

$$v_3 = v_C = \omega_2 l$$

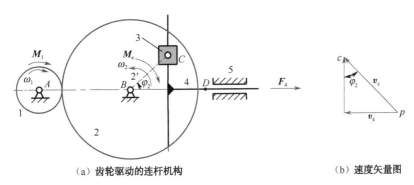

(a) 齿轮驱动的连杆机构　　　　(b) 速度矢量图

图 11.8　例 11.2 图

$$v_4 = v_C \sin \varphi_2 = \omega_2 l \sin \varphi_2$$

故

$$J_e = J_1\left(\frac{z_2}{z_1}\right)^2 + J_2 + m_3\left(\frac{\omega_2 l}{\omega_2}\right)^2 + m_4\left(\frac{\omega_2 l \sin \varphi_2}{\omega_2}\right)^2 = 9J_1 + J_2 + m_3 l^2 + m_4 l^2 \sin^2 \varphi_2$$

根据式（11.4）有

$$M_e = M_1\left(\frac{\omega_1}{\omega_2}\right) + F_4 \cos 180°\left(\frac{v_4}{\omega_2}\right) = M_1\left(\frac{z_2}{z_1}\right) - F_4\left(\frac{\omega_2 l \sin \varphi_2}{\omega_2}\right) = 3M_1 - F_4 l \sin \varphi_2$$

在本例中，等效转动惯量 J_e 的前三项为常量，而第四项则随等效构件的位置参数 φ_2 而变化，即等效转动惯量是由常量和变量两部分组成的。由于在一般机械中速比为变量的活动构件在其构件的总数中所占比例较小，又由于这类构件通常出现在机械系统的低速端，所以其等效转动惯量较小。在工程中为了简化计算，有时常将等效转动惯量中的变量部分用其平均值近似代替，甚至完全将其忽略不计。

§11.3　机械系统的运动方程及求解

由于在单自由度机械系统中引入了等效构件，所以可以将对机械系统运动规律的研究简化为对等效构件运动规律的研究。即只要建立等效构件的运动方程并求解，就可以确定机械系统中任何构件的运动。

11.3.1　等效构件的运动方程

在研究等效构件的运动方程时，为简化书写格式，在不引起混淆的情况下，略去表示等效概念的下角标 e。

根据动能定理，在 $\mathrm{d}t$ 时间内，等效构件上的动能增量 $\mathrm{d}E$ 应等于该瞬时等效力或等效力矩所做的元功 $\mathrm{d}W$。

$$\mathrm{d}E = \mathrm{d}W$$

如等效构件做定轴转动，则有

$$\mathrm{d}\left(\frac{1}{2}J\omega^2\right) = M\mathrm{d}\varphi \tag{11.6}$$

如等效构件做往复移动，则有

$$d\left(\frac{1}{2}mv^2\right)=Fds \tag{11.7}$$

由式（11.6）可有

$$\frac{d\left(\frac{1}{2}J\omega^2\right)}{d\varphi}=M \tag{11.8}$$

由于等效转动惯量、等效力、等效力矩及角速度均是机构位置的函数，实际上

$$J=J(\varphi),\quad F=F(\varphi),\quad M=M(\varphi),\quad \omega=\omega(\varphi)$$

整理式（11.8），得

$$J\frac{\omega d\omega}{d\varphi}+\frac{\omega^2}{2}\cdot\frac{dJ}{d\varphi}=M=M_d-M_r \tag{11.9}$$

由于

$$\frac{d\omega}{d\varphi}=\frac{d\omega}{dt}\cdot\frac{dt}{d\varphi}=\frac{d\omega}{dt}\cdot\frac{1}{\omega}$$

将其代入式（11.9），可得

$$J\frac{d\omega}{dt}+\frac{\omega^2}{2}\cdot\frac{dJ}{d\varphi}=M=M_d-M_r \tag{11.10}$$

式（11.10）称为做定轴转动的等效构件的微分方程（differential equation）。

等效构件做往复移动时的微分方程推导如下。

整理式（11.7），得

$$m\frac{vdv}{ds}+\frac{v^2}{2}\cdot\frac{dm}{ds}=F=F_d-F_r \tag{11.11}$$

将 $\frac{dv}{ds}=\frac{dv}{dt}\cdot\frac{dt}{ds}=\frac{dv}{dt}\cdot\frac{1}{v}$ 代入式（11.11），可得

$$m\frac{dv}{dt}+\frac{v^2}{2}\cdot\frac{dm}{ds}=F=F_d-F_r \tag{11.12}$$

式（11.12）称为做往复移动的等效构件的微分方程。

如果对式（11.6）两边进行积分，并取边界条件为

$$t=t_0,\quad \varphi=\varphi_0,\quad \omega=\omega_0,\quad J=J_0$$

则

$$\frac{1}{2}J\omega^2-\frac{1}{2}J_0\omega_0^2=\int_{\varphi_0}^{\varphi}Md\varphi=\int_{\varphi_0}^{\varphi}(M_d-M_r)d\varphi \tag{11.13}$$

式中，ω_0、ω 分别为等效构件在初始位置和任意位置的角速度；φ_0、φ 分别为等效构件在初始位置和任意位置的角位移；J_0、J 分别为等效构件在初始位置和任意位置的等效转动惯量。

式（11.13）称为做定轴转动的等效构件的积分方程（integral equation）。

如果对式（11.7）两边进行积分，并取边界条件为

$$t=t_0,\quad s=s_0,\quad v=v_0,\quad m=m_0$$

则

$$\frac{1}{2}mv^2-\frac{1}{2}m_0v_0^2=\int_{s_0}^{s}Fds=\int_{s_0}^{s}(F_d-F_r)ds \tag{11.14}$$

式中，v_0、v 为等效构件在初始位置和任意位置的线速度；s_0、s 为等效构件在初始位置和任意位置的位移；m_0、m 为等效构件在初始位置和任意位置的等效质量。

式（11.14）称为做往复移动的等效构件的积分方程。

在描述等效构件的运动时，有微分方程和积分方程两种形式的方程。具体应用时要看使用哪个方程更适合给定条件和要求。

11.3.2　运动方程的求解

不同机械的驱动力和生产阻力特性不同，它们可能是时间的函数，也可能是机构位置或速度的函数。等效转动惯量可能是常数，也可能是机构位置的函数。等效力或等效力矩可能是机构位置的函数，也可能是速度的函数。因此，运动方程的求解方法也不尽相同。

工程上常选做定轴转动的构件为等效构件，故下面仅讨论等效构件做定轴转动的几种情况。

1. 等效转动惯量和等效力矩均为常数的运动方程求解

等效转动惯量和等效力矩均为常数是定传动比机械系统中的常见问题。在这种情况下运转的机械大都属于等速稳定运转，使用微分方程求解该类问题要方便些。

由于 J = 常数，M = 常数，式（11.10）可改写为

$$J \frac{\mathrm{d}\omega}{\mathrm{d}t} = M \tag{11.15}$$

$$\frac{\mathrm{d}\omega}{\mathrm{d}t} = \frac{M}{J} = \varepsilon$$

$\mathrm{d}\omega = \varepsilon \mathrm{d}t$，两边积分后有

$$\int_{\omega_0}^{\omega} \mathrm{d}\omega = \int_{t_0}^{t} \varepsilon \mathrm{d}t$$

$$\omega = \omega_0 + \varepsilon(t - t_0)$$

$$\varphi = \varphi_0 + \omega_0(t - t_0) + \frac{\varepsilon}{2}(t - t_0)^2$$

例 11.3　在图 11.9 所示的简单的机械系统中，已知电动机转速为 1440r/min，减速箱的传动比 $i = 2.5$，选 B 轴为等效构件，等效转动惯量 $J = 0.5 \mathrm{kg \cdot m^2}$。要求刹住 B 轴后 3s 停车，求解等效制动力矩。

解：B 轴的角速度为

$$\omega_B = \frac{1440}{2.5} \times \frac{2\pi}{60} \approx 60.32 \mathrm{rad/s}$$

由 $\omega = \omega_0 + \varepsilon(t - t_0)$，$\omega_0 = \omega_B$，$\omega = 0$，$t = 3$，$t_0 = 0$，得制动过程中 B 轴的角加速度为

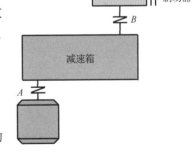

图 11.9　简单的机械系统

$$\varepsilon = \frac{\omega - \omega_0}{t - t_0} = \frac{0 - 60.32}{3} \approx -20.1 \mathrm{rad/s^2}$$

因刹车时要取消驱动力矩和生产阻力，故 $M = M_\mathrm{d} - M_\mathrm{r} = -M_\mathrm{r}$，此处 M_r 为刹车制动力矩。由

$$\frac{\mathrm{d}\omega}{\mathrm{d}t} = \frac{M}{J} = \varepsilon$$

可知

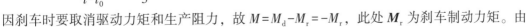

$$M_\mathrm{r} = -\varepsilon J = -20.1 \times 0.5 = -10.05 \mathrm{N \cdot m}$$

2. 等效转动惯量和等效力矩均为等效构件位置函数的运动方程求解

用内燃机驱动的含有连杆机构的机械系统就属于这种情况。

当 $J = J(\varphi)$，$M = M(\varphi)$ 可用解析式表示时，用积分方程求解方便些。由方程

$$\frac{1}{2}J\omega^2 - \frac{1}{2}J_0\omega_0^2 = \int_{\omega_0}^{\omega} M\mathrm{d}\varphi$$

可解出

$$\omega = \sqrt{\frac{J_0}{J}\omega_0^2 + \frac{2}{J}\int_{\omega_0}^{\omega} M\mathrm{d}\varphi}$$

当等效转动惯量和等效力矩不能写成函数式时，可用数值解法求解。

3. 等效转动惯量是常数、等效力矩为等效构件速度函数的运动方程求解

用电动机驱动的鼓风机、搅拌机之类的机械属于这种情况。用力矩方程求解比较方便。由式（11.10）可知

$$J\frac{\mathrm{d}\omega}{\mathrm{d}t} = M(\omega) \tag{11.16}$$

分离变量并积分得

$$\int_{t_0}^{t} \mathrm{d}t = J\int_{\omega_0}^{\omega} \frac{\mathrm{d}\omega}{M(\omega)}$$

$$t = J\int_{\omega_0}^{\omega} \frac{\mathrm{d}\omega}{M(\omega)} + t_0 \tag{11.17}$$

当 $M(\omega) = a + b\omega$ 时，可解出 t 的值为

$$t = t_0 + \frac{J}{b}\ln\frac{a+b\omega}{a+b\omega_0} \tag{11.18}$$

由于 $\dfrac{\mathrm{d}\omega}{\mathrm{d}t} = \dfrac{\mathrm{d}\omega}{\mathrm{d}\varphi}\omega$，式（11.16）可写成

$$J\omega\frac{\mathrm{d}\omega}{\mathrm{d}\varphi} = M(\omega)$$

$$\mathrm{d}\varphi = J\frac{\omega\mathrm{d}\omega}{M(\omega)}$$

两边积分并整理，得

$$\varphi = \varphi_0 + J\int_{\omega_0}^{\omega} \frac{\omega\mathrm{d}\omega}{M(\omega)} \tag{11.19}$$

当 $M(\omega) = a + b\omega$ 时，可解出 φ 的值为

$$\varphi = \varphi_0 + \frac{J}{b}\left[(\omega - \omega_0) - \frac{a}{b}\ln\left(\frac{a+b\omega}{a+b\omega_0}\right)\right] \tag{11.20}$$

例 11.4 在用电动机驱动的鼓风机系统中，若以鼓风机主轴为等效构件，等效驱动力矩 $M_d = (27600 - 264\omega)\mathrm{N}\cdot\mathrm{m}$，等效阻抗力矩 $M_r = 1100\mathrm{N}\cdot\mathrm{m}$，等效转动惯量 $J = 10\mathrm{kg}\cdot\mathrm{m}^2$。求鼓风机由静止启动到 $\omega = 100\mathrm{rad/s}$ 时的时间 t。

解：

$$M(\omega) = M_d(\omega) - M_r = 27600 - 264\omega - 1100 = (26500 - 264\omega)\mathrm{N}\cdot\mathrm{m}$$

在式 $t = t_0 + \dfrac{J}{b}\ln\dfrac{a+b\omega}{a+b\omega_0}$ 中, $a = 26500\text{N}\cdot\text{m}$, $b = -264\text{N}\cdot\text{m}$, $\omega = 100\text{rad/s}$, $J = 10\text{kg}\cdot\text{m}^2$。

当静止时, $t_0 = 0$, $\omega_0 = 0$, 有

$$t = \frac{10}{-264}\ln\frac{26500-264\times100}{26500} \approx 0.211\text{s}$$

该鼓风机在 0.211s 内由静止启动到角速度 $\omega = 100\text{rad/s}$。

4. 等效转动惯量是变量、等效力矩为等效构件位置和速度函数的运动方程求解

这是工程中常见的情况, 由电动机驱动的含有连杆机构的机械系统, 如刨床、冲床等机械系统的工作就是这种类型。电动机的驱动力矩是速度的函数, 而生产阻力则是机构位置的函数。因此, 等效力矩是机构位置和速度的函数。等效转动惯量随机构位置而变化, 且难以用解析式表达, 这类问题只能用数值方法求解。

把 $J = J(\varphi)$, $M = M(\omega, \varphi)$ 代入式 (11.9) 中, 并整理得

$$J(\varphi)\frac{\text{d}\omega}{\text{d}\varphi}\omega + \frac{\omega^2}{2}\cdot\frac{\text{d}J(\varphi)}{\text{d}\varphi} = M(\varphi, \omega)$$

$$\frac{1}{2}\omega^2\text{d}J(\varphi) + J(\varphi)\omega\text{d}\omega = M(\varphi, \omega)\text{d}\varphi \tag{11.21}$$

用差商代替微商, 则有

$$\text{d}\varphi_i = \Delta\varphi = \varphi_{i+1} - \varphi_i$$

$$\text{d}\omega_i = \Delta\omega = \omega_{i+1} - \omega_i$$

$$\text{d}J(\varphi_i) = \Delta J(\varphi) = J(\varphi)_{i+1} - J(\varphi)_i$$

将其代入式 (11.21), 得

$$\frac{1}{2}\omega_i^2(J_{i+1} - J_i) + J_i\omega_i(\omega_{i+1} - \omega_i) = M(\varphi_i, \omega_i)\Delta\varphi$$

整理后得

$$\omega_{i+1} = \frac{M(\varphi_i, \omega_i)\Delta\varphi}{J_i\omega_i} + \frac{3J_i - J_{i+1}}{2J_i}\omega_i \tag{11.22}$$

利用数值法求解时, 首先设定 $\omega_i = \omega_0$, 再按转角步长求出一系列的 ω_{i+1}。当求出一个运动循环的尾值 ω_n 后, 应和初值 ω_0 相等。若不相等, 重新设定初值 ω_0 后再重复上述运算, 直到初值与末值相等, 由此可求出 ω-φ 关系曲线。

§11.4 周期性速度波动的调节

在周期性变速稳定运转的一个运转周期内, 等效驱动力矩做的功等于等效阻抗力矩做的功。但在运转周期内的任一时刻, 等效驱动力矩做的功不等于等效阻抗力矩做的功, 从而导致机械运转过程中的速度波动。

11.4.1 周期性变速稳定运转过程中的功能关系

图 11.10 所示为机械运转的功能曲线。其中 φ_a、φ_f 为运转周期的开始位置和终止位置,

运转周期为 2π，等效驱动力矩和等效阻抗力矩均为机构位置的函数，即

$$M_d = M_d(\varphi) \ , \quad M_r = M_r(\varphi)$$

在一个运转周期内的任一瞬间，等效驱动力矩所做的功 W_{dp} 不等于等效阻抗力矩所做的功 W_{rp}。

$\varphi_a \sim \varphi_b$ 区间，$M_d > M_r$，$W_d > W_r$，动能增量 $\Delta E_1 = W_d - W_r > 0$。机械动能增加，角速度上升。

$\varphi_b \sim \varphi_c$ 区间，$M_d < M_r$，$W_d < W_r$，动能增量 $\Delta E_2 = W_d - W_r < 0$。机械动能减小，角速度下降。

$\varphi_c \sim \varphi_d$ 区间，$M_d > M_r$，$W_d > W_r$，动能增量 $\Delta E_3 = W_d - W_r > 0$。机械动能增加，角速度上升。

$\varphi_d \sim \varphi_e$ 区间，$M_d < M_r$，$W_d < W_r$，动能增量 $\Delta E_4 = W_d - W_r < 0$。机械动能减小，角速度下降。

$\varphi_e \sim \varphi_f$ 区间，$M_d > M_r$，$W_d > W_r$，动能增量 $\Delta E_5 = W_d - W_r > 0$。机械动能增加，角速度上升。

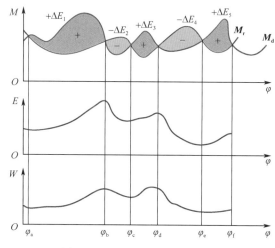

图 11.10 机械运转的功能曲线

在一个运转周期内，等效驱动力矩所做的功 W_{dp} 等于等效阻抗力矩所做的功 W_{rp}。

$$W_{dp} = W_{rp}$$

$$W_{dp} = \int_{\varphi_a}^{\varphi_f} M_d(\varphi) \, d\varphi$$

$$W_{rp} = \int_{\varphi_a}^{\varphi_f} M_r(\varphi) \, d\varphi$$

$$\int_{\varphi_a}^{\varphi_f} M_d(\varphi) \, d\varphi - \int_{\varphi_a}^{\psi_f} M_r(\varphi) \, d\varphi = \int_{\varphi_a}^{\varphi_f} (M_d(\varphi) - M_r(\varphi)) \, d\varphi = 0 \tag{11.23}$$

式中，W_{dp} 为曲线 $M_d(\varphi)$ 所包围的面积；W_{rp} 为曲线 $M_r(\varphi)$ 所包围的面积。

由式（11.23）可知

$$\sum_{i=1}^{n} \Delta E_i = 0$$

设机械系统在稳定运转周期开始位置的动能为 $E_a = E_0$，则机械系统在任意位置的动能可用如下解析式表示：

$$E_i = E_0 + \int_{\varphi_a}^{\varphi_i} (M_{di}(\varphi) - M_{ri}(\varphi)) \, d\varphi \tag{11.24}$$

计算出一系列位置的动能后，可从中选出动能的最大值和最小值。

在等效转动惯量为常数的条件下，当机械动能处于最大值 E_{max} 时，其角速度 ω 也达到最大值 ω_{max}。当机械动能处于最小值 E_{min} 时，其角速度 ω 也下降到最小值 ω_{min}。所以，可通过控制机械的最大动能（maximum kinetic energy）与最小动能（minimum kinetic energy）来限制角速

度的波动。

11.4.2 机械运转的速度不均匀系数

图 11.11 所示为一个运转周期内的角速度变化曲线，其最大角速度和最小角速度分别为 ω_{max} 和 ω_{min}，则在周期 φ_T 内的平均角速度 ω_m 应为

$$\omega_m = \frac{1}{\varphi_T}\int_0^{\varphi_T}\omega(\varphi)\,\mathrm{d}\varphi \qquad (11.25)$$

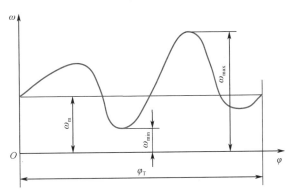

图 11.11 角速度变化曲线

在工程上，当 ω 变化不大时，常按最大和最小角速度的算术平均值来计算平均角速度，即

$$\omega_m = \frac{1}{2}(\omega_{max}+\omega_{min}) \qquad (11.26)$$

角速度的差值 $\omega_{max}-\omega_{min}$ 可反映机械运转过程中速度波动的绝对量，但不能反映机械运转的不均匀程度。因为当 $\omega_{max}-\omega_{min}$ 一定时，对低速机械和高速机械其变化的相对百分比显然是不同的。例如，$\omega_{max}-\omega_{min}=5\mathrm{rad/s}$ 时，对于 $\omega_m=10\mathrm{rad/s}$ 和 $\omega_m=100\mathrm{rad/s}$ 的机械而言，显然低速机械的速度波动要更明显。因此，平均角速度 ω_m 也是衡量速度波动程度的一个重要指标。综合考虑这两方面的因素，工程上采用角速度的变化量和其平均角速度的比值来反映机械运转的速度波动程度，用 δ 表示，称为机械运转的速度波动系数（coefficient of speed fluctuation），或称速度不均匀系数。

$$\delta = \frac{\omega_{max}-\omega_{min}}{\omega_m} \qquad (11.27)$$

不同类型的机械，所允许的速度波动程度是不同的。如驱动发电机的活塞式内燃机，若主轴的速度波动太大，势必影响输出电压的稳定性，其速度不均匀系数 δ 应取小些。表 11.1 列出了几种常用机械的许用速度不均匀系数 $[\delta]$，供设计时参考。

表 11.1 常用机械的许用速度不均匀系数

机器名称	$[\delta]$	机器名称	$[\delta]$
石料破碎机	1/5~1/20	纺纱机	1/60~1/100
冲床、剪床、锻床	1/7~1/20	船用发动机	1/20~1/150
泵	1/5~1/30	压缩机	1/50~1/100

机器名称	[δ]	机器名称	[δ]
轧钢机	1/10~1/25	内燃机	1/80~1/150
农业机械	1/5~1/50	直流发电机	1/100~1/200
织布、印刷、制粉机	1/10~1/50	交流发电机	1/200~1/300
金属切削机床	1/20~1/50	航空发动机	小于1/200
汽车、拖拉机	1/20~1/60	汽轮发电机	小于1/200

由式（11.26）、式（11.27）可推导出下式：

$$\omega_{max} = \omega_m \left(1 + \frac{\delta}{2} \right)$$

$$\omega_{min} = \omega_m \left(1 - \frac{\delta}{2} \right)$$

$$\omega_{max}^2 - \omega_{min}^2 = 2\delta\omega_m^2$$

当 ω_m 一定时，机械运转的速度不均匀系数 δ 越小，ω_{max} 与 ω_{min} 的差值就越小，表明机械运转就越平稳。

11.4.3　周期性变速稳定运转速度波动的调节

在周期性变速稳定运动中，由于等效力矩的周期性变化，使得机械的运转速度也发生周期性的波动。过大的速度波动会影响机械的工作性能。这种周期性速度波动（periodic speed fluctuation）可通过在机械中安装具有较大转动惯量的飞轮（flywheel）来进行调节。当速度升高时，飞轮的惯性阻止其速度增加并储存能量，限制了 ω_{max} 的升高；当速度降低时，飞轮的惯性阻止其速度减小并释放能量，限制了 ω_{min} 的降低，从而实现了速度波动调节的目的。

机械系统的等效转动惯量 J 通常由常量部分 J_c 和变量部分 J_v 组成。

$$J = J_c + J_v \tag{11.28}$$

当在机械系统的等效构件上安装飞轮后，机械系统的总动能 E 为飞轮动能 E_f 和机械系统中各构件的动能 E_e 之和。

$$E = E_f + E_e \tag{11.29}$$

飞轮动能为

$$E_f = E - E_e \tag{11.30}$$

飞轮动能的最大值和最小值分别为

$$E_{fmax} = (E - E_e)_{max} \tag{11.31}$$

$$E_{fmin} = (E - E_e)_{min} \tag{11.32}$$

若 J_f 为飞轮的转动惯量，则飞轮动能为

$$E_f = \frac{1}{2} J_f \omega^2$$

$$E_{fmax} = \frac{1}{2} J_f \omega_{max}^2 \tag{11.33}$$

$$E_{fmin} = \frac{1}{2} J_f \omega_{min}^2 \tag{11.34}$$

式（11.31）与式（11.32）之差为

$$E_{fmax} - E_{fmin} = \frac{1}{2} J_f \omega_{max}^2 - \frac{1}{2} J_f \omega_{min}^2 = \frac{1}{2} J_f (\omega_{max}^2 - \omega_{min}^2) = J_f \delta \omega_m^2$$

$$J_f = \frac{(E - E_e)_{max} - (E - E_e)_{min}}{\delta \omega_m^2} \qquad (11.35)$$

该式为计算飞轮转动惯量的精确公式。

因机械中各构件动能或者说等效构件的动能与飞轮动能相比较小，简单计算时可以忽略不计，$E_e = 0$，因此由式（11.35）可得

$$J_f = \frac{E_{max} - E_{min}}{\delta \omega_m^2} \qquad (11.36)$$

该式为计算飞轮转动惯量的简便公式，其中 $E_{max} - E_{min}$ 称为最大盈亏功（increment or decre-ment work）。

机械系统中各构件动能之和或等效构件的动能为

$$E_e = \frac{1}{2} J \omega^2 = \frac{1}{2} (J_c + J_v) \omega^2$$

当忽略等效转动惯量中的变量部分，即 $J_v = 0$ 时，则

$$E_e = \frac{1}{2} J_c \omega^2$$

代入式（11.35），得

$$J_f = \frac{\left(E - \frac{1}{2} J_c \omega^2 \right)_{max} - \left(E - \frac{1}{2} J_c \omega^2 \right)_{min}}{\delta \omega_m^2} \qquad (11.37)$$

由于认为 ω_{max} 近似地发生在 E_{max} 处，ω_{min} 近似地发生在 E_{min} 处，而机械总动能又远远大于等效构件的动能，则有

$$\left(E - \frac{1}{2} J_c \omega^2 \right)_{max} = E_{max} - \frac{1}{2} J_c \omega_{max}^2 \qquad (11.38)$$

$$\left(E - \frac{1}{2} J_c \omega^2 \right)_{min} = E_{min} - \frac{1}{2} J_c \omega_{min}^2 \qquad (11.39)$$

将式（11.38）、式（11.39）代入式（11.37）中并整理，得

$$J_f = \frac{E_{max} - \frac{1}{2} J_c \omega_{max}^2 - E_{min} + \frac{1}{2} J_c \omega_{min}^2}{\delta \omega_m^2} = \frac{E_{max} - E_{min}}{\delta \omega_m^2} - \frac{\frac{1}{2} J_c (\omega_{max}^2 - \omega_{min}^2)}{\delta \omega_m^2}$$

$$J_f = \frac{E_{max} - E_{min}}{\delta \omega_m^2} - J_c \qquad (11.40)$$

式（11.40）为飞轮转动惯量的近似计算公式。

上述飞轮转动惯量是按飞轮安装在等效构件上计算的。如果飞轮不是安装在等效构件上，而是安装在其他构件上，这时仍需先按安装在等效构件上计算，然后根据动能相等的原理来计算安装在其他构件上的飞轮的转动惯量。

设飞轮安装在 x 轴上，转动惯量为 J_x，则飞轮提供的动能为

$$E_f = \frac{1}{2} J_x \omega_x^2$$

式中，ω_x 为 x 轴的角速度。

由于此时飞轮动能与安装在等效构件上的动能相等，故有

$$\frac{1}{2}J_x\omega_x^2 = \frac{1}{2}J_f\omega^2$$

$$J_x = J_f\left(\frac{\omega}{\omega_x}\right)^2$$

由于飞轮的转动惯量是常量，$\dfrac{\omega}{\omega_x}$ 比值也必须是常量，也就是说，安装飞轮的轴与等效构件的轴之间传动链必须是定传动比的机构。从减小飞轮的尺寸考虑，将飞轮安装在高速轴上是有利的。

例 11.5　如图 11.12（a）所示，某牛头刨床的主轴为等效构件，在一个运转周期内的等效阻抗力矩 $M_r = 600\mathrm{N \cdot m}$，等效驱动力矩 M_d 为常数，刨床主轴的平均转速 $n = 60\mathrm{r/min}$，速度不均匀系数 $\delta = 0.1$。若不计飞轮以外的构件的转动惯量，计算安装在主轴上的飞轮的转动惯量。

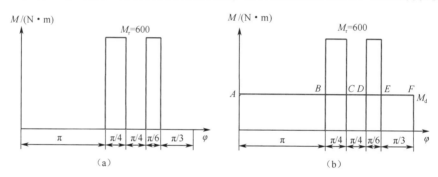

图 11.12　牛头刨床主轴的等效力矩变化图

解：在一个运转周期内，等效驱动力矩 M_d 与等效阻抗力矩 M_r 做的功相等。

作一条平行于 φ 轴的直线代表 M_d，在一个周期内与 M 轴、M_r 及周期末端线的交点分别为 A、B、C、D、E、F，如图 11.12（b）所示。

$$M_d \cdot 2\pi = 600 \times \frac{\pi}{4} + 600 \times \frac{\pi}{6}$$

$$M_d = 125\mathrm{N \cdot m}$$

设周期开始点的动能为 $E_A = E_0$，则其余各点的动能分别为

$$E_A = E_0$$

$$E_B = E_A + \Delta E_1 = E_0 + 125\pi$$

$$E_C = E_B - \Delta E_2 = E_0 + 125\pi - (600 - 125) \times \frac{\pi}{4} = E_0 + 6.25\pi$$

$$E_D = E_C + \Delta E_3 = E_0 + 6.25\pi + 125 \times \frac{\pi}{4} = E_0 + 37.5\pi$$

$$E_E = E_D - \Delta E_4 = E_0 + 37.5\pi - (600 - 125) \times \frac{\pi}{6} \approx E_0 - 41.67\pi$$

$$E_F = E_E + \Delta E_5 = E_0 - 41.67\pi + 125 \times \frac{\pi}{3} = E_0$$

$$E_{\max} = E_0 + 125\pi$$

$$E_{\min} = E_0 - 41.67\pi$$

将 E_{max}、E_{min} 代入计算飞轮转动惯量的简便公式（11.36），得

$$J_f = \frac{E_{max} - E_{min}}{\delta \omega_m^2} = \frac{E_0 + 125\pi - (E_0 - 41.67\pi)}{0.1 \times \left(\frac{\pi \times 60}{30}\right)^2} \approx 132.7 \text{kg} \cdot \text{m}^2$$

例 11.6 如图 11.13 所示，在电动机为原动机的冲床中，已知电动机转速 $n_1 = 900\text{r/min}$，$z_1 = 20$，$z_2 = 120$，$z_{2'} = 20$，$z_3 = 100$。该冲床每分钟冲孔 30 个，冲孔时间为运转周期的 $\frac{1}{6}$，钢板材料为 Q235，其剪切极限应力 $\tau = 3.10 \times 10^8 \text{Pa}$，板厚 $h = 13\text{mm}$，冲孔直径 $d = 20\text{mm}$，$l_3 = 0.1\text{m}$，$l_4 = 0.5\text{m}$，速度不均匀系数 $\delta = 0.1$。求安装在轴 2 上的飞轮的转动惯量及电动机功率。

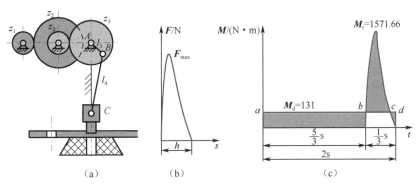

图 11.13 冲床主轴的等效力矩变化图

解： 该冲床每分钟冲孔 30 个，每冲一个孔的时间为 2s，运转周期为 $T = 2\text{s}$。实际冲孔时间为 $\frac{T}{6} = \frac{1}{3}\text{s}$。最大剪切力 F 为

$$F = \pi d h \ \tau = 3.14 \times 0.02 \times 0.013 \times 3.10 \times 10^8 \approx 253 \times 10^3 \text{N}$$

冲压期间剪切力所做的功 W 为

$$W = \frac{1}{2} F h = \frac{1}{2} \times 253 \times 10^3 \times 0.013 \approx 1645 \text{J}$$

冲压期间剪切力的平均功率 P 为

$$P = \frac{W}{t} = \frac{1645}{\frac{1}{3}} = 4935 \text{W}$$

由于剪切力即为滑块上的生产阻力，而阻抗力的瞬时功率等于等效力矩的瞬时功率，故有

$$M_r \omega_3 = 4935$$

$$\omega_3 = \frac{\omega_1}{i_{13}} = \frac{\frac{\pi n_1}{30}}{30} = \frac{3.14 \times 900}{900} = 3.14 \text{rad/s}$$

$$M_r = \frac{4935}{3.14} \approx 1571.66 \text{N} \cdot \text{m}$$

如图 11.13（c）所示，等效驱动力矩 M_d 为常数，在一个运转周期内做的功等于等效阻抗力矩做的功，有

$$M_d 2\pi = \frac{1}{2} M_r \frac{2\pi}{6}$$

$$M_\text{d} = \frac{M_\text{r}}{12} \approx 131\text{N} \cdot \text{m}$$

$$E_a = E_0$$

$$E_b = E_0 + 131 \times \frac{5\pi}{3} \approx E_0 + 685.6$$

由于 c、d 接近，$E_c = E_d = E_0$。因而

$$E_\text{max} = E_0 + 685.6$$

$$E_\text{min} = E_0$$

$$J_\text{f} = \frac{E_\text{max} - E_\text{min}}{\delta \omega_\text{m}^2} = \frac{685.6}{0.1 \times 3.14^2} \approx 695.4\text{kg} \cdot \text{m}^2$$

安装在轴 2 上的飞轮转动惯量为

$$J_2 = J_\text{f} \left(\frac{30}{150} \right)^2 = 695.4 \times \frac{1}{25} \approx 27.8\text{kg} \cdot \text{m}^2$$

因为

$$M_1 = M_\text{d} \left(\frac{z_{2'} z_1}{z_3 z_2} \right) = 131 \times \frac{20 \times 20}{100 \times 120} \approx 4.37\text{N} \cdot \text{m}$$

则电动机功率为

$$P_{\text{电动机}} = M_1 \omega_1 = 4.37 \times \frac{\pi n_1}{30} = 4.37 \times \frac{3.14 \times 900}{30} \approx 411.65\text{W} \approx 0.412\text{kW}$$

如飞轮为圆盘状，求该飞轮尺寸。

飞轮矩为

$$md^2 = 8J_2$$

设 $d = 800\text{mm}$，则

$$m = \frac{8J_2}{d^2} = \frac{8 \times 27.8}{0.8^2} = 347.5\text{kg}$$

若飞轮材料为钢，其密度 $\gamma = 7800 \text{ kg/m}^3$，则宽度 b 为

$$b = \frac{4m}{\pi d^2 \gamma} = \frac{4 \times 347.5}{3.14 \times 0.8^2 \times 7800} \approx 88.7\text{mm}$$

§11.5 非周期性速度波动的调节

11.5.1 非周期性速度波动产生的原因

在机械的运转过程中，如果外力的变化是非周期性的，则机械主轴的角速度将出现非周期性的变化。若等效驱动力矩所做的功在很长一段时间内总是大于等效阻抗力矩所做的功，则机械的运转速度将不断升高，直至超越机械强度所允许的极限转速而导致机械损坏，甚至可能会出现"飞车"事故；反之，若等效驱动力矩所做的功总是小于等效阻抗力矩所做的功，则机械的运转速度将不断下降，直至停车。例如，在内燃机驱动的发电机组中，由于用电负荷的突然减少，导致发电机组中的阻抗力也随之减小，而内燃机提供的驱动力矩未变。发电机转子的

转速升高，用电负荷继续减少，将导致发电机转子的转速继续升高，有可能发生"飞车"事故；反之，若用电负荷突然增加，将导致发电机组中的阻抗力也随之增加。而内燃机提供的驱动力矩未变，发电机转子的转速降低。若用电负荷继续增加，将导致发电机转子的转速继续降低，导致发生停车事故。

像这种随机的、不规则的、没有一定周期的速度波动称为非周期性速度波动（aperiodic speed fluctuation）。为了避免上述情况发生，必须对这种非周期性速度波动进行调节。

11.5.2　非周期性速度波动的调节方法

由于机械运转的平衡条件受到破坏，从而导致机械系统的运转速度发生非周期性的变化。为使机械系统中的等效驱动力所做的功与等效阻抗力所做的功建立新的平衡关系，必须在机械系统中设置调速系统即调速器（governor）。当以电动机为原动机时，由于电动机本身具有自调性，所以不需设置调速器。当以内燃机、汽轮机等无自调性的机器为原动机，且无变速器时，一般需安装调速器。

调速器的种类很多，构造也不尽相同。但就调速原理而言，可以归纳为：根据系统速度变化所获得的反馈信息，用调节器（产生调速指令）、功率放大器（产生调速动力）和调速机构（产生调速动作）将反馈信息转换为适当的调速动作，使系统的速度改变，从而达到调速的目的。

图 11.14 所示为离心式调速器的工作原理图，方框 1 为原动机，方框 2 为工作机，框 5 内是由两个对称的摇杆滑块机构组成的调速器本体。当系统转速过高时，调速器本体 5 也加速回转，由于离心惯性力的关系，两重球 K 将张开带动滑块 M 上升，通过连杆机构关小节流阀 6，使进入原动机 1 的工作介质减少，从而降低速度。如果转速过低则工作过程相反。可以说调速器是一种反馈机构。

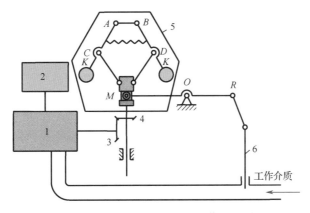

图 11.14　离心式调速器的工作原理图

其他类型调速器的详细原理与设计可参阅一些调速器的专业书籍。

🎓 **小故事：钟表中的调速器——陀飞轮**

阿伯拉罕-路易·宝玑（A.-L. Breguet，1747—1823），瑞士著名的钟表大师，他的发明"陀飞轮"调速器于 1801 年获得专利权，这一发明因其巧夺天工的设计和令人着迷的卓越功能，被公认为是制表历史上最伟大的发明之一。

擒纵机构是机械钟表的核心，如插图 11.1 所示。普通的机械表，一方面由于摆轮摆动的规律会受到地心引力的影响，而使钟表走时产生误差；另一方面由于擒纵机构是固定的，当表搁置位置变化时，造成擒纵零件受力不同而产生误差。

插图 11.2 所示为宝玑在他的专利申请书里所附的陀飞轮装置图。陀飞轮擒纵调速装置的原理就是当钟表在垂直位置时补偿地心引力对摆轮的影响。陀飞轮的巧妙之处在于，将擒纵机构装在一个每分钟转动一周的"笼框"上，使"笼框"围绕轴心，也即摆轮的轴心规律性地做 360° 旋转。当擒纵机构 360° 不停地旋转起来时，陀飞轮会将零件的方位误差综合起来，互相抵消，从而最大限度地降低误差，使钟表走时十分准确。

陀飞轮的这一调速原理看起来十分简单，但实现起来却非常困难。原因是"笼框"和陀飞轮的质量不能超过 0.3g，且它由 72 个精细组件组成，而其中大部分组件为手工制作。因此，宝玑陀飞轮表代表了机械表制造工艺中里程碑的发展，有"表中之王"的美誉。

插图 11.1　钟表的擒纵机构

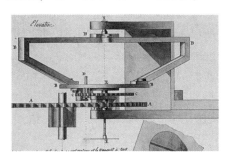

插图 11.2　宝玑原始陀飞轮装置图

§11.6　拓展阅读：Flywheel Design

There are two shapes of flywheels: the one is disk, and the other is disk with web. The shape of flywheels is often made of disk. Fig. 11.15 shows these flywheels. The inertia of a flywheel is provided by the hub, web and the rim. However, the inertia due to the hub and the web is very small, usually it is ignored.

Considering a disk flywheel shown in Fig. 11.15(a), we have

$$J_f = \frac{1}{2}m\left(\frac{d}{2}\right)^2 = \frac{1}{8}md^2$$

where m is mass of the flywheel, d is the mean diameter of the flywheel.

$$md^2 = 8J_f$$

According to Fig. 11.15(b), we have

$$J_f = \frac{1}{4}md^2, \quad md^2 = 4J_f$$

A flywheel is used to smooth out variations in the speed of a shaft caused by torque fluctuations. Many machines have load patterns that cause the torque-time function to vary over the cycle. Piston compressor, punch press, rock crusher, etc., all have time-varying loads. The prime mover can also cause torque oscillations to the transmission shaft. Internal-combustion engine with one or two cylinders is a typical example. Other systems may have both smooth torque sources and smooth loads, such as an

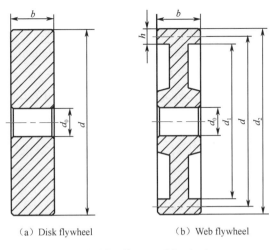

（a）Disk flywheel　　　　（b）Web flywheel

Fig.11.15　Shapes of flywheel

electrical generator driven by a steam turbine. These smooth-acting devices have no need for a flywheel. If the source of the driving torque or the load torque has a fluctuating nature, then a flywheel is usually required.

A flywheel is an energy-storage device. It absorbs and stores kinetic energy when speeded up and returns energy to the system when needed by slowing its rotational speed. The kinetic energy E in a rotating system is

$$E = \frac{1}{2} J_m \omega^2$$

where J_m is the mass moment of inertia of all rotating mass on the shaft about the axis of rotation and ω is the angular velocity. This includes the J_m of the motor rotor and anything else rotating with the shaft plus that of the flywheel.

Flywheel may be as simple as a cylindrical disk of solid material, ora spoked construction with a hub and rim. The latter arrangement is more efficient of material, especially for large flywheel, as it concentrates the bulk of its mass in the rim, which is at the largest radius. Since the mass moment of inertia J_m of a flywheel is proportional to mr^2, mass at larger radius contributes much more. If we assume a solid-disk geometry with inside radius r_i and outside radius r_0, the mass moment of inertia is

$$J_m = \frac{m}{2}(r_0^2 + r_i^2) \tag{11.41}$$

The mass of a solid circular disk of constant thickness t and having a central hole is

$$m = \frac{W}{g} = \pi \frac{\gamma}{g}(r_0^2 - r_i^2) t \tag{11.42}$$

Substituting Eq. (11.42) into Eq. (11.41) gives an expression for J_m in terms of the disk geometry:

$$J_m = \frac{\pi}{2} \frac{\gamma}{g}(r_0^4 - r_i^4) t \tag{11.43}$$

where γ is the material's weight density and g is the gravitational constant.

There are two stages to the design of a flywheel. First, the amount of energy required for the desired degree of smoothing must be found and the moment of inertia needed to absorb that energy determined. Thenflywheel geometry must be defined that both supplies that mass moment of inertia in a reasonably sized package and is safe against failure at design speeds.

As a flywheel spins, the centrifugal force acts upon its distributed mass and attempts to pull it apart. These centrifugal forces are similar to those caused by an internal pressure in a cylinder. Thus, the stress state in a spinning flywheel is analogous to a thick-walled cylinder under internal pressure. The tangential stress of a solid-disk flywheel as a function of its radius r is

$$\sigma_{\mathrm{t}} = \frac{\gamma}{g}\omega^2\left(\frac{3+\mu}{8}\right)\left(r_i^2+r_0^2+\frac{r_i^2 r_0^2}{r^2}-\frac{1+3\mu}{3+\mu}r^2\right) \tag{11.44}$$

and the radial stress is

$$\sigma_{\mathrm{r}} = \frac{\gamma}{g}\omega^2\left(\frac{3+\mu}{8}\right)\left(r_i^2+r_0^2-\frac{r_i^2 r_0^2}{r^2}-r^2\right) \tag{11.45}$$

where μ is Poisson's ratio, r is the radius to a point of interest.

习　　题

11.1　题图 11.1 所示机构中，已知齿轮 1 和 2 的齿数为 z_1、z_2，构件 BC 尺寸为 l_{BC}；各构件的质心与其回转轴线重合，绕质心轴的转动惯量分别为 J_1、J_2；构件 4 的质量为 m_4，构件 3 的质量忽略不计；构件 BC 与导路方向夹角为 φ_2；作用在主动件 1 上的驱动力矩为 M_1，作用在从动件 4 上的阻抗力为 F_{r4}。若以构件 2 为等效构件，求等效转动惯量和等效力矩的数学表达式。

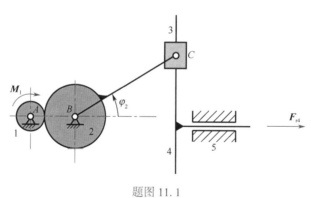

题图 11.1

11.2　某机械采用三相交流异步电动机为原动机，该电动机的额定转矩为 465N·m，额定转速 $n=1440$r/min，同步转速 $n_0=1500$r/min。若电动机轴为等效构件，等效阻抗力矩 $M_{1r}=400$N·m，求该机械稳定运转时的角速度。

11.3　在题图 11.2（a）所示的曲柄压力机中，以曲轴为等效构件时的等效阻抗力矩 M_{er} 变化规律如题图 11.2（b）所示，等效驱动力矩 M_{ed} 为常量。电动机转速为 700r/min，带传动的传动比为 3.5，小带轮 A 与电动机转子对其质心轴（与转轴轴线重合）的转动惯量为 $J_1=0.02$kg·m²。若机器运转的速度不均匀系数 $\delta=0.1$，求以大带轮兼作飞轮时的转动惯量 J_F。

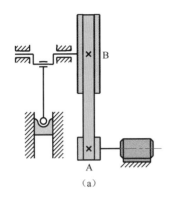

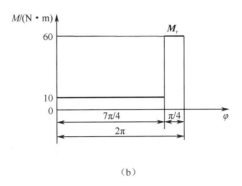

题图 11.2

11.4 某内燃机曲柄的输出力矩 M_d 随曲柄转角 φ 的变化曲线如题图 11.3 所示，其运动周期 $\varphi_T = \pi$，曲柄的平均转速 $n_m = 620$r/min。当用该内燃机驱动一阻抗力为常数的机械时，如果要求其运转的速度不均匀系数 $\delta = 0.01$，试求：（1）曲柄最大转速 n_{max} 和相应的曲柄转角位置 φ_{max}；（2）装在曲柄上的飞轮转动惯量 J_f（不计其余构件的转动惯量）。

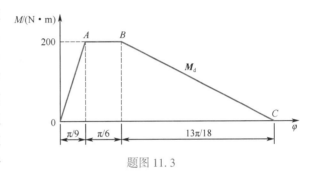

题图 11.3

11.5 题图 11.4 所示的牛头刨床机构中，齿轮 1 安装在电动机轴上，其转速 $n_1 = 1450$r/min，各轮的齿数分别为 $z_1 = 20$，$z_2 = 58$，$z_{2'} = 25$，$z_3 = 100$；该刨床在工作行程与空回行程消耗的功率分别为 $P_1 = 3.677$kW，$P_2 = 0.3677$kW；空回行程对应的曲柄 AB 转角 $\varphi_2 = 120°$。若机器的运转速度不均匀系数 $\delta = 0.05$，试求：（1）以主轴 A 为等效构件，安装在 A 轴上飞轮的转动惯量 J_{FA}；（2）如把飞轮安装在电动机轴 O 上，飞轮的转动惯量 J_{FO}；（3）确定电动机的平均功率。

11.6 在题图 11.5（a）所示齿轮机构中，主动轮 1 上的驱动力矩 M_1 为常数，平均角速度 $\omega_1 = 50$rad/s，齿轮 2 上的力矩变化规律如下：$0° \leqslant \varphi_2 \leqslant 120°$，$M_2 = 300$N·m；$120° < \varphi_2 < 360°$，如题图 11.5（b）所示，$M_2 = 0$。若两轮的齿数 $z_1 = 20$，$z_2 = 40$，试求：（1）在稳定运转阶段，驱动力矩 M_1 的大小；（2）为减小齿轮 1 的速度波动，拟在轴 1 上安装飞轮，若机器的运转速度不均匀系数 $\delta = 0.05$，不计齿轮 1 和 2 的转动惯量，所加飞轮的转动惯量为多少？

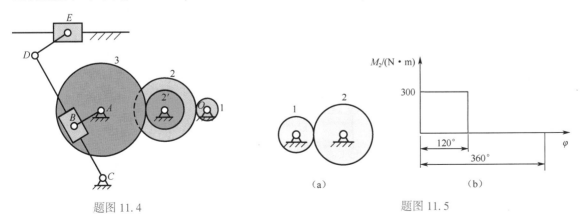

题图 11.4   题图 11.5

11.7 某机器主轴上的等效力矩和等效转动惯量的变化规律如题图11.6所示。试求：（1）判断该机器能否做周期性的变速稳定运转，并说明理由；（2）在运动周期的初始位置时，$\varphi_0 = 0°$，$\omega_0 = 100\text{rad/s}$，求角速度 $\omega_{\max}$、$\omega_{\min}$ 的值及其对应的转角位置。

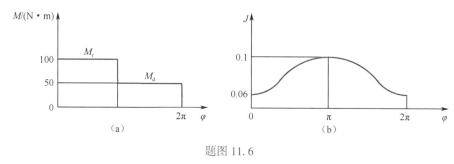

题图 11.6

11.8 某机组发动机的输出力矩 $M_d = \dfrac{1000}{\omega}\text{N}\cdot\text{m}$，工作机的阻抗力矩 M_r 如题图11.7所示，$t_1 = 0.1\text{s}$，$t_2 = 0.9\text{s}$。若忽略其他构件的转动惯量，试求：在 $\omega_{\max} = 200\text{rad/s}$，$\omega_{\min} = 100\text{rad/s}$ 的情况下，飞轮的转动惯量为多少？

11.9 题图11.8所示的行星轮系中，已经各轮模数均为 $m = 10\text{mm}$，齿数分别为 $z_1 = z_{2'} = 20$，$z_2 = z_3 = 40$；各构件的质心与其回转轴线重合，绕质心轴的转动惯量分别为 $J_1 = 0.01\text{kg}\cdot\text{m}^2$，$J_2 = 0.04\text{kg}\cdot\text{m}^2$，$J_{2'} = 0.01\text{kg}\cdot\text{m}^2$，$J_H = 0.18\text{kg}\cdot\text{m}^2$；各行星轮的质量分别为 $m_2 = 4\text{kg}$，$m_{2'} = 2\text{kg}$。（1）若以齿轮1为等效构件，计算其等效转动惯量；（2）若作用在系杆H上的阻力矩 $M_{rH} = 60\text{N}\cdot\text{m}$，求其等效阻抗力矩 M_{er}。

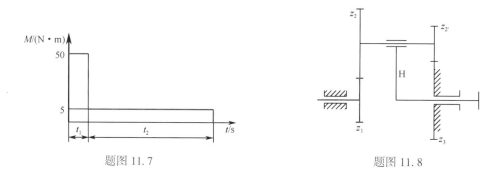

题图 11.7

题图 11.8

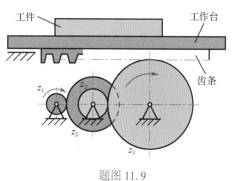

题图 11.9

11.10 如题图11.9所示为一机床工作台的传动系统，设已知各齿轮的齿数，齿轮3的分度圆半径 r_3，各齿轮的转动惯量 J_1、J_2、$J_{2'}$、J_3，因为齿轮1直接装在电动机轴上，故 J_1 中包含了电动机转子的转动惯量，工作台和被加工零件的重量之和为 G。当取齿轮1为等效构件时，试求该机械系统的等效转动惯量 J_e。

11.11 已知某机械稳定运转时的等效驱动力矩和等效阻力矩如题图11.10所示。机械的等效转动惯量 $J_e = 1\text{kg}\cdot\text{m}^2$，等效驱动力矩 $M_d = 30\text{N}\cdot\text{m}$，机械稳定运转开始时等效构件的角速度 $\omega_0 = 25\text{rad/s}$，试确定：（1）等效构件的稳定运动规律 $\omega(\varphi)$；（2）速度不均匀系数 δ；（3）最大盈亏功 $\Delta E_{\max}$；（4）若要求 $[\delta] = 0.05$，系统是否满足要求？如果不满足，求飞轮的转动惯量 J_f。

11.12　如题图 11.11 所示，已知质量 $m = 2.75\text{kg}$、转动惯量 $J = 0.008\text{kg} \cdot \text{m}^2$ 的转子，其轴颈尺寸 $d = 10\text{mm}$，从转速 $n = 200\text{r/min}$ 开始按直线变化规律停车。（1）如停车时间 $t = 2\text{s}$，求转子轴承处的摩擦系数 f；（2）如把停车时间缩短到 0.5s，除摩擦力矩外，还需要多大的制动力矩？

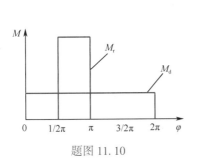

题图 11.10

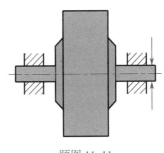

题图 11.11

11.13　如题图 11.12 所示，某机械主轴为等效构件，等效驱动力矩为常数，其值为 $M_d = 75\text{N} \cdot \text{m}$，等效阻抗力矩按直线递减变化，运转周期为 2π。等效转动惯量为常数，其值为 $J = 1\text{kg} \cdot \text{m}^2$。在运转周期的开始位置，$\varphi_0 = 0°$，$\omega_0 = 100\text{rad/s}$。求 $\varphi = 60°$ 及 $\varphi = 180°$ 时主轴的角速度和角加速度。

11.14　在题图 11.13 所示的发动机机构中，以曲柄为等效构件。作用在滑块上的驱动力 $F_3 = 1000\text{N}$，作用在曲柄上的工作阻力矩 $M_1 = 90\text{N} \cdot \text{m}$。曲柄 AB 长 $l_1 = 0.1\text{m}$，$\varphi_1 = 90°$，滑块质量 $m_3 = 10\text{kg}$，其余构件质量或转动惯量忽略不计。试求曲柄开始回转时的角加速度。

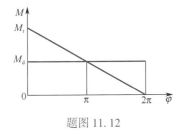

题图 11.12

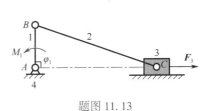

题图 11.13

11.15　某机械以其主轴为等效构件，等效阻抗力矩 M_r 变化规律如题图 11.14 所示，等效驱动力矩 M_d 为常数。主轴的平均角速度 $\omega_m = 40\text{rad/s}$，机器的速度不均匀系数 $\delta = 0.025$，若不计飞轮以外其他构件的转动惯量，求安装在机器主轴上飞轮的转动惯量。

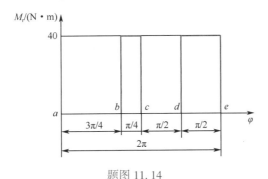

题图 11.14

第12章 机械的平衡

内容提要：本章介绍机械平衡的目的与分类，重点介绍刚性转子的静平衡、动平衡设计方法与试验方法，并对挠性转子的平衡及平面机构总惯性力的完全平衡、部分平衡方法做简要介绍。

§12.1 机械平衡的目的、分类与方法

12.1.1 机械平衡的目的

机械在运转过程中，除回转轴线通过质心并做等速转动的构件外，其他运动构件都会产生不平衡惯性力，构件上所产生的惯性力将在运动副中引起附加的动压力，增大运动副中的摩擦和构件中的内应力，降低机械效率和使用寿命。若振动频率接近机械系统的固有频率，还将引起共振，从而使机械遭到破坏，甚至威胁人员及厂房的安全。

研究机械中惯性力的变化规律，利用平衡设计和平衡试验的方法对惯性力进行完全平衡或部分平衡，是减轻机械振动、改善机械工作性能、提高工作质量、减少噪声污染、延长机械使用寿命的重要措施之一。

12.1.2 机械平衡的分类

在机械中，由于各构件的结构及运动形式的不同，其所产生的惯性力的平衡方法也不同。机械的平衡（balance of machinery）可分为以下两种：对于做定轴转动的构件，其惯性力可以用在构件上配置质量的方法予以平衡；对于做往复移动和做平面复合运动的构件，则不能就该构件本身加以平衡，而必须就整个机构加以平衡。

1. 转子的平衡

在机械平衡中，常将绕固定轴转动的构件称为转子（rotor）。其惯性力和惯性力矩的平衡问题称为转子的平衡。根据转子工作转速的不同，转子的平衡又分为刚性转子的平衡和挠性转子的平衡两种。

1）刚性转子的平衡

工作转速低于一阶临界转速的转子，其产生的弹性变形可以忽略不计，这类转子称为刚性转子（rigid rotor）。刚性转子的平衡原理是基于理论力学中的力系平衡理论，通过重新调整转子上的质量分布，使其质心位于回转轴线上的方法来实现的。刚性转子的平衡原理和方法是本章介绍的主要内容。

2）挠性转子的平衡

工作转速高于一阶临界转速的转子，其在工作过程中将会产生较大的弯曲变形，从而使其惯性力显著增大。通常称这类发生弹性变形的转子为挠性转子（flexible rotor）。挠性转子的平衡与刚性转子的平衡有很大的不同。挠性转子的平衡原理是基于弹性梁的横向振动理论，由于这个问题比较复杂，需做专门研究，本章只做简单介绍。

在现代机械中，如汽轮机、航空发动机中的大型转子等，其质量和跨度很大，而径向尺寸却较小，故导致其共振转速降低，这类转子的平衡都是挠性转子的平衡。

2. 机构的平衡

对于做往复移动的构件和做平面运动的构件，因构件的质心位置随构件的运动而发生变化，故质心处的加速度大小和方向也随构件的运动而变化。因此，不能用在构件上加减配重的方法来平衡这类构件上的惯性力，只能就整个机构加以考虑，设法使机构的总惯性力和惯性力矩在机架上得到部分或者完全的平衡。由于总惯性力和惯性力矩最终均由机械的基础所承受，故这类平衡问题又称为机构在机座上的平衡。

12.1.3 机械平衡的方法

1. 平衡设计

机械的设计阶段，除应保证其满足工作要求及制造工艺要求外，还应在结构上采取措施，以消除或减少可能导致有害振动的不平衡惯性力与惯性力矩。该过程称为机械的平衡设计。

2. 平衡试验

经平衡设计的机械，尽管在理论上已经达到平衡，但由于制造误差、装配误差及材质不均匀等非设计因素的影响，实际生产出来的机械往往达不到原始的设计要求，仍会产生新的不平衡现象。这种不平衡在设计阶段是无法确定和消除的，必须采用试验的方法予以平衡。

§12.2 刚性转子的平衡设计

12.2.1 刚性转子的静平衡设计

如图 12.1 所示，转子的轴向尺寸 B 与径向尺寸 D 的比值称为宽径比。对于宽径比 $\dfrac{B}{D} \leqslant \dfrac{1}{5}$ 的刚性转子，如叶轮、飞轮、砂轮等，由于其轴向尺寸较小，故可近似地认为其质量分布于同一回转平面内。各质量所产生的离心力将为同一平面内汇交于回转中心的力系。由于这种不平衡现象在转子静态时即可表现出来，故称为静不平衡。根据平面汇交力系的平衡条件可知，只要在同一平面内加一平衡质量（balancing mass）（或在相反方向减一平衡质量），使它产生的离心力 F 与原有质量产生的离心力的向量和等于零，此力系就成为平衡力系，也就是说回转件处于平衡状态。这一过程称为转子的静平衡设计（static balance design）。静平衡设计的关键是找出转子在该平面上应加或应减平衡质量的大小和方位。

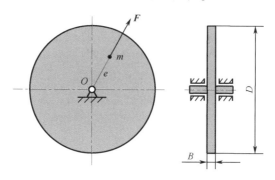

图 12.1　刚性转子

1. 图解法

图 12.2（a）所示为一盘形转子，已知分布于同一回转平面内的偏心质量为 m_1、m_2 和 m_3，从回转中心到各偏心质量中心的向径为 r_1、r_2 和 r_3。当转子以等角速度 ω 转动时，各偏心质量所产生的离心惯性力分别为 F_1、F_2 和 F_3。

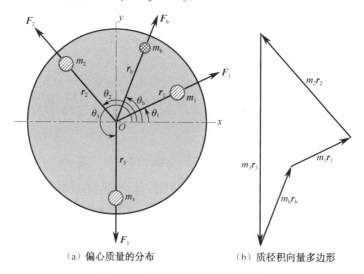

（a）偏心质量的分布　　　　　　　（b）质径积向量多边形

图 12.2　刚性转子的静平衡设计

为了平衡离心惯性力 F_1、F_2 和 F_3，就必须在此平面内增加一个平衡质量 m_b，从回转中心到这一平衡质量中心的向径为 r_b，它所产生的离心惯性力为 F_b。要求平衡时，F_1、F_2、F_3 和 F_b 所形成的合力为零，即

$$F_b + F_1 + F_2 + F_3 = 0$$

若 m 和 e 分别为转子的总质量和总质心的向径，则

$$m\omega^2 e = m_b\omega^2 r_b + m_1\omega^2 r_1 + m_2\omega^2 r_2 + m_3\omega^2 r_3 = 0 \tag{12.1}$$

消去 ω^2 后，可得

$$m e = m_b r_b + m_1 r_1 + m_2 r_2 + m_3 r_3 = 0 \tag{12.2}$$

显然，静平衡后该转子的总质心将与其回转中心重合，即 $e = 0$。式（12.2）中，质量与向径的乘积称为质径积（mass-radius product），它表征了同一转速下转子上各离心惯性力的相对大小与方位。

在转子的设计阶段，若已知各偏心质量的大小及方位，则由下式

$$m_b \boldsymbol{r}_b + \sum_{i=1}^{n} m_i \boldsymbol{r}_i = 0 \tag{12.3}$$

即可求得所需增加的平衡质量的质径积 $m_b \boldsymbol{r}_b$。式（12.3）中，n 为同一回转平面内偏心质量的数目。

式（12.3）中只有 $m_b \boldsymbol{r}_b$ 为未知，故可用向量多边形求解。根据回转件的结构特点选定 $\boldsymbol{r}_b$ 的大小，所需的平衡质量就随之确定。平衡质量的安装方向即向量图上 $m_b \boldsymbol{r}_b$ 所指的方向。通常尽可能将 $\boldsymbol{r}_b$ 的值选得大一些，以便使 m_b 小些。

由上述分析可知，刚性转子静平衡的条件是：各偏心质量的离心惯性力的合力为零或其质径积的向量和为零。

由于实际结构的限制，有时在所需平衡的回转面上不能安装平衡质量，如图 12.3（a）所示的单缸曲轴便属于这类情况。此时可以另选两个回转平面分别安装平衡质量来使回转件达到平衡。如图 12.3（b）所示，在原平衡平面两侧选定任意两个回转平面 T' 和 T''，它们与原平衡平面的距离分别为 l_1 和 $l-l_1$。设在 T' 和 T'' 面内分别装上平衡质量 m_b' 和 m_b''，其质心的向径分别为 $\boldsymbol{r}_b'$ 和 $\boldsymbol{r}_b''$，且 m_b' 和 m_b'' 都处于经过 m_b 的质心且包含回转轴线的平面内。当转子回转时，由 m_b'、m_b'' 和 m_b 产生的离心力 $\boldsymbol{F}_b'$、$\boldsymbol{F}_b''$ 和 $\boldsymbol{F}_b$ 成为三个互相平行的力，现欲使 $\boldsymbol{F}_b'$ 和 $\boldsymbol{F}_b''$ 取代 $\boldsymbol{F}_b$，则必须满足平行力分解的关系，即

$$\boldsymbol{F}_b' + \boldsymbol{F}_b'' = \boldsymbol{F}_b$$
$$\boldsymbol{F}_b' l_1 = \boldsymbol{F}_b''(l-l_1)$$

因离心力 $F = mr\omega^2$，所以上式可化简为

$$\begin{cases} m_b' r_b' = \dfrac{l-l_1}{l} m_b r_b \\[3mm] m_b'' r_b'' = \dfrac{l_1}{l} m_b r_b \end{cases} \tag{12.4}$$

若取 $r_b' = r_b'' = r_b$，则式（12.4）化简为

$$\begin{cases} m_b' = \dfrac{l-l_1}{l} m_b \\[3mm] m_b'' = \dfrac{l_1}{l} m_b \end{cases} \tag{12.5}$$

由上述可知，任何一个质径积都可用任意选定的两个回转平面 T' 和 T'' 内的两个质径积来代替。若向径不变，任一质量都可用任选的两个回转平面内的两个质量来代替。

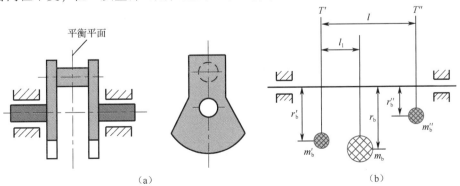

（a）　　　　　　　　　　　　　　（b）

图 12.3　质径积分解到两个平面

2. 解析法

如图 12.2 所示转子上，已知三个不平衡质量的大小分别为 m_1、m_2、m_3；相对于直角坐标系 $O\text{-}xy$ 的方位分别为 r_1、θ_1；r_2、θ_2；r_3、θ_3。设应加的平衡质量为 m_b，相对于直角坐标系 $O\text{-}xy$ 的方位为 r_b、θ_b。所加平衡质量 m_b 所产生的惯性力与三个不平衡质量 m_1、m_2、m_3 所产生的惯性力的合力为零时，其质量中心位于回转轴线上，实现了转子的静平衡。

根据力系平衡方程可有下式：

$$\begin{cases} F_1\cos\theta_1 + F_2\cos\theta_2 + F_3\cos\theta_3 + F_b\cos\theta_b = 0 \\ F_1\sin\theta_1 + F_2\sin\theta_2 + F_3\sin\theta_3 + F_b\sin\theta_b = 0 \end{cases} \tag{12.6}$$

因离心力 $F = mr\omega^2$，所以式（12.6）可化简为

$$\begin{cases} m_1 r_1\cos\theta_1 + m_2 r_2\cos\theta_2 + m_3 r_3\cos\theta_3 + m_b r_b\cos\theta_b = 0 \\ m_1 r_1\sin\theta_1 + m_2 r_2\sin\theta_2 + m_3 r_3\sin\theta_3 + m_b r_b\sin\theta_b = 0 \end{cases}$$

如转子上有 n 个不平衡质量，上式可写为

$$\begin{cases} \sum\limits_{i=1}^{n} m_i r_i\cos\theta_i + m_b r_b\cos\theta_b = 0 \\ \sum\limits_{i=1}^{n} m_i r_i\sin\theta_i + m_b r_b\sin\theta_b = 0 \end{cases} \tag{12.7}$$

解方程式（12.7），可求出应在转子上加的质径积 $m_b r_b$。

$$m_b r_b = \sqrt{\left(-\sum_{i=1}^{n} m_i r_i\cos\theta_i\right)^2 + \left(-\sum_{i=1}^{n} m_i r_i\sin\theta_i\right)^2} \tag{12.8}$$

加在转子上的平衡质量 m_b 所在的方位角 θ_b 为

$$\theta_b = \arctan\left[\frac{\sum\limits_{i=1}^{n}(-m_i r_i\sin\theta_i)}{\sum\limits_{i=1}^{n}(-m_i r_i\cos\theta_i)}\right] \tag{12.9}$$

式（12.9）中，θ_b 所在的象限应根据分子、分母的正负号确定。

当求出平衡质量的质径积 $m_b r_b$ 后，就可以根据转子的结构特点确定 r_b，所需质量的大小也就随之确定了，安装方向即为图中 θ_b 所指的方向。若转子的实际结构不允许在向径 r_b 的方向上安装平衡质量，也可以在向径 r_b 的相反方向上去掉一部分质量来使转子达到平衡。

例 12.1 在图 12.2 所示的转子中，各不平衡质量的大小与方位分别为 $m_1 = 3\text{kg}$，$r_1 = 80\text{mm}$，$\theta_1 = 60°$；$m_2 = 2\text{kg}$，$r_2 = 80\text{mm}$，$\theta_2 = 150°$；$m_3 = 2\text{kg}$，$r_3 = 60\text{mm}$，$\theta_3 = 225°$。求在 $r_b = 80\text{mm}$ 处应加的平衡质量及其方位。

解： 设在 $r_b = 80\text{mm}$ 处应加的平衡质量为 m_b，方位角为 θ_b。

由式（12.8）可得

$$m_b r_b = \sqrt{\left(-\sum_{i=1}^{3} m_i r_i\cos\theta_i\right)^2 + \left(-\sum_{i=1}^{3} m_i r_i\sin\theta_i\right)^2}$$

$$= \sqrt{(m_1 r_1\cos\theta_1 + m_2 r_2\cos\theta_2 + m_3 r_3\cos\theta_3)^2 + (m_1 r_1\sin\theta_1 + m_2 r_2\sin\theta_2 + m_3 r_3\sin\theta_3)^2}$$

代入已知数据并计算，得

$$m_b r_b = 227.8\text{kg}\cdot\text{mm}$$

$$m_b = \frac{227.8}{80} \approx 2.85\text{kg}$$

$$\theta_b = \arctan\left[\frac{\sum\limits_{i=1}^{3}(-m_i r_i \sin\theta_i)}{\sum\limits_{i=1}^{3}(-m_i r_i \cos\theta_i)}\right] = \arctan\left[\frac{-240\sin 60° - 160\sin 150° - 120\sin 225°}{-240\cos 60° - 160\cos 150° - 120\cos 225°}\right]$$

$$= \arctan\left[\frac{-203}{103.4}\right] = 297°$$

12.2.2 刚性转子的动平衡设计

对于宽径比 $\frac{B}{D} > \frac{1}{5}$ 的刚性转子，如内燃机曲轴、电动机转子、机床主轴等，由于不能忽略转子的宽度，转子上的不平衡质量不能视为集中在一个平面内，而是分布在转子的多个平面内。这时，即使转子的质心在回转轴线上，也因为不在同一平面的离心惯性力所形成的惯性力矩仍然使转子处于不平衡状态。由于这种不平衡只有在转子运动的情况下才会显现出来，所以称为动不平衡。为了消除刚性转子的动不平衡现象，设计时应先根据转子的结构确定各回转平面内偏心质量的大小和方位，然后计算所需增加的平衡质量的数目、大小及方位，使所设计的转子理论上达到平衡。这一设计过程称为刚性转子的动平衡设计（dynamic balance design）。

在图 12.4 所示刚性转子中，已知三个不平衡质量 m_1、m_2、m_3 分别位于平面 1、2、3 内，向径分别为 r_1、r_2 和 r_3。当转子以等角速度 ω 旋转时，所产生的惯性力 F_1、F_2、F_3 形成一个空间力系。根据前述刚性转子静平衡的内容可知，每一个力或质径积都可以平行分解到任意两个平面内。若将惯性力 F_1、F_2、F_3 平行分解到两个选定的回转平面 T' 和 T''，可有下式：

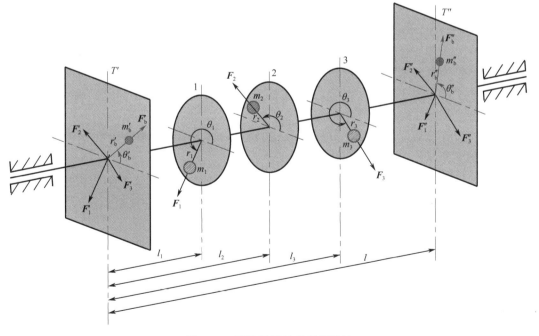

图 12.4 刚性转子的动平衡设计

$$F'_1 = F_1 \frac{l-l_1}{l} = m_1 r_1 \omega^2 \frac{l-l_1}{l}, \qquad F''_1 = F_1 \frac{l_1}{l} = m_1 r_1 \omega^2 \frac{l_1}{l}$$

$$F'_2 = F_2 \frac{l-l_2}{l} = m_2 r_2 \omega^2 \frac{l-l_2}{l}, \qquad F''_2 = F_2 \frac{l_2}{l} = m_2 r_2 \omega^2 \frac{l_2}{l}$$

$$F'_3 = F_3 \frac{l-l_3}{l} = m_3 r_3 \omega^2 \frac{l-l_3}{l}, \qquad F''_3 = F_3 \frac{l_3}{l} = m_3 r_3 \omega^2 \frac{l_3}{l}$$

按式（12.5）所述，若向径不变，任一质量都可用任选的两个回转平面内的两个质量来代替。故上式可变为

$$F'_1 = m'_1 r_1 \omega^2, \quad F''_1 = m''_1 r_1 \omega^2; \quad F'_2 = m'_2 r_2 \omega^2, \quad F''_2 = m''_2 r_2 \omega^2; \quad F'_3 = m'_3 r_3 \omega^2, \quad F''_3 = m''_3 r_3 \omega^2$$

式中，$m'_1 = m_1 \dfrac{l-l_1}{l}$，$m''_1 = m_1 \dfrac{l_1}{l}$；$m'_2 = m_2 \dfrac{l-l_2}{l}$，$m''_2 = m_2 \dfrac{l_2}{l}$；$m'_3 = m_3 \dfrac{l-l_3}{l}$，$m''_3 = m_3 \dfrac{l_3}{l}$。

这样就把复杂的空间力系的平衡问题转化为两个平面汇交力系的平衡问题。设在平衡面 T' 上应加的平衡质量为 m'_b，其所产生的惯性力为 $\boldsymbol{F}'_b$，则在 T' 面上有

$$\sum_{i=1}^{3} \boldsymbol{F}'_i + \boldsymbol{F}'_b = 0 \qquad (12.10)$$

同理，在 T'' 面上有

$$\sum_{i=1}^{3} \boldsymbol{F}''_i + \boldsymbol{F}''_b = 0 \qquad (12.11)$$

按静平衡原理，可分别对两平衡面进行平衡计算，求出质径积 $m'_b \boldsymbol{r}'_b$、$m''_b \boldsymbol{r}''_b$ 的大小及方位。适当选择向径 $\boldsymbol{r}'_b$、$\boldsymbol{r}''_b$ 的大小，即可求出平面 T'、T'' 内应加的平衡质量 m'_b、m''_b。此时，平面 1、2、3 内的不平衡质量 m_1、m_2、m_3 即可被平面 T'、T'' 内的平衡质量 m'_b、m''_b 所平衡。一般来说，将用以校正不平衡质径积的平面 T'、T'' 称为平衡平面或校正平面（correcting plane）。

由以上分析可以得出以下结论。

（1）刚性转子动平衡的条件是，分布于不同回转平面内的各不平衡质量的空间离心惯性力系的合力及合力矩为零。

（2）任何具有不平衡质量的刚性转子，无论在多少个回转平面内有不平衡质量，都可以在任选的两个平衡平面内分别加或减一个适当的平衡质量，使转子得到完全的平衡。也就是说，对于动不平衡的刚性转子，所需增加的平衡质量的最少数目为 2。因此，动平衡也称为双面平衡，而静平衡则称为单面平衡。

（3）由于动平衡同时满足静平衡的条件，故经过动平衡设计的刚性转子一定是静平衡的；反之，经过静平衡设计的刚性转子则不一定是动平衡的。

例 12.2 如图 12.5 所示，安装有带轮的滚筒轴，已知带轮上有一个偏心质量 $m_1 = 0.5\text{kg}$，滚筒上有三个偏心质量 $m_2 = m_3 = m_4 = 0.4\text{kg}$，各偏心质量的分布如图所示，且 $r_1 = 80\text{mm}$，$r_2 = r_3 = r_4 = 100\text{mm}$。试对该滚筒轴进行动平衡设计。

解：（1）为使该滚筒轴达到动平衡，必须任选两个平衡平面，并在两平衡平面内各加一个合适的平衡质量。本题中，可选择滚筒轴的两个端面 T' 和 T'' 作为平衡平面。

（2）根据平行力的合成与分解原理，将各偏心质量 m_1、m_2、m_3 及 m_4 分别分解到平衡平面 T' 和 T'' 内。

在平面 T' 内：

$$m'_1 = m_1 \frac{l+l_1}{l} = 0.5 \times \frac{460+140}{460} \approx 0.652\text{kg}$$

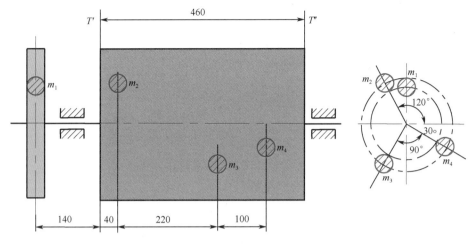

图 12.5 滚筒轴的动平衡设计

$$m_2' = m_2 \frac{l-l_2}{l} = 0.4 \times \frac{460-40}{460} \approx 0.365\text{kg}$$

$$m_3' = m_3 \frac{l-l_3}{l} = 0.4 \times \frac{460-(40+220)}{460} \approx 0.174\text{kg}$$

$$m_4' = m_4 \frac{l-l_4}{l} = 0.4 \times \frac{460-(40+220+100)}{460} \approx 0.087\text{kg}$$

在平面 T'' 内：

$$m_1'' = m_1 \frac{l_1}{l} = 0.5 \times \frac{140}{460} \approx 0.152\text{kg}$$

$$m_2'' = m_2 \frac{l_2}{l} = 0.4 \times \frac{40}{460} \approx 0.035\text{kg}$$

$$m_3'' = m_3 \frac{l_3}{l} = 0.4 \times \frac{40+220}{460} \approx 0.226\text{kg}$$

$$m_4'' = m_4 \frac{l_4}{l} = 0.4 \times \frac{40+220+100}{460} \approx 0.313\text{kg}$$

（3）平衡平面 T'、T'' 内，各偏心质量的方位角分别为

$$\theta_1' = -\theta_1'' = \theta_1 = 90°, \qquad \theta_2' = \theta_2'' = \theta_2 = 120°$$
$$\theta_3' = \theta_3'' = \theta_3 = 240°, \qquad \theta_4' = \theta_4'' = \theta_4 = 330°$$

（4）平衡平面 T'、T'' 内，平衡质量的质径积的大小及方位角分别为

$$m_b' r_b' = \sqrt{\left(-\sum_{i=1}^{4} m_i' r_i \cos\theta_i'\right)^2 + \left(-\sum_{i=1}^{4} m_i' r_i \sin\theta_i'\right)^2}$$

$$= \sqrt{19.42^2 + (-64.35)^2} \approx 67.22\text{kg}\cdot\text{mm}$$

$$\theta_b' = \arctan\left[\frac{\sum\limits_{i=1}^{4}(-m_i' r_i \sin\theta_i')}{\sum\limits_{i=1}^{4}(-m_i' r_i \cos\theta_i')}\right] = \arctan\left(\frac{-64.35}{19.42}\right) \approx 286.79°$$

$$m_b'' r_b'' = \sqrt{\left(-\sum_{i=1}^{4} m_i'' r_i \cos\theta_i''\right)^2 + \left(-\sum_{i=1}^{4} m_i'' r_i \sin\theta_i''\right)^2}$$

$$= \sqrt{(-14.06)^2 + (44.35)^2} \approx 46.53 \text{kg} \cdot \text{mm}$$

$$\theta''_b = \arctan \left[\frac{\sum\limits_{i=1}^{4} (-m''_i r_i \sin \theta''_i)}{\sum\limits_{i=1}^{4} (-m''_i r_i \cos \theta''_i)} \right] = \arctan \left(\frac{44.35}{-14.06} \right) \approx 107.59°$$

（5）确定平衡质量的向径大小 r'_b、r''_b，并计算平衡质量 m'_b、m''_b。

设 $r'_b = r''_b = 100$mm，则平衡平面 T'、T'' 内应增加的平衡质量分别为

$$m'_b = \frac{m'_b r'_b}{r'_b} = \frac{67.22}{100} = 0.6722 \text{kg}$$

$$m''_b = \frac{m''_b r''_b}{r''_b} = \frac{46.53}{100} = 0.4653 \text{kg}$$

应当指出，由于偏心质量 m_1 位于平衡平面的左侧，故将其产生的离心惯性力 $\boldsymbol{F}_1$ 分解到平面 T'、T'' 内时，$\boldsymbol{F}'_1$ 与 $\boldsymbol{F}_1$ 的方向相同，$\boldsymbol{F}''_1$ 与 $\boldsymbol{F}_1$ 的方向相反。因此，$\boldsymbol{r}'_1 = \boldsymbol{r}_1$，$\boldsymbol{r}''_1 = -\boldsymbol{r}_1$，也即 $\theta'_1 = \theta_1$，$\theta''_1 = -\theta_1$。

§12.3 刚性转子的平衡试验

经过平衡设计的刚性转子在理论上是完全平衡的，但由于制造误差、安装误差及材质不均匀等原因，实际生产出来的转子在运转过程中还会出现不平衡现象。这种不平衡在设计阶段是无法确定和消除的，因此需要利用试验的方法对其做进一步的平衡。

12.3.1 刚性转子的静平衡试验

对于宽径比 $\frac{B}{D} \leq \frac{1}{5}$ 的刚性转子，一般只需进行静平衡试验。静平衡试验所需的试验设备称为静平衡架。

图 12.6（a）所示为导轨式静平衡架，其主体部分是位于同一水平面内的两根相互平行的导轨。试验时，将转子的轴颈支承在导轨上，并令其轻轻地自由滚动。若转子上有偏心质量存在，则其质心 S 必偏离回转中心。在重力的作用下，待其停止滚动时，质心 S 必在回转中心的铅垂下方，即 $\varphi = 0°$。这时可在轴心的正上方任意向径处加一平衡质量。反复试验，加减平衡质量，直至转子可在任意位置保持静止。然后根据所加平衡质量及位置得到其质径积。再根据转子的结构，在合适的位置增加或减小相应的平衡质量使转子最终达到平衡。导轨式静平衡架结构简单，平衡精度较高，但必须保证两导轨在同一水平面内且相互平行，故安装、调整较为困难。

若转子两端的轴颈尺寸不同，可采用图 12.6（b）所示的圆盘式静平衡架进行平衡。试验时，将待平衡转子的轴颈放置于分别由两个圆盘所组成的支承上，其平衡方法与导轨式静平衡架相同。圆盘式静平衡架使用方便，其一端支承的高度可以调节，可以平衡两端尺寸不同的转子。但因圆盘的摩擦阻力较大，故平衡精度不如前者高。

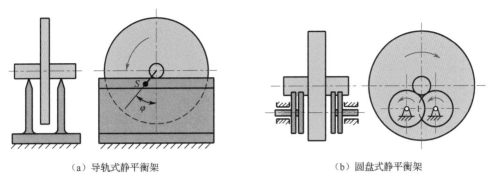

（a）导轨式静平衡架　　　　　　　　　　　（b）圆盘式静平衡架

图 12.6　转子的静平衡架

12.3.2　刚性转子的动平衡试验

对于宽径比 $\dfrac{B}{D} > \dfrac{1}{5}$ 的刚性转子，必须进行动平衡试验。动平衡试验一般应在专用的动平衡机（dynamic balancing machine）上完成。虽然动平衡机的种类很多，其构造、工作原理也不尽相同，但其作用都是用来确定需加在两个平衡面上平衡质量的大小和方位。目前，工业上应用较多的动平衡机是根据振动原理设计的。由于离心惯性力、惯性力矩将使转子产生强迫振动，故支承处振动的强弱直接反映了转子的不平衡情况。通过测振传感器将转子支承处的振动信号转变为电信号，即可解算出需加于两个平衡平面内的平衡质量的大小及方位。

根据转子支承架的刚度大小，一般可将动平衡机分为软支承与硬支承两类。如图 12.7（a）所示，软支承动平衡机的转子支承架由两片弹簧悬挂起来，可沿振动方向往复摆动，因其刚度较小，故称为软支承动平衡机。软支承动平衡机的转子工作频率 ω 要远大于转子支承系统的固有频率 ω_n，一般应在 $\omega \geqslant 2\omega_n$ 的情况下工作。硬支承动平衡机的转子直接支承在刚度较大的支承架上，如图 12.7（b）所示，转子支承系统的固有频率较大。硬支承动平衡机的转子工作频率 ω 要远小于转子支承系统的固有频率 ω_n，一般应在 $\omega \leqslant 0.3\omega_n$ 的情况下工作。

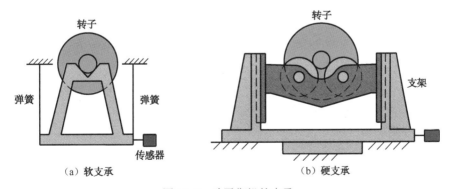

（a）软支承　　　　　　　　　　　　　　（b）硬支承

图 12.7　动平衡机的支承

图 12.8 所示为一种带微机系统的硬支承动平衡机的工作原理示意图。该动平衡机由机械部分、振动信号预处理电路及微机三部分组成。利用动平衡机主轴箱端部的发电机信号作为转速信号与相位基准信号，由发电机拾取的信号经处理后成为方波或脉冲信号，利用方波的上升

沿或正脉冲通过计算机的 PIO 口触发中断，使计算机开始和终止计数，测量转子的回转周期。传感器拾取的振动信号经预处理电路滤波、放大，并调整到 A/D 转换卡所要求的输入量范围内后，即可输入计算机进行数据采集与解算，最后由计算机给出转子两平衡平面内需加平衡质量的大小与方位。

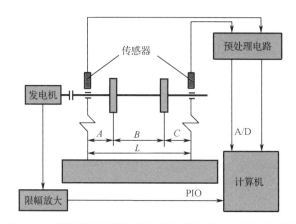

图 12.8　带微机系统的硬支承动平衡机的工作原理示意图

12.3.3　刚性转子的平衡精度

经过平衡试验的转子还会存在一些残存的不平衡量，即剩余的不平衡量。绝对的平衡是很难做到的，即很难做到使转子的中心主惯性轴线与回转轴线完全重合。实际上，也没有必要做到转子的完全平衡，只要满足实际工作要求就可以了。因此，应该对转子的许用不平衡量做出相应的规定。根据转子的平衡精度规定转子的许用不平衡量，只要转子的剩余不平衡量小于许用不平衡量，就可以满足工作要求。

转子的许用不平衡量（allowable amount of unbalance）有两种表示方法，即质径积表示法和偏心距表示法。对于同一转子，质径积的大小直接反映不平衡量的大小。但是对于质径积相同而质量不同的转子，它们的不平衡程度显然不同。为了便于比较，在衡量转子平衡的优劣或衡量平衡精度（balancing precision）时，用许用偏心距较好。

设转子的许用不平衡质径积用 $[mr]$ 表示，转子质心距离回转轴线的许用偏心距以 $[e]$ 表示，两者之间的关系为

$$[e] = [mr]/m$$

偏心距是一个与转子质量无关的绝对量，而质径积是与转子质量有关的相对量。通常，对于具体给定的转子，用许用不平衡质径积较好，因为它直观，便于平衡操作，缺点是不能反映转子和平衡机的平衡精度。

例如，一个质量为 10kg 的转子和一个质量为 50kg 的转子，许用不平衡量均为 0.008kg·mm，如果两者的剩余不平衡量均为 0.005kg·mm，很显然，质量大的转子平衡精度高。

关于转子的许用不平衡量，目前我国尚未制定统一的标准。表 12.1 所示为国际标准化组织（ISO）制定的《刚性转子平衡精度标准》中给出的各种典型刚性转子的平衡精度等级及对应的许用不平衡量的推荐值，供使用时参考。

表 12.1　各种典型刚性转子的平衡精度及对应的许用不平衡量的推荐值

平衡精度等级	$G=\dfrac{[e]\omega^{①}}{1000}$ /（mm/s）	转子类型举例
G4000	4000	刚性安装的具有奇数个汽缸的低速[②]船用柴油机曲轴部件[③]
G1600	1600	刚性安装的大型两冲程发动机曲轴部件
G630	630	刚性安装的大型四冲程发动机曲轴部件；弹性安装的船用柴油机曲轴部件
G250	250	刚性安装的高速[②]四缸柴油机曲轴部件
G100	100	六缸和六缸以上高速柴油机曲轴部件；汽车、机车用发动机整机（汽油机或柴油机）
G40	40	汽车车轮、轮缘、轮组、传动轴；弹性安装的六缸或六缸以上高速四冲程发动机曲轴部件；汽车、机车用发动机曲轴部件
G16	16	特殊要求的传动轴（螺旋桨轴、万向节轴）；破碎机械和农用机械的零部件；汽车和机车发动机的特殊部件；有特殊要求的六缸或六缸以上发动机曲轴部件
G6.3	6.3	作业机械的回转零件；船用主汽轮机齿轮；离心机的鼓轮；风扇；装配好的航空燃气轮机；泵的叶轮；机床及一般机械的回转零部件；普通电动机转子；有特殊要求的发动机回转零部件
G2.5	2.5	燃气轮机和汽轮机的转子部件；刚性汽轮发电机转子；透平压缩机转子；机床主轴和驱动部件；有特殊要求的大、中型电机转子；小型电机转子；透平驱动泵
G1.0	1.0	磁带记录仪和录音机驱动部件；磨床驱动部件；有特殊要求的小型电机转子
G0.4	0.4	精密磨床的主轴；电机转子；陀螺仪

注：①ω 为转子转动的角速度（rad/s）；$[e]$ 为许用偏心距（μm）；
　　②按国际标准，低速柴油机的活塞速度小于 9m/s，高速柴油机的活塞速度大于 9m/s；
　　③曲轴部件是指曲轴、飞轮、离合器、带轮等的组合件。

根据表中数据，通过计算可得到转子的许用偏心距和许用质径积。

许用偏心距为

$$[e]=\frac{1000}{\omega}\times G \tag{12.12}$$

许用质径积为　　　$[mr]=m[e]$　　（12.13）

式中，G 为平衡精度。

对于静不平衡转子，由于转子的不平衡质量与平衡质量均在同一个平面内，故转子的质心与回转中心之间的最大距离应控制在许用偏心距之内，其许用质径积为 $m[e]$。

对于动不平衡的转子，由于在两个平衡平面上分别进行平衡，因此，需要把许用不平衡量 $[mr]$ 分解到两个平衡平面上。如图 12.9 所示的转子中，设转子质量为 m，质心位于 C 点，平衡平面 I、II 上的许用质径积分别为

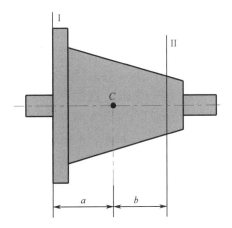

图 12.9　许用质径积分配到两个平衡平面

$$[mr]_\mathrm{I} = m[e]\frac{b}{a+b} \tag{12.14}$$

$$[mr]_\mathrm{II} = m[e]\frac{a}{a+b} \tag{12.15}$$

平衡时，将两个平面的剩余不平衡量分别与上述值相比即可知道平衡效果。

例 **12.3** 图 12.9 所示转子的质量 $m = 100\mathrm{kg}$，工作转速 $n = 3000\mathrm{r/min}$，$a = 200\mathrm{mm}$，$b = 300\mathrm{mm}$，平衡精度为 G6.3。求两个平衡面上的许用质径积。

解：

$$\omega = \frac{\pi n}{30} \approx 314.159\mathrm{rad/s}$$

质心平面的许用偏心距为

$$[e] = 6.3 \times \frac{1000}{\omega} \approx 20\mu\mathrm{m}$$

许用质径积为

$$m[e] = 100 \times 0.02 = 2\mathrm{kg \cdot mm}$$

Ⅰ 平面的许用质径积为

$$[mr]_\mathrm{I} = m[e]\frac{b}{a+b} = 2 \times \frac{300}{200+300} = 1.2\mathrm{kg \cdot mm}$$

Ⅱ 平面的许用质径积为

$$[mr]_\mathrm{II} = m[e]\frac{a}{a+b} = 2 \times \frac{200}{200+300} = 0.8\mathrm{kg \cdot mm}$$

§12.4 挠性转子的平衡

12.4.1 挠性转子及其变形

在很多高速和大型回转机械中，当转子的工作速度超过第一临界速度时，这些转子在回转过程中将产生明显的变形——动挠度，因而引起或加剧其支承的振动。由于动挠度的出现，使转子的不平衡状态复杂化了，即除由于质量分布不均造成的不平衡外，还增加了由于转子弹性变形造成的不平衡，而后者又随工作转速按复杂规律变化，这类转子称为挠性转子。

与刚性转子平衡一样，挠性转子平衡也要消除或减小由于转子不平衡对支承产生的动压力。但与刚性转子相比，挠性转子的动平衡具有以下两个特点。

（1）转子的不平衡质量对支承引起的动压力和转子弹性变形的形状随转子的工作转速而变化，因此，在某一转速下平衡好的转子，不能保证在其他转速下也是平衡的。

（2）减小或消除支承动压力，不一定能减小转子的弯曲变形。而明显的弯曲变形将对转子的结构、强度和工作性能产生有害影响。

为此，挠性转子的平衡要解决以下两个问题。

（1）根据转子运转过程中测得的动挠度或对支承的动压力，找出不平衡量的分布规律。

（2）根据不平衡量的分布规律，确定所需平衡质量的大小、相位和沿轴向的位置，以消除或减小支承动压力和转子的动挠度，并保证在一定转速范围内平稳运转。

要同时解决这两个问题，用刚性转子的双面平衡法就不够了，而应根据转子弹性变形的规律，采用多平衡面并在几种转速下进行平衡。因此，挠性转子的平衡也叫多面平衡或振型平衡。

12.4.2　挠性转子的平衡原理及平衡方法

1. 挠性转子的平衡原理

挠性转子的平衡原理建立在弹性轴（梁）横向振动理论的基础上，其动平衡原理为：挠性转子在任意转速下回转时所呈现的动挠度曲线，是由无穷多阶振型组成的空间曲线，其前三阶振型是主要成分，振幅较大，其他高阶振型成分振幅很小，可以忽略不计。前三阶振型又都是由同阶不平衡量谐分量激起的，可对转子进行逐阶平衡。即先将转子启动到第一临界转速附近，测量支承的振动或转子的动挠度，对第一阶不平衡量谐分量进行平衡；然后再将转子依次启动到第二、第三临界转速附近，分别对第二、第三阶不平衡量谐分量进行平衡。

由于平衡是逐阶进行的，而且平衡面的数目和位置是根据振型选择的，因此，不仅保证了转子在整个工作转速范围内振动被控制在许可范围内，而且可以有效地减小转子的动挠度和弯曲应力。

必须指出，平衡的目的是使转子在其工作转速范围内运转平稳，因此，只对工作在第三临界转速以上或接近第三临界转速的转子，才需要对第三阶不平衡量谐分量进行平衡。

2. 挠性转子的平衡方法

根据上述平衡原理可以用多种具体的平衡方法对挠性转子进行动平衡。下面简要介绍振型平衡法。

振型平衡法的基本过程是根据测量或计算得到的振型，适当地选择平衡面的数目和轴向位置，对工作转速范围内的振型进行逐阶平衡。根据平衡面数目的不同，振型平衡法又分为 *N* 法和 *N*+2 法两种。

N 法即 *N* 平面法，要求设置的平衡面数等于振型的阶数 *N*。即平衡一阶振型应选一个平衡面，平衡二阶振型应选两个平衡面。平衡面的轴向位置一般选在波峰处，此时平衡效果最显著，而所需配加的平衡质量最小。*N* 法所用的平衡面少，操作比较简单，对于平衡精度要求不太高时，可选用该法。

N+2 法即 *N*+2 平面法，要求对转子进行振型平衡前，必须进行低速刚性动平衡，然后再逐阶对振型进行平衡，设置的平衡面数要等于振型的阶数加 2。*N*+2 法的平衡效果很好，因此，它不仅保证了振型平衡，还保证了刚性平衡。如果平衡精度要求较高，可选用 *N*+2 法。

§12.5　平面机构的平衡设计

对于做往复运动或平面复合运动的构件而言，其产生的惯性力、惯性力矩不能像转子那样由构件本身加以平衡，而必须对整个机构进行平衡。由于总惯性力矩的平衡问题需综合考虑驱动力矩和生产阻力矩，而驱动力矩、生产阻力矩与机械的工作性质有关，单独平衡总惯性力矩往往没有意义，故本节仅讨论机构总惯性力的平衡问题。

12.5.1 平面机构惯性力的平衡条件

机构运动时，各运动构件所产生的惯性力、惯性力矩可以合成为一个作用于机架上的总惯性力 F 及一个总惯性力矩 M。因此，为使机构处于平衡状态，必须满足 $F=0$ 且 $M=0$。

设机构中各运动构件的总质量为 m，其总质心 S 的加速度为 a_S，则机构的总惯性力为 $F=-ma_S$。由于 m 不可能为零，故欲使 $F=0$，必须满足 $a_S=0$，即机构的总质心应做匀速直线运动或保持静止。在机构的运动过程中，总质心 S 的运动轨迹一般为一封闭曲线，即其不可能永远处于匀速直线运动状态。因此，机构总惯性力平衡的条件是总质心 S 静止不动。

设计机构时，可采用附加平衡质量、构件合理布置或附加平衡机构等方法，使其总惯性力得到完全或部分的平衡。

12.5.2 机构总惯性力的完全平衡

1. 附加平衡质量法

对于某些机构，可通过在构件上附加平衡质量的方法来实现总惯性力的完全平衡。确定平衡质量的方法很多，这里仅介绍一种比较简单的质量代换法。

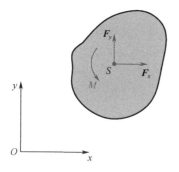

图 12.10 构件的惯性力与惯性力矩

质量代换法的思想是将构件的质量简化成若干集中质量，并使其产生的力学效应与原构件的力学效应相同。如图 12.10 所示，设构件的质量为 m，构件对其质心 S 的转动惯量为 J_S，则其惯性力 F 的 x、y 方向分量及其惯性力矩分别为

$$\begin{cases} F_x = -m\ddot{x}_S \\ F_y = -m\ddot{y}_S \\ M = -J_S\varepsilon \end{cases} \tag{12.16}$$

式中，$\ddot{x}_S$、$\ddot{y}_S$ 分别为质心 S 的 x、y 方向加速度分量；ε 为构件的角加速度。

现以 n 个集中质量 $m_1, m_2, \cdots, m_n$ 来代换原构件的质量 m 与转动惯量 J_S。若要求代换前后力学效应相同，则代换时应满足以下三个条件。

（1）各代换质量之和与原构件的质量相等，即

$$\sum_{i=1}^{n} m_i = m \tag{12.17}$$

（2）各代换质量的总质心与原构件的质心重合，即

$$\begin{cases} \sum_{i=1}^{n} m_i x_i = m x_S \\ \sum_{i=1}^{n} m_i y_i = m y_S \end{cases} \tag{12.18}$$

式中，x_S、y_S 为构件质心的 x、y 方向坐标；x_i、y_i 为第 i 个集中质量的 x、y 方向坐标。

（3）各代换质量对质心的转动惯量之和与原构件对质心的转动惯量相等，即

$$\sum_{i=1}^{n} m_i [(x_i - x_S)^2 + (y_i - y_S)^2] = J_S \tag{12.19}$$

将式 (12.18) 对时间求导两次并变号, 可得

$$\begin{cases} -\sum_{i=1}^{n} m_i \ddot{x}_i = m\ddot{x}_S \\ -\sum_{i=1}^{n} m_i \ddot{y}_i = m\ddot{y}_S \end{cases}$$

该式左端为各代换质量的惯性力的合力, 右端为原构件的惯性力。显然, 满足前两个条件, 则代换前后的惯性力不变。

若将式 (12.19) 两端同乘以 $-\varepsilon$, 则

$$\sum_{i=1}^{n} \{ -m_i [(x_i - x_S)^2 + (y_i - y_S)^2] \varepsilon \} = -J_S \varepsilon$$

该式左端为各代换质量对构件质心的惯性力矩之和, 右端为原构件的惯性力矩。显然, 只有满足第三个条件, 代换前后惯性力矩才能相等。

满足上述三个条件时, 各代换质量所产生的总惯性力、惯性力矩分别与原构件的惯性力、惯性力矩相等, 这种代换称为质量动代换。若仅满足前两个条件, 则各代换质量所产生的总惯性力与原构件的惯性力相等, 而惯性力矩不同, 这种代换称为质量静代换。应当指出, 质量动代换后, 各代换质量的动能之和与原构件的动能相等; 而质量静代换后, 二者的动能并不相等。若仅需平衡机构的惯性力, 可以采用质量静代换; 但若需同时平衡机构的惯性力矩, 则必须采用质量动代换。

代换质量的数目越少, 计算就越方便。工程实际中通常采用两个或三个代换质量, 并将代换点选在运动参数容易确定的点上, 如构件的转动副中心。下面介绍常用的两点代换法。

1) 两点动代换

如图 12.11 所示, 设构件 AB 长为 l, 质量为 m, 构件对其质心 S 的转动惯量为 J_S。由于代换后其质心仍为 S, 故两代换点必与 S 共线。若选 A 为代换点, 则另一代换点 K 应在直线 AS 上。

由式 (12.17)~式 (12.19) 可得

$$m_A + m_K = m$$
$$m_A l_A = m_K l_K$$
$$m_A l_A^2 + m_K l_K^2 = J_S$$

故

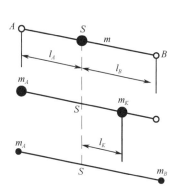

图 12.11 两点质量代换

$$\begin{cases} m_A = \dfrac{mJ_S}{ml_A^2 + J_S} \\[2mm] m_K = \dfrac{m^2 l_A^2}{ml_A^2 + J_S} \\[2mm] l_K = \dfrac{J_S}{ml_A} \end{cases} \quad (12.20)$$

由式 (12.20) 可知, 当选定代换点 A 后, 另一代换点 K 的位置也随之确定, 不能自由选择。

2) 两点静代换

静代换的条件比动代换的条件少了一个方程式 (12.19), 其自由选择的参数多了一个, 故两个代换点的位置均可自由选择。与动代换一样, 两代换点必与质心 S 共线。若令两代换点

分别位于两转动副的中心 A、B 处，则由式（12.17）及式（12.18）可知

$$m_A + m_B = m$$

$$m_A l_A = m_B l_B$$

故

$$\begin{cases} m_A = \dfrac{l_B}{l_A + l_B}m = \dfrac{l_B}{l}m \\ m_B = \dfrac{l_A}{l_A + l_B}m = \dfrac{l_A}{l}m \end{cases} \tag{12.21}$$

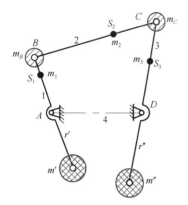

图 12.12　铰链四杆机构总惯性力
完全平衡的附加平衡质量法

图 12.12 所示的铰链四杆机构中，设运动构件 1、2、3 的质量分别为 m_1、m_2、m_3，其质心分别位于 S_1、S_2、S_3。为完全平衡该机构的总惯性力，可先将构件 2 的质量 m_2 代换为 B、C 两点处的集中质量，即

$$\begin{cases} m_B = \dfrac{l_{CS_2}}{l_{BC}}m_2 \\ m_C = \dfrac{l_{BS_2}}{l_{BC}}m_2 \end{cases} \tag{12.22}$$

然后，可在构件 1 的延长线上加一个平衡质量 m'，并使 m'、m_1 及 m_B 的质心位于 A 点。设 m' 的中心至 A 点的距离为 r'，则 m' 的大小可由下式确定：

$$m' = \frac{m_B l_{AB} + m_1 l_{AS_1}}{r'} \tag{12.23}$$

同理，可在构件 3 的延长线上加一个平衡质量 m''，并使 m''、m_3 及 m_C 的质心位于 D 点。平衡质量 m'' 的大小为

$$m'' = \frac{m_C l_{CD} + m_3 l_{DS_3}}{r''} \tag{12.24}$$

式中，r'' 为 m'' 的中心至 D 点的距离。

包括平衡质量 m'、m'' 在内的整个机构的总质量为

$$m = m_A + m_D \tag{12.25}$$

式中，

$$\begin{cases} m_A = m_1 + m_B + m' \\ m_D = m_3 + m_C + m'' \end{cases} \tag{12.26}$$

于是，机构的总质量 m 可认为集中在 A、D 两个固定不动点处。机构的总质心 S 应位于直线 AD（即机架）上，且

$$\frac{l_{AS}}{l_{DS}} = \frac{m_D}{m_A} \tag{12.27}$$

机构运动时，其总质心 S 静止不动，即 $a_S = 0$。因此，该机构的总惯性力得到了完全平衡。

采用同样的方法，可对如图 12.13 所示的曲柄滑块机构进行平衡。首先，可在构件 2 的延长线上加一个平衡质量 m'，并使 m'、m_2 及 m_3 的质心位于 B 点。设 m' 的中心至 B 点的距离为 r'，则 m'、m_B 的大小分别为

$$m' = \frac{m_2 l_{BS_2} + m_3 l_{BC}}{r'} \tag{12.28}$$

$$m_B = m_2 + m_3 + m' \tag{12.29}$$

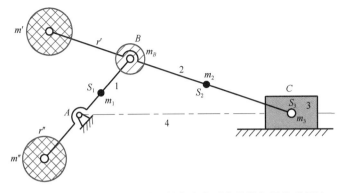

图 12.13 曲柄滑块机构总惯性力完全平衡的附加平衡质量法

然后，可在构件 1 的延长线上加一个平衡质量 m''，并使 m''、m_1 及 m_B 的质心位于固定不动的 A 点。设 m'' 的中心至 A 点的距离为 r''，则平衡质量 m'' 及机构的总质量 m 分别为

$$m'' = \frac{m_1 l_{AS_1} + m_B l_{AB}}{r''} \tag{12.30}$$

$$m = m_A = m_1 + m_B + m'' \tag{12.31}$$

由于机构的总质心位于 A 点，故该机构的总惯性力得到了完全平衡。

2. 对称布置法

若机械本身要求多套机构同时工作，则可采用如图 12.14 所示的对称布置方式，使机构的总惯性力得到完全平衡。由于左右两部分关于 A 点完全对称，故在机构运动过程中，其质心将保持静止不动。采用对称布置法可以获得良好的平衡效果，但机构的体积会显著增大。

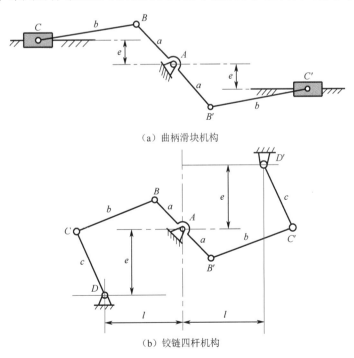

（a）曲柄滑块机构

（b）铰链四杆机构

图 12.14 机构总惯性力完全平衡的对称布置法

应当指出，上述的平衡设计方法虽然可使机构的总惯性力得到完全平衡，但也存在着明显的缺点。采用附加平衡质量法时，由于需要安装若干个平衡质量，将使机构的总质量大大增加；尤其是将平衡质量安装在做一般平面运动的连杆上时，对结构更为不利。采用对称布置法时，将使机构的体积增加，结构趋于复杂。因此，工程实际中许多设计者宁愿采用部分平衡方法以减小机构的总惯性力所产生的不良影响。

12.5.3　机构总惯性力的部分平衡

1. 附加平衡质量法

对于图 12.15 所示的曲柄滑块机构，可用质量静代换得到位于 A、B、C 三点的三个集中质量 m_A、m_B 及 m_C，其大小分别为

$$\begin{cases} m_A = m_{1A} = \dfrac{l_{BS_1}}{l_{AB}} m_1 \\[2mm] m_B = m_{1B} + m_{2B} = \dfrac{l_{AS_1}}{l_{AB}} m_1 + \dfrac{l_{CS_2}}{l_{BC}} m_2 \\[2mm] m_C = m_{2C} + m_3 = \dfrac{l_{BS_2}}{l_{BC}} m_2 + m_3 \end{cases} \tag{12.32}$$

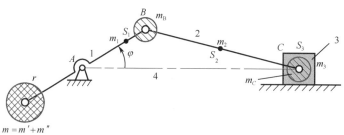

图 12.15　机构总惯性力部分平衡的附加平衡质量法

由于 A 为固定不动点，故集中质量 m_A 所产生的惯性力为零。因此，机构的总惯性力只有两部分，即 m_B、m_C 所产生的惯性力 $\boldsymbol{F}_B$、$\boldsymbol{F}_C$。为完全平衡 $\boldsymbol{F}_B$，只需在曲柄 1 的延长线上加一个平衡质量 m' 即可。设 m' 的中心至 A 点的距离为 r，则其大小为

$$m' = \frac{l_{AB}}{r} m_B \tag{12.33}$$

设曲柄 1 以等角速度 ω 等速转动，则集中质量 m_C 将做变速往复直线移动。由机构运动分析可知 C 点的加速度方程，用级数法展开并取前两项得

$$a_C \approx -\omega^2 l_{AB} \cos \omega t - \omega^2 \frac{l_{AB}^2}{l_{BC}} \cos 2\omega t \tag{12.34}$$

m_C 所产生的往复惯性力为

$$F_C \approx m_C \omega^2 l_{AB} \cos \omega t + m_C \omega^2 \frac{l_{AB}^2}{l_{BC}} \cos 2\omega t \tag{12.35}$$

上式右端的第一、二项分别称为一阶、二阶惯性力。舍去较小的二阶惯性力，只考虑一阶惯性力，则

$$F_C = m_C \omega^2 l_{AB} \cos \omega t \tag{12.36}$$

为平衡 $\boldsymbol{F}_C$，可在曲柄 1 的延长线上距 A 为 r 处再加一个平衡质量 m''，并使其满足

$$m'' = \frac{l_{AB}}{r} m_C \tag{12.37}$$

m'' 所产生的惯性力沿 x、y 方向的分力分别为

$$\begin{cases} F_x = -m'' \omega^2 r \cos \omega t \\ F_y = -m'' \omega^2 r \sin \omega t \end{cases} \tag{12.38}$$

将式（12.37）代入式（12.38），可得

$$\begin{cases} F_x = -m_C \omega^2 l_{AB} \cos \omega t \\ F_y = -m_C \omega^2 l_{AB} \sin \omega t \end{cases} \tag{12.39}$$

由于 $F_x = -F_C$，故 F_x 已将 m_C 所产生的一阶惯性力 F_C 抵消。不过，此时又增加了一个新的不平衡惯性力 F_y，其对机构的工作性能也会产生不利影响。为减小不利影响，通常取

$$F_x = -\left(\frac{1}{3} \sim \frac{1}{2} \right) F_C \tag{12.40}$$

也即

$$m'' = \left(\frac{1}{3} \sim \frac{1}{2} \right) \frac{l_{AB}}{r} m_C \tag{12.41}$$

这样，既可以平衡一部分往复惯性力 F_C，又可以使新增的惯性力 F_y 不致过大，对机械的工作较为有利，且在结构设计上也较为简便。在一些农业机械的设计中，常采用这种平衡方法，显然，这是一种近似平衡法。

2. 附加平衡机构法

机构的总惯性力一般是一个周期函数，将其展成无穷级数后，级数中的各项即为各阶惯性力。通常一阶惯性力较大，高阶惯性力较小。若需平衡某阶惯性力，则可采用与该阶频率相同的平衡机构。图 12.16（a）所示为以齿轮机构作为平衡机构来抵消曲柄滑块机构的一阶惯性力的情形。显然，其平衡条件为

$$m_{e1} r_{e1} = m_{e2} r_{e2} = m_C l_{AB} / 2$$

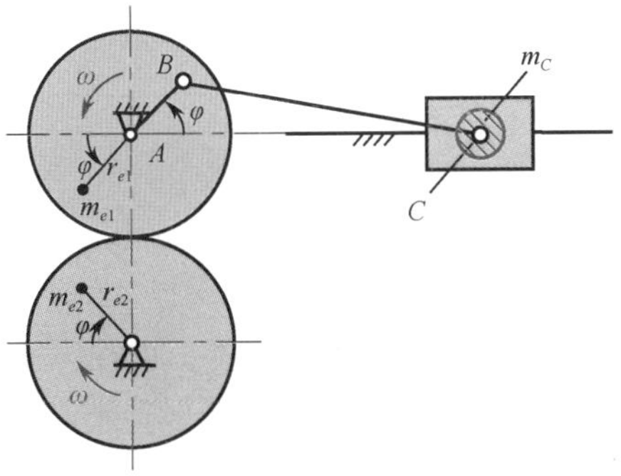

（a）一阶惯性力的平衡 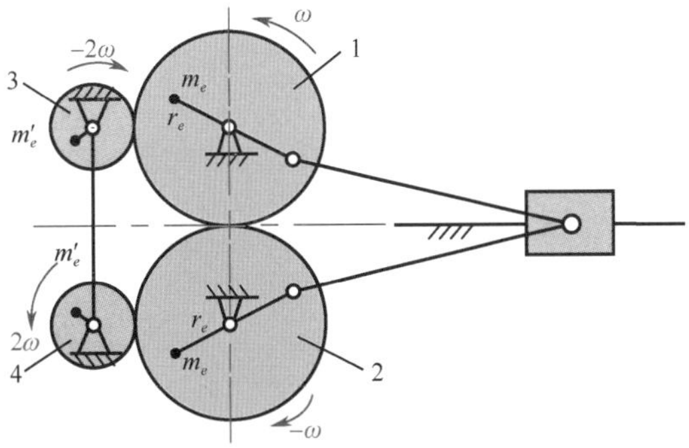　　　　　　　（b）一、二阶惯性力的平衡

图 12.16　附加齿轮机构实现曲柄滑块机构总惯性力的部分平衡

若需同时平衡一、二阶惯性力，则可采用图 12.16（b）所示的平衡机构。其中，齿轮 1、2 上的平衡质量 m_e 用以平衡一阶惯性力，而齿轮 3、4 上的平衡质量 m'_e 用以平衡二阶惯性力。这种附加齿轮机构的方法在平衡水平方向惯性力的同时，将不产生铅垂方向的惯性力，故与前

述的附加平衡质量法相比，其平衡效果更好。但采用平衡机构将使结构复杂，机构尺寸增大，这是这种方法的缺点。

有时也可采用附加连杆机构的方法来实现机构总惯性力的部分平衡。例如，图 12.17 中，以铰链四杆机构 $AB'C'D'$ 作为曲柄滑块机构 ABC 的平衡机构。若连架杆 $C'D'$ 较长，则 C' 点的运动近似为直线，故可在 C' 点附加平衡质量 m'，以达到平衡 m 所产生的惯性力的目的，而且平衡机构结构简单。

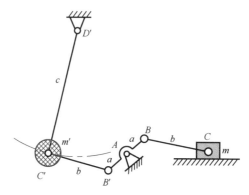

图 12.17　附加连杆机构实现曲柄滑块机构总惯性力的部分平衡

3. 近似对称布置法

如图 12.18（a）所示机构中，当曲柄 AB 转动时，滑块 C 与 C' 的加速度方向相反，其惯性力的方向也相反。但由于采用的是非完全对称布置，两滑块的运动规律并不完全相同，故只能使机构的总惯性力在机架上得到部分平衡。类似地，在图 12.18（b）所示机构中，当曲柄 AB 转动时，两连杆 BC、$B'C'$ 及两摇杆 CD、$C'D$ 的惯性力也可以部分抵消。

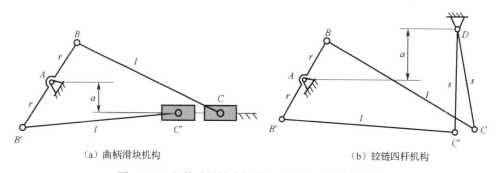

（a）曲柄滑块机构　　　　　　　　　　　　　（b）铰链四杆机构

图 12.18　机构总惯性力部分平衡的近似对称布置法

本节介绍了机构惯性力平衡的方法，但在机构运动过程中，除了惯性力外，惯性力矩的周期性变化也会引起机构在机架上的振动。在平衡惯性力时由于附加了平衡质量，惯性力矩的情况可能会变得更糟。所以在机构构型设计时，一定要根据不同的机构类型及受力分析选取适当的平衡方法。在尽可能消除或减小惯性力及惯性力矩的同时，还要尽量使机构结构简单，尺寸较小，这样整个机械就会具有良好的动力学特性。

🎓 小故事：被中香炉的平衡机理

1963 年，考古工作者在西安考古发现一批文物，在 200 多件金银器皿中，找到几个"被中香炉"。"被中香炉"又称"卧褥香炉""香薰球"，是一种金属制的容器，容器中放入火炭或香料，置于被中，用于冬季取暖或点燃香料熏被褥。

被中香炉的最早文字记载见于西汉司马相如所作的《美人赋》："于是寝具既设，服玩珍奇，金鉔薰香，黼帐低垂。袑褥重陈，角枕横施。"其中的"金鉔薰香"指的就是被中香炉。据说在汉武帝时，长安有位叫丁谖的巧匠，他制成了当时已经失传的被中香炉。在香炉中储存着香料，点燃以后，放在被褥之中，香炉随意滚动，香火不会倾撒出来。其原理与现代陀螺仪中的万向支架相同。

被中香炉最初被称为鉔。如插图 12.1 所示，被中香炉的球形外壳和位于中心的半球形炉体之间有两层同心圆环（也有三层的）。炉体在径向两端各有短轴，分别支承在内环的两个径向孔内，且能灵活转动。用同样方式，内环支承在外环上，外环支承在球形外壳的内壁上。炉体、内环、外环和球形外壳内壁的支承轴线依次互相垂直。炉体由于重力作用，不论球形外壳如何滚转，里面盛香的炉体总能保持平衡，保证炉口总是水平向上，不会倾倒。

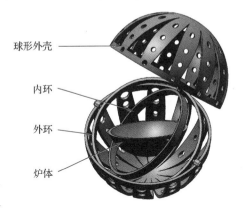

球形外壳

内环

外环

炉体

插图 12.1　被中香炉原理图

习　题

12.1 如题图 12.1 所示盘形回转体存在四个偏心质量，且分布在垂直于轴线的同一个平面内。已知 $m_1 = 100\text{kg}$，$r_1 = 50\text{mm}$；$m_2 = 140\text{kg}$，$r_2 = 100\text{mm}$；$m_3 = 160\text{kg}$，$r_3 = 75\text{mm}$；$m_4 = 100\text{kg}$，$r_4 = 50\text{mm}$。试求在什么位置，加多少平衡质量才能平衡该盘形回转体（加重半径可选 100mm）。

12.2 题图 12.2 所示转轴上存在的不平衡质量 m_1、m_2、m_3，皆分布在与其回转轴线重合的同一轴面内。已知 $m_1 = 1\text{kg}$，$r_1 = 100\text{mm}$；$m_2 = 0.5\text{kg}$，$r_2 = 100\text{mm}$；$m_3 = 0.25\text{kg}$，$r_3 = 200\text{mm}$。各不平衡质量的轴向位置为：$l_{11} = 50\text{mm}$，$l_{12} = 200\text{mm}$，$l_{23} = 100\text{mm}$，$l = 450\text{mm}$。若校正面选在两支承处，所加平衡质量半径均为 50mm，求两平衡面上应加平衡质量的大小和方位。

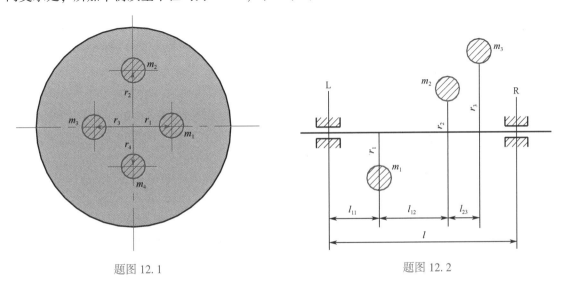

题图 12.1　　　　　　　　　　　　　　　题图 12.2

12.3 题图 12.3 所示为一宽径比 $B/D<1/5$ 的盘状转子，其质量 $m=300kg$。该转子存在偏心质量，需对其进行平衡设计。由于结构原因，仅能在平面 Ⅰ、Ⅱ 内两相互垂直的方向上安装平衡质量以使其达到静平衡。已知 $l=80mm$，$l_1=30mm$，$l_2=20mm$，$l_3=20mm$；各平衡质量的大小分别为 $m_1=2kg$，$m_2=1.6kg$；回转半径 $r_1=r_2=300mm$。试问：（1）该转子的原始不平衡质径积的大小、方位及其质心 S 的偏心距各为多少？（2）经上述平衡设计，该转子是否已满足动平衡的条件？（3）若转子的转速 $n=1000r/min$，其左、右两支承的动反力在校正前后各为多少？

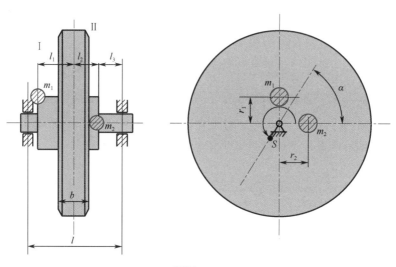

题图 12.3

12.4 题图 12.4 所示高速水泵的凸轮轴由三个相同的、互相错开 120° 角的偏心圆盘组成，其偏心距均为 12.7mm，每一个偏心圆盘质量为 4kg。偏心圆盘的轴向位置尺寸如图所示。若选择 R、L 为两平衡平面，且所加平衡质量处的半径为 10mm，求所加平衡质量的大小和方位。

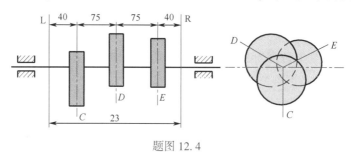

题图 12.4

12.5 题图 12.5 所示曲柄轴上安装有 A、B 两个飞轮，其轴向位置如图所示。已知曲柄长 $l=250mm$，曲拐处的不平衡质量 $m=500kg$。若在两飞轮上安装平衡质量 m_A'、m_B'，其半径均为 600mm，求应加平衡质量 m_A'、m_B' 的大小和方位。

12.6 有一船用主汽轮机齿轮，质量为 400kg，工作转速 $n=1000r/min$，试选择该齿轮的平衡精度等级，确定其许用不平衡量。

12.7 题图 12.6 所示转轴质量 $m=500kg$，其质心 S 到两平衡面 Ⅰ、Ⅱ 的距离为 $l_1=30mm$，$l_2=90mm$；平衡精度等级为 G40，工作转速 $n=1500r/min$，试确定两平衡面上的许用不平衡量。

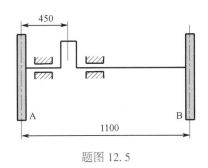

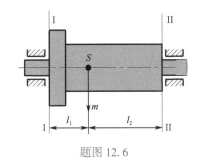

题图 12.5 题图 12.6

12.8 题图 12.7 所示曲柄滑块机构中，已知各构件长度分别为 $l_{AB}=80\text{mm}$，$l_{BC}=240\text{mm}$。曲柄 1、连杆 2 的质心 S_1、S_2 的位置为 $l_{AS_1}=l_{BS_2}=80\text{mm}$，滑块 3 的质量 $m_3=0.6\text{kg}$。若该机构的总惯性力完全平衡，试确定曲柄质量 m_1 及连杆质量 m_2 的大小。

12.9 题图 12.8 所示铰链四杆机构中，已知各构件的尺寸和质量：$l_1=150\text{mm}$，$l_2=360\text{mm}$，$l_3=300\text{mm}$，$m_1=0.4\text{kg}$，$m_2=0.7\text{kg}$，$m_3=0.5\text{kg}$；各构件的质心分别在 S_1、S_2、S_3；$l_{AC1}=95\text{mm}$，$l_{BC2}=180\text{mm}$，$l_{CC3}=140\text{mm}$。求在 $r_1'=110\text{mm}$、$r_2'=160\text{mm}$、$r_3'=100\text{mm}$ 处所加质量 m_1'、m_2'、m_3' 为多少才能完全平衡该机构。

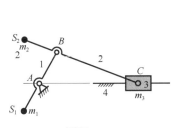

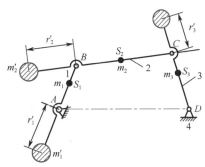

题图 12.7 题图 12.8

第三篇 执行机构系统的方案设计和机构学的发展及学科前沿

第13章 执行机构系统的方案设计

内容提要：本章介绍执行机构系统方案设计的过程和内容，具体包括功能分析与功能求解、执行机构系统的功能原理设计、执行机构的型综合和执行机构系统的协调设计。

§13.1 执行机构系统方案设计的一般流程

执行机构系统的方案设计（scheme design）是机械系统总体方案设计的核心，也是整个机械设计工作的基础。执行机构系统是机械系统中的一个子系统，它的一端与被执行件（如加工对象）接触，另一端与传动系统连接。在进行执行机构系统的方案设计时，不仅要明确该系统的功能要求，而且要了解它与其他系统的联系、协调与分工，以便使总系统达到最佳。

执行机构系统方案设计的一般流程可用图 13.1 所示的框图表示。下面简要介绍设计流程中的几个主要步骤的内容。

1. 机械的总功能要求

根据设计对象的用途和要求，合理表述机械的总功能目标和原理。目标既要明确、具体，又要能使设计者发挥创造构思的空间。例如，要设计一个密封盖的夹紧装置，若将功能表述为螺旋夹紧，则设计者直觉地会联想到丝杠螺旋夹紧。如果表述为机械夹紧，则可以想到其他的机械手段。如果表述得更抽象，如用压力夹紧，则思路就会更宽，就会想到气动、液压、电动等更多的技术原理。

2. 功能原理设计

任何一部机械的设计都是为了实现某种预期的功能要求，包括工艺要求和使用要求。功能

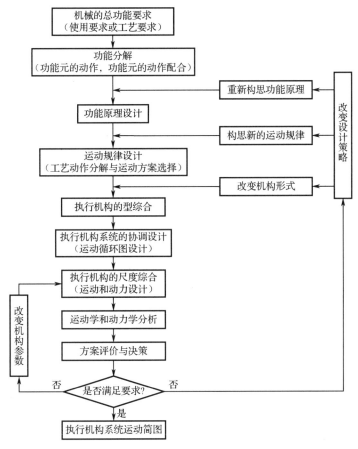

图 13.1　执行机构系统方案设计的一般流程

原理设计就是针对某一确定的功能要求，去寻求某些物理效应并借助一些作用原理来求得实现该功能目标的解法原理。要实现预期的功能要求，可以用不同的功能原理来实现，要求不同的功能原理需要不同的工艺动作。例如，要求设计一个齿轮加工设备，其预期实现的功能是在轮坯上加工出轮齿，为了实现这一功能要求，既可以选择仿形原理，又可以采用范成原理。若选择仿形原理，则工艺动作除了有切削运动和进给运动外，还需要准确的分度运动；若采用范成原理，则工艺动作除了有切削运动和进给运动外，还需要刀具与轮坯对滚的范成运动等。这说明，实现同一功能要求，可以选择不同的工作原理；选择的工作原理不同，所设计的机械在工作性能、工作品质和适用场合等方面就会有很大差异。

3. 运动规律设计

实现同一工作原理，可以采用不同的运动规律。所谓运动规律设计，是指为实现上述工作原理而决定选择何种运动规律。这一工作通常是通过对工作原理所提出的工艺动作进行分解来进行的。工艺动作分解的方法不同，所得到的运动规律也各不相同。例如，同是采用范成原理加工齿轮，工艺动作可以有不同的分解方法：一种方法是把工艺动作分解为齿条插刀与轮坯的范成运动、齿条刀具上下往复的切削运动及刀具的进给运动等，按照这种工艺动作分解方法，得到的是插齿机床的方案；另一种方法是把工艺动作分解为滚刀与轮坯的连续转动（将切削运动和范成运动合为一体）和滚刀沿轮坯轴线方向的移动，按照这种工艺动作分解方法，就得到了滚齿机床的方案。这说明，实现同一工作原理，可以选用不同的运动规律；所选用的运动规律不同，设计出来的机械也大相径庭。

4. 执行机构的型综合

实现同一种运动规律，可以选用不同类型的机构。所谓执行机构的型综合，指究竟选择何种机构来实现上述运动规律。例如，为了实现刀具的上下往复运动，既可以采用齿轮齿条机构、螺旋机构，又可以采用曲柄滑块机构、凸轮机构，还可以通过机构组合或结构变异创造发明新的机构等。究竟选择哪种机构，还需要考虑机构的动力特性、机械效率、制造成本、外形尺寸等因素，根据所设计的机械的特点进行综合考虑、分析比较，抓住主要矛盾，从各种可能使用的机构中选择合适的机构。执行机构的型综合直接影响机械的使用效果、繁简程度和可靠性等。

5. 执行机构系统的协调设计

一部复杂的机械通常由多个执行机构组合而成。当选定各个执行机构的形式后，还必须使这些机构以一定的次序协调动作，使其统一于一个整体，互相配合，以完成预期的工作要求。如果各个机构动作不协调，就会破坏机械的整个工作过程，达不到工作要求，甚至会损坏机件和产品，造成生产和人身事故。所谓执行机构系统的协调设计，就是根据工艺过程对各动作的要求，分析各执行机构应当如何协调和配合，设计出协调配合图。这种协调配合图通常称为机械的运动循环图，它具有指导各执行机构的设计、安装和调试的作用。

6. 执行机构的尺度综合

执行机构的尺度综合，是指对所选择的各个执行机构进行运动学和动力学设计，确定各执行机构的运动尺寸，绘制出各执行机构的运动简图。

7. 执行机构的运动学和动力学分析

对整个执行机构系统进行运动学和动力学分析，以检验其是否满足运动要求和动力性能方面的要求。

8. 方案评价与决策

方案评价包括定性评价和定量评价。前者是指对结构的繁简、尺寸的大小、加工的难易等进行评价；后者是指将运动和动力分析后所得的执行机构系统的具体性能与使用要求所规定的预期性能进行比较，从而对设计方案做出评价。如果评价的结果认为合适，则可绘制出执行机构系统的运动简图，即完成执行机构系统的方案设计；如果评价的结果是否定的话，则需要改变设计策略，对设计方案进行修改。修改设计方案的途径因实际情况而异，既可以改变机构参数，重新进行机构尺度设计；也可以改变机构形式，重新选择新的机构；还可以改变工艺动作分解的方法，重新进行运动规律设计；甚至可以否定原来所采用的功能原理设计，重新寻找新的功能原理。

需要指出的是，选择方案与对方案进行尺度设计和性能分析，有时是不可分的。因为在实际工作中，如果大体尺寸还没有确定，就不可能对方案做出确切评价，确定选择哪种方案。所以，这些工作在某种程度上是并行的。

综上所述，实现同一种功能要求，可以采用不同的工作原理；实现同一种工作原理，可以选择不同的运动规律；实现同一种运动规律，可以采用不同形式的机构。因此，为了实现同一种预期的功能要求，就可以有许多种不同的方案。执行机构系统方案设计所要研究的问题，就是如何合理地利用设计者的专业知识和分析能力，创造性地构思各种可能的方案并从中选出最佳方案。

§13.2　功能分析与功能元求解

13.2.1　功能分析

功能分析法是系统设计中拟定功能原理方案的主要方法。一台机器所能完成的功能称为机器的总功能。例如，缝纫机的总功能就是缝合布料，它由多个分功能系统组成，通过它们的协调工作来完成总功能。所以功能分析法就是将机械产品的总功能逐级分解为若干分功能，并进一步分解为不可再分的功能元，然后求解功能元，再将其组合，可以得到满足总功能要求的多种解决方案，以供评价选择。

采用功能分析法不仅简化了实现执行机构系统的功能原理方案的构思方法，同时也有利于依靠创造性思维，采用现代设计方法来构思和创新，易于得到最优化的功能原理方案。功能分析法的设计步骤及各阶段应用的主要方法如图 13.2 所示。总功能的分解可以用功能方法树来表达其功能关系和功能元组成，如图 13.3 所示。

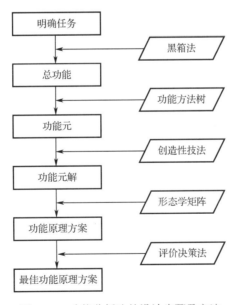

图 13.2　功能分析法的设计步骤及方法

功能元是直接能求解的功能单元。功能方法树中前级功能是后级功能的目标功能，而后级功能是前级功能的手段功能。这就是功能方法树中前后级功能之间的关系。

下面以家用缝纫机为例，说明机器的总功能如何按功能方法树的方式进行分解。

家用缝纫机的总功能是缝制衣料，要求多个分功能必须协调配合才能实现其总功能。其功能方法树可表示为如图 13.4 所示，功能方法树也称树状功能图。图 13.5 所示为四工位专用机床的树状功能图。

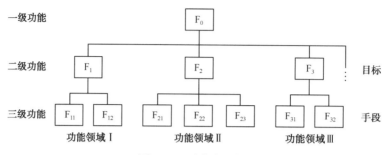

图 13.3 功能方法树

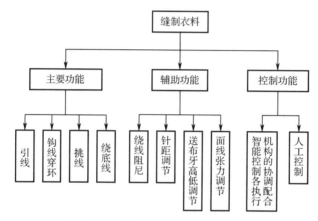

图 13.4 家用缝纫机的树状功能图

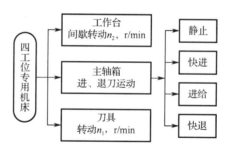

图 13.5 四工位专用机床的树状功能图

各分功能的排列方式可以分为下述三种，如图 13.6 所示。图 13.6（a）所示为串联结构，用于按先后顺序进行的过程。图 13.6（b）所示的主体为并联结构，用于同时进行的过程。图 13.6（c）所示为环形结构，用于反馈过程。

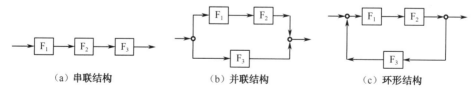

图 13.6 分功能的排列方式

13.2.2 功能元求解

功能元求解是原理方案设计中的关键步骤。在求解过程中，应用创造性的思维方式，利用各种创造性技法来开阔思路，参考国内外有关的文献资料，以探索尽可能多的功能元解。为了更有效地进行功能元求解，可采用以下措施。

1. 根据机构的基本功能归纳整理为功能元

任何一个复杂的机构系统所要实现的运动功能，都可以认为是由一些基本的功能元按一定规律组成的，根据功能元就易于找到相应的功能载体，实现功能元的求解。表示输入/输出基本运动关系的功能元及其符号表达如表 13.1 所示。

表 13.1 表示输入/输出基本运动关系的功能元及其符号表达

基本运动关系	运动缩小	运动放大	运动合成	运动分解
图形符号				
基本运动关系	运动换向	运动轴线变向	运动轴线平移	运动分支
图形符号				
基本运动关系	运动脱离	运动连接	运动形式转换	运动方向交替变换
图形符号				

2. 列出功能元解的目录

为了便于设计人员进行功能原理的构思，可以将有关的功能元解按一定的分类排序原则用矩阵表列出，形成功能元解的目录。

例如，若需运动形式变换功能具有急回特性，为了实现这一功能元，可将所有可能的解用矩阵表的形式列出，如表 13.2 所示。

3. 功能元求解的技巧

在进行功能元求解时，需注意设计合适的工艺动作或运动方式，先着重于它的运动设计，然后考虑机构的综合，有以下两点值得注意。

1）考虑机械自身的特点

确定工艺动作时要充分考虑机械自身的特点，不能照搬手工操作的程序，而应根据机构自身的特点将手工操作的动作变换为机构易于实现的动作要求，只要变换的结果能体现原手工操作的效果就可以了。

表 13.2 具有急回特性的机构的功能元解目录

功能元解	曲柄摇杆机构	连杆机构	偏置曲柄滑块机构	摆动导杆机构	双导杆机构	大摆角急回机构
功能元简图	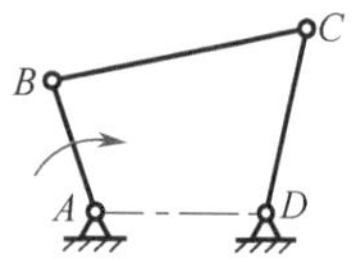	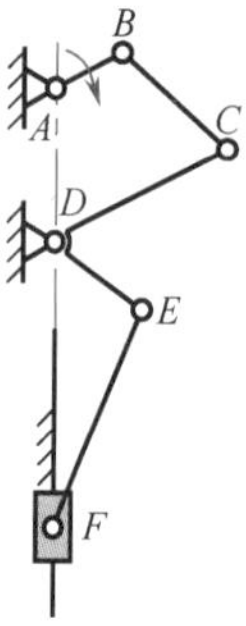	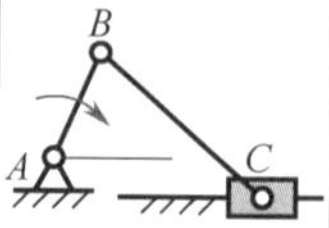	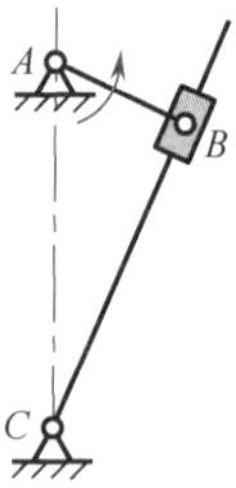	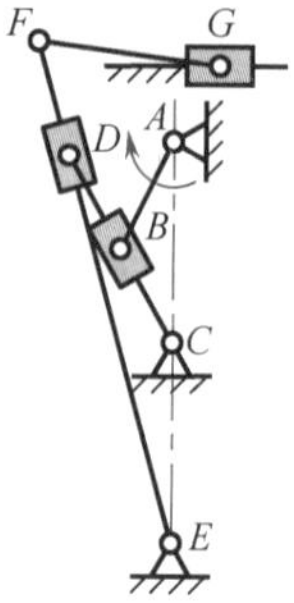	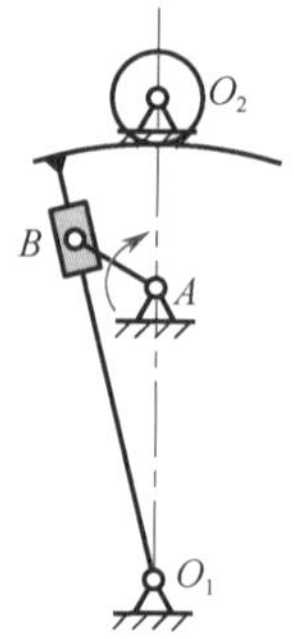

2）把复杂的运动先进行分解再合成

机械最容易实现的运动是简单的转动和直线移动。因此，要与机械的运动特性相结合，最一般的方法是把复杂的运动要求先进行分解，然后再合成。例如，要求设计一台绘图机，它能按计算机的指令绘制出满足表达式 $y=f(x)$ 的各种曲线。最简单的方法是把复杂的曲线运动规律分解成 x、y 两个方向的移动。此时，只需让绘图机的纸不动，让绘图笔沿 x、y 两个方向移动，即可绘制出各种曲线。也可以将这种曲线运动规律分解成沿 x 方向的移动和绕 x 轴的转动。此时，只需使笔沿 x 方向移动，而将纸绕在卷筒上随卷筒转动，也可绘制出各种曲线。由此可见，同一种运动规律，可以分解成各种不同的简单运动，从而设计出结构完全不同而又具有相同使用效果的机构。

§13.3 执行机构系统的功能原理设计

13.3.1 功能原理的构思和选择

功能原理设计是执行机构系统方案设计的关键步骤。实现同一功能要求，可以选择多种不同的工作原理。选择的功能原理不同，执行机构系统的运动方案也必然不同。功能原理设计的任务就是根据机械预期实现的功能要求，构思出所有可能的功能原理，加以分析比较，并根据使用要求和工艺要求，从中选择既能很好地满足功能要求、工艺动作，又简单易行的工作原理。

工艺动作过程与工作原理密切相关。采用不同的工作原理，将会得到不同的工艺动作过程，进而得到不同的设计方案。例如，加工螺栓上的螺纹，可以采用"车削"工作原理，也可以采用"搓丝"工作原理。"车削"的工艺动作过程可分为：送料-车丝-切割-下料；"搓丝"的工艺动作过程可分为：送料-搓丝-下料。采用"车削"工作原理是将棒料送进，车丝的动作是车削；而采用"搓丝"工作原理是将半成品送入搓丝工位，搓丝的动作是来回搓动。

又如，要求设计包装颗粒糖果的糖果包装机，可以采用图 13.7（a）所示的扭结式包装形式，也可以采用图 13.7（b）所示的折叠式包装形式，还可以采用图 13.7（c）所示的接缝式包装形式。三种包装形式所依据的工作原理不同，工艺动作显然也不同，所设计的机械运动方案也完全不同。

（a）扭结式　　　　　（b）折叠式　　　　　（c）接缝式

图 13.7　糖果包装的三种形式

如图 13.8 所示，要求设计一自动送料板装置，可以采用机械推拉原理，将料板从底层推出，然后用夹料板将其抽走，如图 13.8（a）所示；也可以采用摩擦传动原理，用摩擦板从顶层推出一张料板，然后用夹料板将其抽走，如图 13.8（b）所示；或用摩擦轮将料板从底层滚出，再用夹料板将其抽走，如图 13.8（c）所示；还可以采用气吸原理，在顶部吸气吸走顶层一张料板，如图 13.8（d）所示；或在底部吸气，吸出料板的边缘，再用夹料板将其抽走，如图 13.8（e）所示，当料板为钢材时，还可以采用磁吸原理。

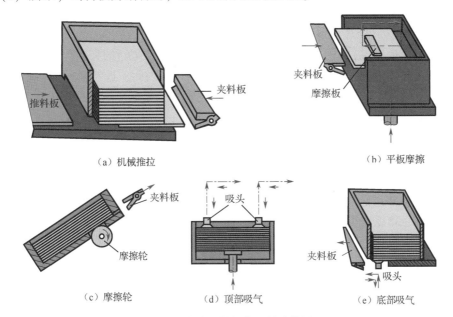

（a）机械推拉　　　　　　　　　　　　　　　　（h）平板摩擦

（c）摩擦轮　　　　　　（d）顶部吸气　　　　　　（e）底部吸气

图 13.8　自动送料板装置的功能原理

上述几种工作原理，虽然均可以满足机械执行系统预期实现的功能要求，但工作原理不同，所需的运动规律也不相同。采用图 13.8（a）所示的机械推拉原理，只需推料板和夹料板的往复运动，运动规律简单，但这种原理只适用于有一定厚度的刚性料板；采用图 13.8（b）、（c）所示的摩擦传动原理，不仅需要有摩擦板（或摩擦轮）接近料板的运动，还需要送料运动和退回运动等，运动规律比较复杂；采用图 13.8（d）、（e）所示的气吸原理，除了要求吸头作 L 形轨迹的运动外，还必须具有附加的气源。

若要加工一个齿轮，需规定齿轮的材料、规格及精度要求。如采用无屑加工，可以选取精密铸造、粉末冶金成型、滚压等工作原理，这是成型原理的不同；如采用切削加工，可以有仿形法和范成法，这是产生齿形的几何原理的不同。采用仿形法铣削时，还有盘状齿轮铣刀与指状齿轮铣刀的区别；采用范成法时，由于采用的相对运动原理不同，又有滚齿和插齿的区别。这说明了功能原理的多方案性。

在进行机械的功能原理设计时，一定要根据使用场合和使用要求，对各种可能采用的功能原理认真加以分析比较，从中选出既能很好地满足机械预期的功能要求，工艺动作又可简便实现的功能原理。

13.3.2 功能原理的创造性设计方法

由于实现同一功能要求，可以采用多种不同的功能原理，因此功能原理设计的过程是一个创造性的过程。如果没有创造性思维，就很难跳出传统观念的束缚，设计出具有竞争力的新产品。下面介绍几种常用的进行功能原理设计的创新思维方法。

1. 分析综合法

所谓分析综合法，是指把机械预期实现的功能要求分解为各种分功能，然后分别加以研究，分析其本质，进行各分功能原理设计，最后把这些分功能原理综合起来，组成一个新的系统。这是一种最常用的方法。

美国的"阿波罗"登月计划可谓是当代最伟大的创举之一。然而，"阿波罗"登月计划的负责人曾直言不讳地讲过，"阿波罗宇宙飞船的技术没有一项是新的突破，都是采用已有的技术，问题的关键是如何把它们既精确又协调地组合起来。"因此，近年来人们认为创造性设计虽有多种方法，但基本的途径有两条，一是全新的发现，二是把已有的原理进行组合。优秀的组合也是一种创造性的体现。

2. 思维扩展法

功能原理设计既然是一个创造性过程，就要求设计者从传统的定式思维方式转向发散思维方式。没有发散思维，很难有新的发现。在功能原理设计中，有些功能依靠纯机械装置是难以完成的，设计切忌将思路仅仅局限在机构上，而应尽量采用先进、简单、廉价的技术。例如，要设计一种用于大批量生产的计数装置，既可以采用机械计数原理，又可以采用光电计数原理，根据后一种原理所设计的计数装置，在某些情况下可能比机械计数装置更简便；要设计一种连续生产过程中随时计测工件尺寸的装置，既可以采用机械测量原理，又可以采用超声波等测量原理，在某些情况下，后者不仅比前者更加方便，而且可以降低机械的复杂程度和提高机械的性能；挖土机在挖掘具有一定湿度的泥土时，泥土会黏附在挖斗内不易倒出，为解决这一问题，研究机械设计的学者一般会马上想到采用机械原理设计一个清扫机构，这虽然可以解决问题，但却会增加装置的复杂程度，而且使用不便，有人采用发散思维，提出可采用一种与黏土摩擦系数很小的材料作为挖斗的表面材料，从而把问题转向对新型材料的探寻上。类似的例子还有很多。

在进行机械功能原理设计时，设计者一定要拓宽自己的思路。在当今新技术层出不穷、多学科日益交叉的情况下，广泛采用气、液、光、声、电、材料等新技术，构思新的功能原理，已成为一个优秀的设计人员必须具备的素质。

3. 还原创新法

任何发明创造都有创造的原点和起点，创造的原点是机械预期实现的功能要求，它是唯一的；创造的起点是实现这一功能要求的方法，它有许多种。创造的原点可以作为创造的起点，而创造的起点却不一定都能作为成功创造的原点。所谓还原创新法，是指跳出已有的创造起点，重新返回创造的原点，紧紧围绕机械预期实现的功能要求另辟蹊径，构思新的功能原理。

洗衣机的发明是一个很好的例子。洗衣机预期实现的功能要求是将衣物上的污物（灰尘、油渍、汗渍等）洗去并且不损伤衣物。要将这些脏物从衣物上分离出来，现在采用的是洗衣粉这种表面活性剂，该活性剂的特点是其分子的一端与油渍等污物有很好的亲和力，而另一端又与水有很好的亲和力，因此能把衣物中的污物拉出来与水相混合。但是这种作用先发生在衣物表面与水相接触的滞留层上，因此需要另外加一个运动使它脱离滞留层，至于采用什么原理和方法使其脱离滞留层，对此并没有限制。既可以仿照传统的洗衣法采用揉搓原理、刷擦原理或捶打原理，又可以采用振动原理和漂洗原理等。若采用揉搓原理，就要设计一个模仿人手动作的机械手，难度很大；若采用刷擦原理，则很难把衣物各处都刷洗到；若采用捶打原理，虽然工艺动作简单，但却易损伤衣物。由于长期以来人们把创造的起点局限在这种传统的洗衣方法上，因此使洗衣机的发明在很长时间得不到解决。后来人们跳出传统的洗衣方法（即创造的起点），从洗衣机预期实现的功能要求出发（即回到创造的原点），采用漂洗原理才成功地发明了现代家用洗衣机。它利用一个波轮在水中旋转，形成涡流来翻动衣物，从而达到了清洗衣物的目的，不仅结构简单，而且安全可靠。

家用缝纫机的发明是又一个成功的例子。设计缝纫机的目的是缝联布料，这是缝纫机预期实现的功能要求，至于采用何种工作原理来实现这一功能要求，对此并没有什么限制。但是在缝纫机开始发明的 50 多年中，出于人们一味地模仿人手穿针走线的动作，将其作为发明创造的起点，使人类发明缝纫机的梦想迟迟未能实现。后来，在突破了模仿人手的动作而回到创造的原点，采用摆梭使底线绕过面线将布料夹紧的工作原理，才成功地发明了家用缝纫机，使梦想成真。它的工艺动作十分简单；针杆做往复移动，拉线杆和摆梭做往复摆动，送布牙的轨迹由复合运动实现，这几个动作协调配合，便实现了缝联布料的功能要求。

§13.4　执行机构的型综合

当把机械的整个工艺过程所需的动作或功能分解成一系列基本动作或功能，并确定了完成这些动作或功能所需的执行构件数目和各执行构件的运动规律后，即可根据各基本动作或功能的要求，选择或创造合适的机构形式来实现这些动作了。这一工作称为执行机构的型综合。

执行机构型综合的优劣，将直接影响机械的工作质量、使用效果和结构的繁简程度。它是机械系统运动方案设计中举足轻重的一环，也是一项极具创造性的工作。

13.4.1　执行机构型综合的基本原则

在进行机构选型与组合时，设计者必须熟悉各种基本机构、常用机构的功能、结构和特点。机构选型不能脱离设计者的经验和知识，但应遵循以下基本原则。

1. 满足执行构件的工艺动作和运动要求

满足执行构件的工艺动作和运动要求，包括运动形式、运动规律和运动轨迹，是执行机构型综合首先要考虑的最基本问题。

2. 尽量选择简单的基本机构

实现同样的运动要求，应尽量采用构件数和运动副数目较少的基本机构。这样做有以下好处：其一，运动链越短，构件和运动副数目就越少，可降低制造费用，减轻机械质量；其二，有利于减小运动副摩擦带来的功率损耗，提高机械的效率；其三，有利于减小运动链的累积误差，从而提高传动精度和工作可靠性；其四，构件数目的减少有利于提高机械系统的刚性。

图 13.9（a）、（b）所示分别为精确的和近似的直线导向机构简图。实践表明，在同一制造精度条件下，前者的实际传动误差是后者的 2～3 倍，因为前者的累积误差超过了后者的理论误差与累积误差之和。因此，选择后者的结构形式更好。

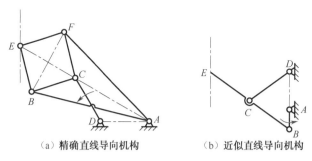

（a）精确直线导向机构　　（b）近似直线导向机构

图 13.9　直线导向机构

3. 尽量减小机构的尺寸

设计机械时，在满足工作要求的前提下，应尽量使机械结构紧凑、尺寸小、质量轻。而机械的尺寸和质量，随机构形式设计的不同而有较大的差别。例如，在相同的运转参数下，行星轮系的尺寸和质量较定轴轮系显著减小；在从动件移动行程较大的情况下，采用圆柱凸轮机构要比采用盘形凸轮机构尺寸更为紧凑。

图 13.10（a）所示为驱动机械中某执行构件实现往复移动的对心曲柄滑块机构，由图中可以看出，若欲使滑块的行程为 s，则曲柄长度为 $s/2$；若利用杠杆行程放大原理，采用图 13.10（b）所示的机构，并使 $DC=CE$，则使滑块实现同样的行程 s，曲柄长度约为 $s/4$，连杆尺寸也相应减小了；为了达到同样的目的，也可利用齿轮倍增行程原理，采用图 13.10（c）所示的机构，当活动齿条的行程为 s 时，齿轮中心的行程为 $s/2$，曲柄长度可减小到 $s/4$。

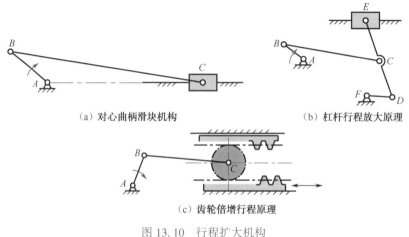

（a）对心曲柄滑块机构　　　　　　（b）杠杆行程放大原理

（c）齿轮倍增行程原理

图 13.10　行程扩大机构

4. 选择合适的运动副形式

运动副在机械传递运动和动力的过程中起着重要的作用，它直接影响机械的结构形式、传动效率、寿命和灵敏度等。

一般来说，转动副易于制造，容易保证运动副元素的配合精度，且效率较高；同转动副相比，移动副元素制造较困难，不易保证配合精度，效率较低且易发生自锁或楔紧，故一般只宜用于做直线运动或将转动变为移动的场合。采用带高副的机构比较易于实现执行构件较复杂的运动规律或运动轨迹，且有可能减少构件数和运动副数目，从而缩短运动链；其缺点是高副元素形状较复杂且易于磨损，故一般用于低速轻载场合。需要指出的是，在某些情况下，采用高副虽然可以缩短运动链，但可能会造成机构尺寸较大。

5. 考虑动力源的形式

机构的选型不仅与执行构件（即机构的输出构件）的运动形式有关，而且与机构的输入构件（主动件）的运动形式也有关。而主动件或原动件的运动形式则与所选驱动元件的类型、动力源的情况有关。如图 13.11 所示，执行机构系统常用驱动元件的类型主要有电动机、液压驱动装置、气压驱动装置、其他与材料特性有关的驱动元件四大类。当有气、液源时，应优先选用气动、液压机构，这样可以简化机械结构，省去或减少传动机构，从而缩短运动链，也可以降低制造和装配的复杂程度，减轻质量，降低成本，还可以减小机构的累积运动误差，提高机器的效率和工作可靠性。

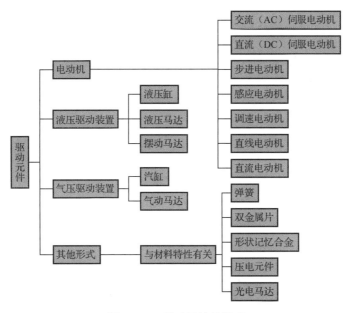

图 13.11 驱动元件的类型

6. 使执行机构系统具有良好的传力和动力特性

为了提高机构的效率和改善机构的动力性能，在进行机构选型时，应注意选用具有最大传动角、最大增力系数和效率较高的机构，如牛头刨床上采用的导杆机构。这样可以减小主动轴上的力矩、原动机的功率及机构的尺寸和质量。

机构中若有虚约束，则要求提高加工和装配精度，否则将会产生很大的附加内应力，甚至会产生楔紧现象而使运动发生困难。因此，在进行执行机构形式设计时，应尽量避免采用虚约束。若为了改善受力状况、增加机构的刚度或减轻机构质量而必须引入虚约束，则必须注意结构、尺寸等方面设计的合理性，必要时还需增加均载装置和采用自调结构等。

对于机械中高速运转的机构，如果做往复运动或平面复杂运动的构件惯性质量较大，或转动构件上有较大的偏心质量，则易于在机械运转过程中产生较大的动载荷，引起振动、噪声并使效率降低。应该选择较易于进行动力平衡或质量分布较合理的机构。

为了改善机械的动力学性能，还应优先选用近似等速运动或加速度较小、变化连续的机构；要尽量选用无急回或急回较小的机构；还要考虑机构的结构刚度及移动副的间隙等因素。

7. 使机械具有调节某些运动参数的能力

在某些机械的运转过程中，有些运动参数（如行程）需要经常调节；而在另一些机械中，虽然不需要在运转过程中调节运动参数，但为了安装、调试方便，也需要机构中有调节环节。在这些情况下，在进行执行机构形式设计时，要考虑使机构具有调节功能。

机构运动参数的调节，在不同情况下有不同的方法。一般来说，可以通过选择和设计具有两个自由度的机构来实现。两自由度的机构具有两个原动件，可将其中一个作为主原动件输入主运动（即驱动机构实现工艺动作所要求的运动），而将另外一个作为调节原动件，当调节到需要位置后，使其固定不动，则整个机构就成为具有一个自由度的系统。在主原动件的驱动下，机构即可正常工作。

图 13.12 （a）所示为一普通的曲柄摇杆机构，其摇杆的极限位置和摆角均不能在运转过程中调节。若将其改为图 13.12 （b）所示的两自由度机构，取构件 1 为原动件，构件 2 为调节原动件，则改变构件 2 的位置，摇杆的摆角和极限位置就会发生相应的变化。调节适当后，即可使构件 2 固定不动，整个机构就变成了单自由度Ⅲ级机构了。

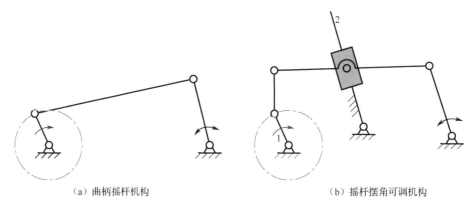

（a）曲柄摇杆机构　　　　　　　　　　　（b）摇杆摆角可调机构

图 13.12　输出运动可调机构

8. 保证机械的安全运转

在进行执行机构形式设计时，必须考虑机械的安全运转问题，以防止发生机械损坏或出现生产和人身事故。例如，为了防止机械因过载而损坏，可采用具有过载保护性的带传动或摩擦传动机构；又如，为了防止起重机械的起吊部分在重物作用下自行倒转，可在运动链中设置具有自锁功能的机构（如蜗杆蜗轮机构）。

以上介绍了执行机构型综合时应遵循的一些基本原则。在设计时，应综合考虑，统筹兼顾，根据设计对象的具体情况，抓住主要矛盾，有所侧重。

执行机构型综合的方法分为两大类，即机构的选型和机构的构型。下面分别加以介绍。

13.4.2 机构的选型

所谓机构的选型，就是将前人创造发明的各种机构，按照运动特性和动作功能进行分类，然后根据设计对象中执行构件所需要的运动特性和动作功能，考虑前述原则，进行搜索、选择、比较和评价，选出执行机构的合适形式。

1. 按执行构件所需的运动特性进行机构选型

这种方法是从具有相同运动特性的机构中，按照执行构件所需的运动特性进行搜寻。当有多种机构均可满足所需要求时，则可根据上述原则，对初选的机构形式进行分析和比较，从中选择较优的机构。

表 13.3 列出了执行构件常见的运动形式及实现这些运动形式的常用执行机构示例，可供选型时参考。

表 13.3　执行构件常见的运动形式及其对应的常用执行机构示例

运动形式		常用执行机构示例
连续转动	定传动比匀速转动	平行四边形机构、双万向联轴节机构、齿轮机构、轮系、谐波齿轮传动机构、摩擦传动机构、挠性传动机构
	变传动比匀速转动	轴向滑移圆柱齿轮机构、复合轮系变速机构、摩擦传动机构、行星无级变速机构、挠性无级变速机构
	非匀速转动	双曲柄机构、转动导杆机构、单万向联轴节机构、非圆齿轮机构、某些组合机构
往复运动	往复移动	曲柄滑块机构、移动导杆机构、正弦机构、正切机构、移动从动件凸轮机构、齿轮齿条机构、楔块机构、气动机构、液压机构
	往复摆动	曲柄摇杆机构、双摇杆机构、摆动导杆机构、曲柄摇块机构、空间连杆机构、摆动从动件凸轮机构、某些组合机构
间歇运动	间歇转动	棘轮机构、槽轮机构、不完全齿轮机构、凸轮式间歇运动机构、某些组合机构
	间歇摆动	特殊形式的连杆机构、带有休止段轮廓摆动从动件的凸轮机构、齿轮连杆组合机构、利用连杆曲线圆弧段或直线段组成的多杆机构
	间歇移动	棘齿条机构、摩擦传动机构、从动件做间歇往复移动的凸轮机构、反凸轮机构、气动机构、液压机构、移动杆有停歇的斜面机构
预定轨迹	直线轨迹	连杆近似直线机构、八杆精确直线机构、某些组合机构
	曲线轨迹	利用连杆曲线实现预定轨迹的连杆机构、凸轮连杆组合机构、齿轮连杆组合机构、行星轮系、行星轮系与连杆组合机构
一般平面运动	刚体位置和姿态	平面连杆机构中的连杆、行星轮系和齿轮连杆组合机构

2. 按形态学矩阵法组合优选执行机构系统

从机构所能实现的运动变换功能来分析，除前述运动变换形式外，还有以下几种运动变换形式。

（1）实现运动合成与分解的机构，如差动轮系、差动螺旋等。

（2）实现运动轴线变换的机构，如空间齿轮机构、摩擦传动机构、气动机构及液动机构等。

（3）实现转速变换的机构，如所有非匀速变换机构。

（4）实现运动换向的机构，如双向式棘轮机构、轮系等。

（5）实现运动分支、连接、离合、过载保护等其他功能的机构和装置。

从运动变换的角度看，任何一个复杂的执行机构都是由一些基本机构（如四杆机构、五杆机构、凸轮机构、齿轮机构、差动轮系等）所组成的，这些基本机构的原动件和从动件运动形式不同，原动件多数为连续匀速转动或往复移动，而从动件的运动形式则各式各样。它们具有如表 13.1 所示的运动转换和传动动力的基本功能。而一个机械系统从原动件到各个执行构件，就是由实现这些运动变换的单元组合起来的功能运动链。

如上所述，满足同一运动形式和功能要求的机构可以有多种，而一个机械系统通常又是由实现多种运动功能要求的机构协调构成的。为求得多方案，并从中优选最佳方案，形态学矩阵法是常用的一种方法。

设计者把系统分解成几个独立因素，并列出每个因素所包含的几种可能状态（作为列元素）构成形态学矩阵，通过组合找出可实施的方案。

例如，在四工位专用机床设计时，可以根据图 13.13 所示的四工位专用机床的运动转换功能图，为图中每个矩阵框中的功能选择合适的机构类型。然后，把纵坐标列为分功能，横坐标列为分功能解，即为分功能所选择的机构类型，这样形成的功能解组合矩阵称为形态学矩阵。

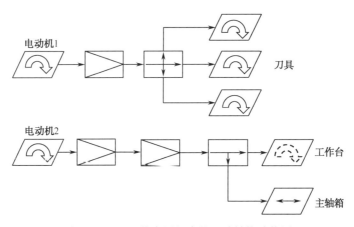

图 13.13　四工位专用机床的运动转换功能图

表 13.4 所示为四工位专用机床的形态学矩阵。对该形态学矩阵的行、列进行组合就可以求解得到 N 种设计方案。

$$N = 5 \times 5 \times 5 \times 5 = 625（种）$$

在这 625 种设计方案中，首先剔除明显不合理的方案，再从是否满足预定的运动要求、运动链中机构安排的顺序是否合理、制造上的难易、可靠性的好坏等方面综合评价，然后选择较优的方案。在表 13.4 中，方案Ⅰ（A5+B1+C5+D1）和方案Ⅱ（A1+B5+C4+D3）是两组可选方案。

表 13.4 四工位专用机床的形态学矩阵

分功能 （功能元）		分功能解（匹配的执行机构）				
		1	**2**	**3**	**4**	**5**
减速 A		带传动	链传动	蜗杆传动	齿轮传动	摆线针轮传动
减速 B		带传动	链传动	蜗杆传动	齿轮传动	行星传动
工作台间 歇转动 C		圆柱凸轮 间歇机构	蜗轮凸轮 间歇机构	曲柄摇杆 棘轮机构	不完全齿 轮机构	槽轮机构
主轴箱 移动 D		移动从动 件圆柱凸 轮机构	移动从动 件盘形凸 轮机构	摆动从动 件盘形凸 轮与摆杆 滑块机构	曲柄滑块 机构	六杆滑块 机构

方案 I 对应的四工位专用机床的机构系统运动简图如图 13.14 所示。

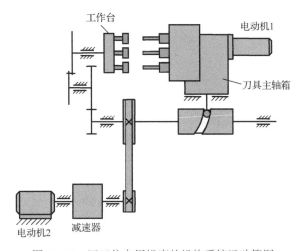

图 13.14 四工位专用机床的机构系统运动简图

13.4.3 机构的构型

在根据执行构件的运动特性或功能要求采用类比法进行机构选型时，可能会出现所选择的机构类型不能完全实现预期的要求的情况，或虽能实现功能要求，但存在着结构较复杂、运动精度不高和动力性能欠佳、占据空间较大等缺点。在这种情况下，设计者就需要另辟蹊径来完成执行机构的类型设计，即先从常用机构中选择一种功能和原理与工作要求相近的机构，然后在此基础上重新构造机构的结构形式。这一过程称为机构构型，它是一项比机构选型更具创造性的工作。

机构构型的过程通常分为以下三个阶段。

（1）选择：对现有的数以千计的机构进行分析、研究，通过类比选择出基本机构的雏形。

（2）突破：以选择的雏形机构为基础，通过扩展、变异和组合等方法去尝试突破，以获得新构思。

（3）重新构型：在突破的基础上，重新构建能完成预期功能且性能优良的新机构。

机构构型的创新方法很多，常用的有以下几种方法。

1. 利用现有机构的运动和结构特点创新机构

利用成型固定构件，在机架上安装斜面、圆弧等成型零件，使之参与相对运动过程，有时会起到意想不到的简化机构的作用。

例如，对于折边式裹包机，在进行侧面上下折边和折后端左右边角时，都是用移动凸轮机构的原理来完成的，此时已折成图 13.15（a）所示情况，接下来应完成折后端左右角和上下端折角这两个动作。为了简化机构，可以设计两对特殊形状的固定模板 1 和 2，此时只要将裹包包装物体向右推动，通过固定模板 1（见图 13.15（b））就完成后端左右边角的折角动作；再向右推动，通过固定模板 2（见图 13.15（c））就完成上下端折角动作。这种构思的方法使折边式裹包机大为简化，且动作的可靠性提高。

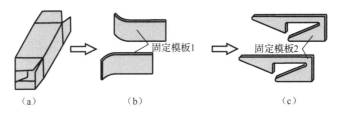

图 13.15 折边式裹包机模板

又如，滚动轴承制造厂往往要求对大量的轴承钢珠按不同直径进行筛选。为了提高筛选效率，可使钢珠沿着两条斜放的不等距棒条滚动，如图 13.16 所示。当钢珠沿这两条棒条滚动时，尺寸小的钢珠由于棒条夹不住靠自重先行落下，大一些的钢珠则可以多移动一段距离。钢珠落下的先后与其直径大小成比例，于是就达到了钢珠尺寸分级的目的。

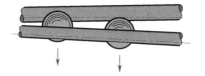

图 13.16 钢珠尺寸分选机构

图 13.17 所示子弹整列机以机架的构型做模板，使待整列物自行做物料整列动作。子弹的重心在圆柱体部分，当滑块左右移动时推移被整列的物料达到右方槽内尖角时，便可以由物料的重心自行整列，使圆柱体朝下，尖端朝上。

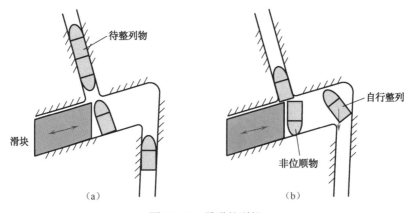

图 13.17 子弹整列机

在轻工业生产中，如糖果、饼干、香烟、香皂等的裹包和颗粒状、液体状食品的制袋充填等比较复杂的工艺动作过程，如果按通常的工艺动作过程分解方法，对每个动作采用一个执行机构来完成，那么机械中的机构类型就很多，结构便很复杂。所以为了使机构的结构形式简单、合理、新颖，采用一些特殊形状成型固定构件来完成较为复杂的动作过程是一种有效的机构构型创新设计方法。

2. 利用基本机构构型的变异设计新机构

1）机构运动副类型的变换

改变机构中的某个或多个运动副的形式，可创新出不同运动性能的机构。通常的变换方式有两种，一种是转动副与移动副之间的互换；另一种是高副和低副之间的互换。

若将图 13.18（a）所示铰链四杆机构的连杆与从动摇杆相连的转动副转化为移动副，则可得到图 13.18（b）所示的摆动导杆机构与摆杆滑块机构的串联组合机构。关于这部分内容可参看第 3 章的有关内容。

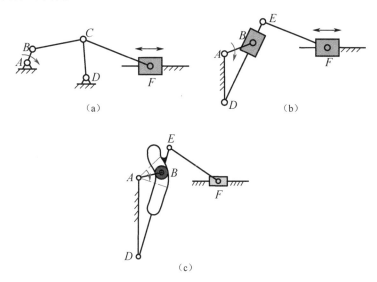

图 13.18　冲压机构的变异

2）机构局部结构的改变

在图 13.18 所示的冲压机构中，为了使冲头 F 获得准确的停歇功能，可将导杆槽由直槽改为带有一段圆弧的曲线槽，且使圆弧的半径等于曲柄长 AB，其中心与曲柄转轴 A 重合，并将滑块 B 改成滚子，如图 13.18（c）所示。经过如上变异后，当曲柄 AB 运动至导杆曲线槽圆弧段位置时，冲头 F 将获得准确的停歇。

3. 机构构型的组合创新

随着生产过程的机械化、自动化的发展，对执行构件的运动和动力特性提出了更高的要求，而单一的基本机构具有局限性，在某些性能上不能满足要求。机构的组合，其实质就是通过各种基本机构间一定形式的相互连接，实现前置输出运动的变换、叠加和组合，从而得到整个组合机构系统的输入/输出不同于任何基本机构的运动学、动力学特征的新的机构或机械系统。机构构型的组合方式可参看 8.3 节的组合机构内容。

例如，图 13.19 所示为铰链四杆机构与曲柄滑块机构的串联组合。根据串联组合方式的特点，若在两机构均处于极限位置时将其串联起来，则在该位置时，铰链四杆机构 *ABCD* 的从动杆 *CD*（即曲柄滑块机构 *DCF* 的主动杆）和曲柄滑块机构的从动滑块 *F* 都处在速度为零的位置，而在该位置前后，两者的速度都比较小，因而滑块的速度在较长时间内可近似看作为零，即滑块实现了近似停歇功能。

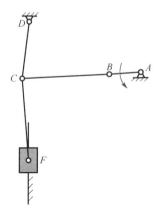

图 13.19　实现近似停歇功能的连杆机构

§13.5　执行机构系统的协调设计

执行机构系统中的各执行机构必须按一定的次序协调动作，互相配合，才能完成机械预定的功能和生产过程，这方面的工作称为执行机构系统的协调设计。如果各个执行动作不协调，就会破坏整个机械的工作过程，达不到工作要求，甚至会损坏机件和产品，造成生产和人身事故。因此，执行机构系统的协调设计是执行机构系统方案设计的重要内容之一。

13.5.1　执行机构系统协调设计的要求

各执行机构之间的协调设计应满足以下几方面的要求。

1. 各执行构件在时间与空间上的协调配合

执行机构系统的各执行动作过程和先后顺序，必须符合工艺过程所提出的要求。为了使整个执行机构系统能够周而复始地循环协调工作，必须使各执行机构的运动循环时间间隔相同，或按工艺要求成一定的倍数关系。

图 13.20 所示为一粉料压片机机构系统，它由上冲头（六杆肘杆机构）、下冲头（双凸轮机构）、料筛（凸轮摇杆滑块机构）所组成。料筛由传送机构送至上、下冲头之间，通过上、下冲头加压把粉料压成片状。根据生产工艺路线方案，此粉料压片机在送料期间上冲头不能压到料筛，只有当料筛不在上、下冲头之间时，冲头才能加压。所以对送料和上、下冲头之间的运动在时间顺序上有严格的协调配合要求，否则就无法实现机器的粉料压片工艺。粉料压片工艺过程如图 13.21 所示。

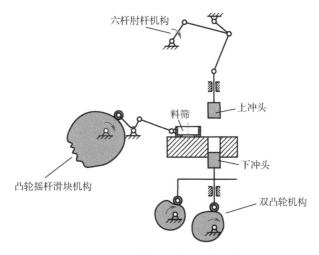

图 13.20　粉料压片机机构系统

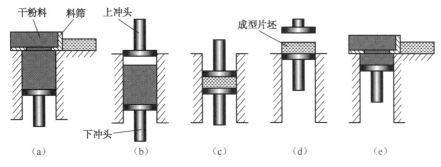

图 13.21　粉料压片工艺过程

　　图 13.22 所示为饼干自动包装机的折边机构。左、右两个折边机构的运动轨迹交于 M 点，如果空间协调关系设计不好，左、右两个折边机构就会在运动空间产生干涉（interference），使两折边机构因碰撞而损坏。

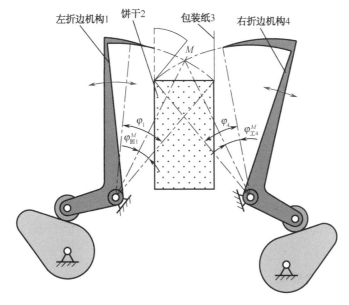

图 13.22　饼干自动包装机的折边机构

2. 各执行机构运动速度的协调配合

有些机械要求各执行构件的运动之间必须保持严格的速比关系。例如，在滚齿机或插齿机上按范成法加工齿轮时，刀具和齿坯的范成运动必须保持某一确定的转速比。

3. 多个执行机构完成一个执行动作时其执行机构运动的协调配合

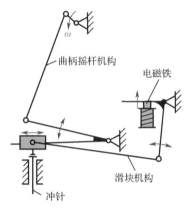

图 13.23 所示为一纹板冲孔机构，它在完成冲孔这一工艺动作时，要求由两个执行机构的组合运动来实现。一是曲柄摇杆机构中摇杆（打击板）的上下摇动，类似榔头的敲击动作；二是电磁铁动作，装有衔铁的曲柄在电磁吸力作用下，带动滑块（冲头）沿打击板上的导路做往复移动。只有当冲头移至冲针上方，同时冲头又随打击板下摆时，才能敲击到冲针，完成冲孔这一工艺动作。显然，这两个机构的运动必须精确协调配合，否则就会产生空冲，即冲头敲不到冲针而无法满足在纹板上冲孔的要求。

图 13.23 纹板冲孔机构

13.5.2 机械运动循环图设计

1. 机器的运动分类

根据所完成功能及其生产工艺的不同，机器的运动可分为无周期性循环和有周期性循环两大类。做无周期性循环的机器，如起重运输机械、建筑机械、工程机械等，这类机器的工作往往没有确定的运动周期，随着机器工作地点、条件的不同而随时改变；而做有周期性循环的机器，如包装机械、轻工自动机、自动机床等，这类机器中的各执行构件，每经过一定的时间间隔，它的位移、速度和加速度便重复一次，完成一个运动循环。在生产中大部分机器都属于这类具有周期性运动循环的机器。

2. 机器的运动循环

机器的运动循环是指机器完成其功能所需的总时间，常用字母 T 表示，又称为工作循环。机器的运动循环往往与各执行机构的运动循环相一致，因为一般来说执行机构的生产节奏就是整台机器的运动节奏。但是，也有不少机器，从实现某一工艺动作过程要求出发，某些执行机构的运动循环周期与机器的运动循环周期并不相等。此时，在机器的一个运动循环内，某些执行机构可完成若干个运动循环。机器执行机构中执行构件的运动循环至少包括一个工作行程和一个空回行程，有时有的执行构件还有一个或若干个停歇阶段。因此，执行机构的运动循环 $T_{执}$ 可以表示为

$$T_{执}=t_{工作}+t_{空回}+t_{停歇}$$

式中，$t_{工作}$ 为执行机构工作行程时间；$t_{空回}$ 为执行机构空回行程时间；$t_{停歇}$ 为执行机构停歇时间。

3. 机器运动循环图的形式

机器的运动循环图（motion cycle diagram）又称为工作循环图（working cycle diagram），它

是描述各执行机构之间有序的，既相互制约又相互协调配合的运动关系的示意图。常用的机器运动循环图有三种形式，即直线式、圆周式和直角坐标式。下面以图 13.24 所示的平版印刷机执行机构为例，说明机器运动循环图的形式。

图 13.24 所示的平版印刷机适用于印刷八开以下印刷品，它有以下三个执行动作。

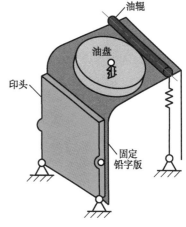

（1）印头的往复摆动：使固定在印头上的纸张与涂墨后的铅字版贴合，完成印刷工艺。

（2）油辊上下滚动：在固定铅字版上均匀涂刷油墨。

（3）油盘间歇转动：使定量输送至油盘上的油墨能均匀涂抹在油辊上。

油盘、油辊和印头三个执行构件中，印头是印刷的主要执行构件，故取印头为参考构件。带动印头往复摆动的执行机构的主动件每转一周完成一个运动循环，以该主动件作为直线式和直角坐标式运动循环图的横坐标。

油辊
油盘
印头
固定
铅字版
图 13.24　平版印刷机执行机构

1）直线式运动循环图

如图 13.25 所示为平版印刷机的直线式运动循环图，直线式运动循环图是将机械在一个运动循环中各执行构件的各行程区段的起止时间和先后顺序按比例绘制在直线坐标轴上得到的。它的优点是绘制方法简单，能清楚地表示一个运动循环内各执行构件行程之间的相互顺序和时间关系。其缺点是直观性较差，不能显示各执行构件的运动规律。

主轴转角
0°
90°
180°
270°
360°
195°
印头往复摆动机构
印头工作行程（印刷）
印头空回行程
油辊往复摆动机构
油辊空回行程（匀油）
60°
油辊工作行程（给铅字上油）
油盘间歇运动机构
油盘转动
油盘静止
图 13.25　直线式运动循环图

2）圆周式运动循环图

如图 13.26 所示为平版印刷机的圆周式运动循环图，圆周式运动循环图的绘制方法是确定一个圆心，画一个圆，再以该圆心为中心，作若干个同心圆环，每个圆环代表一个执行构件。各执行构件不同行程的起始和终止位置由各相应圆环的径向线表示，其优点是直观性强。因为一般机械的一个运动循环对应分配轴转一周，所以通过这种循环图能直接看出各执行机构的主动件在分配轴上所处的位置，便于各执行机构的设计、安装和调试。这种运动循环图的缺点是当执行机构数目较多时，由于同心圆环太多，看起来不够一目了然。圆周式运动循环图也无法显示各执行构件的运动规律。

油辊工作行程（给铅字上油）
印头空回行程
静止
ω
油盘转动
印头工作行程（印刷）
油辊空回行程（匀油）
图 13.26　圆周式运动循环图

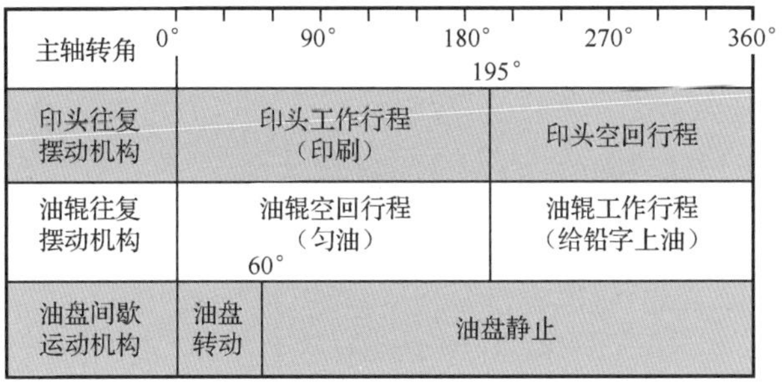

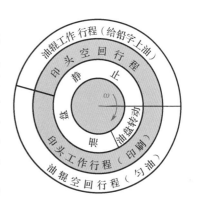

3）直角坐标式运动循环图

如图 13.27 所示为平版印刷机的直角坐标式运动循环图。图中横坐标是定标构件——曲柄的运动转角 φ，纵坐标表示上冲头、下冲头、料筛的运动位移。

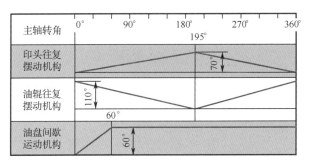

图 13.27　直角坐标式运动循环图

直角坐标式运动循环图是将各执行构件的各运动区段的时间和顺序按比例绘制在直角坐标系里而得到的。用横坐标表示分配轴或主要执行机构主动件的转角，用纵坐标表示各执行构件的角位移或线位移。为了简单起见，各区段之间均用直线连接。这种运动循环图的特点是不仅能清楚地表示各执行构件动作的先后顺序，而且能表示各执行机构在各区段的运动规律，便于指导各执行机构的设计。

在上述三种类型的运动循环图中，直角坐标式运动循环图不仅能表示这些执行机构中构件动作的先后，而且还能描绘它们的运动规律及运动上的配合关系，直观性较强，比其他两种运动循环图更能反映执行机构的运动特性，所以在设计机器时，通常优先采用直角坐标式运动循环图。

13.5.3　机械运动循环图的设计步骤与方法

在设计机器的运动循环图时，通常机器实现的功能是已知的，它的理论生产率也已确定。将机器的传动方式及执行机构的结构形式初步拟定好，然后再根据各执行机构运动时既不干涉，而机器完成一个产品所需的时间又最短的原则进行。下面以图 13.28 所示的自动打印机运动简图为例，说明机械运动循环图的设计步骤。

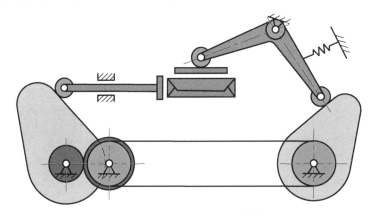

图 13.28　自动打印机运动简图

1. 确定执行机构的运动循环时间

图 13.28 所示的自动打印机有两个执行机构：打印机构和送料机构。选取打印机构的执行构件——打印头作为定标件，以它的运动位置（转角或位移）作为确定各执行构件的运动先后次序的基准。所以首先绘制打印头的运动循环图。已知自动打印机的生产率 Q 为 4500 件/班，即

$$Q = \frac{4500}{8 \times 60} = 9.375 \text{件/min}$$

因为实际生产率总是低于理论生产率，为了每班打印 4500 件的总功能要求，所以取 $Q = 10$ 件/min，即自动打印机的分配转速 $n_\text{分}$ 为

$$n_\text{分} = 10\text{r/min}$$

分配轴转一周即完成一个产品的打印所需的时间为

$$T_\text{p1} = 1/n_\text{分} = 1/10\text{min} = 6\text{s}$$

2. 确定组成执行构件运动循环的各个区段

根据打印工艺要求，打印头的运动循环由以下四段组成。

- t_k1——打印头的前进运动时间；
- t_ok1——打印头在产品上停留的时间；
- t_d1——打印头退回运动时间；
- t_o1——打印头停歇时间。

因此，打印头的运动循环时间 T_p1 为

$$T_\text{p1} = t_\text{k1} + t_\text{ok1} + t_\text{d1} + t_\text{o1}$$

相应的分配轴转角为

$$360° = \varphi_\text{k1} + \varphi_\text{ok1} + \varphi_\text{d1} + \varphi_\text{o1}$$

3. 确定打印头各区段运动的时间及转角

为了保证打印质量，打印头在产品上停留的时间 $t_\text{ok1} = 0.2\text{s}$。相应的分配轴转角为

$$\varphi_\text{ok1} = 360° \times \frac{t_\text{ok1}}{T_\text{p1}} = 360° \times \frac{0.2}{6} = 12°$$

为了保证送料机构有充分的时间来装料、送料，取 $t_\text{o1} = 3\text{s}$，相应的分配轴转角为

$$\varphi_\text{o1} = 360° \times \frac{t_\text{o1}}{T_\text{p1}} = 360° \times \frac{3}{6} = 180°$$

根据打印头的运动规律要求，分别取其前进和退回运动的时间为 $t_\text{k1} = 1.5\text{s}$，$t_\text{d1} = 1.3\text{s}$，相应的分配轴转角为

$$\varphi_\text{k1} = 360° \times \frac{t_\text{k1}}{T_\text{p1}} = 360° \times \frac{1.5}{6} = 90°$$

$$\varphi_\text{d1} = 360° \times \frac{t_\text{d1}}{T_\text{p1}} = 360° \times \frac{1.3}{6} \approx 78°$$

4. 初步绘制执行构件的运动循环图

根据以上计算结果，绘制打印头的直角坐标式运动循环图，如图 13.29 所示。同样，可以

绘制送料机构的执行构件——送料推头的运动循环图，如图 13.30 所示。t_{k2}、t_{d2}、t_{o2} 分别为送料推头的前进运动、退回运动和停歇的时间。

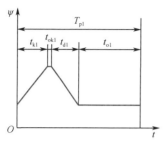

图 13.29　打印头的运动循环图

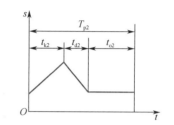

图 13.30　送料推头的运动循环图

5. 在完成执行机构的设计后对初步绘制的运动循环图进行修改

根据加工工艺要求初步拟定执行构件运动规律，据此设计出的执行机构，往往由于整体布局和结构方面的原因，或者因为加工工艺方面的原因，在实际使用中需要进行必要的修改。例如，为了满足压力角、传动角等条件，对构件的尺寸必须进行调整。又如，当零部件加工装配有困难时，也必须对执行机构进行修改。这样执行机构所实现的运动规律与原先设想的就不完全相同，因此必须根据执行构件的实际运动规律对运动循环图进行修改。

6. 进行各执行机构的运动协调设计

各执行机构的运动协调设计又称同步化设计。以打印机构的起点为基准，把打印头和送料推头的运动循环图按同一时间（或分配轴的转角）比例组合起来画出总图，这就是自动打印机的运动循环图。但是当把这两个执行机构的运动循环图组合起来时，可能会出现以下两种极端情况。

一种是打印头从开始打印，到打印到工件并在其上停留一段时间再退回原处等待送料，完成一个运动循环后，送料机构才开始送料、退回、停歇。这样组成的机器运动循环，即为机器的最大运动循环，如图 13.31 所示。显然，这时两个执行机构一个工作完成后另外一个才开始工作，不会产生任何干涉。但是这种运动循环图是极不经济的，机器的运动循环时间很长，而且其中许多时间是空等，生产效率极低。

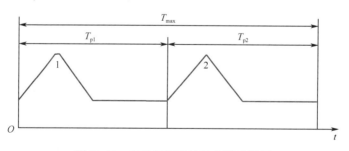

图 13.31　自动打印机的最大运动循环

另一种是当送料机构刚把产品送到打印工位时，打印头正好压在产品上，如图 13.32（a）所示。这时，点 1 和点 2 在时间上重合，即可使机器获得最小运动循环，即

$$T_{min} = T_{p1} = T_{p2}$$

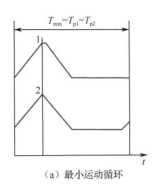
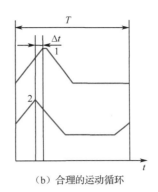

（a）最小运动循环　　　　　　　（b）合理的运动循环

图 13.32　自动打印机的运动循环

这种运动循环图在时间和顺序上能基本满足设计要求，但这仅仅是一种临界状态，实际上点 1 和点 2 不可能精确重合。因为实际的执行机构由于尺寸有误差、运动副之间存在间隙等原因，不可避免地存在着运动规律误差。其结果势必影响产品的加工质量和机器的正常工作。例如，当打印头打印到工件时，工件还未到位，正在移动，于是印在工件上的图像就会模糊不清，影响打印质量。

为了确保打印机能正常工作，应使点 2 超前点 1 一个 Δt 的时间，即相应的分配轴转角也应根据实际情况超前 $\Delta \varphi$，通常可取 $\Delta \varphi > 5° \sim 10°$。经修改后就可得到比较合理的机器运动循环了，如图 13.32（b）所示。这样的运动循环图既满足机器生产率的要求，又符合产品加工过程的实际情况，并且能保证机器正常、可靠地运转。

因为自动打印机的送料机构首先将产品送至打印工位，然后打印机构才对产品进行打印，故它们之间只有时间上的顺序关系，而没有空间上的相互干涉，所以前面阐述的只是机器运动循环图的时间同步化设计。图 13.33 所示是经过时间同步化设计后的自动打印机运动循环图。

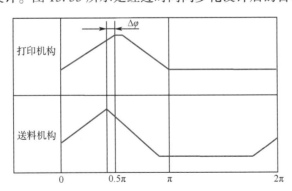

图 13.33　经过时间同步化设计后的自动打印机运动循环图

除了进行运动循环图的时间同步化设计外，有时机器因为其各执行构件会产生空间干涉，所以还必须进行运动循环图的空间同步化设计，下面以饼干自动包装机为例加以说明。

如图 13.22 所示的饼干自动包装机，左、右两个折边机构在空间会产生相互干涉。这两个折边机构顶端的轨迹在 M 点相交，也就是在 M 点产生干涉，所以必须进行空间同步化设计。

为了避免产生空间干涉，可以使左折边机构 1 返回原始位置后，右折边机构 4 再压下去。但是这样会产生两个不良的后果：一是运动循环时间太长，不经济；二是被压下去已折过边的包装纸有可能回弹到虚线位置，影响包装质量。为了保证左、右两个折边机构在生产过程中运动循环时间最短、包装质量最好，同时又不发生相互干涉，可以采用的空间同步化的方法和步骤如下。

（1）分别绘制左、右折边机构的运动循环图，如图 13.34（a）、（b）所示。

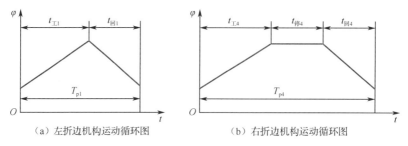

（a）左折边机构运动循环图　　　　（b）右折边机构运动循环图

图 13.34　折边机构运动循环图

（2）分别绘制左、右折边机构顶端的位移曲线图。因为左、右折边机构均做往复摆动，其摆角 φ 是时间 t 的函数，所以可分别作出左、右折边机构的 φ-t 位移曲线图，如图 13.35（a）、（b）所示。

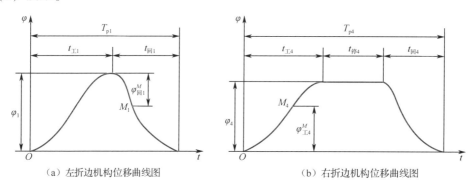

（a）左折边机构位移曲线图　　　　（b）右折边机构位移曲线图

图 13.35　折边机构位移曲线图

（3）绘制左、右折边机构的机构运动简图，并绘制折边机构顶端的运动轨迹，从而精确确定干涉点 M 的位置，如图 13.22 所示。

（4）对左、右折边机构进行运动循环的空间同步化设计。左折边机构先摆动 φ_1 角把左侧边压下，然后返回 M 点相应摆动为 $\varphi_{\text{回}1}^{M}$ 时，正好与压右侧边的右折边机构相遇，此时右折边机构正处于工作行程，相应的摆动为 $\varphi_{\text{工}4}^{M}$。在这两构件的 φ-t 位移曲线图上可以找到相应的 M_1 点和 M_4 点。如果把两折边机构的位移曲线图上的 M_1 点和 M_4 点重合，则可得到最短的运动循环 T_{min}，这时它们正好处于空间运动干涉的临界点。考虑到机构实际上不可避免地存在制造误差，所以还需要给予适当的安全余量，则两者再错开 Δt，于是可得到经过空间同步化的既合理又实用的运动循环时间 T，如图 13.36 所示。

（5）画出机器的同步化运动循环图。

把两折边机构经过空间同步化的运动循环图中的时间横坐标转换为主轴或分配轴上相应的转角，即可得到左、右折边机构以转角为横坐标的空间同步化运动循环图，如图 13.37 所示。

在绘制机器的运动循环图时，还必须注意以下几点。

（1）以生产的工艺过程开始点作为机器运动循环的起点，并且确定最先开始运行的那个执行机构在运动循环图上的位置，其他执行机构则按工艺动作先后次序列出。

（2）因为运动循环图是以主轴或分配轴的转角为横坐标，所以对于不在主轴或分配轴上

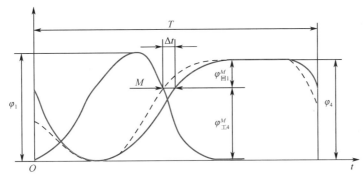

图 13.36　两折边机构空间同步化运动循环图

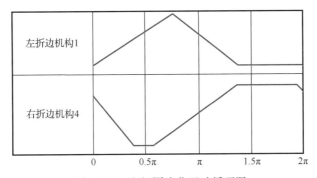

图 13.37　空间同步化运动循环图

的各执行机构的原动件,如凸轮、曲柄、偏心轮等,应把它们运动时所对应的转角换算成主轴或分配轴上相应的转角。

(3) 考虑到机器在制造、安装时不可避免地会产生误差,为防止两机构在工作过程中发生干涉,应在理论计算的正好不发生干涉的临界基础上再给予适当的余量,即把两机构的运动相位错开到足够大,以确保动作可靠。

(4) 应尽量使执行机构的动作重合,以便缩短机器的运动循环周期,提高生产效率。

(5) 在不影响工艺动作要求和生产率的条件下,应尽可能使各执行机构工作行程对应的中心角增大些,以便减小凸轮的压力角。

13.5.4　机械运动循环图的作用

(1) 保证各执行机构的动作相互协调、紧密配合,使机械顺利实现预期的工艺动作。

(2) 机械运动循环图反映了机器的生产节奏,因此可用来核算机器的生产率,并可用来作为分析、研究提高机械生产率的依据。

(3) 用来确定各个执行机构原动件在主轴上的相位,或者控制各个执行机构原动件的凸轮安装在分配轴上的相位。

(4) 运动循环图为进一步设计各执行机构的运动尺寸提供了重要依据。

(5) 为机械系统的安装、调试提供了依据。

在完成执行机构的型综合设计和执行机构系统的协调设计后,即可着手对各执行机构进行运动学和动力学设计了。

需要指出的是，在完成各执行机构的尺寸设计后，有时由于结构和整体布局等方面的原因，还需要对运动循环图进行修改。

小故事：阿波罗登月飞船的方案设计

1969 年 7 月，阿波罗登月飞船使人类终于实现了千年以来的梦想——漫步月球，开启了人类星际探索的新时代。

1961 年美国宇航局（NASA）制定了著名的"阿波罗"计划。这个计划意味着，在没有任何历史经验、任何事情可以借鉴，甚至在对月球都不甚了解的情况下，NASA 的科学家和工程师们要在 10 年不到的时间里，研制出登月飞船。由于登月计划过于超前，当时的制造业根本无法满足登月的要求。这就对登月飞船的方案设计水平提出了很高的要求。设计师们匠心独运，提出了种种设计方案。经过艰难的取舍，最终在"直接登月""地球轨道会合""加油飞机""月球表面会合""月球轨道会合"这五个方案中选择了最为经济、技术难度最小的"月球轨道会合"。

为了缩短设计周期，阿波罗飞船只能尽量使用当时已有的材料和技术。负责制造太空服的是一家胸罩厂，因为太空服要求紧身而又灵活，与他们擅长的领域有着相通之处。事实证明，NASA 的选择是正确的，直到现在这家公司还在为 NASA 做太空服。月球车轮胎的外胎则使用了钢琴丝编织的金属网。阿波罗的计算机存储器使用的是 Core Rope Memory（磁芯-线缆存储器），这是当时最高效的存储器，但是这种存储器却需要手工进行编织，需要由经验丰富的纺织女工用针将导线穿到指定的位置，十分依赖女工的编织技术。

飞船和运载火箭共有 700 多万个零件，这些零件本身都很一般，没有一个是新研制的，但正是这些一般的零件按照一定的结构组成了能把人送上月球的性能优异的登月飞船，从而体现了方案设计的重要性。因此，大量依靠当时已有的技术，充分体现经济、安全、实用设计思想的阿波罗登月飞船的设计方案，在方案设计史上占有十分重要的地位。

习　　题

13.1　已知主动件等速转动，其角速度 $\omega = 5\text{rad/s}$；从动件做往复移动，行程长度为 100mm，要求有急回运动，其行程速比系数 $K = 1.5$。试列出至少两个能实现该运动要求的可能的方案。

13.2　牛头刨床的方案设计。主要要求如下：（1）要有急回作用，行程速比系数要求在 1.4 左右；（2）为了提高刨刀的使用寿命和工件的表面加工质量，在工作行程刨刀应近似匀速运动。请构思出三种以上能满足上述要求的方案，并比较各种方案的优缺点。

13.3　绘制题图 13.1 所示四工位专用机床的直角坐标式运动循环图。已知刀具顶端离开工作表面 65mm，快速移动送进 60mm 接近工件后，匀速送进 55mm（前 5mm 为刀具接近工件时的切入量，工件孔深 40mm，后 10mm 为刀具切出量），然后快速返回。行程速比系数 $K = 1.8$，刀具匀速进给速度为 2mm/s，工件装卸时间不超过 10s，生产率为 72 件/h。

13.4　题图 13.2 所示为自动切书机工艺示意图。试用形态学矩阵法对此自动切书机进行方案设计，并画出自动切书机的机械运动示意图。

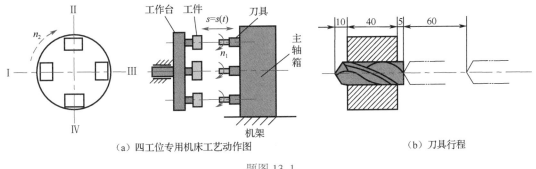

（a）四工位专用机床工艺动作图　　　　　　　　（b）刀具行程

题图 13.1

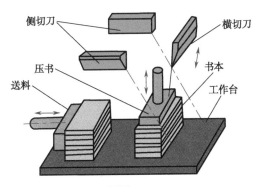

题图 13.2

13.5　如题图 13.3 所示，试拟定普通玻璃窗开闭机构的运动方案，画出机构运动简图及其打开和关闭的两个位置。要求：（1）窗框开、闭的相对转角为 90°；（2）操作构件必须是单一构件，要求操作省力；（3）在开启位置机构应稳定，不会轻易改变位置；（4）在关闭位置时，窗户启闭机构的所有构件应收缩到窗框之内，且不应与纱窗干涉；（5）机构应能支撑整个窗户的重量；（6）窗户在开启和关闭过程中不应与窗框及防风雨止口发生干涉。

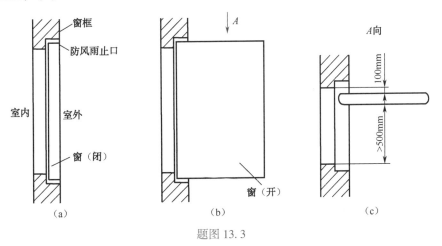

题图 13.3

13.6　欲设计一机构，其原动件连续回转，输出件往复摆动，且在一极限位置的角速度和角加速度同时为零。现初拟下列两种方案，方案 Ⅰ：采用凸轮机构，试问应选择何种从动件运动规律？方案 Ⅱ：采用连杆机构，绘制一种能满足上述要求的机构运动简图。

第14章　机构学的发展及学科前沿

内容提要：本章在阐述机构学的发展历程及现代机构学特征的基础上，探讨现代机构学的四个研究方向，即变胞机构、柔顺机构、移动机器人及并联机器人的基本特征、研究方法及应用。其中拓展阅读部分介绍并联机器人的研究进展。

§14.1　机构学的发展及现代机构特征

14.1.1　机构学的发展

机构的研究和应用具有悠久的历史，它从一出现就一直伴随并推动着人类社会和人类文明的发展，从历史的发展来看，主要分为以下三个阶段。

第一阶段为古代机构学（古世纪—18世纪中叶）：在公元前，中国已在指南车上应用复杂的齿轮系统，在被中香炉中应用能永保水平位置的十字转架等机件。中国古代的墨子在机构方面有很多惊人的成就，他制造的舟、车、飞鸢及根据力学原理为古代车子所创造的"车辖"（即现在的车闸）和为"备城门"所研制的"堙悬梁"都体现了机构的设计原理。在这一时期，国外机构学研究也取得了许多重要的成就。古希腊已有圆柱齿轮、圆锥齿轮和蜗杆传动的记载。古希腊哲学家亚里士多德（Aristotle）的著作 *Problems of Machines* 是现存最早的研究机械力学原理的文献。阿基米德（Archimedes）用古典几何学方法提出了严格的杠杆原理和旋量的运动学理论，建立了简单机械研究的理论体系。古埃及海伦（Heron）提出了组成机械的5个基本元件：轮与轮轴、杠杆、绞盘、楔子和螺杆。意大利绘画大师达·芬奇（Leonardo Da Vinci）发明了用于机器制造的22种基本部件。

第二阶段为近代机构学（18世纪下半叶—20世纪中叶）：18世纪下半叶，第一次工业革命促进了机械工程学科的迅速发展，通过对机械的结构学、运动学和动力学的研究形成了机构学独立的体系和独特的研究内容，机构学在原来机械力学的基础上发展成为一门独立的学科。这对于18~19世纪产生的纺织机械、蒸汽机及内燃机等机构和性能的完善起到了很大的推动作用，传统机构学形成了一个完整的体系。那时将机器定义为由原动机、传动机和工作机组成，相应地把机构看作由刚性构件组成的具有确定运动的运动链。而且一般情况下，除了不考虑构件弹性外，还假定运动副无间隙，在输入运动一定时，其他构件做确定的相对运动，这种传统机构学一直延续到20世纪60年代。在这一阶段，瑞士数学家欧拉（Euler）提出了一个平面运动是一点的平动和绕该点的转动的叠加理论，奠定了机构运动学分析的基础。法国物理学家科里奥利（Coriolis）提出了相对速度和相对加速度的概念，研究了机构的运动分析原理等。英国的瓦特（Watt）研究了机构综合运动学，探讨了连杆机构跟踪直线轨迹问题。德国的勒洛（Reuleaux）在其专著 *Kinematics of Machinery* 中阐述了机构的符号表示法和构型综合，提出了高副和低副的概念，奠定了现代机构学的基础。

第三阶段为现代机构学（20 世纪下半叶至今）：20 世纪 70 年代，计算机信息技术与控制技术的发展使机构和机器的概念发生了广泛而深刻的变化。现代机械是在机械的主功能、动力功能、信息功能和控制功能上引进微电子技术，并将机械装置与电子装置用相关软件有机结合而构成的系统。与此同时，美国 ASME 则认为现代机械是由计算机信息网络协调与控制的，用于完成包括机械力、运动和能量源等多动力学任务的机械或机电部件相互联系的系统。由此可见，现代机械的主要特征是计算机协调和控制，这就是"现代机器"和"传统机器"的区别所在。"现代机器"（或称"机电系统一体化"）的机械主功能、运动和动力的传递及变换与"传统机器"在本质上没有区别。美国发射的火星车"机遇号"和"挑战号"两者都是现代机器。现代机器概念的形成是机构学发展的一个新的里程碑，使传统的机构学逐步发展成为现代机构学。

机构学的发展过程本身就是一种不断创新的过程。人类始终都在不断地运用自己的聪明才智发明各种各样的新机构，用以满足人类不断变化的功能需求。现代机构学的发展和应用极大地拓展了机构学的研究范围，使现代机械有更广阔的发展和应用前景。

14.1.2　现代机构的特征

现代机构具有如下特征。

（1）跨学科性：现代机器的工作原理、机构组成、设计思维方式已在很大程度上不同于传统机器。这就促使机构学研究机器新的工作原理、结构组成、新型机构及新的设计方法，要求对机械系统进行动力学分析、精度分析、效能分析、稳定性分析，并解决相应的设计方法。这使得现代机构与多种学科交叉、渗透、融合，如机电一体化技术、现代控制理论、传感器技术、AI 技术、微电子学、生物科学、材料科学等，并促进了机构学许多新分支的出现，如广义机构学、运动弹性动力学、机器人结构学、微型机构学、仿生机构学等。

（2）多功能性：如系统化、智能化和柔性化的输出特性；通过对广义机构驱动元件输出运动的控制实现机构输出的可控化；高精度、高性能、强承载能力、微结构等特殊性能要求，可更好地满足现代机械的功能需求。

（3）机构的组成多样化：如驱动元件的多样化，除电动机外，还有弹性元件、电磁件、形状记忆合金等；如构件的多样化，除刚性构件外，还有柔性件、弹性件、韧性件，甚至包括光、电、磁、流体等。

（4）机构的集成性：把驱动元件与通常的或非常规的运动链集合成一体，利用机构输入的变化得到机构输出的变化的多样性，使得设计制造实现各种运动输出的"运动集成块"成为可能。

（5）研究方法的智能化：在机构及其系统设计中广泛采用数学工具和计算机辅助设计技术，具体体现在采用计算机符号计算方法进行机构的分析和设计；采用遗传算法、神经网络方法进行机构优化设计和机构系统方案的设计。

现代机构的特征体现了其强大的生命力，也决定了其创新设计方法有别于传统机构学的创新设计方法。

小故事：达·芬奇奖

达·芬奇（Leonardo Da Vinci，1452—1519），意大利人，除了是大家熟知的著名画家外，还是著名的科学家、发明家、生物学家、军事工程师。其实，达·芬奇还是一位很有天分、综合素质特别高的机械设计师。他设计绘制了众多机械装置，如水下呼吸装置、拉动装置、发条传动装置、滚珠装置、反向螺旋、差动螺旋、风速计和陀螺仪等，这些装置在今天看来也是非常不可思议和富有创造性的。这些装置的设计很好地诠释了达·芬奇的名言"Simplicity is the ultimate sophistication（至繁归于至简）"，达·芬奇留下的手稿将他无数的奇思妙想呈现在世人面前。插图 14.1 所示为达·芬奇的机构设计手稿。

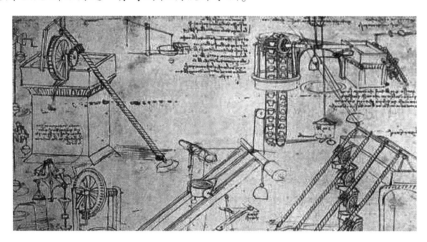

插图 14.1　达·芬奇的机构设计手稿

达·芬奇发明了用于机器制造的 22 种基本部件，包括斜面机构、杠杆、螺旋（screw）、尖劈（wedge）、滑轮组、轮与轮轴、弹簧、轴承（bearing）等，这些基本部件至今依然广泛地应用于各种机械装置中。

因此，达·芬奇不仅是世界上最杰出的艺术家之一，同时也是世界上最优秀的设计大师之一，他开创了现代机械设计的先河。ASME（The American Society of Mechanical Engineers）设计工程分会（Design Engineering Division，DED）特设立了达·芬奇奖（Leonardo Da Vinci Award），以表彰在产品设计或发明方面取得杰出成就者，这些成就被公认为是机械设计领域的重要进步。

§14.2　现代机构学学科前沿

前面介绍的各类机构设计均为传统机构学内容。随着现代机构学的发展，传统的刚性构件的机构学已发展成为与多种学科交叉、融合形成多种新的学科分支的现代机构学。其中变胞机构、柔顺机构、移动机器人和并联机器人等已成为现代机构学的重要研究方向。下面分别就这四类机构的概念、基本特征、研究方法及应用进行介绍。

14.2.1　变胞机构

1. 变胞机构（metamorphic mechanism）的提出

我们把能在某瞬时使某些构件发生合并/分离或出现几何奇异，并使机构有效构件数或自由度数发生变化，从而产生新构型的机构称为变胞机构。变胞机构的某一构型，必然对应特定的有效构件数和自由度数，这称为变胞机构的一个构态。变胞机构具有多个构态，它可按不同的需求在运动中改变构态，从而提供可变自由度或可变构件数的机构，使机构适应不同任务，应用于不同场合。

　　变胞机构的研究可以追溯到 1995 年。这一研究起源于应用多指手进行装潢式礼品纸盒（cartons）包装的研究。礼品纸盒类似于花样折纸（origami），可用于衍生新的机构。用折纸来研究机构可以追溯到 Cundy 和 Rollett 在 1952 年的研究。借用折痕为旋转轴，连接纸板为杆件，折纸可以构造出一个机构。其典型的例子是如图 14.1 所示的纸折的 Sarrus 机构。

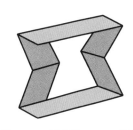

图 14.1　纸折的 Sarrus 机构

　　这一机构是在"L"形纸板条上作折痕，折叠并连接纸板条尾端而成。在研究折纸式装饰性纸盒和研制自动操作多指手的过程中，英国学者 J. S. Dai 和 J. J. Rees 发现了这一类机构。这一类机构除了具有类似可展式机构的高度可缩和可展性外，还可改变杆件数、拓扑图并导致变自由度。用进化论和生物学细胞分裂重构和胚胎演变的观点来解释，这一机构具有变胞功能（metamorphic function）。由此，一些机构由装饰性折纸抽象演变而来并脱颖而出。

　　典型的球面变胞机构可以由一常见的折纸抽象演变而成，如图 14.2 和图 14.3 所示。

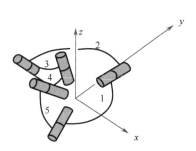

图 14.2　球面变胞机构

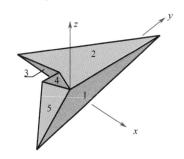

图 14.3　相应的花样折纸

2. 变胞原理

　　变胞原理就是采用特定方法，使机构的拓扑结构发生变化，以实现机构自由度的变化。通常该机构在至少一次自由度变化以后，仍然具有运动能力。所谓的特定方法，是指采用机构自身的物理限定、转换和运动。不同的特定方法决定了变胞机构的分类。这一原理还体现在机构构件数目变化，从而引起机构外形变化以达到变胞。自我重组和重构是变胞机构的一个特性。

　　这一原理区分了变胞机构与一般的可展式机构。可展式机构广泛用于航空航天领域，诸如卫星天线和太阳能帆板。该机构具有一次自由度变化，但在自由度变化以后，机构处于零自由度状态。虽然某些机构在终态也处于零自由度状态，但变胞机构至少在一次自由度变化以后仍可继续运行。这可显示在图 14.2 所示的典型的球面变胞机构中，其自由度可由 2 变到 1 进而由 1 变到 0。

　　变胞原理也区分了变胞机构与运动转向机构（kinematotropic mechanism）。运动转向机构是当机构超过某一点后，运动空间发生变化，自此引起新的约束，从而自由度发生变化。但变化前后，杆件数目不变，从而机构的拓扑结构不变。典型的运动转向机构如图 14.4 所示。图 14.4（a）给出转向前的机构，自由度为 3。图 14.4（b）给出了转向后的机构，虽杆件数不变，但转动副 K 旋转后的方位变化引起了对杆组的新约束，从而自由度减为 2。

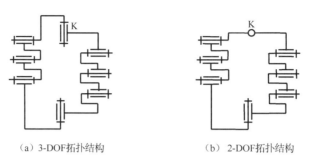

（a）3-DOF拓扑结构　　　　　　　（b）2-DOF拓扑结构

图14.4　运动转向机构

如果将运动转向机构延伸到运动限定机构（discontinuity mobility mechanism），就变成了变胞机构的一个分支。这一机构在2001年被提出，符合变胞原理。机构运行造成杆件数变化，从而引起自由度变化。

变胞正交机构是变胞机构在特定活动空间的分支。因此，基于变胞机构的原理，变胞机构的研究在延伸，变胞机构的特征正在被开发，变胞原理也在发展。

3. 变胞机构构态及演变的数学描述

变胞机构的特征是构态变化。变化前后的构态是不同构（non isomorphism）的。这可由图14.2发展出的不同构态发现。每一构态可用拓扑图 G 和邻接矩阵 A 描述。邻接矩阵 A 给出了机构杆件间相互关系和每一杆件的邻接特征。每行和相应的列代表一个杆件。

$$A_0 = \begin{bmatrix} 0 & 1 & 0 & 0 & 1 \\ 1 & 0 & 1 & 0 & 0 \\ 0 & 1 & 0 & 1 & 0 \\ 0 & 0 & 1 & 0 & 1 \\ 1 & 0 & 0 & 1 & 0 \end{bmatrix} \tag{14.1}$$

不同构态可以通过变胞方式进行变化。不同构态的拓扑图 G 和邻接矩阵 A 可以通过数学演变而实现。这一数学演变由三个初等变换矩阵完成。第一个初等变换矩阵 U_1，通过行列相加将一杆件特征传递到另一杆件。第二个初等变换矩阵 U_2，通过行列交换进行杆件变化。第三个初等变换矩阵 E_3，通过消除行列以达到太除变胞合并后杆件的目的。因此，变胞可分解成三步完成，每一步由一个初等变换矩阵完成。这可表示为下列方程。

$$A_2 = (E_{13}U_{12}U_{11})A_1(E_{13}U_{12}U_{11})^\mathrm{T} \tag{14.2}$$

矩阵变换中，前乘初等变换矩阵用于变换行，后乘初等变换矩阵用于变换列。对于任一构态的变换，上式可写为

$$A_{i+1} = (E_{i3}E_{i2}U_{i1})A_i(E_{i3}U_{i2}U_{i1})^\mathrm{T} \tag{14.3}$$

对于连续构态变换，上式可写为

$$A_n = \prod_{i=n-1}^{1} E_{i3}E_{i2}U_{i1}A_1 \prod_{i=n-1}^{1} (E_{i3}U_{i2}U_{i1})^\mathrm{T} \tag{14.4}$$

矩阵变换中采用模数2算法。

4. 变胞机构的类型

变胞机构是一类具有自我重组和重构特征的机构。机构的类型正在不断被发现和完善。按所属的运动空间划分，机构可分为平面机构、球面机构和空间机构。典型的球面机构可

体现在英国学者 J. S. Dai 开发的基于图 14.2 的变胞机构的变胞手。其变胞过程可描述为

$$A_1 = (E_{03} U_{02} U_{01}) A_0 (E_{03} U_{02} U_{01})^{\mathrm{T}} \tag{14.5}$$

式中，

$$U_{01} = \begin{bmatrix} 1 & 0 & 0 & 0 & 0 \\ 0 & 1 & 0 & 0 & 0 \\ 0 & 0 & 1 & 0 & 0 \\ 0 & 0 & 0 & 1 & 1 \\ 0 & 0 & 0 & 0 & 1 \end{bmatrix} \tag{14.6}$$

$$U_{02} = I \tag{14.7}$$

$$E_{03} = \begin{bmatrix} I_4 & 0 \end{bmatrix} \begin{bmatrix} 1 & 0 & 0 & 0 & 0 \\ 0 & 1 & 0 & 0 & 0 \\ 0 & 0 & 1 & 0 & 0 \\ 0 & 0 & 0 & 1 & 0 \end{bmatrix} \tag{14.8}$$

典型的空间机构可展现为复合折六面体机构，如图 14.5 所示。

连接转动副 $\$_{4,10}$ 末端杆 10 和转动副 $\$_{1,2}$ 连杆 1，该机构拓扑结构改变，变成一球面四杆外联三运动链机构，如图 14.6 所示。

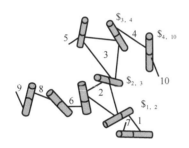

图 14.5　复合折六面体机构

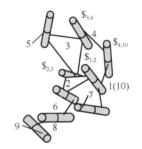

图 14.6　球面四杆外联三运动链机构

其变胞过程可描述为

$$A_2 = (E_{10} U_{1,10}) A_{1c} (E_{10} U_{1,10})^{\mathrm{T}} \tag{14.9}$$

由机构的变胞方式划分，机构可分为锁定变胞、单向限定变胞和共件变胞。锁定变胞可由转动副锁定，如图 14.7 所示。典型的单向限定变胞可体现在 Lee 和 Herved 运动限定机构上。共件变胞可体现在行星齿轮转向机构（planetary steering mechanism）上，如图 14.8 所示，当闸 B 和 C 放松，离合器 A 接触时，离合器使得行星架 4 和中心轮 3 合成为一个构件，由内齿轮 1、中心轮 3、行星轮 2 和行星架 4 组成的子链被刚化成一个构件，该机构的自由度由 2 减为 1。当离合器 A 脱离接触时，刚化的构件裂变为一个子链，该机构的自由度由 1 增加到 2。

除此之外，多种变胞方式可以组合应用产生一新的变胞机构，如各类匙锁机构。不同组合给予机构不同的拓扑结构和自由度。

根据变胞机构的运动副划分，机构可分为纯旋转副和非纯旋转副机构。前者可由叠纸抽象而来，其变胞方式一般由邻接杆件的合并来实现自由度的变化。后者可通过邻接杆件或旋转副特性变化以完成变胞。

非机构变化引起的自由度变化的机构不应当列入变胞机构。

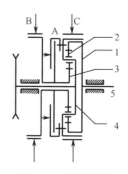

图 14.7　功能锁定转动副 　　　　　图 14.8　共件变胞

变胞机构还可以有更细的分类。变胞机构可以从原有机构中基于变胞原理开发出来，从复杂的生活点缀品中提炼出来，从装饰纸盒中衍伸出来，也可以根据拓扑综合基于变胞原理构造出来。

在变胞机构的研究中，拓扑分析和综合是开发新变胞机构的手段；几何分析是研究变胞机构规律的途径；群论和旋量理论是分析变胞机构的有力工具。

5. 变胞机构的应用

变胞机构有着广泛的应用前景，尤其在机器人和制造业中。在机器人结构研究中，变胞机构带来了新的发展。天津大学利用变胞原理开发研制出变胞灵巧机械手，如图 14.9 所示。其结构和自由度在运行中变化，由此向三指手提供了额外的自由度，便于控制手指抓持方位和灵巧度。北京航空航天大学丁希仑等开发了火星变胞探测车。该车利用变胞原理，采用杆件变换，使其变形并变换不同的行走方式以适应不同的需求和不同的环境。新加坡南洋理工大学陈益民等开发了变胞水下车，利用变胞概念，变换车形来完成所需的工作任务。

图 14.9　变胞灵巧机械手

除了应用于机器人结构演变和发展外，变胞原理还逐渐应用于制造业中。美国杨百翰大学的 Daniel 等学者提出了机械制造业中的变胞原理。这一过程基于正交机构、变胞机构和柔性机构的交集，在加工制造中进行机构的演变。这种演变提供了合理的加工工艺，并优化了夹具的应用，有利于简化和加速加工制造，缩短加工周期。

6. 变胞机构学的发展趋势

（1）进一步完善变胞机构学的基础理论，重点研究构态切换时的几何条件、物理条件、系统稳定性条件、内碰撞与冲击问题、控制等问题。

（2）研究变胞机构设计理论与方法。在综合考虑功能、使用性能、经济性的前提下，如何建立系统、完善的变胞机构设计理论与方法，对其在工程实际中的应用具有非常重要的意义。

（3）变胞机构综合。变胞机构综合包括型综合和尺度综合，由于尺度综合是在型综合的基础上进行的，与普通机构的尺度综合理论与方法基本一致，因而型综合是首先需要解决的问题。由变胞机构的定义和变胞方程式可知，变胞机构有三要素：工作阶段运动链（邻接矩阵 A_i）、变胞方式（变胞矩阵 B_i）和变胞源（变胞源矩阵 A_0）。工作阶段运动链邻接矩阵 A_i 和变胞源矩阵 A_0 是变胞机构的基本构成，而变胞矩阵 B_i 是变胞机构类型与变胞方式的体现。因此，变胞机构的型综合就是构造变胞方程和求解变胞方程所对应的运动链。

（4）研究柔性变胞机构分析、设计理论与方法。柔性变胞机构与刚性变胞机构有着本质的区别，它是一类新型机构。柔性变胞机构分析、设计理论与方法的研究将成为机构学领域的前沿热点课题。

14.2.2　柔顺机构

1. 柔顺机构（compliant mechanism）的概念及其发展

在传统意义上，机构一般都是设计成刚性的，不允许产生弹性变形。传统刚性机构是由运动副连接的刚性杆件组成的，运动和力的传递主要依赖于机构中传动副的结构形式，如图 14.10 所示。随着机构尺寸的小型、微型及微纳型的需要，刚性机构中的零部件所面临的制造、装配和维护中的困难越来越突出。而且，在研究机构的弹性变形时，常常把这种变形作为系统误差来加以克服。随着工业的发展，如航天领域中在微重力下机器人或机构完成某些特定动作时，精度要求越来越高，对刚性机构或柔性误差控制的处理已经不能满足这种要求。

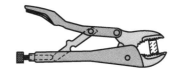

| （a）铰链四杆机构 | （b）扁嘴钳 |

图 14.10　刚性机构

随着研究的深入，人们发现利用杆的这种弹性变形来传递运动和力比克服这种变形误差带来的效果要好得多。在新材料、新工艺、新的制造技术不断出现的今天，随着机构学、结构力学及计算机技术的发展，在它们相交叉的领域内，为了达到微机械系统所要求的微型化、轻量化、无间隙等要求，人们尝试运用柔性材料及结构，利用柔性原理模仿自然。例如，蝗虫的腿部通过特定的柔性设计，将其肌肉内储存的能量快速地释放出来并产生高出自身尺寸数百倍的跳跃动作；人类心脏的瓣膜更是柔性应用的伟大"杰作"之一，其柔性可抵抗数以百亿次的冲击而不疲劳，如图 14.11 所示。

| （a）蝗虫 | （b）人类心脏 |

图 14.11　生物界中的柔性应用

人类从中获取灵感的历史可以追溯到 8000 年前，那时的人类已发明和使用弓和弹弓之类的工具。弩车也是古代人利用柔性原理的典型实例，如中国的连弩等。虽然人类认识并利用柔性的原理由来已久，但是对其进行科学研究却只有几百年的历史。1678 年，Hooke 提出了著名的弹性定律。这是柔性机械形成的理论基础。1864 年，Maxwell 最早利用材料的弹性变形来实现精密定位。不过，对柔性单元及具有柔性单元的机构进行理论研究发端于 20 世纪。柔性单元的主要表现形式是柔性铰链。1965 年，PAROS 等提出了圆弧缺口型柔性铰链的结构形式，并给出了其弹性变形表达式。20 世纪 80 年代末，Purdue 大学开始对具有柔性单元的机构进行系统研究，并赋予一个专门的术语——柔顺机构，产生了一类新型的免装配、整体式、顺应人与自然和谐要求的新型柔顺机构。在 80 年代中后期，柔顺机构在微机电系统（MEMS）中的应用研究得到各国政府的重视，微机电系统中由于空间的限制，不能用传统的铰链结构来设计其中的机构部分，这使得柔顺机构的研究活跃起来。

在柔顺机构的研究中，Midha 被公认为是现代柔顺机构研究的重要奠基人，他与美国杨百翰大学的 Howell 合作，在柔顺机构的研究上取得重要进展。Howell 在其著作 *Compliant Mechanisms* 中认为，柔顺机构是用柔性关节替代传统刚性机构中的运动副，利用自身柔性构件的弹性变形而非刚性元件的运动来转换力、运动或能量的一种新型免装配机构。柔顺机构也能传递或转换运动、力或能量，但与刚性机构不同，柔顺机构不仅通过运动副传递运动，还至少从其柔性部件的变形中获得一部分运动。图 14.12 所示为两种柔顺机构，这两种柔顺机构显然是在图 14.10 两种刚性机构的基础上提出的。

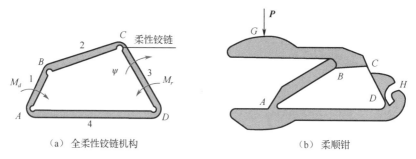

（a）全柔性铰链机构　　　　　　　　　（b）柔顺钳

图 14.12　柔顺机构实例

对于图 14.12（a），A、B、C、D 四处是由薄而短的弹性体做成的柔性铰链，其功能相当于具有扭转刚度的弹簧，构件 1、2、3、4 是刚体构件。当原动件 1 上有驱动转矩 M_d 作用时，该机构由于各弹性铰链的弹性变形运动，使得构件 3 输出角位移 ψ 并承受阻力矩 M_r。该柔顺机构中的 A、B、C、D 四个柔性铰链的功能相当于铰链四杆机构的四个刚性回转副再附加上扭转弹簧。图 14.12（b）所示为一柔顺钳，它是由一块实体材料制造的完全柔顺机构。它在 A、B、C、D 处制造成柔性铰链的结构，当在 G 处施加外力 P 时，在 H 处的两夹爪能产生相对弹性位移，并产生夹紧力。

2. 柔顺机构的分类和特点

1）柔顺机构的分类

根据柔顺机构是否包含刚性构件和刚性运动副，柔顺机构可分为全柔顺机构（fully compliant mechanism）和部分柔顺机构（partially compliant mechanism），如图 14.13 和图 14.14 所示。全柔顺机构全部由柔顺构件（运动副）组成，部分柔顺机构由刚性构件（运动副）和柔顺构件（运动副）组成，其中至少有一个柔顺构件（运动副）。柔顺构件的弹性变形可能只发生在某一局部范围内，也可能相对均匀地分布在整个柔顺构件中。根据柔性的分布形式不同，全柔顺机构又可以分为集中式和分布式柔顺机构，前者的特征是存在较弱的区域，弹性变形发生在该局部区域，可以模拟铰链的运动，如图中的柔性铰链部位，该处的应力集中也较大；后者的特征是没有相对较弱的区域，柔顺构件的弹性变形相对均匀地分布在整个构件中，与前者相比，容易避免应力集中现象。

  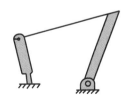

（a）集中式　　　　　　　　（b）分布式

图 14.13　全柔顺机构　　　　　　　　　　图 14.14　部分柔顺机构

　　柔顺机构还可以按照应用场合来分类，如果应用在精密工程场合，则该类机构又称为柔顺精微机构。在仿生机械及机器人等领域，柔顺机构正发挥着越来越重要的作用。例如，各种新型柔性关节、柔性爬虫等大大改善了机械（或机器人）的灵活性或机动性能。这类机构通常又称为柔顺仿生机构，如仿生六足机器人（见图 14.15（a））、仿生扑翼鱼（见图 14.15（b））和柔性假肢（见图 14.15（c））等。在智能结构领域，将驱动元件、传感元件和控制系统结合或融合在柔顺机构中感知外部环境和内部状态变化，并通过自身机制对信息加以识别和推断，合理决策并驱动机构做出响应，这类机构也称为柔顺智能机构或柔顺智能结构。另外，柔顺机构发端于平面机构，因其结构简单、免于装配而多应用于工业产品中，如超越离合器（见图 14.15（d））等。

（a）六足机器人　　　　（b）扑翼鱼　　　（c）柔性假肢　　　（d）超越离合器

图 14.15　应用于不同场合的柔顺机构

　　2）柔顺机构的特点

　　柔顺机构主要依靠弹性变形来传递力和运动，因此具有传统刚性机构无法比拟的优点，主要可归纳为以下几点。

　　（1）由于柔顺机构中柔顺构件之间可以没有传统运动副，甚至可以将整个柔顺机构做成单片的，大大减少构件数目，从而也就减少了装配。研究表明，制造业中，装配成本占整个产品生产成本的 60%，所以也大大降低了产品的生产成本。

　　（2）由于柔顺构件之间没有连接、无间隙，可提高机构的运动精度。

　　（3）无摩擦、磨损，可提高机构的寿命。

　　（4）振动和噪声小，无须润滑，可减少污染。

　　（5）易于小型化和大批量生产。

　　（6）可存储能量，自身具有回程反力。

（7）易于和其他非机械动力相匹配。

虽然柔顺机构具有很多优点，并在实际工程中得到越来越多的应用，但它同时也存在以下几点不足。

（1）柔顺机构的分析与综合比较困难。首先，对知识的要求更高，不仅要具备机构学和材料力学两方面的知识，还要求能熟练地综合运用这两方面的知识；其次，柔性大变形所引起的几何非线性必将导致非线性方程的存在。一般情况下得不到解析解，即使用数值法求解也比较耗时。此外，柔顺元件的变形不仅与其自身的结构参数、材料参数有关，还取决于力作用的位置、方向、大小。

（2）通过柔顺元件的变形把一部分能量存储起来是柔顺机构的一个优点，但是由于柔顺元件的变形必将消耗一部分能量，所以能量不能完全转换或传递。也就是说，柔顺机构中必将存在能量的损失，传动的效率相对较低，这一点是不可避免的。

（3）疲劳强度是研究柔顺机构众多问题中的一个重点问题。在柔顺机构中，柔顺元件要承受周期性变化的应力。由于变形一般发生在相对薄弱的环节，所以总存在应力集中现象，对于具有集中柔度的柔顺机构来说则更为严重。为保证柔顺机构正常工作，对其进行疲劳强度分析和疲劳寿命设计是非常必要的。

（4）位置可达性。由于材料强度因素的制约，柔顺杆件的变形程度将受到限制，并不是随意的。另外，由于只依靠其自身的变形，柔顺杆件是不可能具有整转运动功能的。这一点在柔顺机构的设计中显得尤为重要。

（5）应力松弛和蠕变问题。柔顺杆件长时间承受周期性应力或温度升高，就会导致应力松弛或蠕变等问题。对于柔顺机构来说，如果发生柔顺构件的应力松弛或蠕变等现象，柔顺机构的精度将会大大下降。特别是在高速精密机构中，这种情况要尽量避免。

3. 柔顺机构的研究方法

柔顺机构因其独特的性能和广泛的应用前景成为国内外机构学领域新的研究热点。柔顺机构学的研究领域主要包括结构学、静力学、运动学、动力学、优化设计和应用等方面。目前对柔顺机构静力学及运动学方面的研究主要包括：柔顺机构的自由度计算、静力学计算、驱动特性分析、机械效益分析、柔顺杆的运动轨迹及机构位置分析等内容。柔顺机构的动力学研究内容包括：动力学建模与分析、振动控制、动态响应、固有频率分析、动应力和应变分析等。

1）伪刚体模型法

根据柔顺机构的性能特点，由于构件的大变形引起的几何非线性使得对柔顺机构的分析变得复杂。为了简化柔顺机构的分析过程，美国学者 Howell 和 Midha 教授以机构结构学和运动学为基础，提出了伪刚体模型（pseudo-rigid-body model）法。其基本思想是：用具有等效力–变形关系的刚性构件来模拟柔性构件变形，将柔性杆（或铰链）等效为"刚性杆+弹簧"模型，然后利用刚性体结构学与运动学研究方法，加上能量法或有限元法，对柔顺机构进行分析和综合，从而在柔顺机构和刚性机构研究之间搭起一座桥梁，在保证精度的同时，也使问题的求解得以简化。

1995 年，Howell 将自由端受力的悬臂梁等效为铰接在一起的两根刚性杆件，力与变形的关系用附加扭簧来准确描述。由此得到悬臂梁末端受力时的伪刚体模型，用来分析悬臂梁末端的运动轨迹。为此提出如图 14.16 所示的伪刚体模型。模型由两部分构件组成，构件由所谓的特征铰链（characteristic pivot）连接。在特征铰链处加一个扭转弹簧来代表杆的刚度，弹簧的刚度系数与构件的几何构形、外载等成非线性关系。铰链在杆上的位置是这样确定的：比较用椭圆积分所得到的杆末端的位移与用模型计算得到的位移之间的误差（对应于一系列的位置），令这个误差系列的平方和最小，从而求得特征铰链的位置。他们用特征因子 γ 来表示特征铰链所在的位置。伪刚体角（pseudo-rigid-body angle）Θ 用于表征特征铰链处弹簧转动的位移。伪刚体模型法的关键是如何将柔性构件的非线性变形等效到伪刚体和弹簧上，确定弹簧（铰链）的位置和弹簧常数。伪刚体模型法简化了柔顺机构的分析，将柔顺机构等效为刚性机构后，就可以用刚性机构的成熟的分析方法来研究机构了。

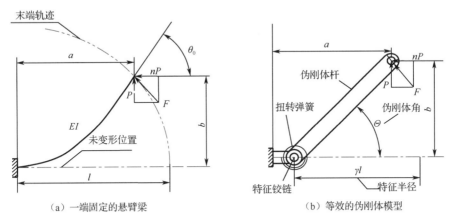

（a）一端固定的悬臂梁　　　　　（b）等效的伪刚体模型

图 14.16　自由端受力悬臂梁及其伪刚体模型

在此基础上，Howell 和 Edwards 等学者提出了各种不同受载情况下梁（柔性片段，flexible segments）的伪刚体模型，包括短臂柔铰、固定-铰接片段、固定-导向片段、末端受力矩梁、初始弯曲悬臂梁、铰接-铰接片段、固定-固定片段等，并对其进行了力分析、变形分析和应力分析。利用这些柔性片段的伪刚体模型，对柔顺机构进行建模，将其转化为刚性机构，从而对其进行静力学、运动学分析和综合。如图 14.17 所示，利用伪刚体模型，可将柔顺机构等效为刚性机构。

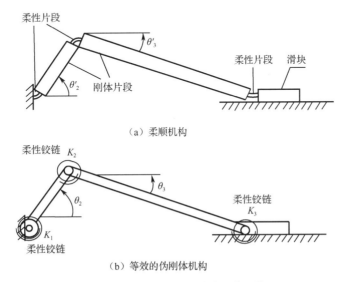

（a）柔顺机构

（b）等效的伪刚体机构

图 14.17　柔顺机构及其伪刚体机构

伪刚体模型法最大的优点就是对杆的非线性变形进行简化处理，可以使设计者利用刚性机构的知识来研究柔顺机构，在保证分析精度的同时，也使问题求解得以简化。

伪刚体模型法是研究柔顺机构静力学、运动学的基本方法。此外，在柔顺机构设计方面，Howell 和 Midha 提出了一种基于伪刚体模型的柔顺机构设计方法。该方法采用这样的思路，先根据要求进行刚性机构设计，再将其转变为伪刚体机构，最后用伪刚体模型将伪刚体机构转变成柔顺机构。在设计过程中，如果设计要求得不到满足，则要修改伪刚体机构，通过多次反复修改来求得满足要求的柔顺机构。基于伪刚体模型的柔顺机构的设计流程如图 14.18 所示。

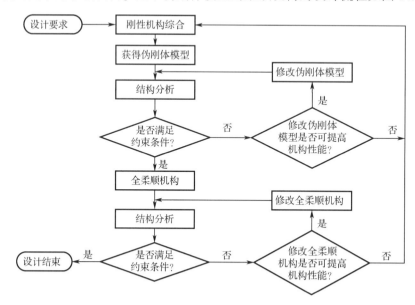

图 14.18　基于伪刚体模型柔顺机构的设计流程

2）结构矩阵法

平面柔顺机构特别是复杂的空间柔顺机构通常由柔性运动副或柔性模块组成，在负载作用下通常会产生比较复杂的变形，尤其是会产生空间变形。这种情况下如果应用伪刚体模型法进行分析，将较难获得相对有效和准确的解。需要将分析方法扩展到空间。根据有限元分析方法，可将柔顺机构中的柔性单元视为具有多维柔度的铰链，机构中的其他部分视为刚性构件。对柔顺机构进行空间坐标变换建立空间柔度模型。以此模型为核心再来研究柔顺机构的各种性能，如自由度、刚度、精度等，如图 14.19 所示。结构矩阵法是扩展的伪刚体模型法与简化了的有限元法的有机结合，因此可同时达到提高模型计算精度和通过商业有限元软件对计算结果进行验证的目的。

3）约束设计法

约束设计法主要根据 Maxwell 的自由度与约束对偶原理（即加在一个系统上的非冗余约束数与其自由度数之和为 6），将理想柔性约束作为基本单元来构造柔顺机构。美国学者 Blanding 等先后采用约束设计法进行柔顺机构的构型综合。尤其是 Blanding 提出了自由线与约束线之间应遵循对偶准则（简称布兰丁法则），即系统的所有自由线都应与其所有约束线相交。例如，图 14.20 所示的刚体受到 5 条线约束（实线所示）的作用，则根据布兰丁法则很容易找到允许该刚体运动的一条转轴位置（虚线所示），而且仅此一条[67]。

在约束设计法中，基于自由度与约束对偶原理，通过确定机构约束的位置和方向，进一步确定机构的运动。该方法可实现可视化表达机构的运动特性，结合一定的知识和经验，适合柔顺机构的初步设计，但不易得出设计最优解。

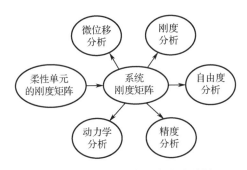

图 14.19　利用结构矩阵法对柔顺
机构建模的基本思路

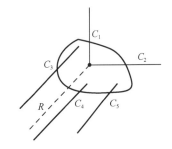

图 14.20　应用 Blanding 法则进行
机构的自由度分析

4）自由度与约束空间拓扑法

该方法基于旋量理论，采用了一系列具有特定维度的自由度空间（freedom space）和约束空间（constraint space），来分别代表物体在空间中所允许的运动和受限的运动，即物体所受的约束。这些空间通过几何表达显得更加形象直观。实际上，自由空间与约束空间之间的关系可由互逆旋量系来表达，而布兰丁法则可以看作是旋量系互逆的一种特例（旋量退化为线矢量）。自由度与约束空间拓扑法可以系统实现对多自由度柔顺机构的构型综合，一种典型的综合过程如图 14.21 所示。在旋量理论的指导下，得到的构型也具有一定程度的完备性[69]。

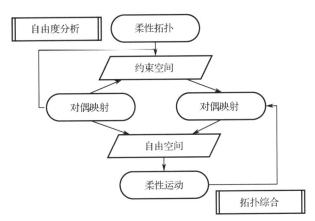

图 14.21　自由度与约束空间拓扑法进行柔顺机构综合的流程图

5）结构优化设计法

结构优化设计法目前的主要研究对象是连续体结构。优化的基本方法是将设计区域划分为有限单元，依据一定的算法删除部分区域，形成带孔的连续体，实现连续体的拓扑优化。其主要思想是以柔顺机构所要求的运动及约束等作为设计目标函数，并在给定的边界条件下，利用寻优算法生成合理构型。结构优化设计法主要依赖于目标函数及优化算法，目标函数建立必须合理，否则会生成无效设计，或者生成的设计没有很好地考虑到加工工艺性。并且该设计方法通常适用于平面柔顺机构，而对于空间柔顺机构则存在一定局限性。

表 14.1 中对几种柔顺机构分析及研究方法的特点与适用范围进行了总结。

表 14.1 柔性机构分析及研究方法比较

研究方法	特　　点	适用范围
伪刚体模型法	以平面刚性杆机构的运动逼近柔性单元的变形	平面机构的分析建模
结构矩阵法	用单元柔度矩阵反映柔性单元的变形	平面、空间机构的分析建模
约束设计法	将理想约束作为基本柔性单元来构造柔顺机构，满足布兰丁法则	构型综合
自由度与约束空间拓扑法	基于旋量系理论，建立自由度与约束空间的对偶关系	构型综合
结构优化设计法	以运动或约束为目标函数，给定边界条件，利用寻优算法生成合理构型	分布柔度平面机构的构型、尺度（统一）综合

4. 柔顺机构的应用

1）柔顺机构与精密工程

伴随着微纳米科技浪潮所引发的制造、信息、材料、生物、医疗和国防等众多领域的革命性变化，柔顺机构在微电子、光电子元器件的微制造和微操作、微机电系统（MEMS）、生物医学工程等这些定位精度要求一般在亚微米级甚至纳米级的领域中得到了广泛应用。例如，基于传统刚性铰链结构的商用精密运动平台所能达到的分辨率极限是 50nm，精度 1μm，很难突破这一瓶颈。而柔性定位平台可以使同类产品的精度提高 1~3 个数量级。在精微领域，柔顺机构可以设计作为精密运动定位平台、超精密加工机床、精密传动装置、执行器、传感器等。

（1）微定位机构。目前柔顺机构应用最广的领域是微定位，特别是具有纳米级运动分辨率的超精密定位技术领域。它经历了从单自由度到多自由度，从一维到平面再到三维的发展历程。结构类型有串联、并联、混联等多种形式，但以并联为主。早期的精密定位单元及精密定位平台采用运动放大机构与柔性铰链相结合的整体式结构，可将驱动器位移放大 20 余倍。机构可实现 50~500μm 的单轴行程，位移分辨率为 1nm。随着微定位技术逐渐向三维扩展，柔性微定位平台在原子力显微镜、扫描隧道显微镜及超精机床刀具微进给系统等领域也得到了广泛应用。

（2）柔性放大机构。近几年来，对于柔顺机构经过拓扑优化被应用于柔性放大机构的设计有一定的研究，如力放大器和位移放大器。Pedersen 和 Seshia 利用拓扑优化设计了表面微机械加工谐振加速度计的顺应力放大器机构。除了放大器机构外，柔顺机构也被应用于柔性恒力机构的设计中。恒力机构利用机械结构的特性提供接近恒力的输出，在过载保护、生物医学等领域得到了广泛应用。使用柔性恒力机构的最大优点之一是可以与环境产生友好的交互作用，并且可以通过微操作来保护微对象不受损害。

（3）微机电系统（MEMS）。MEMS 产品都有较高的精度要求，而传统机构中摩擦和间隙是不可同时避免的，全柔顺机构可以避免摩擦和间隙，同时还减少了装配时间和费用，特别适合于 MEMS 的设计。杨百翰大学研制出了各种微型开关、微型阀等，利用其定常力特性可以研制出用于特殊用途的夹具、连接装置等。宾夕法尼亚大学的 Ananthasuresh 教授还设计出了一些微型夹钳。利用柔性设计 MEMS 器件及系统的例子很多，如微驱动器、微传感器、微阀、微鼠标及多自由度微型操作手等。

（4）多自由度的微操作及微装配机器人。在微电子、光电子元器件的精密对准、微装配或封装，以及生物工程及显微手术的微操作等应用场合，都对微操作机器人的自由度及运动精度提出了很高的要求。例如，大多数的微纳组装/操作（如晶片/MEMS/生物芯片键合对准装配、光电子器件耦合对准装配等），由于在同一工作空间中可以容纳多种功能单元、部件供料器和执行器，通常要求工作台能实现灵巧的操作与装配任务。近年来的研究表明，柔性平台非常适合 MEMS/MOEMS 产品的操作及装配。因此，多自由度的柔性微操作手得到了广泛应用。北京航空航天大学研制了一套用于细胞操作的微操作机器人系统，其中右手机构采用 3-DOF 并联柔顺机构，压电陶瓷驱动，分辨率可达 60nm[71]。

2）柔顺机构与仿生机器人。在仿生机械及机器人领域，柔顺机构也发挥着越来越重要的作用。各种新型柔性关节及驱动器的开发大大改善了仿生机械及仿生机器人的灵活性与机动性，如多足机器人、蛇形臂等。另外，由于尺度效应对微小型生物的影响起着支配作用，因此在微小型仿生机械的研究及研制过程中，也很难离开柔顺机构的作用。目前柔顺机构在微小型仿生机械的应用越来越多，如微小型飞行器、机器鱼、仿生爬虫、机器跳蚤、仿生壁虎等。

（1）微小型飞行器。自然界中动物的肌肉均具有柔性，昆虫的胸腔更是由柔性骨骼与肌肉组成，因此，柔性设计是仿生与实际应用的必然结果。北京航空航天大学将"分布式全柔顺机构"的概念引入扑翼式微型飞行机器人的设计中，通过控制柔性胸腔各部位的不同柔度，使翅膀产生不同形式的复杂扑翼运动。微型扑翼飞行器因为在其尺度范围内的独特优势，越来越受到人们的重视。利用 MEMS 技术开发具有分布式柔性的微型胸腔机构，可以实现免装配、无摩擦，能量转换率高，进而提高飞行的效率。哈佛大学开发了一种能够像真苍蝇一样飞行的机器苍蝇，主体用碳纤维制成，体重只有 80mg，翼展 30mm，能连续飞行超过 20s。未来对柔性扑翼机构还需要在加工、装配与试验等方面做更深入的探讨，以充分利用其柔性储能特征，提高能量利用率。随着翼展尺度不断减小和自由度不断增多，将扑翼机构、驱动器与翅膀进行一体化设计就会更具优势，相关的理论仍有待于进一步探索。

（2）柔性机器人。与传统的由刚性材料建造的机器人不同，柔性机器人通常由高度柔性的材料建造，灵感来自活的有机体。与刚性机器人相比，柔性机器人在完成任务时具有显著的灵活性和适应性。此外，这种模式还提高了在人类周围工作的安全性，增强了医疗和制造领域的柔性机器人的适用性。因此，柔性机器人的设计在过去几年里得到了越来越多的探索。柔性机器人可以作为大型刚性机器人的末端执行器。研究表明，柔性机器人夹具已经被开发应用于抓取和操纵软物体。这些夹具的优点是能产生较低的抓取力，这对于握住柔软或易碎的物体而不折断它们是必不可少的。其中一些夹具是通过拓扑优化开发的。对于柔性机器人的拓扑优化，目标是获得一个能够提供所需机械行为的拓扑形状，从而使机器人完成其任务。

（3）机器鱼。近年来，研制新型、低噪、高速、高效、高机动性的柔性机器鱼已成为仿生机器人领域的一个热点。应用柔顺机构，可以降低仿生系统的复杂程度。刚性摆动鳍需要结合平动、转动、摆动的复合运动才能实现驱动，但柔性摆动鳍仅以简单摆动运动，依靠鳍本身的柔性变形即可实现有效攻角，使驱动大大简化。另外，合理的柔性分布有利于推力的产生和推进效率的提高，同时减小非功能方向上的波动，提升运动稳定性。美国普林斯顿大学运用柔顺机构实现胸鳍的摆动运动，可实现自驱动。北京航空航天大学针对柔性薄板状仿形鳍、三维柔性机体及多鳍条驱动鳍面可控变形的仿生摆动鳍进行研究，研发了 4 代原理样机，均实现了良好的推进功能，如图 14.22 所示[72]。

图 14.22　多关节 Robo-Ray IV 样机

14.2.3 移动机器人

智能化的移动机器人是一个集环境感知、动态决策与规划、行为控制与执行等多功能于一体的综合系统。它集中了传感器技术、信息处理、电子工程、计算机工程、自动化控制工程及人工智能等多学科的研究成果，是目前科学技术发展最活跃的领域之一。

1. 移动机器人的分类

移动机器人按其移动方式分为履带式移动机器人、轮式移动机器人、腿式移动机器人、轮履腿复合式移动机器人、基于并联机构的移动机器人、滚动连杆式移动机器人、蠕动式机器人等；根据活动领域的不同，移动机器人又可分为空中机器人、地面机器人、水中机器人等。这里主要介绍地面移动机器人，目前此类自主移动机器人可以在复杂的非结构化环境中安全移动，进行语言交互、实物识别、全场定位、路径规划、自我导航，还具有一定的独立思考能力。

1）轮履腿移动机器人

（1）单一的轮、履、腿移动机器人。根据移动机器人不同的移动机理与移动特点，其具有不同的环境适应能力。

轮子是人类地面运载工具的伟大发明。轮式移动机构具有结构简单、可靠性高、动力及控制系统成熟的优点，适用于在规则平坦路面上高速和高效移动。根据轮子数目，轮式机器人一般可分为单轮、双轮、三轮、四轮、六轮和多轮等。然而轮式机器人对于沟壑、台阶等障碍的通过能力较低，即使是全地形智能车，也只能越过小型障碍物和落差较小的地面，而且要付出过高的能耗。

履带式机器人是在轮式基础上发展的一类具有良好越障能力的移动机构，其着地面积较大，能在凹凸不平的崎岖地面上稳定行驶，具有较好的地面适应性和越障稳定性，对于野外环境复杂地形具有很强的适应能力，并且履带的承载能力强，但其移动速度较低。因此，它已广泛用于军事运输、作战（如坦克、装甲车）、反恐及灾难搜救等特殊领域。其缺点是转向不灵活，比较笨重，能耗较高。目前履带式机器人除了朝重型、高负载方向发展之外，还在微小型履带式机器人方面取得了长足进步。

腿式机器人的特点在于足端与地面间离散的点接触，使其具有灵活的运动能力和优越的越障性能。腿式机器人行走方式类似于动物腿的行走。腿式机器人的腿部具有多个关节，灵活性强，可攀越较高的障碍物，具有较强的地面适应能力。其身体与地面无接触，足端与地面的接触面积小，运动时的稳定控制是关键。腿式机器人可以在不规则的地形中移动，通过改变腿形来适应不规则的地面；另外，足部也可以根据地形条件选定某点与地面接触。当移到柔软地面（如沙质土壤）时腿足可以在地面上形成离散足点，其足端与地面的接触面积小使得地面支承压力小，能很好地降低能耗。当腿固定在地面上时，可作为驱动器驱动支撑车体，帮助安装在车体上的机械手等执行任务。多腿机器人还可以使用一条或多条腿来操控物体，这是从一些动物用它们的腿来控制、操纵和运输物体得到的启发。

目前关于腿式机器人的研究主要集中在双腿、四腿和六腿机器人上。从稳定性和控制难易程度及制造成本等方面综合考虑，四腿机器人是最佳的腿式机器人形式。最具代表性的四腿机器人是美国波士顿动力公司研制的 BigDog。BigDog 体内装有维持机身平衡的陀螺仪、力传感器等，可探测到地势变化，根据情况做出调整。BigDog 具有超强的抗侧向扰动能力和地形适应能力，可以在山地、沼泽、雪地、瓦砾等环境中行进；六腿机器人的设计灵感大部分来自自然界的节肢动物，特别是蟑螂。蟑螂之所以被作为仿生机器人设计的模板，是因为它在奔跑中具有突出的快速性、敏捷性和稳定性，而且其结构和生理学知识也为科学家所熟知。蟑螂的六条腿可分为两组，左侧前腿、后腿和右侧中间腿为一组，左侧中间腿和右侧前腿、后腿为另一组。运动时这两组腿交替着地，形成 3+3 步态，这种步态不仅静态稳定，而且速度快、效率高。

（2）轮履腿复合式移动机器人。针对未知非典型地形环境，单一的移动模式很难满足机器人通过性的要求。为了获得更好的地面适应能力，移动机构除了通过在自身结构上改进以获得更强的越障能力外，还可将若干个不同类型的轮子、履带或腿叠到一个机器人本体上，使得机器人同时具有多种移动方式，兼有所叠加模式的优点。这类机器人称为轮履腿复合式移动机器人。根据复合形式的不同，可分为轮腿混合式（WL）、履腿混合式（TL）、轮履混合式（WT）及轮履腿混合式（WTL）。

轮履腿复合式移动机器人的复合方式分为叠加式、异形式、变形式与腿悬架式。叠加式是在轮式机器人的基础上增加一套腿部机构，如双轮与双足混合移动机器人、双轮与四足混合移动机器人、双轮与四足切换混合移动机器人、四轮与双足切换混合移动机器人等。前两种设计中轮子虽不具备姿态调整能力，但可提高腿足移动系统的稳定性，但另一方面两种移动系统的移动能力却都有所下降；后两种设计中通过轮式与腿式间的相互切换交替实现单一的移动方式，虽保证了移动能力，但却是两种移动方式相互成为负载，降低了移动效率。异形式是在轮式机器人的基础上将整圆的轮子改为离散支叉式的步行轮。变形式是使移动机构在轮式机构与腿式机构（或异形轮式机构）间相互切换，通过交替工作实现稳定、快速的移动与高适应性的越障能力。腿悬架式将轮子安装到腿部机构的末端，通过腿部的主动调整，使轮子得到最佳的接触姿态及越过障碍，与摇臂悬架式轮式移动机构相比能够主动适应地形。

同单一的移动方式相比，轮履腿复合式移动机器人的应用范围更加广泛，尤其是关节履带式和轮腿式机器人。轮履复合式机器人克服两种移动模式的缺点，在平地上使用轮式，而在台阶、楼梯、沟壑等地形上使用履带，同时具有一定的通过碎石、瓦砾等障碍的能力。可见，这种复合模式的既能在平地快速、平稳地行走与转弯，又能稳定地适应各种障碍地面，但总体比较笨重。

2）基于并联机构的移动机器人

基于并联机构的移动机器人作为机器人领域的一个研究方向，近十几年来发展迅猛。其结构特点可分为两类，其一是将并联机构作为多腿机器人的腿，如北京理工大学的"哪吒"机器人、上海交通大学的"章鱼"机器人；其二是将并联机构作为移动机器人的"身体"，将每条腿固定在其中的一个平台上作为足端支撑，依靠不同平台之间的交替运动实现移动。基于并联机构的移动机器人与现有的移动机器人相比，结构更为紧凑，刚度和承载能力更强，移动灵活性也更强，并且保留了并联机构的优势：稳定性好、无累积误差、精度高、运动部分质量轻、动态响应好、移动速度快。

图 14.23 所示为中北大学开发的 3-UPU 型六腿并联式移动机器人。该机器人将并联机器人和腿式机器人的优点巧妙融合，具有转动灵活、承载能力大、越障能力强等优势，能够实现平移、避障越障、跨越沟壑、爬楼梯等功能。该机器人不是通过单个腿部的动作实现移动的，而是通过上、下两个平台之间的相对运动实现 3+3 步态行走。该机器人上、下平台之间均匀分布有三条支链，每条支链包含往复推杆、伺服电动机和虎克铰。往复推杆的顶端通过虎克铰与上平台的下底面连接，往复推杆的底端通过虎克铰与下平台的上平面连接，构成 3-UPU 并

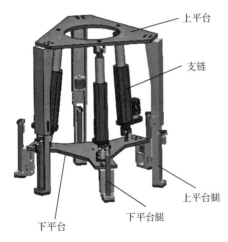

上平台

支链

上平台腿

下平台腿

下平台

图 14.23 3-UPU 型六腿并联式移动机器人

联机构。上、下平台上各固连有三条支撑腿，呈交错三角形分布，起支撑整机的作用。每条支撑腿上均设置有一个压力传感器，依靠形变来测量压力的变化，通过反馈的数据来判断支撑腿是否着地。当 3-UPU 型六腿并联式移动机器人行走在不规则路面时，也是通过压力传感器反馈的信号来控制支撑腿末端伺服电动机的伸出距离，进而保持整个结构的平衡与稳定的。3-UPU 型六腿并联式移动机器人性能可靠、构型简单，可以适应复杂多样的不规则地形。

3）滚动连杆式移动机器人

滚动连杆式移动机器人是将机构学的闭链连杆机构用作移动机构本体，以滚动的方式在地面上移动的机器人。此类移动机构的基本特征是：从整体上看是由连杆机构组成的一个闭环，即"整体闭链"。北京交通大学在滚动连杆式移动机器人方面取得了系列研究成果，包括整体闭链滚动机构、滚动平面连杆机构、滚动空间连杆机构、组合式滚动连杆机构、概率滚动连杆机构、可缩放滚动连杆机构等。滚动连杆式移动机器人移动效率高，地面适应性强，滚动折叠时还可实现大缩放比的变形，既能使原机构折叠变小以减小体积，提高便携性，也可展开放大以得到大范围的工作空间。

滚动连杆式移动机器人的技术优势在于它具有强大的自身变形能力及地形适应能力。它在轮式、履带式及腿式等移动机构难以通过和适应的极端复杂地形中能获得较高的移动效率，因而在民用抢险救援严重破坏路面、军事野外作战动态变化地形，以及星球深度探索未知复杂表面等具有广泛应用前景。

4）蠕动式移动机器人

蠕动式移动机器人这类移动机构是通过若干连杆或机构单元，由相应的运动副串联而成的。由于开链式机构的特点，其变形能力和灵活性也随关节的增多而提升和加强。移动模式是根据仿生学原理对自然界无四肢软体动物（如蛇、蚯蚓和毛毛虫等）进行研究得到的蠕动、爬行和滚动等。其中最具代表性的是蛇形机器人。这类机器人"身体"可以随意地变形，可以根据需要充当移动机构实现快速移动。由于机器身体的所有单元均参与变形与移动，故具有全姿态移动能力。不足之处是机器人整体刚度差，承载能力弱，难以承受较大的外力。可蜷缩型动物（如螃蟹、蜘蛛和犰狳等）也会通过将自身的肢体团成一个球体，以获得快速滚动的逃跑能力与自我保护的防御能力，以此概念所设计的机器人同样可以获得良好的移动能力。

对于移动机器人移动方式的选择，需要考虑以下几个方面。

（1）机器人需满足具体任务的实际要求。

（2）机器人可以根据地形环境的限制条件来完成执行任务。

（3）所采用驱动器的局限性。

（4）机器人电源的供给能力和能量自动化的需求。

移动机器人的研究涉及许多方面，首先，考虑轮、履、腿式及其复合式等多种移动方式及各种移动方式之间的切换；其次，考虑驱动器的控制，以使机器人达到期望的行为；最后，考虑导航或路径规划。

2. 多腿机器人的稳定裕度和步态

1）腿式机器人的稳定性

移动机器人的稳定性，简单地说就是机器人的不摔倒的能力。由于腿式机器人只有机器人的足与地面接触，稳定性显得更为重要。腿式机器人的稳定性分为静态稳定性和动态稳定性。

（1）静态稳定性。理想的腿式机器人定义为主体刚性及不考虑质量的腿结构能够在接触地面处提供足够大的力（没有转矩）支撑整体移动的智能机器。这个定义意味着当机器人的质心在支撑域内时，机器人是静态稳定的，这里的支撑域是指足与地面接触的离散点之间画线所形成的区域。当一只足从地面抬起时，支撑域会变小，这使得机器人更加不稳定，若质心超出支撑区域，平衡不调整，机器人会摔倒。实际上必须在质心和支撑域的边界之间留有一定的余地，以便应对外力，如机器人在运动时突然停止或转弯时受到的惯性力。为了保持静态稳定，机器人必须以某种方式抬起它的一只足，不会使支撑域"收缩"太多，相对支撑域质心只能移动一小段距离，随之修正支撑域使得质心在支撑域内。机器人静态稳定性的优点是可以在任何时候停止或减慢速度，这意味着对机器人控制要求的响应能力和精度比使用动态稳定性时要小得多。

（2）动态稳定性。如果一个机器人允许它的质心超出支撑域，则它必须以某种方式来补偿才能保证平衡稳定。若移动一只足或质心，由于机器人被迫不断地补偿其平衡以保持稳定而不摔倒，同时不能无限长时间用来停止或减速，必须能短时间内停止、减速或以任何其他方式改变运动，这样需要它能迅速建立平衡补偿机制以确保稳定。所有这些都对机器人的控制提出了很高的要求。机器人必须要用足够高更新率和精度的传感器来测量其身体四肢的方向和速度；机器人处理器必须足够快计算它应该如何移动；机器人必须要有足够的速度和精度驱动所有腿。动态稳定的优点是它拥有更少限制模式的运动，可以实现更高的速度。沟壑不平整、光滑、散落有石块或其他障碍物的地形常常给使用静态稳定性的机器人带来困难。如果机器人在一块冰上滑倒，或者在一块松动的岩石上意外翻转，它更需要使用动态稳定性来分析运动平衡。注意，动态稳定的运动模式很可能包括静态稳定的范围。

与双腿机器人相比，多腿机器人要保持静态平衡，其足部的放置有更多的选择。因此，多腿机器人多研究其静态稳定的步态规划，而非动态稳定性。

2）稳定裕度（stability margin）

在多腿机器人的研究中，支撑模式这个术语常用来代替支撑多边形。在忽略身体和腿部加速度所引起的惯性作用的条件下，如果机器人的重心（Center of Gravity，简称 CoG）的投影在支撑模式内，那么机器人就可以保持平衡，如图 14.24 所示。

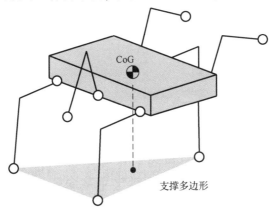

图 14.24　多腿机器人的支撑模式（支撑平面）

对于一个给定构型的行走机器人，稳定裕度 S_m 定义为 CoG 的垂直投影与水平面上的支撑模式边界的最小距离，如图 14.25（a）所示。此外，使用水平稳定裕度 S_1 来解析地求解最优步态，水平稳定裕度 S_1 定义为 CoG 的垂直投影与支撑模式边界在平行于身体运动方向的最小距离，如图 14.25（b）所示。

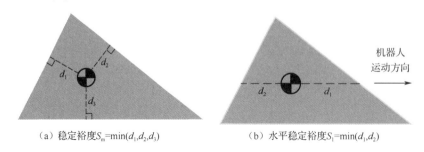

（a）稳定裕度S_m=min(d_1,d_2,d_3) 　　　　（b）水平稳定裕度S_1=min(d_1,d_2)

图 14.25　稳定裕度的定义

3）四足爬行和蠕动步态

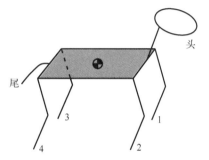

图 14.26　四腿机器人的腿编号

步态（gait）是指机器人的每条腿按一定的顺序和轨迹的运动过程。对于前后共有 $2n$ 条腿的机器人，分别用奇数 $1,3,\cdots,2n-1$ 来索引左边的腿，用偶数 $2,4,\cdots,2n$ 来索引右边的腿。根据这个规则，四腿机器人四条腿的编号如图 14.26 所示。

为了保持静态稳定的行走，四腿机器人必须在每一步只抬起和放下一条腿。一般来说，这样的模式叫作爬行步态。四腿机器人所有可能的爬行步态可以用代表脚着地次序的腿编号序列来表示。通常选腿 1 作为第一个摆动腿，可以得到（4-1）!=6 种不同的步态，如图 14.27 所示。

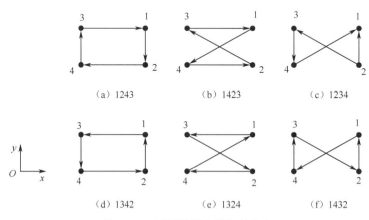

（a）1243　　　　（b）1423　　　　（c）1234

（d）1342　　　　（e）1324　　　　（f）1432

图 14.27　四腿机器人的爬行步态

从图 14.27 可以看到，1423（见图 14.27（b））的爬行步态在沿 x 方向行走具有最大的稳定性，被称作蠕动步态。值得注意的是，如果行走的方向是$-x$，则 1324（见图 14.27（e））也是蠕动步态。同样，1234（见图 14.27（c））和 1432（见图 14.27（f））就是$-y$和 y 方向的蠕动步态。另一方面，1243 和 1342 的爬行步态（见图 14.27（a）和图 14.27（d））具有中等稳定性，且适合于转动。

4）步态图

图 14.28（b）所示是描述多腿机器人步态序列的步态图。水平轴代表由行走周期 T 归一化后的时间坐标。线段部分对应每条腿的着地到离地的过程。因此线段的长度表示支撑阶段。由图 14.28（b）可以定义腿 i 的占空比 β_i 和相位 ϕ_i。

$$\beta_i = \frac{\text{腿 } i \text{ 的支撑期}}{T} \tag{14.10}$$

$$\phi_i = \frac{\text{腿 } i \text{ 的着地时间}}{T} \tag{14.11}$$

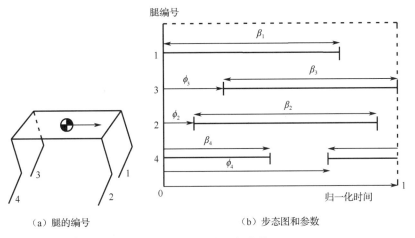

（a）腿的编号　　　　　　　　　（b）步态图和参数

图 14.28　步态图与参数

腿 i 着地的时间从腿 1 着地的时间开始测量，因此，对任何步态有 $\phi_1 = 0$。

5）四腿机器人的波形步态

对于四腿机器人，存在一种具有最大稳定裕度的步态，称为波形步态，定义如下。

$$\beta_i = \beta \quad (i = 1, 2, 3, 4) \tag{14.12}$$

$$0.75 \leqslant \beta < 1 \tag{14.13}$$

$$\phi_2 = 0.5 \tag{14.14}$$

$$\phi_3 = \beta \tag{14.15}$$

$$\phi_4 = \phi_3 - 0.5 \tag{14.16}$$

式中，β 是波形步态的占空比。

图 14.29 给出了 $\beta = 0.75$ 时四腿机器人的波形步态。

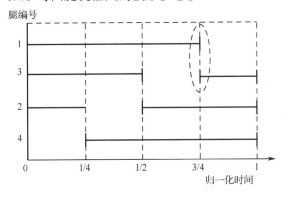

图 14.29　四腿机器人的波形步态（$\beta = 0.75$）

观察图 14.29 中腿着地的顺序，它就是图 14.27（b）中的爬行步态（1423）。因此，波形步态是最优的爬行步态。

波形步态最重要的特征是式（14.15），也就是说腿 3 在腿 1 离地时着地，由图 14.29 中的椭圆（虚线）表示。式（14.10）给出了静态行走的占空比的可能范围。此外，波形步态还具有有序和对称的特征。当所有腿具有相同的工作系数 β 时，步态就是有序的，可以由式（14.12）进行验证。当每一列的左脚和右脚的相位是半周期时，步态就是对称的，可以由式（14.14）和式（14.16）进行验证。

6）$2n$ 腿机器人的波形步态

一个具有 $2n$ 条腿的机器人的波形步态可以定义为有序和对称的步态，它具有以下特征。

$$\phi_{2m+1} = F(m\beta) \quad (m = 1, 2, \cdots, n-1) \tag{14.17}$$

$$3/(2n) \leq \beta < 1 \tag{14.18}$$

式中，$F(x)$ 是实数 x 的分数部分。

式（14.17）是式（14.15）的一个概括。六腿机器人的波形步态如图 14.30 所示。椭圆（虚线）表示其条件（见式（14.17））。

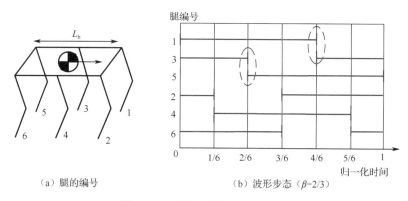

（a）腿的编号　　　　　　　（b）波形步态（$\beta=2/3$）

图 14.30　六腿机器人的波形步态

图 14.31 是当 $\beta=1/2$ 时的波形步态，它对多腿机器人是最重要的。从式（14.18）中的约束可知，这是多腿机器人最小的占空比，所以产生了最快的行走步态。这个特殊步态被称为三角步态，因为机器人是由三条腿 145 和 236 分别支撑的。

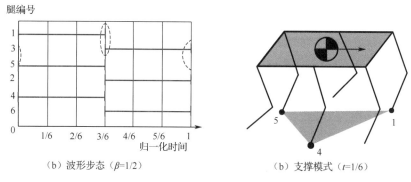

（b）波形步态（$\beta=1/2$）　　　　　　　（b）支撑模式（$t=1/6$）

图 14.31　六腿机器人的三角步态

3. 移动机器人的应用及发展

随着机器人性能的不断完善，移动机器人的应用范围大为扩展，不仅在工业、农业、医疗、服务等行业中得到了广泛的应用，而且在城市安全、国防和空间探测领域等有害与危险场合得到了很好的应用。除此之外，它还特别适用于核工业设备的维护、检修及矿难、地震等危险复杂环境中的操作、救险等方面。

智能移动机器人的性能、体积、结构、控制等技术水平将进一步提升，环境适应能力更强，包括海洋、沙漠乃至外星；构型创新是移动机器人研究的核心问题，履轮腿及杆件等多模块组成的复合结构的移动机器人，可以通过模块的不同组合和构型的切换，实现滚动、翻滚、步行、爬行、蠕动等不同移动模式，这与可重构可变形机器人的拓扑结构、运动学特性、动力学特性和可控性等密切相关；移动机器人的控制技术将向完全自主控制方向发展，以实现机器人自主避开障碍和危险，并与脑科学、神经科学等学科结合，以提高机器人的智能化水平；仿生移动机器人主要从结构仿生、材料仿生、控制仿生等方面来研究，使其行走速度与准确性更接近人类水平；微小型是移动机器人发展的又一趋势。微小型移动机器人应该具有体积小、质量轻、结构紧凑、对地形适应能力强等特点。

§14.3 拓展阅读：Parallel Manipulators for Robot

The development of parallel manipulators can be dated back to the early 1960s when Gough and Whitehall first devised a six-linear jack system for use as a universal tire testing machine. Later, Stewart developed a platform manipulator for use as a flight simulator. Since 1980, there has been an increasing interest in the development of parallel manipulators. Potential applications of parallel manipulators include mining machines, pointing devices, and walking machines.

Although parallel manipulators have been studied extensively, most of the studies have concentrated on the Stewart-Gough manipulator. The Stewart-Gough manipulator, however, has a relatively small workspace and its direct kinematics is extremely difficult to solve. Hence, it may be advantageous to explore other types of parallel manipulators with the aim of reducing the mechanical complexity and simplifying the kinematics and dynamics. A structural classification of parallel manipulators has been made by Hunt.

In this section, parallel manipulators are classified into planar, spherical, and spatial mechanisms. The kinematic structures of parallel manipulators are enumerated according to their degrees of freedom and connectivity listing.

14.3.1 Functional Requirements

A parallel mechanism possesses multiple degrees of freedom. The number of degrees of freedom required depends on the intended application (Functional Requirement F_1); As shown in Fig.14.32, a parallel manipulator typically consists of a moving platform (MP for short) that is connected to a fixed base (Base for short) by several limbs, that is, it possesses a parallel kinematic architecture (Functional requirement F_2); The number of limbs is preferably equal to the number of degrees of freedom of the

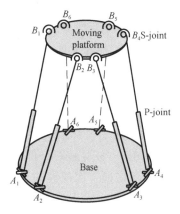

Fig. 14. 32 A typical parallel manipulator

moving platform such that each limb is controlled by one actuator, and external loads on the moving platform are shared by all actuators (Functional requirement F_3) ; All actuators are preferably mounted on or near the fixed base (Functional requirement F_4). As a result of this structural arrangement, parallel manipulators possess the advantages of low inertia, high stiffness, and large payload capacity. These advantages continue to motivate the development of parallel kinematic machines, such as various parallel milling machines.

14. 3. 2　Structural Characteristics

We now translate as many functional requirements into structural characteristics as possible. Obviously, the manipulator should satisfy the general structural characteristics of a mechanism. In addition, the following manipulator-specific characteristics should also be satisfied.

We assume that each limb is made up of an open-loop chain and the number of limbs, m, is equal to the number of degrees of freedom of the moving platform. It follows that

$$m = F = L + 1 \tag{14.19}$$

where F is the DOF of moving platform, and L is the number of independent loops.

Let the *connectivity* of a limb, C_k, be defined as the number of degrees of freedom associated with all the joints, including the terminal joints, in that limb. Then,

$$\sum_{k=1}^{m} C_k = \sum_{i=1}^{j} f_i \tag{14.20}$$

where j is the number of joints.

Substituting Eq.(14.20) into Eq.(14.21), called the **loop mobility criterion**, shown as follows,

$$\sum_{i=1}^{j} f_i = F + \lambda L \tag{14.21}$$

and making use of Eq.(14.19), we obtain

$$\sum_{k=1}^{m} C_k = (\lambda + 1) F - \lambda \tag{14.22}$$

To ensure proper mobility and controllability of the moving platform, the connectivity of each limb should not be greater than the motion parameter λ or be less than the number of degrees of freedom of the moving platform F; that is,

$$\lambda \geqslant C_k \geqslant F \tag{14.23}$$

These equations completely characterize the structural topology of parallel manipulators.

The systematic design methodology consists of two engines: a *generator* and an *evaluator*. Some of the functional requirements are transformed into the structural characteristics and incorporated in the generator as rules of enumeration. The generator enumerates all possible solutions using graph theory and combinatorial analysis. The remaining functional requirements are incorporated in the evaluator as evaluation criteria for the selection of concepts. This results in a class of feasible mechanisms. Finally, a most promising candidate is chosen for the product design. By incorporating Eq.(14.19), (14.22), and

(14.23) in the generator, functional requirements F_1, F_2, and F_3 are automatically satisfied. Functional requirement F_4 implies that there should be a base-connected revolute or prismatic joint in each limb, or a prismatic joint that is immediately adjacent to a base-connected joint. This condition and other requirements, if any, are more suitable for use as evaluation criteria. In what follows, we enumerate the kinematic structures of parallel manipulators according to their nature of motion and degrees of freedom.

14. 3. 3　Enumeration of Planar Parallel Manipulators

For planar manipulators, $\lambda = 3$. Furthermore, we assume that revolute and prismatic joints are the desired joint types. All revolute joint axes must be perpendicular to the plane of motion and prismatic joint axes must lie on the plane of motion.

1.　Planar 2-DOF manipulators

For two-DOF manipulators, Eq. (14.19) yields $m = 2$ and $L = 1$, whereas Eq. (14.22) reduces to $C_1 + C_2 = 5$. Thus, planar 2-DOF manipulators are single-loop mechanisms. The number of degrees of freedom associated with all the joints is equal to five. Furthermore, Eq. (14.23) states that the connectivity in each limb is limited to no more than three and no less than two. Hence, one of the limbs is a single-link and the other is a two-link chain. These two limbs, together with the end-effector and the base link, form a planar five-bar linkage. A simple combinatorial analysis yields the following possible planar five-bar chains: RRRRR, RRRRP, RRRPP, and RRPRP. Any of the five links can be chosen as the fixed link. Once the fixed link is chosen, either of the two links that is not adjacent to the fixed link can be chosen as the end-effector. For example, Fig. 14.33 shows a planar RR‑RRR parallel manipulator with links 1 and 2 serving as the input links and link 4 as the output link. Fig.14. 34 shows a planar RR‑RPR parallel manipulator.

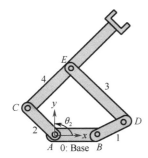

Fig. 14. 33　Planar RR-RRR manipulator

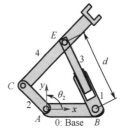

Fig. 14. 34　Planar RR-RPR manipulator

2.　Planar 3-DOF Manipulators

For 3-DOF manipulators, Eq. (14.19) yields $m = 3$ and $L = 2$. Substituting $\lambda = 3$ and $F = 3$ into Eq. (14.22), we obtain

$$\sum_{k=1}^{3} C_k = (3 + 1)F - 3 = 9 \tag{14.24}$$

Furthermore, Eq. (14.23) reduces to

$$3 \geqslant C_k \geqslant 3 \tag{14.25}$$

Hence, the connectivity of each limb should be equal to three; that is, each limb has three degrees of freedom in its joints. Using revolute and prismatic joints as the allowable kinematic pairs, we obtain seven possible limb configurations: RRR, RRP, RPR, PRR, RPP, PRP, and PPR, where the first symbol denotes a base-connected joint and the last symbol represents a platform-connected joint. The PPP combination is rejected due to the fact that it cannot provide rotational degrees of freedom of the end-effector. Theoretically, any of the above configurations can be used as a limb. Hence, there are potentially $7^3 = 343$ possible planar 3-DOF parallel manipulators. However, if we limit ourselves to those manipulators with identical limb structures, then the number of feasible solutions reduces to seven.

Fig. 14.35 shows manipulators using the RRR, RPR limb configuration.

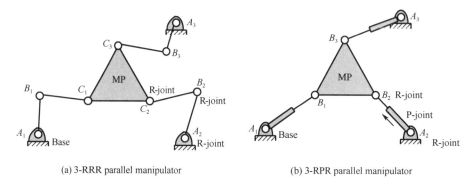

(a) 3-RRR parallel manipulator   (b) 3-RPR parallel manipulator

Fig. 14.35   Planar 3-RRR and 3-RPR parallel manipulator

14. 3. 4   Enumeration of Spherical Parallel Manipulators

The motion parameter for spherical mechanisms is also equal to 3, $\lambda = 3$. Hence, the connectivity requirement for spherical parallel manipulators is identical to that of planar parallel manipulators. However, the revolute joint is the only permissible joint type for construction of spherical linkages. In addition, all the joint axes must intersect at a common point, called the spherical center. In this regard, geared spherical mechanisms are not included. Therefore, the only feasible 2-DOF spherical manipulator is the five-bar RR – RRR manipulator. Similarly, the only feasible 3-DOF spherical manipulator is the 3-RRR manipulator. Therefore, the only feasible 2-DOF spherical manipulator is the five-bar RR-RRR manipulator. Similarly, the only feasible 3-DOF spherical manipulator is the 3-RRR manipulator as shown in Fig.14.36.

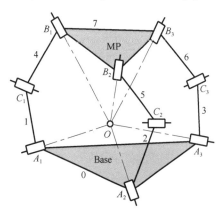

Fig. 14.36   Spherical parallel manipulator

14. 3. 5　Enumeration of Spatial Parallel Manipulators

For spatial manipulators, λ = 6. Thus, Eq. (14.22) and (14.23) reduce to

$$\sum_{k}^{m} C_k = 7F - 6 \tag{14.26}$$

$$6 \geqslant C_k \geqslant F \tag{14.27}$$

Solving Eq. (14.26) for positive integers of C_k in terms of the number of degrees of freedom, subject to the constraint imposed by Eq. (14.27), we obtain all feasible limb connectivity listings as shown in Table 14.2. Each connectivity listing given in Table 14.1 represents a family of parallel manipulators for which the number of limbs is equal to the number of degrees of freedom of the manipulator, and the total number of joint degrees of freedom in each limb is equal to the value of C_k.

Table 14. 2　Classification of spatial parallel manipulators

Number of degrees of freedom F	Total joint of degrees of freedom $\sum_i f_i$	Limb connectivity listing $C_1, C_2, \cdots, C_m$
2	8	4,4;5,3;6,2
3	15	5,5,5;6,5,4;6,6,3
4	22	6,6,5,5;6,6,6,4
5	29	6,6,6,6,5
6	36	6,6,6,6,6,6

The number of links and joints to be incorporated in each limb can be any number, as long as the total number of degrees of freedom in the joints is equal to the required connectivity C_k. The maximum number of links occurs when all the joints are 1-DOF joints. In practice, however, the number of links incorporated in a limb should be kept to a minimum. This necessitates the use of spherical and universal joints. In what follows, we enumerate 3-DOF and 6-DOF manipulators to illustrate the method.

1. 3-DOF translational platforms

We first enumerate 3-DOF parallel manipulators with pure translational motion characteristics. To reduce the search domain, we limit our search to those manipulator shaving three identical limb structures. In this way, the (5,5,5) connectivity listing becomes the only feasible limb configuration. Hence, the joint degrees of freedom associated with each limb are equal to five. Furthermore, we assume that revolute R, prismatic P, universal U, and spherical S joints are the applicable joint types. A simple combinatorial analysis yields four types of limb configurations as listed in Table 14.3.

Table 14.3　Feasible limb configurations for 3-DOF manipulators

Type	Limb configuration
120	PUU, UPU, RUU
201	RRS, RSR, RPS, PRS, RSP, PSR, SPR, PPS, PSP, SPP
310	RRRU, RRPU, RPRU, PRRU, RPPU, PRPU, PPRU, RRUR, RRUP, RPUR, PRUR, RPUP, PRUP, PPUR, RURR, RURP, RUPR, PURR, RUPP, PURP, PUPR, UPRR, UPRP, UPPR
500	RRRRR, RRRRP, RRRPR, RRPRR, RPRRR, PRRRR, RRRPP, RRPPR, RPPRR, PPRRR, PRPRR, PRRPR, PRRRP, RPRPR, RPRRP, RRPRP

For each type of limb configuration listed in Table 14.2, the first digit denotes the number of 1-DOF joints, the second represents the number of 2-DOF joints, and the third indicates the number of 3-DOF joints. For example, type 201 limb has two 1-DOF, zero 2-DOF, and one 3-DOF joints, whereas type 120 limb consists of one 1-DOF, two 2-DOF, and zero 3-DOF joints. The joint symbols listed, from left to right, correspond to a base-connected joint, one or more intermediate joints, and lastly a platform-connected joint. Since it is preferable to have a base-connected revolute or prismatic joint, or an intermediate prismatic joint for actuation purposes, SRR, SRP, URU, UUR, UUP, URRR, URRP, URPR, and URPP configurations are excluded from the solution list.

Next, we consider a condition that leads to translational motion of the moving platform. Theoretically, each limb should provide one rotational constraint to the moving platform to completely immobilize the rotational degrees of freedom. Furthermore, the constraints imposed by the three limbs should be independent of one another. Since the spherical joint cannot provide any constraint on the rotation of a rigid body, the entire type 201 configurations are excluded from further consideration. Considering a universal joint as two intersecting revolute joints, the remaining limb configurations contain three to five revolute joints. Let these revolute joints be arranged such that their joint axes are parallel to a plane. Then instantaneous rotation of the moving platform about an axis perpendicular to the common plane is not possible. For example, Fig.14.37 shows four limb arrangements that satisfy this condition.

Figures 14.38, 14.39, and 14.40 show the schematic diagrams of three parallel manipulators that are constructed by using the 3-UPU, 3-PUU, and 3-RUU limb configurations, respectively. The kinematics of the 3-UPU manipulator was studied in detail by Tsai.

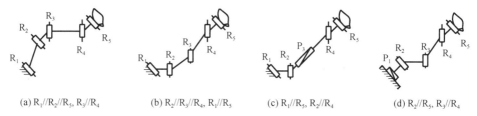

(a) R_1//R_2//R_5, R_3//R_4 (b) R_2//R_3//R_4, R_1//R_5 (c) R_1//R_5, R_2//R_4 (d) R_2//R_5, R_3//R_4

Fig.14.37   Feasible limb configurations for translational platforms

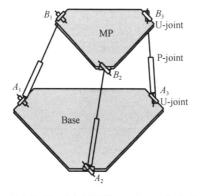

Fig.14.38   Spatial 3-UPU translational platform

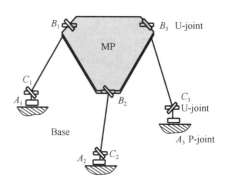

Fig.14.39   Spatial 3-PUU translational platform

2. 6-DOF parallel manipulators

We briefly discuss the enumeration of 6-DOF parallel manipulators. To simplify the problem, we limit ourselves to those manipulators with six identical limb structures. Furthermore, we assume that each limb consists of two links and three joints.

Referring to Table 14.1, we observe that the (6, 6, 6, 6, 6, 6) connectivity listing is the only solution. Thus, the degrees of freedom associated with all the joints of a limb should be equal to six. Since there are two links and three joints, the only possible solution is the type 111 limb, which means that each limb consists of one 1-DOF, one 2-DOF, and one 3-DOF joints. Let revolute, prismatic, universal, and spherical joints be the applicable joint types. Six feasible limb configurations exist: RUS, PUS, UPS, RSU, PSU, and SPU, as shown in Fig.14.41.

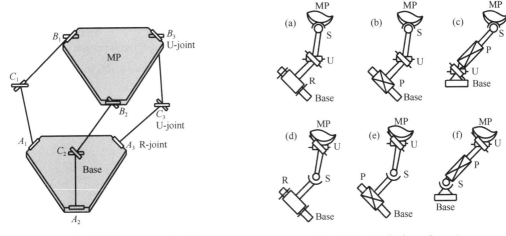

Fig.14.40　Spatial 3-RUU translational platform　　　　Fig.14.41　Six limb configurations

Configurations SRU, SUR, URS, USR, SUP, and USP are excluded because they do not contain a base-connected revolute or prismatic joint, or an intermediate prismatic joint.

Note that the universal joints shown in Fig.14.41 can be replaced by a spherical joint. This results in a passive degree of freedom, allowing the intermediate link(s) to spin freely about a line passing through the centers of the two spheres. Thus, RSS, PSS, and SPS are also feasible limb configurations. Furthermore, if a cylindrical joint is allowed, then UCU and SCS limbs with the cylindrical joint axes passing through the centers of the universal and spherical joints, respectively, are also feasible configurations. The SCS limb configuration possesses two passive degrees of freedom. Fig.14.42 shows these five additional 6-DOF limbs.

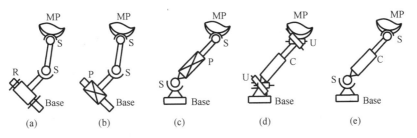

Fig.14.42　Five alternative limb configurations

附录 A 机械原理
重要名词术语中英文对照

第 1 章 绪 论

臂部	arm	机器人学	robotics
关节型操作器	jointed manipulator	机械	machinery
机构	mechanism	机械手	manipulator
机构学	mechanisms	机械原理	mechanisms and machine theory
机构分析	mechanism analysis	内燃机	combustion engine
机器	machine	腕部	wrist
机器人	robot	转动关节	revolute joint
机器人操作器	manipulator		

第 2 章 机构的结构分析与综合

Assur 杆组	Assur group	结构	structure
比例尺	scale	结构分析	structure analysis
闭式链机构	closed chain mechanism	局部自由度	passive degree of freedom
闭式运动链	closed kinematic chain	开式链机构	open chain mechanism
从动件	driven link；follower	开式运动链	open kinematic chain
低副	lower pair	空间机构	spatial mechanism
Ⅱ级杆组	Grade Ⅱ Assur group	空间运动副	spatial kinematic pair
复合铰链	compound hinge	空间运动链	spatial kinematic chain
高副	higher pair	零件	machine element
高副低代	replacement of higher pair by lower pairs	螺旋副	helical pair；screw pair
		平面副	planar pair；flat pair
公法线	common normal line	平面机构	planar mechanism
公共约束	general constraint	平面运动副	planar kinematic pair
构件	link	球面副	spherical pair
Grübler-Kutzbach 准则	Grübler-Kutzbach criterion	球销副	sphere-pin pair
		Ⅲ级杆组	Grade Ⅲ Assur group
机架（固定构件）	frame；fixed link	输出构件	output link
机构运动简图	kinematic diagram of mechanism	输入构件	input link
机构运动设计	kinematic design of mechanism	虚约束	redundant constraint
机构综合	mechanism synthesis	移动副	prismatic pair；sliding pair
机构组成	constitution of mechanism	原动件（驱动件）	driving link

圆柱副	cylindrical pair	运动构件	moving link
约束	constraint	运动链	kinematic chain
约束条件	constraint condition	转动副	revolute pair
运动副	kinematic pair	自由度	degree of freedom；DOF
运动副元素	kinematic pair element		

第 3 章 平面连杆机构及其设计

摆动导杆机构	oscillating guide-bar mechanism	奇异位置	singular position
传动角	transmission angle	曲柄摇杆机构	crank-rocker mechanism
单位矢量	unit vector	曲柄摇块机构	crank and oscillating block mechanism
对心曲柄滑块机构	in-line slider-crank mechanism		
逆运动学	inverse kinematics	三心定理	Aronhold-kennedy theorem；theorem of three centers
刚体导引机构	body guidance mechanism		
工作行程	working stroke	设计变量	design variable
Grashof 准则	Grashof criterion	实部	real part
轨迹发生器	path generator	矢量	vector
函数发生器	function generator	数学模型	mathematical model
滑块	slider	双滑块机构	double-slider mechanism
急回机构	quick-return mechanism	双曲柄机构	double-crank mechanism
急回特性	quick-return characteristics	双摇杆机构	double-rocker mechanism
机构倒置	mechanism inversion	双转块机构	oldham coupling
计算机辅助设计	computer aided design	死点位置	dead point position
极位夹角	crank angle between limiting positions	速度瞬心	instant center of velocity
		特性	characteristics
极限位置	limiting position；extreme position	替代机构	equivalent mechanism
		同源机构	cognate mechanism
角加速度	angular acceleration	图解设计方法	graphical design method
角速度	angular velocity	椭圆仪	ellipsograph
铰链四杆机构	revolute four-bar linkage	往复移动	reciprocating motion
解析设计方法	analytical design method	位姿	pose；position and orientation
绝对速度	absolute velocity	相对速度	relative velocity
绝对运动	absolute motion	相对运动	relative motion
空间连杆机构	spatial linkage	行程速度变化系数	coefficient of travel speed variation
连杆	coupler；connecting rod；floating link		
		虚部	imaginary part
连杆曲线	coupler curve	压力角	pressure angle
连架杆	side link	摇杆	rocker
六杆机构	six-bar linkage	移动导杆机构	translating guide-bar mechanism
偏心轮机构	eccentric wheel mechanism		
偏置曲柄滑块机构	offset slider-crank mechanism	运动分析	kinematic analysis
平面连杆机构	planar linkage	运动连续性	motion continuity

运动设计	kinematic design	（正弦发生器）	（sinusoid generator）
正切机构	tangent mechanism	肘杆机构	toggle mechanism
（正切发生器）	（tangent generator）	转动导杆机构	rotating guide-bar mechanism
正弦机构	sinusoid mechanism		

第4章 凸轮机构及其设计

摆动从动件	oscillating follower	基圆	base circle
摆线运动规律	cycloidal motion law	盘形凸轮	disk cam；plate cam
（正弦加速度运动规律）	（sine acceleration motion law）	抛物线运动	parabolic motion
		偏距	offset distance
槽凸轮	groove cam	偏距圆	offset circle
从动件运动规律	follower motion law	偏心盘	eccentric
等加速等减速运动规律	constant acceleration and deceleration motion law	偏置滚子从动件	offset roller follower
		偏置尖底从动件	offset knife-edge follower
等径凸轮	constant-diameter cam	偏置平底从动件	offset flat-faced follower
等宽凸轮	constant-width cam；constant-breadth cam	平底从动件	flat-faced follower
		平面凸轮	planar cam
等速运动规律	constant velocity motion law；uniform motion law	平面凸轮机构	planar cam mechanism
		球面从动件	spherical-faced follower
对心滚子从动件	in-line roller follower	曲率	curvature
对心平底从动件	in-line flat-faced follower	曲率半径	radius of curvature
对心直动从动件	in-line translating follower	曲线拼接	curve matching
多项式运动规律	polynomial motion law	柔性冲击	flexible impulse；soft shock
反凸轮机构	inverse cam mechanism	三角函数运动规律	trigonometric function motion law
反转法	kinematic inversion		
刚性冲击	rigid impulse；rigid shock	速度曲线	velocity curve
共轭凸轮	conjugate cam	停歇	dwell
滚子	roller	凸轮机构	cams；cam mechanism
滚子半径	radius of roller	凸轮理论廓线	pitch curve
滚子从动件	roller follower	凸轮实际廓线	cam profile
回程	return；return-stroke	推程	rise；rise-stroke
回程运动角	cam angle for return	推程运动角	cam angle for rise
加速度曲线	acceleration curve	位移曲线	displacement curve
尖底从动件	knife-edge follower	五次多项式运动规律	quintic polynomial motion law；fifth-power polynomial motion law
简谐运动规律	simple harmonic motion law		
（余弦加速度运动规律）	（cosine acceleration motion law）	形封闭型凸轮机构	form-closed cam mechanism
近休止角	cam angle for inner dwell	行程	stroke
空间凸轮机构	spatial cam mechanism	许用压力角	allowable pressure angle
力封闭型凸轮机构	force-closed cam mechanism	移动凸轮	translating cam；wedge cam
		圆柱凸轮	cylindrical cam

远休止角	cam angle for outer dwell	最小向径	minimum radius
跃度曲线	jerk curve	直动从动件	translating follower
运动失真	motion skewness		

第 5 章　齿轮机构及其设计

阿基米德螺旋线	Archimedes spiral	齿轮机构	gear mechanism
阿基米德蜗杆	Archimedes worm	齿全高	whole depth；tooth depth
摆线齿轮	cycloidal gear	齿数	number of teeth
摆线针轮	cycloidal-pin wheel	齿条	rack
背锥	back cone	齿条插刀	rack cutter
背锥角	back angle	传动比	transmission ratio；speed ratio
背锥距	back cone distance	重合度	contact ratio
变位齿轮	modified gear	从动齿轮	driven gear
变位系数	modification coefficient	当量齿轮	equivalent spur gear
标准直齿轮	standard spur gear	当量齿数	equivalent teeth number
标准中心距	standard center distance	导程	lead
侧隙	backlash	导程角	lead angle
齿槽	space	刀具	cutter
齿槽宽	space width	顶隙（径向间隙）	clearance
齿顶高	addendum	顶隙系数	coefficient of clearance；clearance coefficient
齿顶高系数	coefficient of addendum；addendum coefficient	端面	transverse plane
齿顶圆	addendum circle	端面参数	transverse parameter
齿顶圆直径	diameter of addendum circle	端面齿距	transverse circular pitch
齿顶圆锥角（顶锥角）	addendum cone angle	端面重合度	transverse contact ratio
		端面模数	transverse module
齿根高	dedendum	端面压力角	transverse pressure angle
齿根圆	dedendum circle	法面	normal plane
齿根圆锥角（根锥角）	dedendum cone angle	法面参数	normal parameter
		法面齿距	normal circular pitch
齿厚	tooth thickness	法面模数	normal module
齿距	circular pitch；pitch	法面压力角	normal pressure angle
齿宽	face width	发生面	generating plane
齿廓	tooth profile	范成法	generating cutting
齿廓啮合基本定律	fundamental law of gearing	仿形法	form cutting
		非标准齿轮	nonstandard gear
齿廓曲线	tooth curve	非圆齿轮机构	noncircular gear mechanism
齿轮	gear	分度线	standard pitch line
齿轮插刀	pinion cutter	分度圆	reference circle；standard pitch circle
齿轮齿条机构	pinion and rack		
齿轮滚刀	hobbing cutter	分度圆直径	diameter of reference circle

| 机构 | | 最少齿数 | minimum teeth number |
| 总重合度 | total contact ratio | | |

第 6 章　轮系及其设计

安装条件	assembly condition	轮系	gear train
差动轮系	differential gear train	输出轴	output axis；output shaft
差速器	differential mechanism	输入轴	input axis；input shaft
传动比	train ratio；transmission ratio	中心轮（太阳轮）	central gear（sun gear）
定轴轮系	ordinary gear train；	同心条件	concentric condition
	gear train with fixed axes	行星架（系杆）	planet carrier
惰轮	idle gear	行星轮	planet gear
负号机构	negative sign mechanism	行星轮系	planetary gear train
复合轮系	compound gear train	正号机构	positive sign mechanism
角速比	angular velocity ratio	中心轮	central gear
邻接条件	adjacent condition；	周转轮系	epicyclic gear train
	non-overlapping condition		

第 7 章　间歇运动机构

不完全齿轮	incomplete gear mechanism	内槽轮机构	internal Geneva mechanism
槽轮	Geneva wheel	外槽轮机构	external Geneva mechanism
槽条机构	Geneva rack mechanism	蜗杆凸轮间歇运	hourglass cam indexing
棘轮	ratchet	动机构	mechanism
棘轮机构	ratchet mechanism	圆柱凸轮间歇运	cylindrical cam indexing
棘爪	pawl	动机构	mechanism
间歇运动机构	intermittent motion mechanism		

第 8 章　其他常用机构

并联式组合机构	parallel combined mechanism	混合式组合机构	mixed combined mechanism
差动螺旋机构	differential screw mechanism	基础机构	fundamental mechanism
串联式组合机构	series combined mechanism	框图	block diagram
单万向联轴节	universal joint；Hooke's coupling	螺杆	screw
叠联式组合机构	multiple combined mechanism	螺距	thread pitch
反馈式组合机构	feedback combined mechanism	螺母	nut；screw nut
复合式组合机构	compound combined mechanism	螺纹	thread of a screw
附加机构	additional mechanism	双万向联轴节	constant-velocity universal joint
复式螺旋机构	compound screw mechanism	子机构	sub-mechanism
复杂机构	complex mechanism		

第 9 章　平面机构的力分析

当量摩擦系数	equivalent coefficient of friction	摩擦角	friction angle
		摩擦力	friction force
动力分析	dynamic analysis	摩擦力矩	friction moment
动压力	dynamic pressure	摩擦系数	coefficient of friction
动载荷	dynamic load	摩擦圆	friction circle
工作阻力	effective resistance	驱动力	driving force
工作阻力矩	effective resistance moment	驱动力矩	driving moment
惯性力	inertia force	外力	external force
惯性力矩	inertia moment	约束反力	constraint force
力多边形	forcc polygon	止推轴颈	thrust journal
力矩	moment	轴向分力	axial thrust load
力平衡	force equilibrium	总反力	total reaction force
静力分析	static analysis	作用力	acting force
径向轴颈	radial journal	转动惯量	moment of inertia

第 10 章　机械的效率和自锁

功率	power	损耗功	lost work
机械效率	mechanical efficiency	有害阻力	detrimental resistance
输出功	output work	自锁	self-locking
输入功	input work		

第 11 章　机械的运转及其速度波动的调节

等效构件	equivalent link	启动阶段	starting phase
等效惯性力	equivalent inertia force	速度波动	speed fluctuation
等效力	equivalent force	速度波动系数	coefficient of speed fluctuation
等效力矩	equivalent moment		
等效质量	equivalent mass	调速器	governor
等效转动惯量	equivalent moment of inertia	停车阶段	stopping phase
飞轮	flywheel	稳定运转阶段	steady working period
飞轮矩	moment of flywheel	盈亏功	increment or decrement work
非周期性速度波动	aperiodic speed fluctuation	运动周期	cycle of motion
		周期性速度波动	periodic speed fluctuation
机械特性	mechanical behavior		

第 12 章　机械的平衡

不平衡量	amount of unbalance	惯性力部分平衡	partial balance of inertia force
动平衡	dynamic balance	惯性力矩	moment of inertia;
动平衡机	dynamic balancing machine		inertia moment
刚性转子	rigid rotor	惯性力平衡	balance of inertia force

惯性力完全平衡	complete balance of inertia force	配重（平衡重）	counterweight
		平衡机	balancing machine
机构平衡	balance of mechanism	平衡精度	balancing precision
机械平衡	balance of machinery	平衡平面	correcting plane
静平衡	static balance	平衡质量	balancing mass;
离心力	centrifugal force		quality of balance
临界转速	critical speed	许用不平衡量	allowable amount of unbalance
挠性转子	flexible rotor	质径积	mass-radius product

第 13 章　执行机构系统的方案设计

方案设计	scheme design	运动循环图	motion cycle diagram
概念设计	conceptual design	（工作循环图）	（working cycle diagram）
干涉	interference		

第 14 章　机构学的发展及学科前沿

变胞功能	metamorphic function	柔性铰链	flexural pivot
变胞机构	metamorphic mechanism	特征铰链	characteristic pivot
并联机构	parallel mechanism	特征因子	characteristic factor
步态	gait	拓扑变化	topological changes
不同构	non isomorphism	伪刚体角	pseudo-rigid-body angle
部分柔顺机构	partially compliant mechanism	伪刚体模型	pseudo-rigid-body model
花样折纸	origami	稳定裕度	stability margin
全柔顺机构	fully compliant mechanism	行星齿轮转向机构	planetary steering mechanism
机电一体化	mechatronics		
可重构机构	reconfigurable mechanism	移动机器人	mobile robot
可控机构	controlled mechanism	运动限定机构	discontinuity mobility mechanism
可调机构	adjustable mechanism		
可展机构	deployable mechanism	运动转向机构	motion steering mechanism
柔顺机构	compliant mechanism		

参 考 文 献

[1] 李瑞琴. 机械原理（双色）[M]. 北京：电子工业出版社，2015.

[2] 李瑞琴. 机械原理同步辅导与习题全解 [M]. 北京：电子工业出版社，2011.

[3] 李瑞琴. 机械原理课程设计（第2版）[M]. 北京：电子工业出版社，2013.

[4] 邹慧君，郭为忠. 机械原理（第3版）[M]. 北京：高等教育出版社，2016.

[5] 于靖军. 机械原理 [M]. 北京：机械工业出版社，2015.

[6] 王德伦，高媛. 机械原理 [M]. 北京：机械工业出版社，2011.

[7] 申永胜. 机械原理教程（第3版）[M]. 北京：清华大学出版社，2015.

[8] 张策. 机械原理与机械设计（第3版）[M]. 北京：机械工业出版社，2018.

[9] 谢进，万朝燕. 机械原理 [M]. 北京：高等教育出版社，2010.

[10] 张春林，张颖. 机械原理（英汉双语）[M]. 北京：机械工业出版社，2012.

[11] 孙桓，等. 机械原理. 8/7/6/4/3版. [M]. 北京：高等教育出版社，2013/2006 /2001/1989/1982.

[12] （美）Charles E. Wilson（威尔逊），（美）J. Peter Sadler（萨德勒）. 机械原理（Kinematics and dynamics of machinery）[M]. 秦伟缩编. 重庆：重庆大学出版社，2005.

[13] Ye Zhonghe, Lan Zhaohui, Smith M R. Mechanisms and machine theory [M]. Beijing：Higher Education Press，2001.

[14] （美）Homer D. Eckhardr. 机器与机构设计（英文版）Kinematic design of machines and mechanisms [M]. 北京：机械工业出版社，2002.

[15] Robert L. Norton. Design of machinery：An introduction to the synthesis and analysis of mechanisms and machines（Fifth edition）[M]. New York：McGraw-Hill，2003.

[16] Robert L. Norton. Machine Design：An integrated approach（Fifth edition）[M]. Pearson，2014.

[17] Khurmi R S, Gupta J K. Theory of machines（First multicolor revised and updated edition）[M]. Eurasia Publishing House Ltd.，New Delhi，2005.

[18] 王银彪，王世刚. 机械原理知识点与习题解析 [M]. 哈尔滨：哈尔滨工程大学出版社，2006.

[19] 圣才考研网. 孙桓《机械原理》（第8版）笔记和课后习题（含考研真题）详解 [M]. 北京：中国石化出版社，2017.

[20] 邹慧君，梁庆华. 机械原理学习指导与习题选解（第2版）[M]. 北京：高等教育出版社，2016.

[21] 孟宪源. 现代机构手册 [M]. 北京：机械工业出版社，2007.

[22] 张春林，余跃庆. 机械原理教学参考书 [M]. 北京：高等教育出版社，2009.

[23] 李滨城，徐超. 机械原理MATLAB辅助分析（第2版）[M]. 北京：化学工业出版社，2018.

[24] 李瑞琴，郭为忠. 现代机构学理论与应用研究进展 [M]. 北京：高等教育出版社，2014.

[25] 戴建生. 机构学与机器人学的几何基础与旋量代数 [M]. 北京：高等教育出版社，2014.

[26] 戴建生. 旋量代数与李群、李代数 [M]. 北京：高等教育出版社，2014.

[27] Jian S Dai. Screw algebra and kinematic approaches for mechanisms and robotics [M]. Springer，2015.

[28] 张启先. 空间机构的分析与综合（上册）[M]. 北京：机械工业出版社，1984.

[29] 黄真，赵永生，赵铁石. 高等空间机构学（第2版）[M]. 北京：高等教育出版社，2014.

[30] 韩建友，杨通，于靖军. 高等机构学（第2版）[M]. 北京：高等教育出版社，2015.

[31] Huang Zhen, Li Qinchuan, Ding Huafeng. Theory of parallel mechanisms [M]. Springer Dordrecht Heidelberg New York，London，2013.

[32] 黄真，刘婧芳，李艳文. 论机构自由度：寻找了150年的自由度通用公式 [M]. 北京：科学出版

社, 2011.

[33] 华大年. 连杆机构设计与应用创新 [M]. 北京: 机械工业出版社, 2008.

[34] 曹惟庆. 连杆机构的分析与综合 (第2版) [M]. 北京: 科学出版社, 2002.

[35] 刘葆旗, 黄荣. 多杆直线导向机构的设计方法与轨迹图谱 [M]. 北京: 机械工业出版社, 1994.

[36] Zhang C, Norton R L. Hammond T. Optimization of parameters for specified path generation using an atlas of coupler curves of geared five-bar linkages [J]. Mechanism and Machine Theory, 1984, 19 (6): 459-466.

[37] Hartenberg R S, Denavit J. Cognate linkages [J]. Machine Design, 1959, 16: 149-152.

[38] Nolle H. Linkage coupler curve synthesis: A historical review—II. Developments after 1875 [J]. Mechanism and Machine Theory, 1974, 9 (3-4): 325-348.

[39] Soni A H. Mechanism synthesis and analysis [M]. McGraw-Hill, New York, 1974: 381-382.

[40] Li Ruiqin, Xiao Denghong, Dai J S. Orientation angle rotatability of planar serial n-link manipulators [J]. Science in China Series E: Technological Sciences, 2010, 53 (6): 1620-1637.

[41] Dai J S. Euler-Rodrigues formula variations, quaternion conjugation and intrinsic connections [J]. Mechanism and Machine Theory, 2015, 92: 134-144.

[42] 彭国勋, 肖正杨. 自动机械中的凸轮机构设计 [M]. 北京: 机械工业出版社, 2002.

[43] 石永刚, 吴央芳. 凸轮机构设计与应用创新 [M]. 北京: 机械工业出版社, 2007.

[44] Tamuta E, Nemoto R, Tomita H, et al. Contacting state on imaginary rack of crossed helical gears [C] // The 3rd International Conference on Design Engineering and Science, Pilsen, Czech Republic, August 31-September 3, 2014: 33-37.

[45] 邹慧君, 殷鸿梁. 间歇运动机构设计与应用创新 [M]. 北京: 机械工业出版社, 2008.

[46] 吕庸厚, 沈爱红. 组合机构设计与应用创新 [M]. 北京: 机械工业出版社, 2008.

[47] 李瑞琴. 机构系统创新设计 [M]. 北京: 国防工业出版社, 2008.

[48] 李瑞琴. 现代机械概念设计与应用 [M]. 北京: 电子工业出版社, 2010.

[49] 强建国. 机械原理创新设计 [M]. 武汉: 华中科技大学出版社, 2008.

[50] Pahl G, Beitzb W, Feldhusen J, et al. Engineering design–a systematic approach [M]. Springer Verlag Berlin-Heidelberg, 2007.

[51] 杨廷力, 刘安心, 罗玉峰, 等. 机器人机构拓扑结构设计 [M]. 北京: 机械工业出版社, 2012.

[52] (美) Craig John J (克来格). 机器人学导论 (第3版) [M]. 负超, 等译. 北京: 机械工业出版社, 2006.

[53] 戴建生. 机构学与旋量理论的历史渊源以及有限位移旋量的发展 [J]. 机械工程学报, 2015, 49 (6): 198-211.

[54] Du R, Guo W Z. The design of a new metal forming press with controllable mechanism [J]. ASME Journal of Mechanical Design, 2003, 125 (3): 58-592.

[55] 戴建生, 丁希仑, 邹慧君. 变胞原理和变胞机构类型 [J]. 机械工程学报, 2005, 41 (6): 7-12.

[56] Yao W. Dai J S. Dexterous manipulation of origami cartons with robotic fingers based on the interactive configuration space [J]. ASME Journal of Mechanical Design, 2008, 130 (2): 022303-022310.

[57] Dai J S. Wang D L. Geometric analysis and synthesis of the metamorphic robotic hand [J]. ASME Journal of Mechanical Engineering, 2007, 129 (11): 1191-1197.

[58] Luo Z. Dai J S. Searching for undiscovered planar straight-line linkages [J]. In: Advances in Robotic Kinematics (ARK), Mechanisms and Motion, Lenarčič, J and Roth, B (Eds), Springer, the Netherlands, 2006: 113-122.

[59] Dai J S, Huang Z, Lipkin H. Mobility of overconstrained parallel mechanisms [J]. ASME Journal of Mechanical Design, 2004, 128 (1): 220-229.

[60] Dai J S, Rees Jones J. Matrix representation of topological configuration transformation of metamorphic mechanisms [J]. ASME Journal of Mechanical Design, 2005, 127 (4): 837-840.

［61］Dai J S. Finite displacement screw operators with embedded Chasles' motion ［J］. ASME Journal of Mechanisms and Robotics, 2012, 4 (4): 041002-041010.

［62］Dai J S. An historical review of the theoretical development of rigid body displacements from Rodrigues parameters to the finite twist ［J］. Mechanism and Machine Theory, 2006, 41 (1): 41-52.

［63］Dai J S, Rees Jones J. Kinematics and mobility analysis of carton folds in packing manipulation based on the mechanism equivalent ［J］. Journal of Mechanical Engineering Science, 2002, 216 (10): 959-970.

［64］Dai J S, Kerr D R. Geometric analysis and optimization of a symmetrical Watt six-bar mechanism ［J］. Journal of Mechanical Engineering Science, 1991, 205 (4): 275-280.

［65］Tamuta E, Nemoto R, Tomita H. Contacting state on imaginary rack of crossed helical gears ［C］// The 3rd International Conference on Design Engineering and Science, Pilsen, Czech Republic, August 31-September 3, 2014: 33-37.

［66］Dai J S, Ding X L. Compliance analysis of a three-legged rigidly-connected platform device ［J］. ASME Journal of Mechanical Design, 2006, 128 (4): 755-764.

［67］于靖军, 裴旭, 毕树生, 等. 柔性铰链机构设计方法的研究进展 ［J］. 机械工程学报, 2010, 46 (13): 2-13.

［68］Zhu Benliang, Zhang Xianmin, Zhang Hongchuan, et al. Design of compliant mechanisms using continuum topology optimization: A review ［J］. Mechanism and Machine Theory, 2020, 143: 103622.

［69］Yu Jingjun, Hu Yida, Bi Shusheng, et al. Kinematics feature analysis of a 3 DOF in parallel compliant mechanism for micromanipulation ［J］. Chinese Journal of Mechanical Engineering, 2004, 17 (1): 127-131.

［70］蔡月日, 毕树生. 胸鳍摆动推进模式仿生鱼研究进展 ［J］. 机械工程学报, 2011, 47 (19): 30-37.

［71］（意）Bruno Siciliano（布鲁诺·西西利亚诺）, Oussama Khatib（欧沙玛·哈提卜）. 机器人手册第 1 卷机器人基础 ［M］.《机器人手册》翻译委员会译. 北京: 机械工业出版社, 2016.

［72］Tsai L W. Mechanism design: Enumeration of kinematic structures according to function ［J］. CRC Press: New York, 2001.